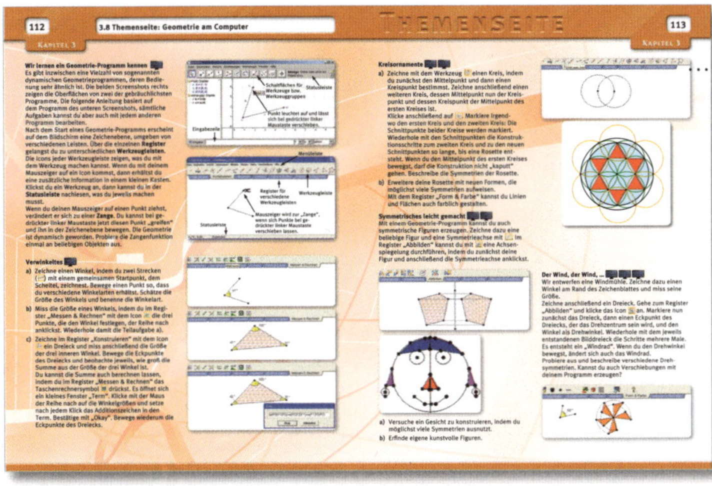

Die **Themenseite** enthält nach Anspruchsniveau differenzierte Aufgaben zu einem einzigen, interessanten Thema. Die mathematischen Inhalte werden dabei miteinander verbunden.

Der **zweite Teil** enthält „Diskussionsaufgaben“: Bezieht Stellung zu den Behauptungen und begründet oder widerlegt sie. Anschließend vergleicht ihr eure Ergebnisse mit einem Partner.

Die Doppelseite **Das kann ich!** hat verschiedene Teile: Im **ersten Teil** findet ihr Aufgaben, die ihr alleine löst. Anschließend bewertet ihr euch, die Lösungen dazu findet ihr im Anhang. Die Aufgaben sind einfach gehalten, ihr solltet also einen Großteil davon gut schaffen.

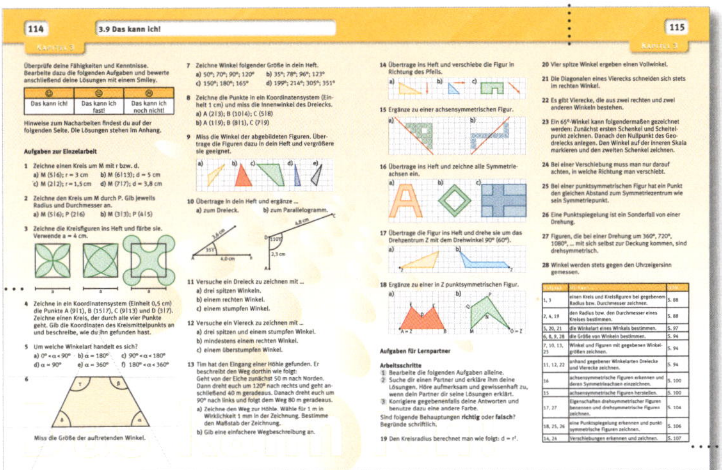

Mithilfe der Tabelle könnt ihr prüfen, was ihr gut könnt und wo ihr noch üben müsst. Ihr findet auch Seitenverweise zum Nacharbeiten.

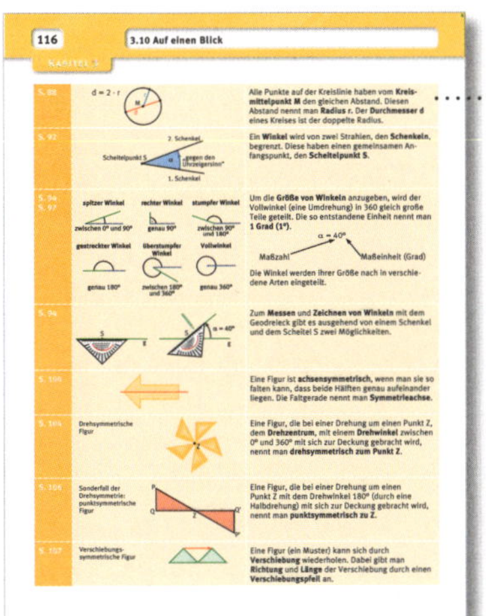

Die Seite **Auf einen Blick** enthält das Grundwissen des Kapitels in kompakter Form.

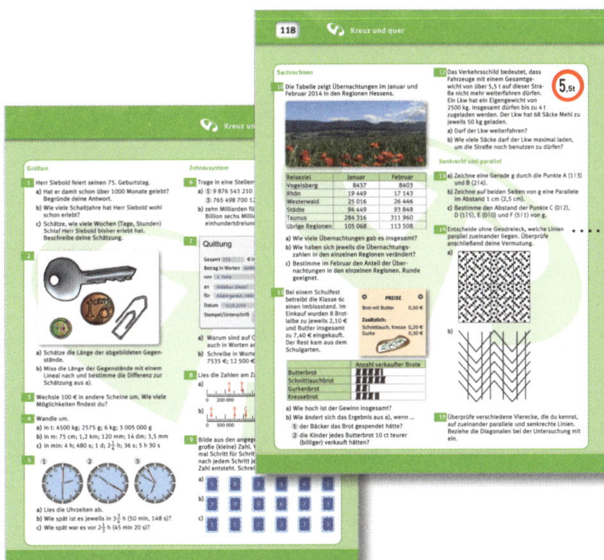

Habt ihr auch nichts vergessen? Auf den Seiten **Kreuz und quer**, die „zwischen zwei Kapiteln“ stehen, könnt ihr testen, ob ihr im Stoff der zurückliegenden Kapitel bzw. Schuljahre noch fit seid.

mathe.delta 6

G9
Hessen

Herausgegeben von Michael Kleine

Bearbeitet von Heiko Etzold, Eva Fischer, Attilio Forte, Andreas Gilg, Maren Heinrich, Toralf Hieb, Christian Hofmann, Michael Kleine, Matthias Ludwig, Susanne Müller, Thomas Prill, Mareike Schmück, Bärbel Schröder, Birgit Skorsetz, Hermann Wilhelmi

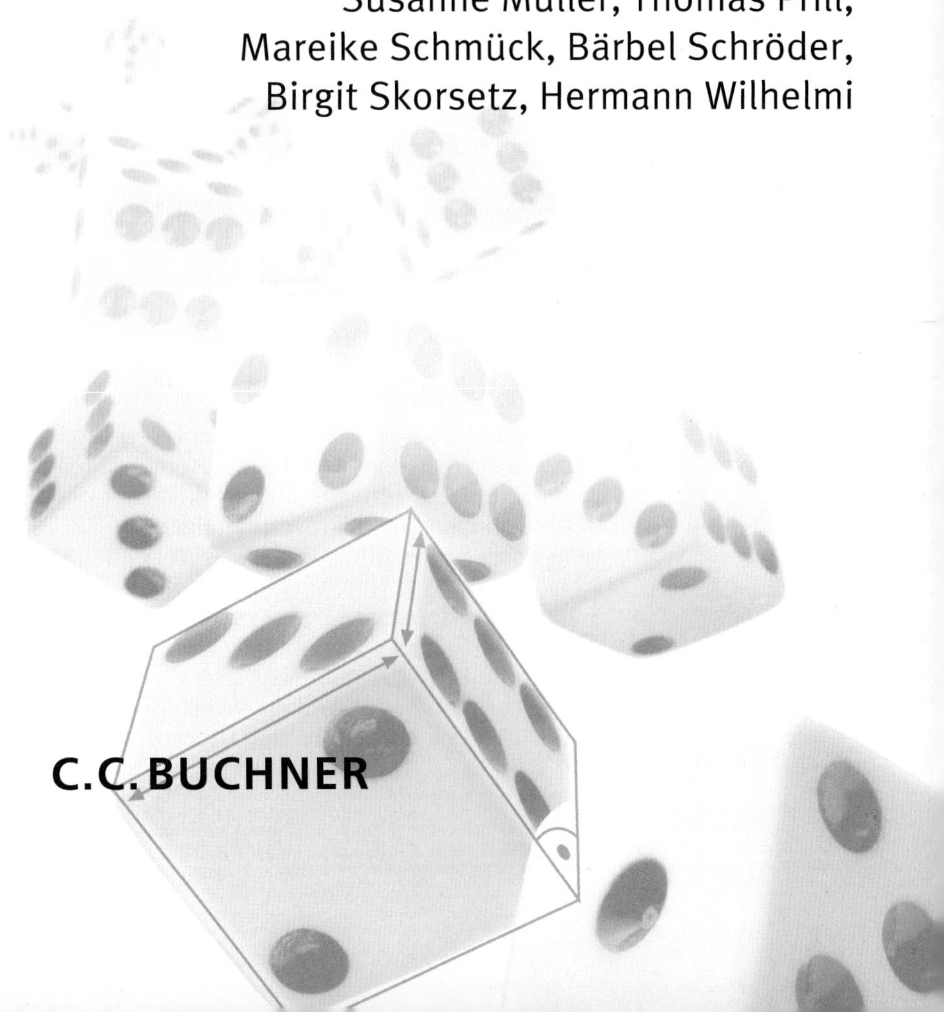

C.C.BUCHNER

mathe.delta 6

G9
Hessen

Herausgeber: Michael Kleine
Bearbeiter: Heiko Etzold, Eva Fischer, Attilio Forte, Andreas Gilg, Maren Heinrich, Toralf Hieb, Christian Hofmann, Michael Kleine, Matthias Ludwig, Susanne Müller, Thomas Prill, Mareike Schmück, Bärbel Schröder, Birgit Skorsetz, Hermann Wilhelmi

1. Auflage 1[54321] 2018 17 16 15 14
Die letzte Zahl bedeutet das Jahr dieses Druckes.
Alle Drucke dieser Auflage sind, weil untereinander unverändert, nebeneinander benutzbar.

Dieses Werk folgt der reformierten Rechtschreibung und Zeichensetzung. Ausnahmen bilden Texte, bei denen künstlerische, philologische oder lizenzrechtliche Gründe einer Änderung entgegenstehen.

Redaktion: Ulrike Skambraks
Grafische Gestaltung: Wildner + Designer GmbH, Fürth, www.wildner-designer.de
Druck- und Bindearbeiten: creo Druck & Medienservice GmbH, Bamberg

www.ccbuchner.de

ISBN 978-3-661-**61076**-4

1 Brüche

2 Rechnen mit Brüchen

3 Kreise und Winkel

4 Mathematik im Alltag
20%
Nachlass auf alle Weihnachts-artikel
Nimm 4 Kisten

5 Daten und Zufall

Mathematische Zeichen und Abkürzungen

$\mathbb{N}$	Menge der natürlichen Zahlen
$\mathbb{Z}$	Menge der ganzen Zahlen
$=$	gleich
$\approx$	ungefähr gleich
$>$	größer als
$<$	kleiner als
$\triangleq$	entspricht
$+$	plus, addieren
$-$	minus, subtrahieren
$\cdot$	mal, multiplizieren
$:$	geteilt durch, dividieren
$\mid$	teilt
$\nmid$	teilt nicht
a^n	Potenz; „a hoch n“
$\frac{a}{b}$	Bruch mit Zähler a und Nenner b
%	Prozent
$T_n = \{...\}$	Teilermenge der Zahl n
$V_n = \{...\}$	Vielfachenmenge der Zahl n
kgV (m; n)	kleinstes gemeinsames Vielfaches von m und n
ggT (m; n)	größter gemeinsamer Teiler von m und n
H (Z)	absolute Häufigkeit, mit der das Ergebnis Z (z. B. Zahl) vorkommt
h (Z)	relative Häufigkeit, mit der das Ergebnis Z (z. B. Zahl) vorkommt
$\overline{x}$	arithmetisches Mittel
P, A, ...	Punkte
P (x|y)	Punkt P mit den Koordinaten x und y
g, h, ...	Geraden, Strahlen
$\overline{PQ}$	Strecke mit den Endpunkten P und Q, auch Länge der Strecke $\overline{PQ}$
$\alpha, \beta, \gamma, ...$	Winkelbezeichnungen
°	Grad, Maßeinheit für Winkel (z. B. 30°)
LE, FE, VE	Längen-, Flächen- und Volumeneinheit
U	Umfangslänge oder kurz: Umfang
A	Flächeninhalt
V	Volumen, Rauminhalt
$\perp$	senkrecht auf
$\not\perp$	nicht senkrecht auf
$\parallel$	parallel zu
$\nparallel$	nicht parallel zu
r	Radius eines Kreises
d	Durchmesser eines Kreises

1 Brüche

Einstieg

- Beschreibe, wie du die Angaben im Rezept abmessen kannst.
- Übersetze in ein Rezept ohne Bruchangaben.
- Finde weitere Beispiele aus deiner Umwelt, in denen Brüche verwendet werden.

Smartieskuchen

350 g	Mehl	$\frac{1}{4}$ kg	Nutella
4	Eier	$\frac{1}{8}$ l	Milch
$\frac{1}{4}$ kg	Zucker	$\frac{1}{2}$	Päckchen Backpulver
$\frac{3}{4}$	Päckchen Butter	Smarties zum Verzieren	

Butter, Zucker und Eier schaumig rühren. Mehl, Backpulver, Nutella und Milch unterrühren. In eine gefettete Kuchenform füllen. Im vorgeheizten Backofen bei 180 °C etwa 50 min backen.

Ausblick

Am Ende dieses Kapitels hast du gelernt, ...

- wie man Brüche bestimmt.
- welche Bedeutungen ein Bruch haben kann.
- wie man Brüche erweitert und kürzt.
- dass Dezimalbrüche besondere Brüche sind.

- Unterteile die beiden Schokoladentafeln auf verschiedene Arten in gleich große Teile. Wie viele gleich große Teile erhältst du jeweils? Beschreibe dein Vorgehen.

Merkwissen

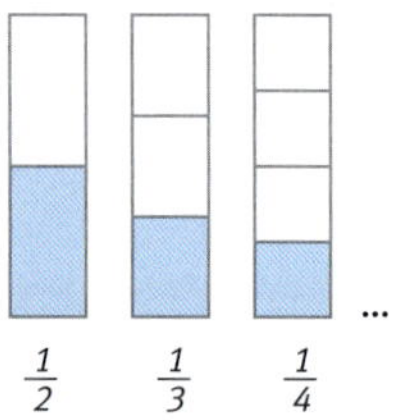

Teilt man ein Ganzes in gleich große Teile, so erhält man Halbe, Drittel, Viertel, ... Man verwendet für einen solchen Teil die Bruchschreibweise $\frac{1}{2}$, $\frac{1}{3}$, $\frac{1}{4}$, ... und nennt diese besonderen Brüche auch **Stammbrüche**.

$\frac{1}{2}$ bedeutet, dass man 1 Teil von 2 gleich großen Teilen betrachtet.
Bei Stammbrüchen betrachtet man also immer 1 Teil von n gleich großen Teilen.

Beispiele

I In wie viele gleich große Teile wurde der Körper zerlegt? Bezeichne den markierten Teil durch einen Stammbruch.

a)

b)

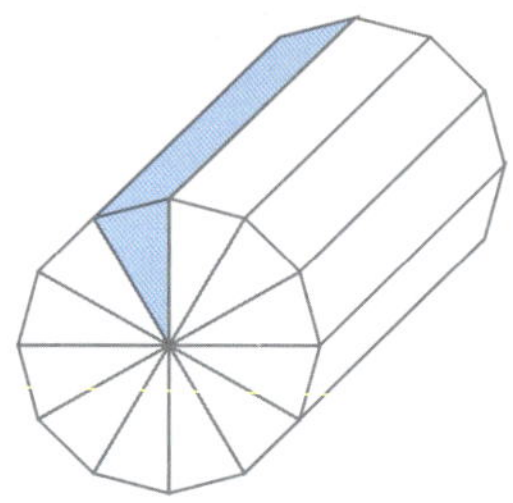

Lösung:

a) Der Körper wurde in 10 gleich große Teile zerlegt. $\frac{1}{10}$ ist markiert.

b) Der Körper wurde in 12 gleich große Teile zerlegt . $\frac{1}{12}$ ist markiert.

II Markiere den Stammbruch $\frac{1}{4}$ auf einem Zahlenstrahl von 0 bis 1. Beschreibe dein Vorgehen.

Lösung:

Man zeichnet zunächst einen Zahlenstrahl von 0 bis 1. Dabei achtet man darauf, dass der Platz zwischen 0 und 1 günstig in 4 gleich große Teile unterteilt werden kann.
Dann unterteilt man den Platz zwischen 0 und 1 in 4 gleich große Teile und markiert einen Teil davon.

Beim Markieren auf dem Zahlenstrahl beginnt man in der Regel mit 0.

Möglichkeiten:

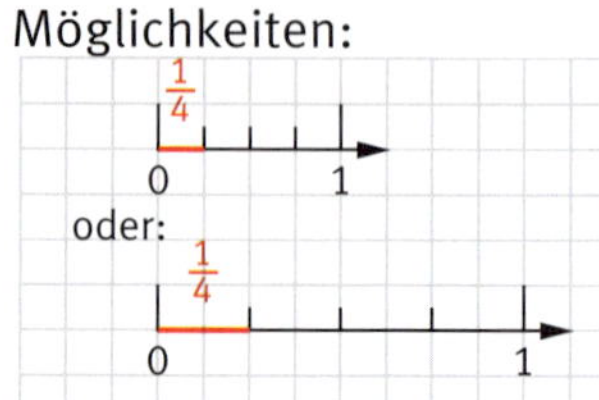

Verständnis

- Erkläre, welcher Stammbruch größer ist: $\frac{1}{3}$ oder $\frac{1}{4}$.
- Begründe, dass es unendlich viele Stammbrüche gibt.

1 In wie viele gleich große Teile wurden die Waffeln zerlegt? Bezeichne einen Teil davon mit einem Stammbruch.

a)  b)  c) 

2 a) Falte ein Blatt Papier so, dass du anschließend den angegebenen Teil vom Blatt abschneiden kannst.

Beispiel: $\frac{1}{4}$ Lösungsmöglichkeiten:

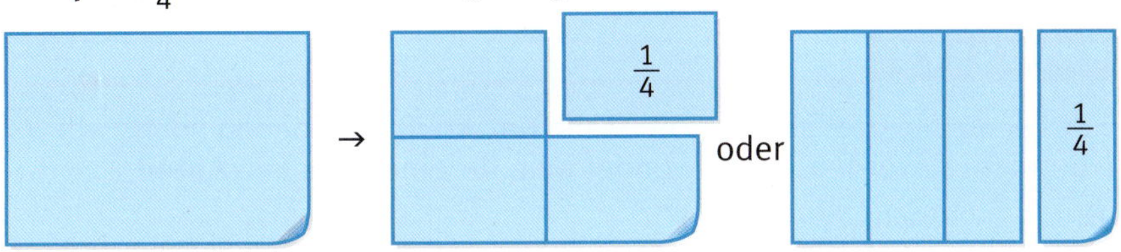

Verfahre ebenso mit $\frac{1}{2}$, $\frac{1}{8}$, $\frac{1}{16}$.

b) Falte folgende Brüche und beschreibe dein Vorgehen: $\frac{1}{3}$, $\frac{1}{5}$, $\frac{1}{6}$.

3 Zeichne einen Zahlenstrahl von 0 bis 1 und markiere darauf den Stammbruch.

a) $\frac{1}{2}$; $\frac{1}{3}$; $\frac{1}{5}$; $\frac{1}{6}$; $\frac{1}{7}$; $\frac{1}{10}$ b) $\frac{1}{12}$; $\frac{1}{15}$; $\frac{1}{18}$; $\frac{1}{20}$; $\frac{1}{25}$

Überlege dir eine Unterteilung wie in Beispiel II.

4 Übertrage jede Figur in dein Heft. Kennzeichne jeweils ein Drittel (ein Sechstel, ein Neuntel, ein Achtzehntel) der Figur farbig. Findest du verschiedene Möglichkeiten der Unterteilung?

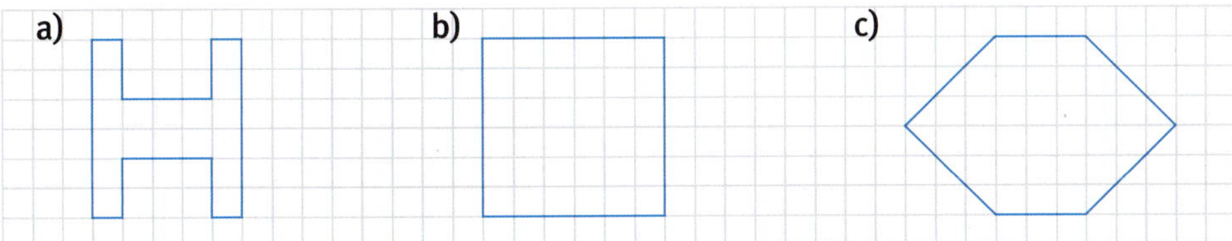

5 Die Figur stellt den angegebenen Teil vom Ganzen dar. Übertrage die Figur in dein Heft und ergänze sie auf zwei verschiedene Arten zu einem Ganzen.

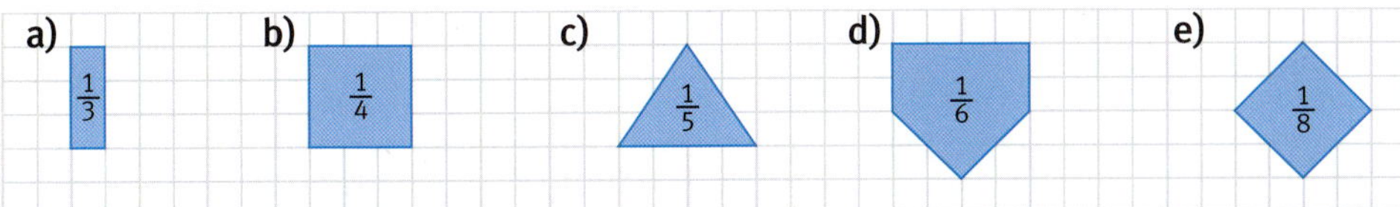

6 Überprüfe jeweils, ob die grüne Figur ein Stammbruch der roten Figur sein kann.

Die grünen Figuren können auch gedreht oder gespiegelt werden.

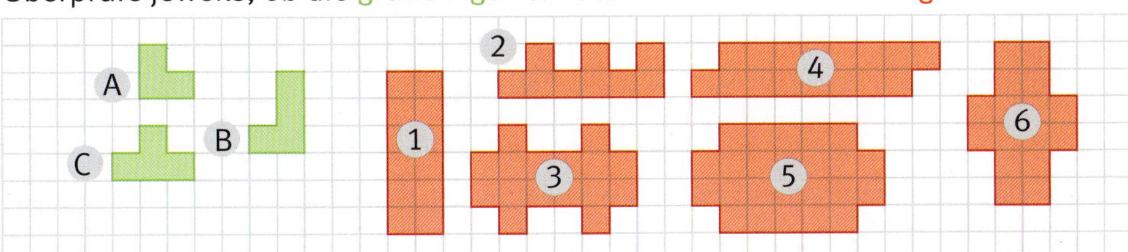

- Welcher Teil einer ganzen Tafel Schokolade ist in 1–4 jeweils dargestellt?
- Finde weitere Unterteilungen und beschreibe, wie du sie erhältst.

Merkwissen

Wird das Ganze in drei gleich große Teile unterteilt, von denen noch zwei Teile betrachtet werden, so verwendet man für einen solchen **Anteil** den Bruch $\frac{2}{3}$ (sprich „zwei Drittel“).

Anstatt Anteil sagt man auch oft Bruchteil.

Jeder Bruch besteht somit aus drei Bestandteilen:

$\frac{2}{3}$ – 2 ← Zähler, — ← Bruchstrich, 3 ← Nenner

Der **Nenner** gibt an, in wie viele Teile das Ganze zerlegt wird.
Der **Zähler** gibt die Anzahl der Teile an, die gewählt werden.
Der **Bruchstrich** zeigt an, dass es sich um einen Teilungsvorgang handelt.

Beispiele

I Wie viel Benzin ist noch im Tank? Bestimme den Anteil.

Lösung:
Die Tankanzeige ist in vier gleich große Abschnitte unterteilt. Der Zeiger steht beim dritten großen Teilstrich, d. h. der Tank ist noch zu $\frac{3}{4}$ voll.

II Ergänze die Figur auf verschiedene Arten zu einem Ganzen.

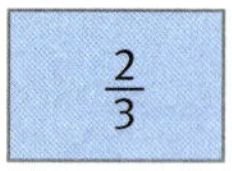

Lösungsbeispiele:

Verständnis

- Beurteile: „Vier Drittel aller Schüler haben Schwierigkeiten bei der Bruchrechnung.“
- Wie viel Uhr ist es, wenn $\frac{2}{3}$ des Tages vorbei sind?
- Erkläre den Unterschied zwischen den Brüchen $\frac{2}{3}$ und $\frac{3}{2}$.

1 Welcher Anteil der Figur bzw. des Körpers ist jeweils eingefärbt, welcher ist weiß? Benenne dabei Zähler und Nenner.

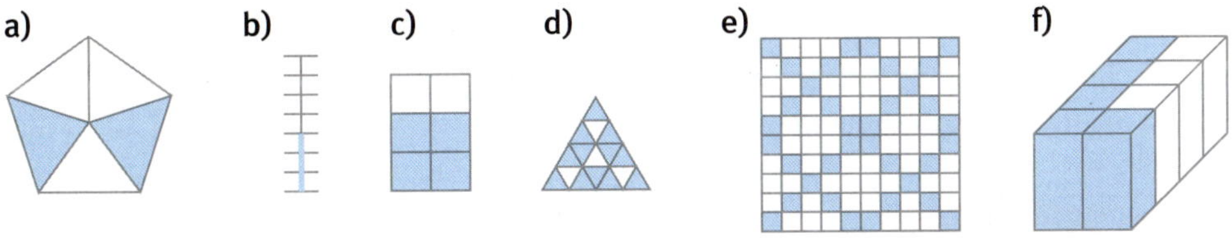

2 Betrachte den Brötchenkranz nebenan. Welcher Anteil des Brötchenkranzes entfällt auf Mohnbrötchen, welcher auf Sesambrötchen? Wie groß ist der Rest?

3 a) Zeichne ein Rechteck, das 8 cm lang und 4 cm breit ist. Unterteile das Rechteck in Viertel (Achtel, Zwölftel, Sechzehntel). Markiere so viele Teile deiner Wahl und tausche mit einem Partner. Benenne die Bruchteile.

b) Entwerfe andere Figuren und tausche mit einem Partner Aufgaben dazu aus.

4 Bestimme den Anteil der Fläche am Geobrett, der durch Bänder umspannt wird.

Betrachte als Ganzes die größte Fläche, die ein Gummiband umspannen kann.

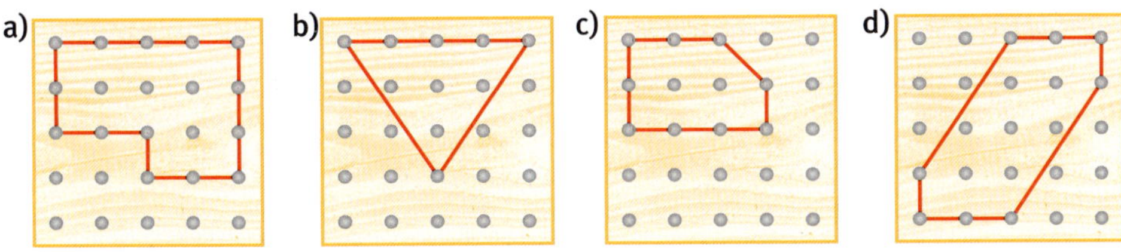

5 Welche Anteile an der Gesamtstrecke werden durch die Buchstaben A bis E markiert? Was fällt dir auf?

Überlege dir zunächst, in wie viele Teile der Zahlenstrahl unterteilt werden soll.

6 Zeichne einen Zahlenstrahl von 0 bis 1 und kennzeichne darauf die Brüche.

a) $\frac{1}{10}$; $\frac{2}{10}$; $\frac{3}{10}$; $\frac{4}{10}$; $\frac{6}{10}$; $\frac{7}{10}$; $\frac{9}{10}$
b) $\frac{1}{16}$; $\frac{2}{16}$; $\frac{3}{16}$; $\frac{7}{16}$; $\frac{9}{16}$; $\frac{11}{16}$; $\frac{15}{16}$; $\frac{16}{16}$

7 Die Tabelle gibt die Bestände verschiedener Walarten an.

	Blauwal	Grönlandwal	Zwergwal	Pottwal
1970	200 000	100 000	600 000	2 800 000
2010	5000	10 000	150 000	1 500 000

a) Vergleiche die Bestände in den Jahren 1970 und 2000 und gib die Anteile an.

b) Zeichne für jedes Jahr ein Diagramm, das den Sachverhalt darstellt.

8

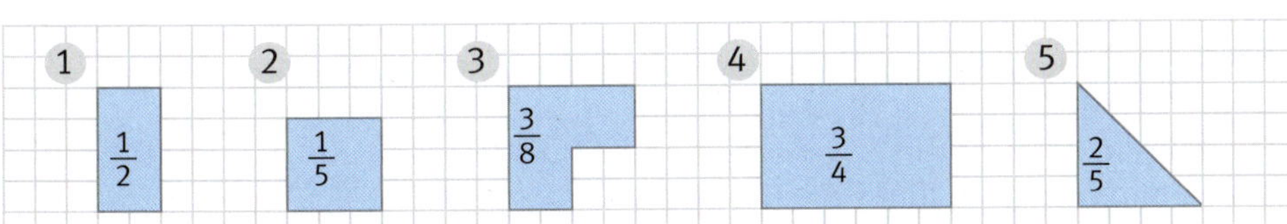

a) Gib jeweils an, welcher Anteil an den Figuren zum Ganzen fehlt.

b) Zeichne die Figuren in dein Heft und ergänze sie zum Ganzen. Beschreibe dein Vorgehen.

- Überlege, wie du auf verschiedene Weise $\frac{2}{5}$ einer Strecke bestimmen kannst.
- Nimm einen Bindfaden und eine Schere und erkläre dein Vorgehen, wenn du $\frac{2}{5}$ von 10 cm bestimmen möchtest.

Merkwissen

Die Größe des **Anteils** $\frac{3}{4}$ lässt sich auf zwei Arten vom Ganzen **bestimmen.**
In beiden Fällen erhält man gleich viele Teile.

1. Das Ganze wird zunächst in vier Teile zerlegt, anschließend werden drei Teile ausgewählt.

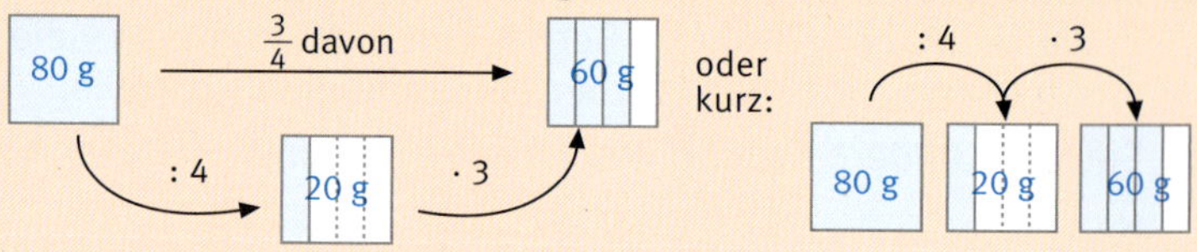

2. Das Ganze wird zunächst verdreifacht, anschließend wird ein Viertel davon ausgewählt.

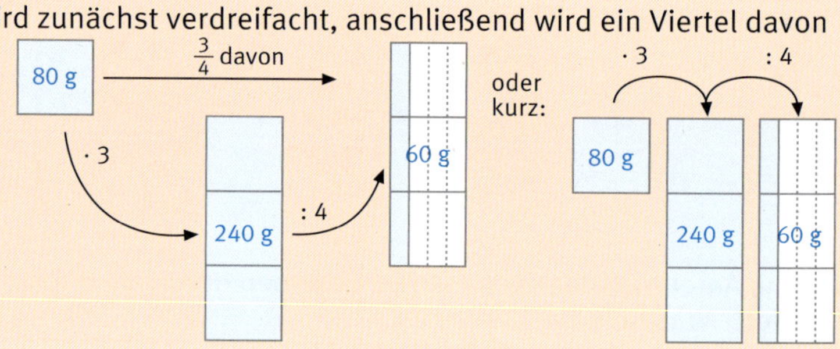

Beispiele

I Bestimme $\frac{2}{3}$ von 75 ml auf verschiedene Arten.

Lösungsmöglichkeiten:

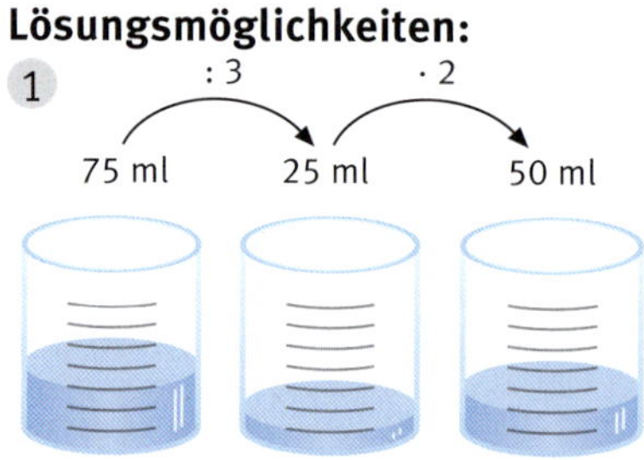

oder

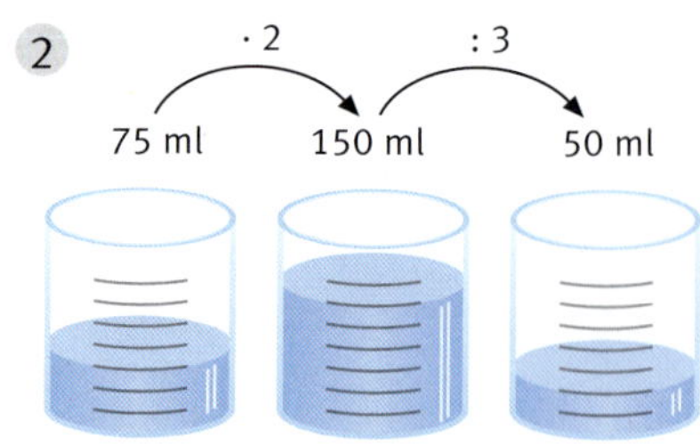

Antwort: $\frac{2}{3}$ von 75 ml sind 50 ml.

Überlegung zu 1:
$\frac{1}{3}$ von 75 ml sind 25 ml.
Also sind $\frac{2}{3}$ von 75 ml 50 ml.

Überlegung zu 2:
Das Doppelte von 75 ml sind 150 ml.
$\frac{1}{3}$ von 150 ml sind 50 ml.
Also sind $\frac{2}{3}$ von 75 ml 50 ml.

II $\frac{2}{5}$ vom Ganzen sind 20 cm. Wie lang ist das Ganze? Beschreibe dein Vorgehen.

Lösung:
Das Ganze wurde in fünf Teile unterteilt.
$\frac{2}{5}$ sind 20 cm. Dann ist ein $\frac{1}{5}$ 10 cm.
Das Ganze sind $\frac{5}{5}$, also 50 cm lang.

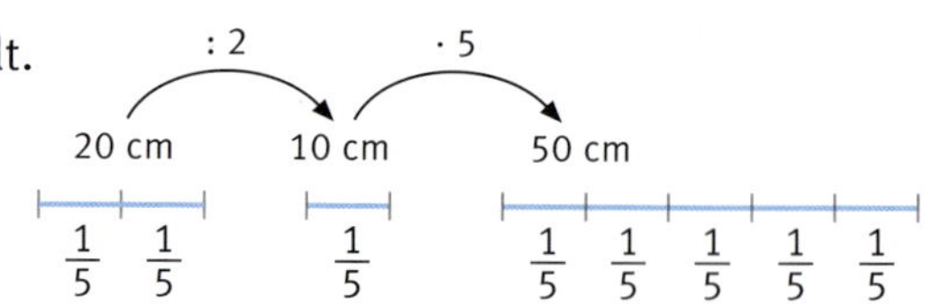

Verständnis

- Wo tauchen im Alltag überall Brüche auf? Nenne Beispiele.
- Wie oft muss man ein DIN-A4-Blatt mindestens falten, um 16 gleich große Teile zu erhalten?
- Welcher Anteil ist größer: $\frac{2}{3}$ oder $\frac{4}{6}$? Begründe deine Antwort.

Aufgaben

1 Veranschauliche wie im Merkkasten, wie man folgende Anteile vom Ganzen auf zwei verschiedene Arten erhält: $\frac{2}{3}$, $\frac{3}{5}$, $\frac{5}{8}$. Nimm als Ganzes jeweils ein Quadrat.

2 Bestimme die Größe des Anteils wie in Beispiel I.

a) $\frac{2}{3}$ von 90 cm	b) $\frac{3}{4}$ von 120 €	c) $\frac{2}{5}$ von 25 kg	d) $\frac{3}{10}$ von 20 min
e) $\frac{5}{6}$ von 24 h	f) $\frac{3}{8}$ von 1000 ml	g) $\frac{1}{6}$ von 72 m	h) $\frac{5}{12}$ von 60 min
i) $\frac{3}{125}$ von 1875 t	j) $\frac{8}{100}$ von 2400 €	k) $\frac{12}{25}$ von 300 mm	l) $\frac{9}{32}$ von 480 kg

3 Stelle in deinem Heft $\frac{2}{3}$ von 12 Kugeln auf unterschiedliche Arten dar.

4 In welcher Zeit überstreicht der große Zeiger der Uhr die gekennzeichnete Fläche? Bezeichne auch die Anteile an der ganzen Stunde.

a) 
b) 
c) 
d) 
e) 

5 Melanie sagt: „Ich teile meine Bonbons gerecht mit Peter, Sabine, Ulf und Maria. Jeder von uns bekommt ein Viertel." Stimmt das? Begründe deine Antwort.

6 Stefanie und Marko streiten sich, wer den Rucksack länger beim Ausflug getragen hat. Stefanie trug den Rucksack zwei von 5 Stunden, Marko 6 von 10 km. Kannst du helfen? Veranschauliche durch eine Zeichnung.

7 Bei einer Schranke wechseln sich weiße und rote Bereiche zur besseren Erkennung ab. Jeder Bereich ist 25 cm lang. Am Anfang und am Ende ist die Schranke rot. Welcher Anteil einer 4,25 m langen Schranke ist weiß (rot)?

Eine Skizze kann helfen.

8 Steffi kann sich acht neue Englischvokabeln gut merken. Doch das sind nur zwei Fünftel der Vokabeln, die sie lernen soll. Gib die Anzahl aller Vokabeln an.

9 Wie groß ist jeweils das Ganze? Überlege wie in Beispiel II.

a) $\frac{1}{4}$ vom Ganzen sind 6 h.
b) $\frac{3}{4}$ vom Ganzen sind 75 €.
c) $\frac{2}{3}$ vom Ganzen sind 12 cm.
d) $\frac{5}{8}$ vom Ganzen sind 250 ml.
e) $\frac{7}{12}$ vom Ganzen sind 35 min.
f) $\frac{6}{7}$ vom Ganzen sind 108 mm.

Lösungen zu 9:
18; 24; 60; 100; 126; 400
Die Einheiten sind nicht angegeben.

1.4 Bruch als Anteil – echte und unechte Brüche

Auf einer Wanderung haben Franziska, Ralf, Petra und Norbert noch fünf kleine Tafeln Schokolade übrig, die sie gerecht untereinander verteilen wollen.

- Gib verschiedene Möglichkeiten an, wie eine solche Verteilung aussehen kann.
- Welchen Anteil bekommt jeder?

Echte Brüche geben einen Anteil an, der kleiner als das Ganze ist.

Beispiele sind in Beispiel II.

Gemischte Zahlen geben an, wie viele Ganze in dem Bruch enthalten sind und wie groß der restliche Anteil ist.

Merkwissen

Brüche, deren Zähler kleiner als der Nenner ist, nennt man **echte Brüche**.

Brüche, deren Zähler gleich oder größer als der Nenner ist, nennt man **unechte Brüche**.

Unechte Brüche, deren Zähler größer ist als der Nenner, lassen sich als **gemischte Zahlen** oder in **gemischter Schreibweise** schreiben.

Beispiel: $\frac{9}{4} = 2 + \frac{1}{4} = 2\frac{1}{4}$

Beispiele

Beachte, dass die Unterteilung jeweils in gleich große Teile erfolgt.

I Zeige anhand einer Zeichnung, dass $\frac{9}{4} = 2\frac{1}{4}$ ist.

Lösung:

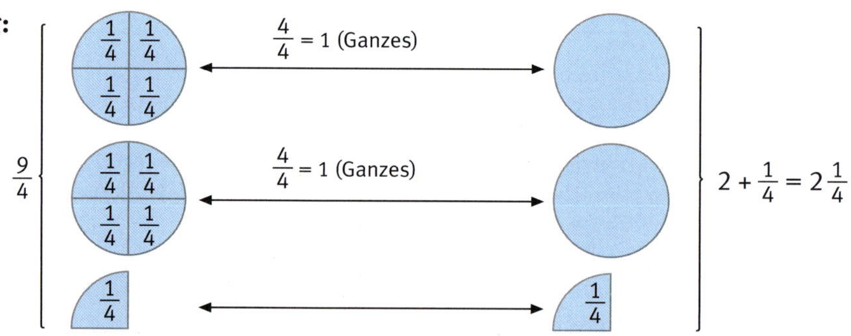

II Welche der Brüche $\frac{4}{5}, \frac{7}{7}, \frac{8}{9}, \frac{11}{12}, \frac{15}{3}, \frac{5}{2}, \frac{20}{100}$ sind echte, welche unechte Brüche?

Lösung:

$\frac{4}{5}, \frac{8}{9}, \frac{11}{12}, \frac{20}{100}$ sind echte Brüche: Der Zähler ist jeweils kleiner als der Nenner.

$\frac{7}{7}, \frac{15}{3}, \frac{5}{2}$ sind unechte Brüche: Der Zähler ist mindestens so groß wie der Nenner.

Verständnis

- Kann man alle unechten Brüche als gemischte Zahlen schreiben?
- Welche Brüche sind natürliche Zahlen? Beschreibe einen Zusammenhang zwischen Zähler und Nenner.

1 Welche Bezeichnungen kennst du für folgende Brüche?
$\frac{3}{8}$; $\frac{5}{4}$; $\frac{12}{6}$; $\frac{9}{12}$; $\frac{16}{5}$; $\frac{9}{10}$; $\frac{7}{7}$; $\frac{1}{25}$; $\frac{123}{25}$; $\frac{35}{7}$; $\frac{12}{11}$; $\frac{10}{1}$; $\frac{0}{4}$; $\frac{100}{10}$; $\frac{0}{5}$

2 Zerschneide drei DIN-A4-Blätter Papier in jeweils acht gleich große Teile. Lege mit den Teilen dann die folgenden Brüche. Wie nennt man die Brüche?

a) $\frac{3}{8}$ b) $\frac{17}{8}$ c) $\frac{16}{8}$ d) $\frac{11}{8}$ e) $\frac{24}{8}$

3 Gib jeweils einen Bruch an, der durch die Zeichnung dargestellt sein kann. Wandle den Bruch – wenn möglich – in eine natürliche oder gemischte Zahl um.

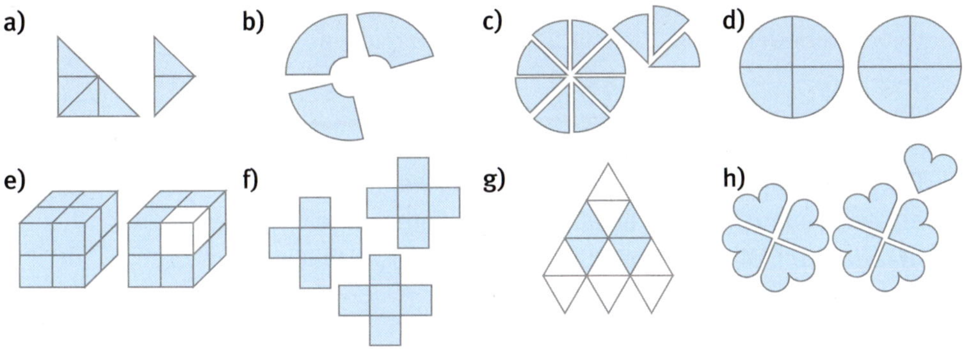

4 Zeige wie in Beispiel I anhand einer Zeichnung folgende Gleichheit.

a) $\frac{7}{2} = 3\frac{1}{2}$ b) $\frac{15}{8} = 1\frac{7}{8}$ c) $1\frac{1}{3} = \frac{4}{3}$ d) $2\frac{3}{5} = \frac{13}{5}$ e) $1\frac{5}{12} = \frac{17}{12}$

5 Brüche und natürliche Zahlen. Setze die Reihe jeweils um fünf Zahlen fort.

a) $\frac{0}{1} = 0$; $\frac{1}{1} = 1$; $\frac{2}{1} = 2$; … b) $\frac{0}{4} = 0$; $\frac{4}{4} = 1$; $\frac{8}{4} = 2$; …

c) $\frac{0}{7} = 0$; $\frac{7}{7} = 1$; $\frac{14}{7} = 2$; … d) $\frac{0}{12} = 0$; $\frac{12}{12} = 1$; $\frac{24}{12} = 2$; …

6 a) Schreibe als gemischte Zahl: $\frac{3}{2}, \frac{8}{3}, \frac{13}{3}, \frac{5}{4}, \frac{15}{4}, \frac{9}{5}, \frac{11}{5}, \frac{17}{10}$. **Beispiel:** $\frac{5}{3} = 1\frac{2}{3}$

3 passt 1-mal in 5, Rest 2.

b) Schreibe als unechten Bruch: $2\frac{1}{2}, 1\frac{2}{3}, 3\frac{3}{4}, 4\frac{3}{5}, 3\frac{5}{6}, 2\frac{7}{8}$. **Beispiel:** $4\frac{1}{3} = \frac{13}{3}$

4 Ganze sind $\frac{12}{3}$; $\frac{1}{3}$ hinzu sind $\frac{13}{3}$

7 Zeichne die Skala eines Messbechers in dein Heft und schreibe die Angaben an den zugehörigen Teilstrich. Überlege dir zunächst, wie hoch die Skala in deinem Heft sein soll.

a) 100 ml b) $\frac{1}{2}$ l c) $\frac{4}{4}$ l d) 250 ml e) $\frac{1}{4}$ l

f) 1250 ml g) 750 ml h) $1\frac{1}{4}$ l i) $\frac{2}{5}$ l j) $\frac{3}{4}$ l

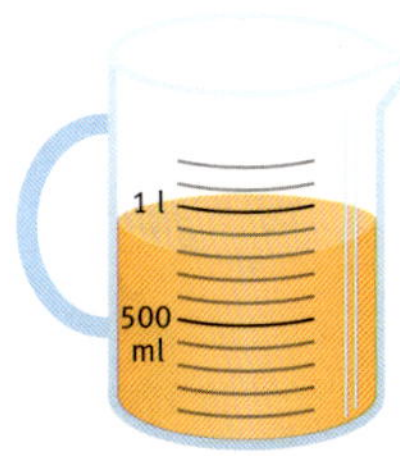

8 Maxi und Antonia gehen im Supermarkt einkaufen. Dabei haben sie die Wahl zwischen Groß- und Kleinpackungen.

a) Bestimme die günstigste Variante und berechne hierfür den Gesamtpreis.

b) Berechne die Ersparnis gegenüber der teuersten Variante.

Einkaufszettel
3 Dosen Hundefutter
$4\frac{1}{2}$ kg Nudeln
10 Pfund Kartoffel
$\frac{3}{4}$ kg Erdnüsse

Angebote

1 Dose Hundefutter 0,49 €
6 Dosen Hundefutter 2,59 €

500 g Nudeln 0,98 €
Familienpackung 2,5 kg Nudeln 3,99 €

1 kg lose Kartoffeln 0,99 €
2,5 kg Kartoffeln im Netz 2,49 €

1 kg lose Erdnüsse 3,48 €
500 g Erdnüsse verpackt 1,49 €

1.5 Bruch als Division

Sabine, Manuel, Sophie und Alexander gehen in eine Pizzeria essen. Zusammen bestellen sie sich drei Pizzas.

- Stelle mindestens drei verschiedene Möglichkeiten in deinem Heft dar, wie sie die drei Pizzas gerecht untereinander verteilen können.
- Wie viel Pizza bekommt jeder?

$\frac{3}{4}$ kann auch 3 : 4 bedeuten: Drei Ganze werden in vier gleich große Teile unterteilt.

Merkwissen

Ein Bruch ist eine andere Schreibweise, um eine **Division** zu notieren.
Dabei steht der Bruchstrich für das Divisionszeichen.

$3 : 4 = \frac{3}{4}$ $\quad 5 : 6 = \frac{5}{6}$ $\quad 7 : 3 = \frac{7}{3}$

Beispiele

I Gib jeweils an, wie viel ein Kind bekommt, wenn ...

a) zwei Eierkuchen gleichmäßig an drei Kinder verteilt werden.

b) zwei Liter Milch gleichmäßig an fünf Kinder verteilt werden.

Lösung:

a) $2 : 3 = \frac{2}{3}$ Jedes Kind bekommt $\frac{2}{3}$ eines Eierkuchens.

b) $2 : 5 = \frac{2}{5}$ Jedes Kind bekommt $\frac{2}{5}$ l Milch.

II Stelle die folgende Verteilung zeichnerisch dar. Wie viel bekommt jedes Kind?

a) Drei Kinder teilen sich gerecht zwei gleich große Äpfel.

b) Zwei Kinder teilen sich gerecht drei gleich große Äpfel.

Beim Unterteilen von Kreisen kann man sich an der Aufteilung der Uhr orientieren.

Lösungsmöglichkeiten:

a)

oder

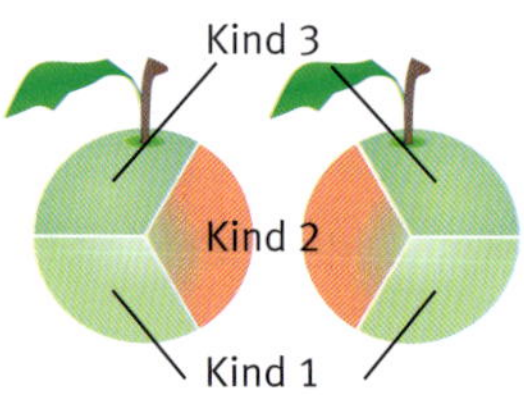

$2 : 3 = \frac{2}{3}$ Jedes Kind bekommt $\frac{2}{3}$ eines Apfels.

b)

oder

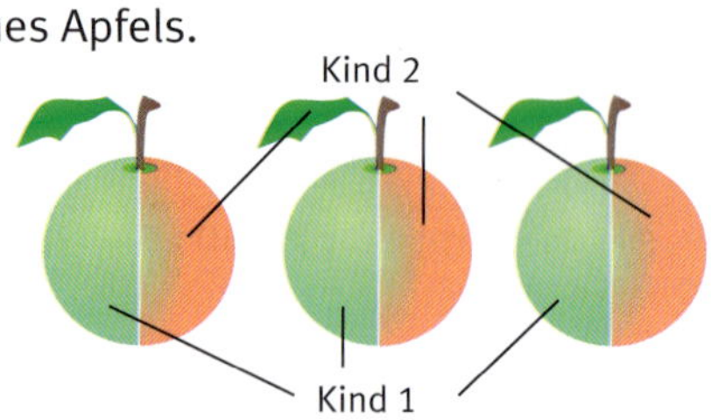

$3 : 2 = \frac{3}{2} = 1\frac{1}{2}$ Jedes Kind bekommt $1\frac{1}{2}$ Äpfel, also einen ganzen und einen halben Apfel.

Divisor
8 : 4 = 2
Dividend

Verständnis

- Erkläre: Im Nenner eines Bruchs darf niemals 0 stehen.
- Welche Brüche ergeben sich, wenn man 1 als Dividend (Divisor) einsetzt?

Aufgaben

1 Schreibe als Bruch. **Beispiel:** $7 : 8 = \frac{7}{8}$

a) 1 : 2   1 : 3   3 : 4   2 : 5   5 : 6   7 : 4   8 : 1   4 : 0

b) 3 : 5   2 : 7   1 : 6   12 : 4   18 : 13   22 : 7

Lösungen zu 1:
$\frac{7}{4}$; $\frac{1}{3}$; $\frac{12}{4}$; $\frac{8}{1}$; $\frac{3}{5}$; $\frac{2}{7}$; $\frac{3}{4}$;
$\frac{2}{5}$; $\frac{1}{2}$; $\frac{22}{7}$; $\frac{5}{6}$; $\frac{18}{13}$; $\frac{1}{6}$;
nicht möglich

2 Gib jeweils an, wie viel ein Kind bekommt, wenn …

a) vier Kinder ein Brötchen gerecht teilen.

b) fünf Kinder drei Tafeln Schokolade gerecht verteilen.

c) zwölf Kinder fünf Birnen gerecht verteilen.

d) drei Kinder vier Pfannkuchen gleichmäßig verteilen.

3 Stelle die folgenden Verteilungen wie in Beispiel II auf mindestens zwei unterschiedliche Arten zeichnerisch dar. Wie viel bekommt jedes Kind?

Überlege zunächst, wie du den Sachverhalt günstig zeichnen kannst.

a) Drei Kinder teilen eine Tafel Schokolade gerecht miteinander.

b) Sechs Kinder teilen zwei Baguette-Brote redlich untereinander auf.

c) Vier Kinder verteilen zwei Pizzas gerecht untereinander.

d) Acht Kinder verteilen fünf Stück Kuchen gleichmäßig.

4 Zerschneide die Blätter Papier auf zwei verschiedene Arten. Welchen Anteil bekommt jede Person?

Beispiel: Zwei Blatt Papier werden gleichmäßig an vier Personen verteilt.

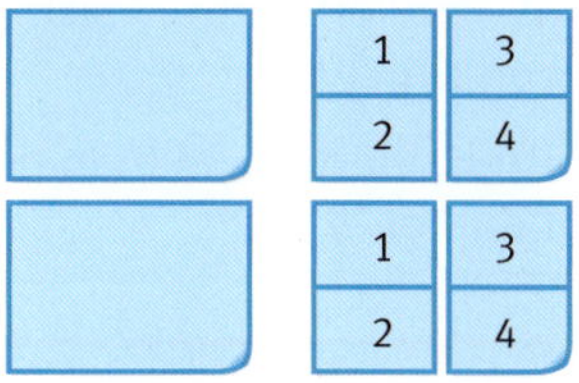

Jede Person bekommt $\frac{2}{4}$ von einem Blatt:

a) Drei Blatt Papier sollen gerecht auf vier Personen verteilt werden.

b) Zwei Blatt Papier sollen gerecht auf acht Personen verteilt werden.

c) Zwei Blatt Papier werden gleichmäßig auf sechs Personen verteilt.

5 Notiere zu jeder Figur einen passenden Bruch.

a) 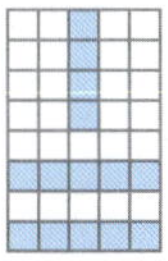 **b)** 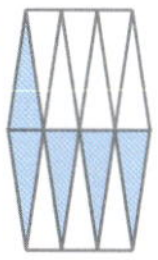 **c)** 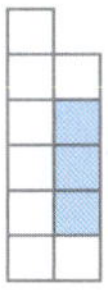 **d)** 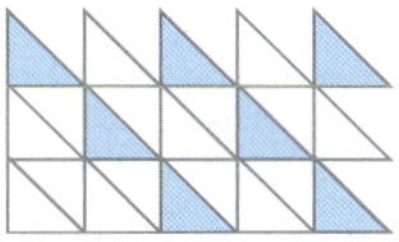 **e)** 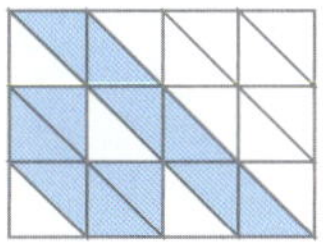

6 Berechne, indem du die Größe zunächst in eine kleinere Einheit umwandelst. Gib das Ergebnis auch als Bruch in der gegebenen Einheit an.

a) 3 kg : 4   **b)** 4 m : 8   **c)** 5 € : 20   **d)** 6 l : 24   **e)** 6 km : 40

7 Erfinde mindestens zwei Aufgaben zu jeder Division. **Beispiel:**

2 l : 5
1. In einer Flasche sind 2 l Badezusatz. Auf der Flasche steht: „Reicht für 5 Schaumbäder“. Wie viel Liter soll man für ein Bad nehmen?
Antwort: Für ein Bad soll man $\frac{2}{5}$ Liter Badezusatz nehmen.
2. Auf dem Tisch stehen 2 l Apfelsaft, …

a) 3 l : 4   **b)** 2 kg : 10   **c)** 3 km : 6   **d)** 6 m : 8   **e)** 5 h : 15

1.6 Brüche erweitern und kürzen

- Welchen Anteil der Pizza erhält man bei folgenden Unterteilungen? Erkläre, wie die Anteile gebildet wurden. Welche Zusammenhänge entdeckst du zwischen den Brüchen?

- Falte folgenden Anteil von einem Blatt Papier durch unterschiedliche Unterteilungen. Finde verschiedene Brüche, um diesen Anteil zu bezeichnen.

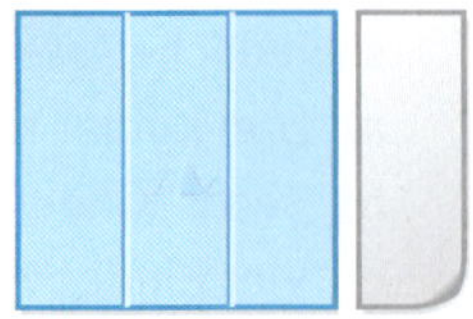

Erweitern
Zähler und Nenner mit derselben Zahl multiplizieren.
$\frac{2}{3} = \frac{2 \cdot 4}{3 \cdot 4} = \frac{8}{12}$

Kürzen
Zähler und Nenner durch dieselbe Zahl dividieren.
$\frac{12}{15} = \frac{12 : 3}{15 : 3} = \frac{4}{5}$

Merkwissen

Ein **Anteil ändert sich nicht**, wenn die Unterteilung verfeinert oder vergröbert wird.

Verfeinert man die Unterteilung, das heißt verdoppelt (verdreifacht, vervierfacht, ...) man den Nenner, dann verdoppelt (verdreifacht, vervierfacht, ...) sich auch der Zähler. Diesen Vorgang nennt man **Erweitern** von Brüchen.

Vergröbert man die Unterteilung, das heißt halbiert (drittelt, viertelt, ...) man den Nenner, dann halbiert (drittelt, viertelt, ...) sich auch der Zähler.
Diesen Vorgang nennt man **Kürzen** von Brüchen.

Beispiele

Der Wert eines Bruchs ändert sich nicht beim Erweitern und Kürzen.

I Veranschauliche durch Erweitern und Kürzen, dass $\frac{2}{3} = \frac{8}{12}$ ist.

Lösung:

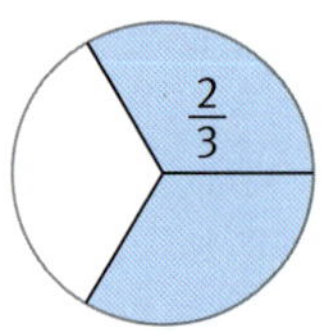

Erweitern: $\frac{2}{3} = \frac{2 \cdot 4}{3 \cdot 4} = \frac{8}{12}$ →

← Kürzen: $\frac{8}{12} = \frac{8 : 4}{12 : 4} = \frac{2}{3}$

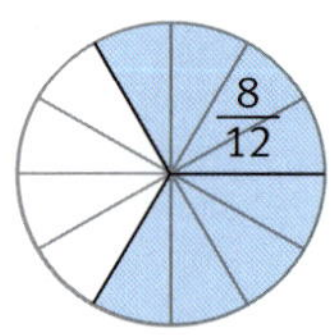

Häufige Schreibweisen
$\frac{2}{3} \overset{4}{=} \frac{8}{12}$
für das Erweitern mit 4, 4 ist die Erweiterungszahl.

$\frac{12}{15} \underset{3}{=} \frac{4}{5}$
für das Kürzen mit 3, 3 ist die Kürzungszahl.

II a) Erweitere mit 3: $\frac{1}{4}, \frac{5}{6}$. b) Kürze mit 5: $\frac{5}{10}, \frac{25}{100}$.

Lösung:

a) $\frac{1}{4} = \frac{1 \cdot 3}{4 \cdot 3} = \frac{3}{12}$ oder $\frac{1}{4} \overset{3}{=} \frac{3}{12}$

$\frac{5}{6} = \frac{5 \cdot 3}{6 \cdot 3} = \frac{15}{18}$ oder $\frac{5}{6} \overset{3}{=} \frac{15}{18}$

b) $\frac{5}{10} = \frac{5 : 5}{10 : 5} = \frac{1}{2}$ oder $\frac{5}{10} \underset{5}{=} \frac{1}{2}$

$\frac{25}{100} = \frac{25 : 5}{100 : 5} = \frac{5}{20}$ oder $\frac{25}{100} \underset{5}{=} \frac{5}{20}$

Verständnis

- Lassen sich Stammbrüche kürzen?
- Welcher Zusammenhang besteht zwischen Erweitern und Kürzen?
- Lässt sich jeder Bruch erweitern (kürzen)? Begründe.

1 Schneide einen Kreis aus einem Blatt Papier. Zeige durch Falten: $\frac{3}{4} = \frac{9}{12}$.

2 Veranschauliche folgende Gleichheit mithilfe des Zahlenstrahls.

a) $\frac{1}{2} = \frac{4}{8}$ **b)** $\frac{3}{4} = \frac{12}{16}$ **c)** $\frac{2}{5} = \frac{8}{20}$ **d)** $\frac{3}{6} = \frac{12}{24}$ **e)** $\frac{5}{12} = \frac{25}{60}$

3 Mit welcher Zahl wurde erweitert bzw. gekürzt?

a)

b)
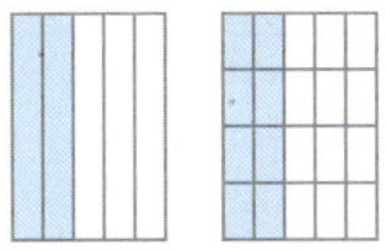

c)
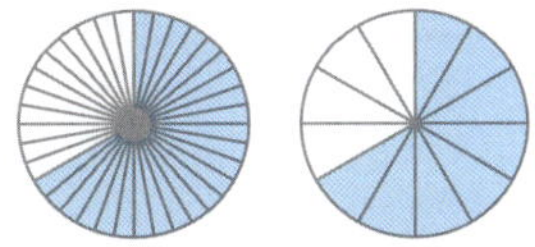

d)
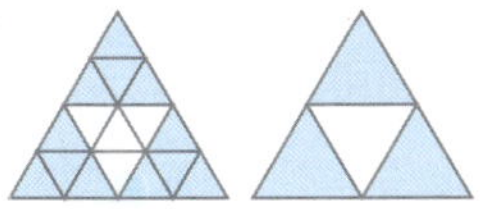

e)
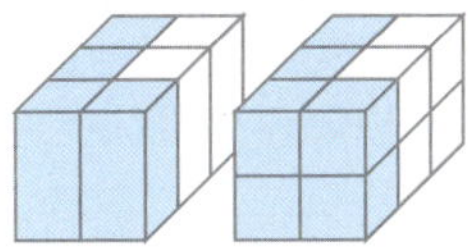

f)

g) $\frac{1}{2} = \frac{10}{20}$ **h)** $\frac{2}{3} = \frac{8}{12}$ **i)** $\frac{3}{5} = \frac{9}{15}$ **j)** $\frac{2}{7} = \frac{14}{49}$ **k)** $\frac{13}{20} = \frac{65}{100}$ **l)** $\frac{7}{8} = \frac{56}{64}$

m) $\frac{12}{18} = \frac{4}{6}$ **n)** $\frac{120}{200} = \frac{15}{25}$ **o)** $\frac{96}{144} = \frac{8}{12}$ **p)** $\frac{72}{80} = \frac{9}{10}$ **q)** $\frac{104}{136} = \frac{13}{17}$ **r)** $\frac{17}{17} = \frac{1}{1}$

4 Übertrage die Figuren in dein Heft und veranschauliche ...

Benenne jeweils die gefärbten Anteile.

a) das Erweitern mit 2 (mit 4). **b)** das Erweitern mit 3 (mit 6).

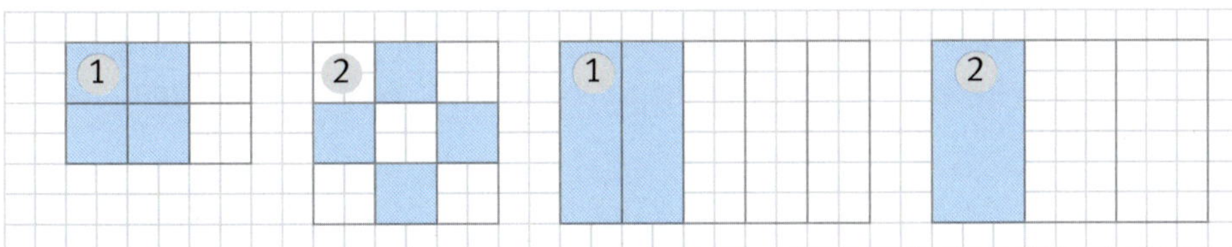

c) das Kürzen mit 2 (mit 4). **d)** das Kürzen mit 5.

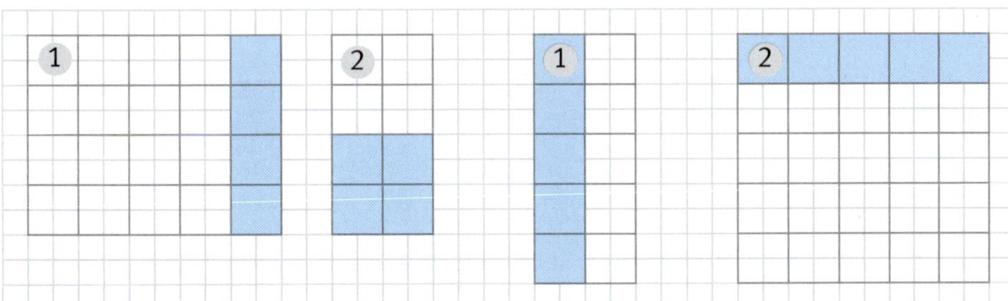

5 Kürze und wandle anschließend – falls möglich – in eine gemischte Zahl um.

a) mit 2: $\frac{2}{4}$; $\frac{10}{14}$; $\frac{6}{18}$; $1\frac{4}{20}$; $\frac{18}{6}$ **b)** mit 4: $\frac{12}{16}$; $\frac{32}{40}$; $\frac{28}{44}$; $\frac{8}{24}$; $\frac{20}{4}$

c) mit 5: $\frac{5}{10}$; $\frac{25}{15}$; $\frac{45}{40}$; $1\frac{25}{50}$; $1\frac{30}{35}$ **d)** mit 8: $\frac{16}{40}$; $\frac{64}{72}$; $\frac{32}{88}$; $2\frac{8}{56}$; $2\frac{24}{48}$

e) mit 10: $\frac{20}{30}$; $\frac{10}{100}$; $\frac{70}{50}$; $2\frac{10}{20}$; $\frac{50}{10}$ **f)** mit 11: $\frac{33}{44}$; $\frac{77}{110}$; $\frac{99}{121}$; $\frac{165}{55}$; $\frac{143}{11}$

Gemischte Zahlen kürzen:

1 $1\frac{12}{14} = \frac{26}{14} \underset{2}{=} \frac{13}{7} = 1\frac{6}{7}$

2 $1\frac{12}{14} \underset{2}{=} 1\frac{6}{7}$

6 Erweitere die Brüche.

a) mit 2: $\frac{2}{3}$; $\frac{8}{9}$; $\frac{36}{17}$; $1\frac{7}{11}$ **b)** mit 3: $\frac{5}{6}$; $\frac{7}{9}$; $\frac{36}{17}$; $2\frac{9}{13}$ **c)** mit 7: $\frac{1}{7}$; $\frac{4}{9}$; $\frac{15}{11}$; $3\frac{5}{8}$

d) mit 9: $\frac{2}{7}$; $\frac{6}{9}$; $\frac{13}{15}$; $2\frac{5}{8}$ **e)** mit 10: $\frac{2}{3}$; $\frac{5}{6}$; $\frac{17}{13}$; $8\frac{3}{4}$ **f)** mit 13: $\frac{1}{2}$; $\frac{8}{9}$; $\frac{0}{10}$; $1\frac{5}{7}$

Gemischte Zahlen erweitern:

1 $1\frac{5}{6} = \frac{11}{6} \overset{2}{=} \frac{22}{12} = 1\frac{10}{12}$

2 $1\frac{5}{6} \overset{2}{=} 1\frac{10}{12}$

7 Teilbarkeitsregeln können dir beim Kürzen helfen.

Teilbarkeitsregeln
Eine natürliche Zahl ist teilbar durch ...

- **2**, wenn die Endziffer gerade ist.
- **4**, wenn ihre letzten beiden Ziffern eine durch 4 teilbare Zahl bilden oder Nullen sind.
- **5**, wenn die Endziffer 0 oder 5 ist.
- **10**, wenn die Endziffer 0 ist.

Eine natürliche Zahl ist teilbar durch **3** bzw. **9**, wenn ihre Quersumme durch 3 bzw. 9 teilbar ist.
Die Quersumme erhält man, indem man alle Ziffern der Zahl addiert.

Beispiele
126, 74, 82 sind durch 2 teilbar.
584, 1248, 7000 sind durch 4 teilbar.

625, 780, 12 715 sind durch 5 teilbar.
730, 3240 sind durch 10 teilbar.

37 152: Quersumme 3 + 7 + 1 + 5 + 2 = 18
37 152 ist durch 3 und 9 teilbar, denn 3 | 18 sowie 9 | 18.

Erinnere dich: 3 | 18 bedeutet „3 teilt 18“.

a) Übertrage ins Heft und überprüfe auf Teilbarkeit. Welche Zusammenhänge erkennst du?

	345	728	3780	3972	8568	9422	61 530	113 715
2	–	×	□	□	□	□	□	□
4	□	□	□	□	□	□	□	□
5	□	□	□	□	□	□	□	□
10	□	□	□	□	□	□	□	□
3	□	□	□	□	□	□	□	□
9	□	□	□	□	□	□	□	□

Findest du mehrere Möglichkeiten?

b) Setze Ziffern so ein, dass die Zahl durch 3 (4) teilbar wird.
① 352□ ② 4□6 ③ 847□ ④ 24□1 ⑤ 5□3□ ⑥ □6□6

c) Bestimme die gemeinsamen Teiler der folgenden Zahlen. Gib auch den ggT an.
① 12 und 4 ② 45 und 18 ③ 75 und 125
④ 56 und 84 ⑤ 8; 12 und 32 ⑥ 13; 9 und 3

d) Begründe, dass man einen Bruch $\frac{m}{n}$ stets mit dem ggT (m; n) kürzen kann.

8 Kürze jeden Bruch so weit wie möglich. Du kannst auch schrittweise vorgehen.
Beispiel 1: $\frac{60}{105} = \frac{60:5}{105:5} = \frac{12}{21} = \frac{12:3}{21:3} = \frac{4}{7}$ **Beispiel 2:** $\frac{84}{14} = \frac{42}{7} = 6$

a) $\frac{50}{100}$; $\frac{2}{14}$; $\frac{15}{75}$; $\frac{36}{6}$; $\frac{72}{80}$ **b)** $\frac{60}{48}$; $\frac{24}{40}$; $\frac{27}{81}$; $\frac{39}{169}$; $\frac{600}{900}$ **c)** $\frac{56}{70}$; $\frac{126}{140}$; $\frac{64}{124}$; $\frac{150}{125}$; $\frac{160}{256}$

Lösungen zu 8:
6, $\frac{1}{7}$; $\frac{2}{3}$; $\frac{1}{5}$; $\frac{9}{10}$; $\frac{6}{5}$; $\frac{1}{2}$; $\frac{5}{4}$; $\frac{3}{5}$; $\frac{5}{8}$; $\frac{9}{10}$; $\frac{16}{31}$; $\frac{3}{13}$; $\frac{1}{3}$; $\frac{4}{5}$

9 Welche Brüche lassen sich durch Erweitern und Kürzen untereinander bilden?
a) $\frac{20}{50}$; $\frac{3}{4}$; $\frac{8}{16}$; $\frac{9}{12}$; $\frac{4}{10}$; $\frac{4}{8}$; $\frac{75}{100}$; $\frac{20}{40}$ **b)** $\frac{2}{3}$; $\frac{21}{49}$; $\frac{12}{18}$; $\frac{25}{30}$; $\frac{3}{7}$; $\frac{5}{6}$; $\frac{6}{14}$; $\frac{20}{30}$

10 Ergänze die fehlende Zahl. Erkläre, wie du sie gefunden hast. Notiere auch die Erweiterungs- bzw. Kürzungszahl am Gleichheitszeichen.

Siehe Beispiel II auf S. 18.

a) $\frac{2}{5} = \frac{\square}{10}$ b) $\frac{3}{8} = \frac{\square}{32}$ c) $\frac{5}{7} = \frac{15}{\square}$ d) $\frac{\square}{4} = \frac{12}{16}$ e) $\frac{4}{\square} = \frac{12}{9}$ f) $\frac{25}{10} = \frac{\square}{2}$

g) $\frac{5}{6} = \frac{30}{\square}$ h) $\frac{1}{6} = \frac{\square}{24}$ i) $\frac{12}{\square} = \frac{60}{100}$ j) $\frac{\square}{96} = \frac{9}{8}$ k) $\frac{14}{\square} = \frac{42}{27}$ l) $\frac{11}{5} = \frac{121}{\square}$

11 Erweitere die Brüche auf den angegebenen Nenner. Notiere die Erweiterungszahl.

a) Nenner 100: $\frac{2}{50}$; $\frac{3}{10}$; $\frac{12}{25}$; $\frac{15}{20}$; $\frac{3}{2}$; $\frac{7}{4}$ b) Nenner 40: $\frac{1}{4}$; $\frac{5}{8}$; $\frac{3}{5}$; $\frac{13}{2}$; $\frac{7}{10}$; $1\frac{3}{20}$

12 Ein Süßwarenhersteller verkauft helle und dunkle Schokoküsse in Packungen zu 16, 24 und 40 Stück. Der Anteil der hellen Schokoküsse soll in allen Packungen gleich sein. Welche Möglichkeiten gibt es?

13 Auf einem Schulfest veranstalten die Klassen 6a, 6b und 6c jeweils eine Lotterie. Die Klasse 6a hat 36 Gewinne gesammelt und möchte insgesamt 60 Lose verkaufen. Die Klasse 6b hat 80 Lose gedruckt, Klasse 6c 70 Lose. Wie viele Gewinnlose müssen die Klassen 6b und 6c haben, wenn der Anteil der Gewinnlose in allen drei Lotterien gleich groß sein soll?

14 Stell dir vor: Dominosteine stellen Brüche dar. Der abgebildete Stein steht beispielsweise für den Bruch $\frac{3}{4}$.

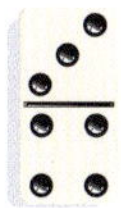

a) Wie viele unterschiedliche Brüche kannst du so durch Dominosteine bilden? Wie viele davon sind echte Brüche, unechte Brüche und Stammbrüche?

b) Welche „Dominostein-Brüche“ lassen sich durch Erweitern und Kürzen bilden? Schreibe entsprechende Brüche auf, die den gleichen Wert haben.

c) Der Dominostein $\frac{3}{4}$ kann auch den Bruch $\frac{4}{3}$ darstellen, wenn man den Stein umdreht. Wie viele Steine brauchst du mindestens, um alle Brüche aus Teilaufgabe a) zu bilden?

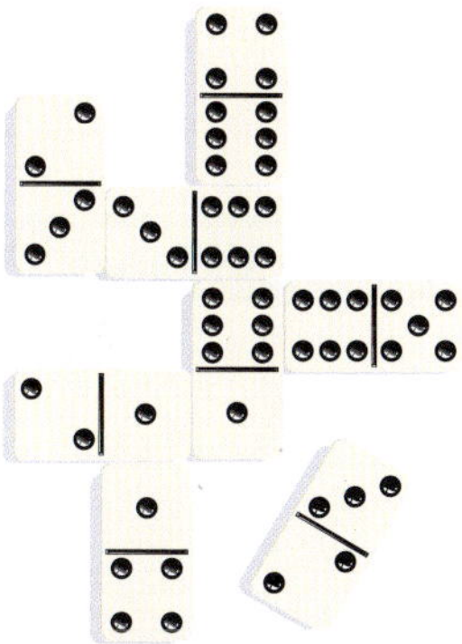

15 Ist die Aussage jeweils richtig oder falsch? Begründe deine Antwort.

a) Martina behauptet: „Ich darf einen Bruch niemals mit 0 erweitern oder kürzen.“

b) Paul meint: „Ich kann jeden erweiterten Bruch mindestens einmal kürzen.“

c) Gül sagt: „Die Erweiterungs- bzw. Kürzungszahl 1 hat keine Bedeutung?“

SPIEL

Bruchmemory (2 Spieler)

Herstellung des Spielmaterials

- Für einen Kartensatz Memory benötigt ihr vier Blatt dickes Papier (DIN-A4). Jedes Blatt zerschneidet ihr in acht gleich große Teile, sodass ihr insgesamt 32 Memorykarten erhaltet, die ihr zu 16 Kartenpaaren zusammenlegt.
- Auf eine Karte eines Kartenpaares schreibt ihr jeweils einen Bruch oder visualisiert ihn durch eine Figur. Auf die andere Karte notiert oder zeichnet ihr einen dazugehörigen erweiterten oder gekürzten Bruch.

Beispiele für Kartenpaare

Spielregeln

Die bekannten Memoryregeln.

Stellt in Kleingruppen (3–4 Personen) Bruchkarten her:

- Für einen Kartensatz benötigt ihr sechs Blätter dickes Papier (DIN-A4). Zerschneidet jedes Blatt in acht gleich große Teile.
- Notiert auf jede Karte einen Bruch, eine gemischte Zahl oder eine natürliche Zahl.
- Spannt eine Wäscheleine und hängt die Karten der Größe nach an die Leine.

Karten, deren Brüche gleich große Anteile darstellen, werden übereinander gehängt.

- Beschreibt Regeln, mit deren Hilfe ihr die Karten ordnen könnt.

Merkwissen

Brüche mit gleichem Nenner heißen **gleichnamig**.

Gleichnamige Brüche kann man der Größe nach **ordnen**, indem man ihre Zähler vergleicht: Derjenige Bruch ist größer, der den größeren Zähler hat.

Ungleichnamige Brüche lassen sich der Größe nach **ordnen**, indem man sie zuerst durch Erweitern oder Kürzen **gleichnamig macht** und anschließend vergleicht.

Beispiel: $\frac{3}{20} \square \frac{4}{25}$ Da $\frac{3}{20} \underset{5}{=} \frac{15}{100}$ und $\frac{4}{25} \underset{4}{=} \frac{16}{100}$ gilt: $\frac{3}{20} < \frac{4}{25}$ da $\frac{15}{100} < \frac{16}{100}$.

Brüche vergleichen
Brüche erst auf den gleichen Nenner bringen, dann die Zähler vergleichen

Beispiele

I Zeichne einen Zahlenstrahl und markiere folgende Brüche: $\frac{1}{2}, \frac{4}{5}, \frac{7}{10}$.
Ordne die Brüche anschließend der Größe nach.

Lösung:

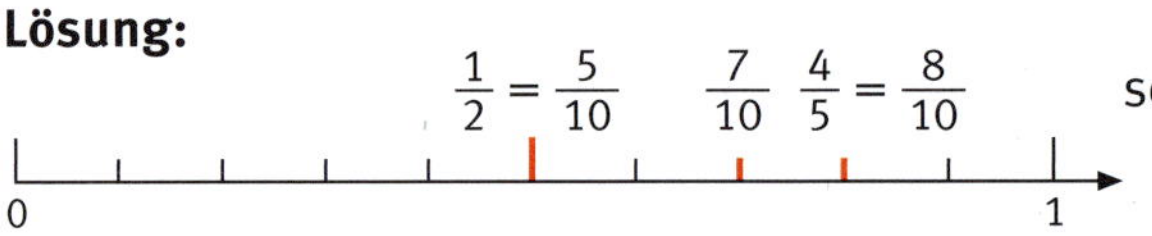

somit: $\frac{1}{2} < \frac{7}{10} < \frac{4}{5}$

II <, > oder =?

a) $\frac{2}{3} \square \frac{5}{9}$

b) $2\frac{3}{4} \square \frac{7}{2}$

Lösung:

a) Da $\frac{2}{3} = \frac{6}{9}$ und $\frac{6}{9} > \frac{5}{9}$ gilt: $\frac{2}{3} > \frac{5}{9}$.

b) Da $2\frac{3}{4} = \frac{11}{4}$ und $\frac{7}{2} = \frac{14}{4}$ gilt: $2\frac{3}{4} > \frac{7}{2}$
Oder: Da $\frac{7}{2} = 2\frac{1}{2} = 2\frac{2}{4}$ gilt: $2\frac{3}{4} > \frac{7}{2}$.

III Gib fünf Brüche zwischen 0 und 1 an, die nicht gleichwertig sind.

Lösungsmöglichkeit: $\frac{2}{3}; \frac{1}{2}; \frac{3}{4}; \frac{2}{5}; \frac{3}{8}$

Verständnis

- Vergleiche Brüche mit gleichem Zähler: $\frac{3}{11} \square \frac{3}{15}$. Begründe, wie du direkt bestimmen kannst, welcher Bruch größer ist.
- Begründe die folgende Ungleichheit ohne Rechnung: $\frac{7}{9} < \frac{8}{7}$.

1 Übertrage in dein Heft und setze <, > oder =.

a) $\frac{2}{5} \square \frac{4}{5}$; $\frac{7}{8} \square \frac{6}{8}$; $1\frac{1}{2} \square \frac{3}{2}$; $\frac{2}{3} \square \frac{1}{3}$; $\frac{7}{9} \square \frac{8}{9}$; $\frac{4}{8} \square \frac{2}{4}$; $\frac{4}{5} \square \frac{9}{10}$; $2\frac{1}{6} \square 2\frac{1}{2}$; $\frac{12}{6} \square 2$

b) $\frac{1}{4} \square \frac{1}{2}$; $\frac{2}{3} \square \frac{2}{5}$; $\frac{5}{8} \square \frac{5}{6}$; $\frac{7}{15} \square \frac{7}{25}$; $\frac{5}{12} \square \frac{6}{20}$; $\frac{5}{8} \square \frac{10}{9}$; $\frac{4}{5} \square 1$; $\frac{4}{8} \square \frac{8}{12}$; $1\frac{4}{5} \square 1\frac{2}{7}$

2 Bestimme die markierten Stellen durch mindestens zwei gleichwertige Brüche. Ordne die Brüche.

3 Zeichne einen Zahlenstrahl zwischen 0 und 2 und kennzeichne die folgenden Brüche. Ordne sie der Größe nach, beginne mit dem kleinsten Bruch.

Überlege zunächst, wie lang der Zahlenstrahl sein soll für eine geeignete Unterteilung.

a) $\frac{1}{2}$; $\frac{6}{5}$; $1\frac{1}{2}$; $\frac{7}{10}$; $\frac{1}{5}$; $\frac{15}{10}$; $\frac{5}{5}$

b) $\frac{3}{8}$; $\frac{7}{4}$; $\frac{1}{2}$; $\frac{3}{4}$; $\frac{3}{2}$; $\frac{6}{8}$; $\frac{4}{2}$

4 a) Finde jeweils fünf gleichwertige Brüche zu $\frac{4}{5}$, $\frac{2}{3}$, $\frac{3}{7}$, $\frac{8}{6}$ und $\frac{18}{9}$.

b) Gib fünf unterschiedliche Brüche zwischen 1 und 2 an, die nicht gleichwertig sind.

5 Nenne gleichnamige Brüche, die zwischen den angegebenen Brüchen liegen.

a) $\frac{3}{4}$; $\frac{7}{4}$ b) $\frac{2}{5}$; $\frac{5}{5}$ c) $\frac{6}{10}$; $\frac{11}{10}$ d) $\frac{5}{16}$; $\frac{13}{16}$ e) $\frac{15}{12}$; $\frac{17}{12}$ f) $\frac{47}{7}$; $\frac{51}{7}$

6 Richtig oder falsch? Mache die Brüche zuerst gleichnamig.

a) $\frac{1}{2} < \frac{3}{4} < \frac{7}{8}$ b) $\frac{2}{3} < \frac{1}{2} < \frac{5}{6}$ c) $\frac{4}{9} < \frac{5}{6} < \frac{13}{18}$ d) $\frac{6}{10} < \frac{3}{2} < \frac{7}{5}$

7 Welche Zeitspanne ist länger? Vergleiche die Brüche. Kontrolliere durch Umwandlung in Minuten.

a) $\frac{3}{4}$ h oder $\frac{10}{12}$ h? b) $\frac{2}{3}$ h oder $\frac{3}{5}$ h? c) $\frac{4}{10}$ h oder $\frac{1}{2}$ h? d) $\frac{33}{60}$ h oder $\frac{7}{12}$ h?

8 Ordne der Größe nach.

a) $\frac{3}{4}$ l; $\frac{7}{10}$ ml; 760 ml b) $\frac{3}{8}$ kg; 190 g; $\frac{4}{10}$ kg c) 9 dm; $\frac{95}{100}$ m; 89 cm

9 Silke möchte den Zuckeranteil von zwei Schokopuddings miteinander vergleichen. Der erste Pudding wiegt 140 g und enthält laut Becherangabe 35 g Zucker. Der zweite Pudding wiegt 100 g und enthält 20 g Zucker. Kannst du Silke helfen?

10 Vergleiche die Etiketten der beiden Joghurts nach Fettanteil, Zuckeranteil, Eiweißanteil. Welcher Joghurt erscheint dir gesünder? Begründe deine Antwort.

Sahnejoghurt mit Kirschen	125 g enthalten
Fett	25 g
Kohlenhydrate	50 g
davon Zucker	30 g
Eiweiß	5 g

Joghurt mit Schokostückchen	100 g enthalten
Fett	16 g
Kohlenhydrate	45 g
davon Zucker	20 g
Eiweiß	4 g

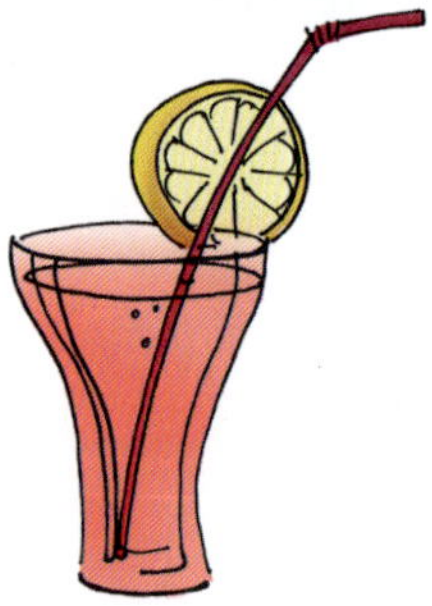

Bei einem gut gemixten KiBa (Kirsch-Bananen-Saft) kommt es nicht nur auf die Kunst des Einschenkens an, sondern auch auf die richtige Mischung (das richtige Verhältnis). Auf zwei Teile Kirschsaft kommt dabei ein Teil Bananensaft.

- Wie gehst du vor, wenn du 300 ml KiBa herstellen willst? Begründe.
- Wie ändern sich die Mengenangaben für 600 ml (1500 ml) KiBa? Was passiert mit dem Verhältnis?

Beim Verhältnis muss man stets angeben, welche Mengen man miteinander vergleicht.

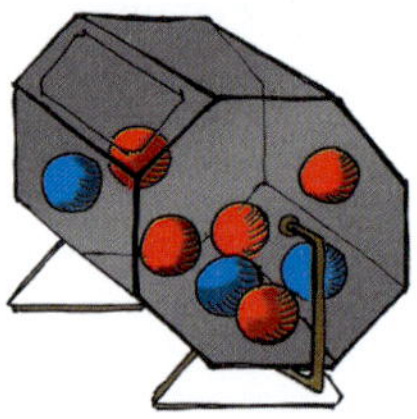

Merkwissen

Im Alltag können Anteile auch als **Verhältnisse** angegeben werden.
In einer Lostrommel liegen drei blaue und fünf rote Kugeln. Verschiedene Sprechweisen drücken jeweils denselben Sachverhalt aus:

- Drei von acht Kugeln sind blau.
- Das Verhältnis von blauen Kugeln zu allen Kugeln ist 3 : 8.
- Der Anteil der blauen Kugeln in der Lostrommel beträgt $\frac{3}{8}$.

Nur die Verhältnisse sind Anteile, bei denen ein Teil der betrachteten Kugeln gegenüber allen Kugeln angegeben wird.

Beachte: Das Verhältnis von blauen zu roten Kugeln 3 : 5 beschreibt keinen Anteil, sondern vergleicht zwei Teilmengen miteinander.

Beispiele

I Beschreibe die Anteile an roten bzw. weißen Perlen in der Kette auf unterschiedliche Weisen.

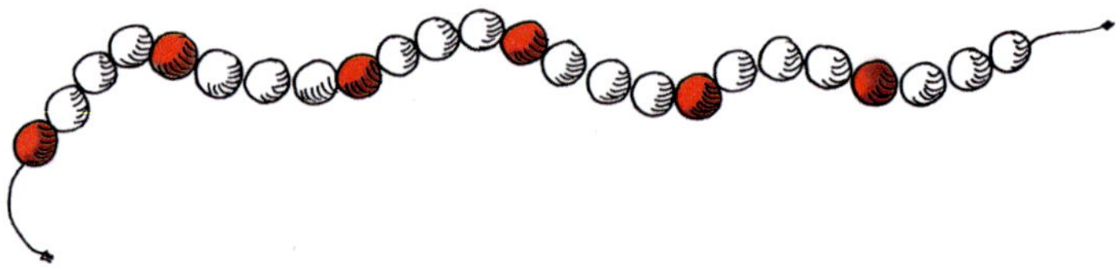

Verhältnisse werden stets mit möglichst kleinen natürlichen Zahlen angegeben.

Lösung:
Insgesamt sind 24 Perlen in der Kette. 6 davon sind rot, die übrigen 18 weiß.

- Das Verhältnis von roten Perlen zu allen Perlen ist 6 : 24 bzw. 1 : 4.
- $\frac{1}{4}$ der Perlen sind rot, $\frac{3}{4}$ der Perlen sind weiß.
- Jede vierte Perle ist rot, d. h. eine von (je) vier Perlen ist rot.
- Drei von (je) vier Perlen sind weiß.

II „Drei von zehn Schülern fahren mit dem Rad zur Schule." Drücke diesen Sachverhalt auf verschiedene Weisen aus und stelle ihn zeichnerisch dar.

Lösung:

- Das Verhältnis von „Fahrrad-Schülern" zu allen Schülern beträgt 3 : 10.
- Von (je) zehn Schülern kommen sieben nicht per Rad zur Schule.

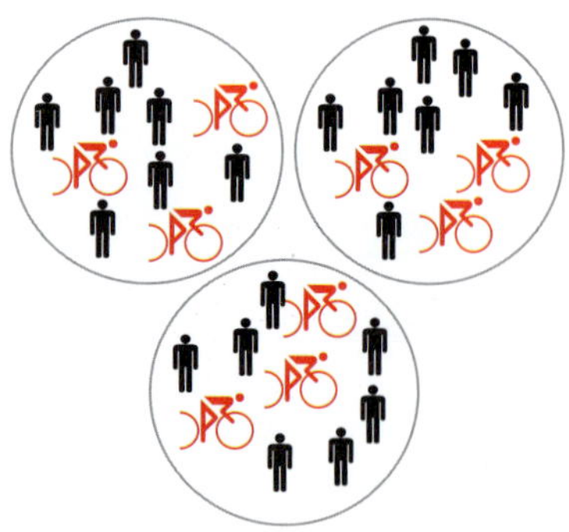

Wenn du die Gesamtanzahl nicht kennst, dann untersuche die Verhältnisse in einer Teilgruppe.

Wir wissen nicht, wie viele Schüler auf diese Schule gehen, können aber die Verhältnisse in Teilgruppen von jeweils 10 Schülern angeben: In einer solchen Gruppe gibt es jeweils drei Schüler, die mit dem Fahrrad und sieben, die ohne Fahrrad zur Schule kommen.

Verständnis

- Erkläre, warum in Beispiel I das Verhältnis „Rote Perlen zu weiße Perlen verhalten sich wie 1 : 3.“ kein Anteil ist.
- Nenne weitere Alltagsbeispiele, in denen man Verhältnisse verwendet.

Aufgaben

1 In einer Brotmischung ist das Verhältnis von Roggenmehl zu Weizenmehl 3 : 2. Drücke denselben Sachverhalt als Anteil auf verschiedene Weisen aus.

2 Lars und Malte sitzen beim Würfeln und überlegen:

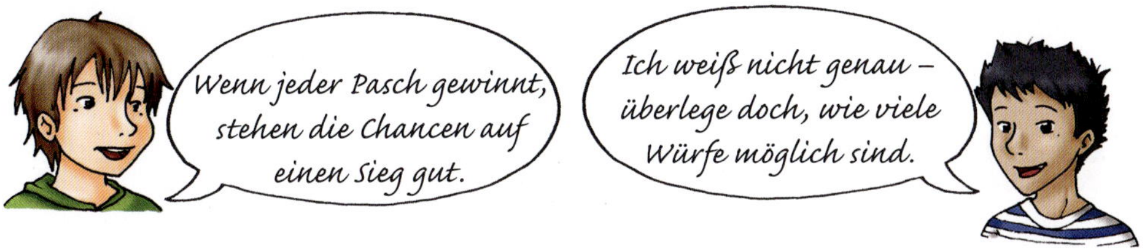

 *und* 

zählen als derselbe Wurf.

Möglicher Pasch

a) Notiere alle möglichen Zahlenpaare mit zwei Würfeln.

b) Überlege, in welchem Verhältnis „Pasch“ zu allen Würfen steht und lies die Aussagen erneut. Erkläre.

c) Stelle den Sachverhalt auf verschiedene Arten dar.

3 Auf dem Oktoberfest gibt es verschiedene Glücksräder.

Rotes Herz
Jedes dritte Feld gewinnt.

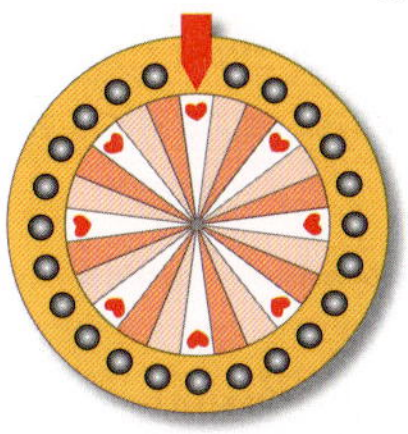

Vierblätterklee
Gewinnmöglichkeit 1 : 4

Glücksschwein
Gewinn zu Niete wie 2 : 3

a) An welchem Glücksrad würdest du spielen? Begründe deine Antwort.

b) Drücke die Gewinnmöglichkeiten an den Glücksrädern durch Verhältnisse aus, die man direkt miteinander vergleichen kann.

4 In der Klasse 6c sind 24 Schüler. Jedes vierte Kind ist ein Junge.

a) Wie ist das Verhältnis von Mädchen zu Jungen in dieser Klasse?

b) Wie viele Mädchen und Jungen sind in der Klasse?

c) Nach den Ferien kommt ein Junge zur Lerngruppe hinzu. Wie verändert sich das Verhältnis?

d) Zwei Mädchen verlassen die Klasse, ein weiterer Junge kommt hinzu. Beschreibe die neue Zusammensetzung der Klasse.

Natur

Sprungkraft bei Lebewesen

Auch wenn auf den ersten Blick der Tiger am weitesten springen kann, ist er dennoch nicht der beste Springer.

Tier	Sprungweite	Körperlänge
Floh	2 m	20 cm
Heuschrecke	2 m	8 cm
Tiger	5 m	2,50 m

- Untersuche das Verhältnis von Sprungweite zur Körperlänge.
- Vergleiche das Sprungvermögen von drei weiteren Tierarten und vom Menschen mit den vorigen Ergebnissen.

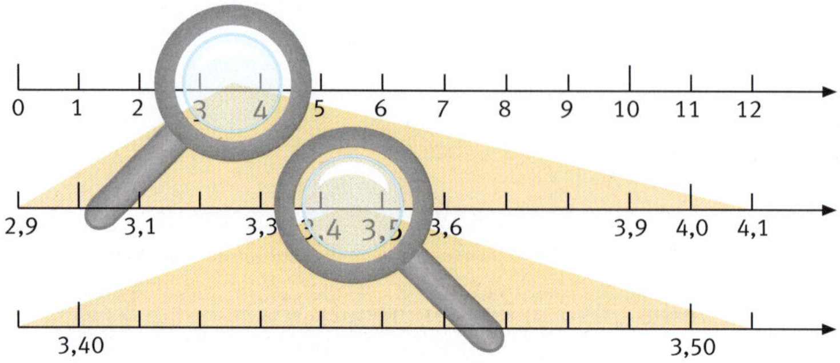

Wir nehmen den Zahlenstrahl unter die Lupe:

- Übertrage die Ausschnitte in dein Heft und ergänze die fehlenden Angaben.
- Betrachte weitere Ausschnitte unter der Lupe und zeichne sie in dein Heft.
- Wo kommen solche Zahlen im Alltag vor? Finde verschiedene Beispiele.

Zahlen nach dem Komma spricht man ziffernweise: 0,33: „null Komma drei drei“

Merkwissen

Zahlen mit Komma heißen **Dezimalzahlen** oder **Dezimalbrüche**. Sie sind eine andere Schreibweise für besondere Brüche mit den Nennern 10, 100, 1000, ...

Bruch	Dezimalbruch	Bruch	Dezimalbruch	Bruch	Dezimalbruch
$\frac{7}{10}$	$= 0{,}7$	$\frac{33}{100}$	$= 0{,}33$	$\frac{125}{1000}$	$= 0{,}125$

Dezimalbrüche lassen sich in eine Stellenwerttafel einordnen, indem nach rechts die Stellenwerte Zehntel (z), Hundertstel (h), Tausendstel (t), ... ergänzt werden.

H 100	Z 10	E 1	z $\frac{1}{10}$	h $\frac{1}{100}$	t $\frac{1}{1000}$	Dezimalbruch	gelesen
	5	1	3	2	0	51,32(0)	einundfünfzig Komma drei zwei (null)
9	0	3	6	1	3	903,613	neunhundertdrei Komma sechs eins drei

Endnullen bei Dezimalen kann man auch weglassen.

Die Stellen hinter dem Komma werden **Dezimalen** genannt.

Beispiele

I Trage 0,0049 in eine Stellenwerttafel ein und schreibe die Zahl als Bruch.

Lösung:

H	Z	E	z	h	t	zt
		0,	0	0	4	9

Bruch $\frac{49}{10\,000}$

II a) Schreibe als Dezimalbruch: $\frac{2}{10}$; $\frac{25}{1000}$; $\frac{16}{100}$; $\frac{4}{5}$; $1\frac{2}{5}$

b) Schreibe als Bruch: 0,3; 0,181; 0,23; 1,45

Erweitere den Nenner auf 10 oder 100 oder 1000 oder ...

Lösung:

a) $\frac{2}{10} = 0{,}2$ $\quad \frac{25}{1000} = 0{,}025$ $\quad \frac{16}{100} = 0{,}16$ $\quad \frac{4}{5} \stackrel{2}{=} \frac{8}{10} = 0{,}8$ $\quad 1\frac{2}{5} \stackrel{2}{=} 1\frac{4}{10} = 1{,}4$

b) $0{,}3 = \frac{3}{10}$ $\quad 0{,}181 = \frac{181}{1000}$ $\quad 0{,}23 = \frac{23}{100}$ $\quad 1{,}45 = 1\frac{45}{100} = \frac{145}{100}$

Verständnis

- Welchen Stellenwert hat die Ziffer 3 in der Zahl 1341, welchen in 0,0137?
- Erläutere, warum die Stellenwerttafel nicht symmetrisch zum Komma aufgebaut ist.

1 Welche Dezimalzahlen sind auf dem Ausschnitt des Zahlenstrahls markiert?

2 Trage die Zahlen in eine Stellenwerttafel ein und schreibe als Bruch.

a) 0,4 **b)** 0,005 **c)** 0,02 **d)** 1,3 **e)** 45,35 **f)** 1,0045 **g)** 0,0000001

3 Welcher Dezimalbruch gehört zu welchem Bruch?

A 0,02 B 0,00002 H 0,000002 E 0,2 C 2 G 0,002 D 0,0002 F 0,0000002

1 $\frac{2}{10\,000\,000}$ 4 $\frac{2}{1}$ 5 $\frac{2}{100\,000}$ 6 $\frac{2}{10\,000}$ 3 $\frac{2}{100}$ 7 $\frac{2}{1\,000\,000}$ 2 $\frac{2}{1000}$

4 Schreibe als Bruch. Kürze so weit wie möglich.

a) 0,5 **b)** 0,25 **c)** 0,8 **d)** 0,15 **e)** 0,125 **f)** 1,375 **g)** 25,0625

Lösungen zu 4: $\frac{1}{8}$; $\frac{3}{20}$; $\frac{401}{16}$; $\frac{11}{8}$; $\frac{4}{5}$; $\frac{1}{4}$; $\frac{1}{2}$

5 Schreibe als Dezimalbruch.

a) $\frac{9}{10}$ **b)** $\frac{4}{1000}$ **c)** $\frac{5}{100\,000}$ **d)** $\frac{3}{25}$ **e)** $\frac{7}{4}$ **f)** $\frac{27}{2}$ **g)** $\frac{2}{50}$

6 Rekorde im Tierreich. Schreibe die Angaben als Bruch.

a) Die kleinsten Insekteneier sind nur 0,027 mm lang und wiegen etwa 0,03 g.
b) Für den schnellsten Flügelschlag braucht eine Mückenart nur 0,0005 s.
c) Der Kolibri ist nur 0,06 m lang und wiegt etwa 0,002 kg.
d) Das Faultier legt maximal 0,12 km pro Stunde zurück.

7 Übertrage die Ausschnitte in dein Heft und beschrifte die Teilstriche.

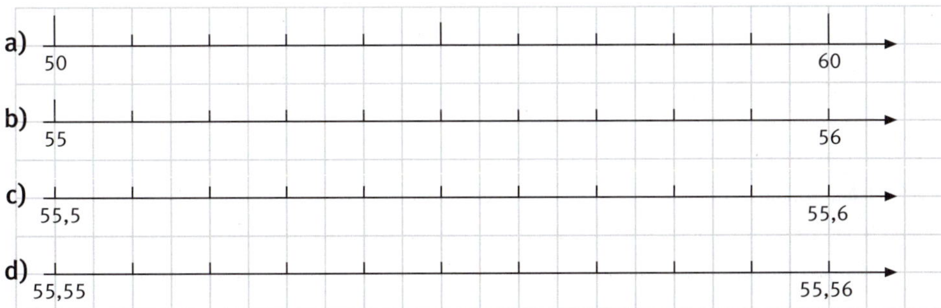

8 Streiche von den folgenden Zahlen 1 (2, 3, 4) Dezimale(n) so weg, dass die entstehende Zahl möglichst groß (klein) wird. Erkläre dein Vorgehen.

a) 1,638562901 **b)** 2,99170034 **c)** 35,0001296 **d)** 0,0917391

9 Vergleiche die Angebote.

Metzgerei Rind	
$\frac{1}{2}$ kg Hackfleisch	1,40 €
2 kg Gulasch	9,60 €
0,25 kg Aufschnitt	1,15 €

Metzgerei Bulle	
100 g Hackfleisch	0,29 €
0,5 kg Gulasch	2,30 €
$\frac{1}{10}$ kg Aufschnitt	0,45 €

Beim Einkaufen merkt Patricks Mutter, dass sie nur noch 20 € bei sich hat. Folgende Artikel stehen auf dem Einkaufszettel: Butter, 3 × Joghurt, Kaffee, 2 × Milch und 500 g Wurst. Sie denkt laut nach:

- Patrick hat sehr schnell eine Lösung. Wie kann das sein?
- Überlege dir eine Strategie.

Merkwissen

Dezimalzahlen **rundet** man anhand der Nachkommastellen (Dezimalen) nach denselben Regeln wie natürliche Zahlen. Beim Runden auf einen bestimmten Stellenwert kommt es auf den benachbarten kleineren Stellenwert an.

Bei 0, 1, 2, 3, 4 wird **abgerundet**, 3,452 ≈ 3,45 (auf Hundertstel gerundet)

bei 5, 6, 7, 8, 9, wird **aufgerundet**. 3,452 ≈ 3,5 (auf Zehntel gerundet)

Beispiele

I Runde auf Zehntel, Hundertstel und Tausendstel.

a) 4,1365 b) 13,9032 c) 9,9999

Lösung:

Runde niemals „nacheinander“, d. h. zuerst auf Tausendstel, dann auf Hunderter, dann auf Zehntel. Runde stets in einem Zug auf die geforderte Stelle.

	a) 4,1365	b) 13,9032	c) 9,9999
Zehntel	4,1365 ≈ 4,1	13,9032 ≈ 13,9	9,9999 ≈ 10,0
Hundertstel	4,1365 ≈ 4,14	13,9032 ≈ 13,90	9,9999 ≈ 10,00
Tausendstel	4,1365 ≈ 4,137	13,9032 ≈ 13,903	9,9999 ≈ 10,000

II Berechne und runde das Ergebnis auf Zehntel.

a) 15 : 4 b) 61 : 8 c) 15 : 7

Lösung:

Beachte: Wenn man auf Zehntel rundet, benötigt man nur die nächste Nachkommastelle (Hundertstel).

a) 15 : 4 = 3,75 ≈ 3,8 b) 61 : 8 = 7,62... ≈ 7,6 c) 15 : 7 = 2,14... ≈ 2,1

Verständnis

- Erkläre, wann bei der Umrechnung vom Bruch zur Dezimalzahl das Komma gesetzt wird.
- Suche verschiedene Angaben aus dem Alltag, die mit einem Dezimalbruch angegeben sind, und runde sie nacheinander auf Ganze, Zehntel, Hundertstel usw.

Aufgaben

1 Runde jeweils auf Einer, Zehntel, Hundertstel und Tausendstel.

a)	b)	c)	d)	e)
8,3012	25,0067	42,7018	0,5516	9,1919
8,1032	25,6670	42,8712	0,6155	1,9911
8,3120	25,7607	42,1807	0,6515	9,9991
8,2301	25,0677	42,7788	0,6651	1,9999

2 Runde sinnvoll.

a) 16,423 € **b)** 77,298 m **c)** 99,518 kg **d)** 3,075 l

e) 26,7 Schüler sind in einer Klasse.

f) Die Müllabfuhr benötigt 11,8 Fahrten zur Deponie.

3 Beim 100-m-Lauf der Leichtathletik-WM in Paris gab es folgendes Ergebnis:

Bahn	Name	Zeit	Reaktionszeit
1	Collins	10,07 s	0,148 s
2	Aliu	10,21 s	0,132s
3	Williams	10,13 s	0,133 s
4	Brown	10,08 s	0,152 s
5	Chambers	10,08 s	0,145 s
6	Montgomery	10,11 s	0,140 s
7	Campbell	10,08 s	0,112 s
8	Ernedolu	10,22 s	0,164 s

Die Reaktionszeit bezeichnet die Zeitspanne, die der Läufer nach dem Startschuss benötigt bis zur ersten Reaktion.

a) Warum ist es schwer zu entscheiden, wer die drei Medaillen bekommen soll?

b) Erstelle eine Ergebnisliste mit gleichen Platzierungen bei gleichen Zeiten.

c) Erstelle eine Reaktionszeit-Siegerliste.

d) Runde die Reaktionszeiten auf Hundertstel. Vergleiche mit der Liste aus c).

e) Einige Jahre vorher konnte man die Zeiten nur auf Zehntel genau bestimmen. Wie würde die Ergebnisliste aussehen, wenn alle Zeiten auf Zehntel gerundet würden?

4 Zwei Freundinnen wiegen ihre Hunde. Bei Katjas Hund zeigt die Waage 42,5 kg, bei Julias Hund 44,6 kg an. Die Waage rundet das Gewicht automatisch auf Zehntel.

a) In welchem Bereich liegt das tatsächliche Gewicht der Hunde?

b) Wie viel Kilogramm würden die Hunde wiegen, wenn die Angaben der Waage aufgerundet sind? Gib die Bereiche an.

5 Die Tabelle zeigt die Einwohnerzahlen einiger Staaten der Europäischen Union (EU) mit ihren Autokennzeichen.

a) Finde die vollständigen Ländernamen für die Abkürzungen.

b) Runde alle Einwohnerzahlen auf Millionen (Zehntausender).

c) Ordne die Zahlen der Größe nach. Beginne mit der größten Zahl.

d) Stelle Vergleiche zwischen den Einwohnerzahlen der Länder an.

Land	Einwohner in Mio.
B	11,036
D	80,586
FIN	5,429
F	64,667
GR	10,815
GB	60,462
IRL	4,581
L	0,537
A	8,489
E	46,704

6 Bei den Bundesjugendspielen starten fast alle Schüler beim 50-m-Lauf. Die beiden schnellsten Jungen sind 11,3 s und 11,6 s gelaufen. Die beiden schnellsten Mädchen sind nach 11,2 s und 11,9 s ins Ziel gekommen. Die Stoppuhr rundet die Zeiten auf Zehntel.

a) Gib den Bereich an, in dem die vier tatsächlich gelaufen sind.

b) Wie viele Sekunden ist der Sieger höchstens schneller (langsamer) gelaufen, als es die Stoppuhr anzeigt?

1.11 Dezimalbrüche ordnen

Im Mathematikunterricht nimmt eine Klasse das Thema Größen durch. Die Schüler messen sich gegenseitig und kommen zu folgenden Ergebnissen. Maße, die sich wiederholt haben, wurden nur einmal notiert.

Jungen: 1,51 m; 1,42 m; 1,32 m; 1,46 m; 1,37 m; 1,35 m

Mädchen: 1,43 m; 1,25 m; 1,38 m; 1,61 m; 1,54 m; 1,44 m

- Wie groß ist der größte Schüler (die größte Schülerin), wie groß der kleinste Schüler (die kleinste Schülerin)?
- Vergleiche die Größen der Schüler miteinander und ordne sie der Größe nach. Wie gehst du vor? Gib eine Anleitung für das Ordnen von Dezimalbrüchen.

Merkwissen

< „ist kleiner als“
> „ist größer als“

Ordnet man Dezimalbrüche der **Größe nach**, dann untersucht man **zunächst die Stellenwerte vor dem Komma**, wie wir es von den natürlichen Zahlen her kennen. Führt dieses zu keinem Ergebnis, werden die Stellenwerte **nach dem Komma von links nach rechts** untersucht. Entscheidend ist die erste Stelle, an der verschiedene Ziffern stehen.

1,2349
1,2357 also: 1,2349 < 1,2357

Beispiele

I Ordne die Brüche 4,934 und 4,943 der Größe nach. Verwende das „<“-Zeichen.

Lösung:
4,934 Die ersten beiden Ziffern (4 Ganze, 9 Zehntel) sind in beiden
4,943 Zahlen identisch. Es kommt also auf die Hundertstel an: 4,934 < 4,943.

II Ordne die Dezimalbrüche und beginne mit der größten Zahl.
Beachte: Manche Zahlen sind gleich groß.
0,7 0,070 0,07 0,700 0,770 0,707 0,70000

Lösung:
0,770 > 0,707 > 0,7 = 0,700 = 0,70000 > 0,07 = 0,070

Bei Dezimalzahlen kann man beliebig viele Endnullen anhängen, ohne dass sich der Wert der Zahl ändert.

III Nenne mindestens drei Dezimalbrüche, die ...
a) kleiner als 2,3 und größer als 2,1 sind.
b) zwischen 12,333 und 12,344 liegen.

Lösungsmöglichkeiten:
a) 2,12 2,2 2,29 oder 2,17 2,23 2,27
b) 12,339 12,342 12,343 oder 12,334 12,336 12,340

Verständnis

- Überlege dir Beispiele aus dem Alltag, bei denen das Ordnen von Dezimalbrüchen notwendig ist.
- Welche Bedeutung kann das Ordnen von Dezimalbrüchen im Sport haben?

1 Ordne die Dezimalbrüche der Größe nach. Beginne stets mit dem kleinsten.

a) 5,2; 5,12; 5,21; 5,02 **b)** 1,1; 1,011; 1,01; 1,10

c) 2,34; 2,034; 2,43; 2,134 **d)** 4,15; 5,14; 1,45; 5,15

2 Ordne der Größe nach.

a) Beginne mit der kleinsten Zahl. **b)** Beginne mit der größten Zahl.

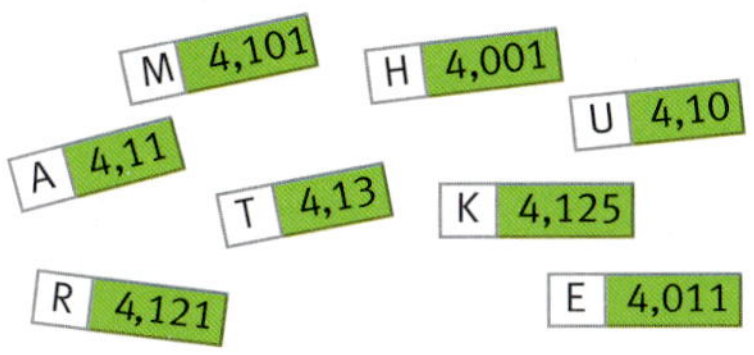

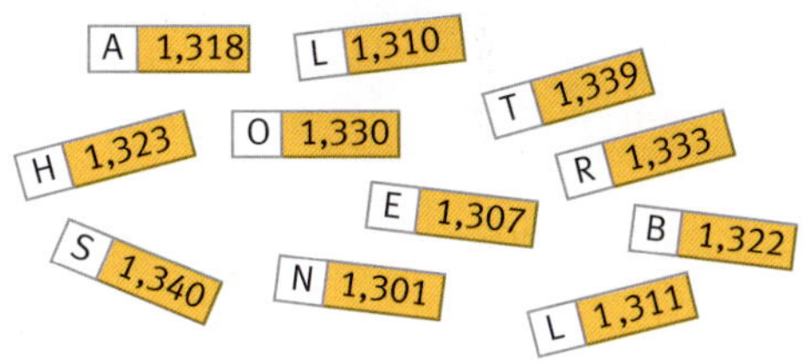

3 Setze eine Ziffer so ein, dass die Anordnung stimmt.

Findest du mehrere Möglichkeiten?

a) 6,75□ < 6,758 **b)** 0,2□3 > 0,219 **c)** 125,□66 < 125,666

d) 78,1□□ > 78,135 **e)** □5,23 < 25,23 **f)** 54,□754 > 54,2754

4 Gib fünf Dezimalbrüche an, die zwischen den folgenden beiden Zahlen liegen.

a) 2,3014 und 2,3104 **b)** 12,6709 und 12,7609 **c)** 1,0011 und 1,0101

5 Susan und Massimo überlegen:

„0,3 ist doch kleiner als 0,300, denn 3 ist kleiner als 300."

a) Liegen die beiden richtig? Begründe.

b) Notiere die Zahlen in einer Stellenwerttafel und überprüfe.

6 Verwandle in die angegebene Maßeinheit und runde auf ganze Einheiten. Ordne anschließend der Größe nach.

Endnullen können bei der Umwandlung helfen.

a) in m: 27,9 dm; 1274,8 cm; 93,1875 km; 1 682 352 mm; 56,83721 km

b) in g: 2,3179 kg; 0,0759 kg; 2,5621 kg; 0,0045213 t; 37,9999 kg

c) in kg: 7,50009 t; 16 907 g; 755,1 g; 9,9090 t; 12 834 g; 0,0004 t

7 Finde Zahlen mit gleichem Wert.

a) 0,4; 0,040; 0,400; 0,04; 0,004; 0,40 **b)** 1,2; 1,200; 0,012; 0,120; 0,0120

c) 3,5; 3,35; 3,500; 3,305; 3,35000 **d)** $\frac{1}{2}$; 0,5; 0,05; 0,500; 0,005; 0,050

8 Die Klasse 6c misst sich.

Carla	144 cm	Tobias	1,57 m
Aishe	1,46 m	Marcel	1,48 m
Elena	140 cm	Hakan	15,1 dm
Hamdi	1,51 m	Deniz	1,61 m
Saskia	1,48 m	Oleg	154 cm

Achte auf gleiche Einheiten.

a) Ordne die Schüler aufsteigend nach der Größe. Markiere Mädchen rot und Jungen grün. Wer ist die Größte (der Größte)?

b) Messt euch gegenseitig und vergleicht eure Größen miteinander. Stellt euch danach der Reihe nach auf, um zu überprüfen, ob ihr richtig gemessen habt.

Die Erde besteht zu zwei Teilen aus Wasser und einem Teil aus Landfläche. Diese Landfläche verteilt sich auf fünf Kontinente und auf die Antarktis.

- Vergleiche die Größe der Kontinente anhand der Tabelle miteinander.
- Ein Teil der Angaben wurde in Prozent (%) gemacht. Vergleiche die beiden Anteile miteinander und erkläre.
- Finde Alltagssituationen, in denen ebenfalls Prozentangaben verwendet werden.

Landmasse	Afrika	Asien	Amerika	Australien	Europa	Antarktis
Anteil in %	20 %	30 %	26 %	7 %	7 %	10 %
Anteil als Bruch	$\frac{20}{100}$	$\frac{30}{100}$	$\frac{26}{100}$	$\frac{7}{100}$	$\frac{7}{100}$	$\frac{10}{100}$

„Pro centum" ist lateinisch und bedeutet „von Hundert". Somit wird das Ganze in 100 gleich große Teile zerlegt.

Merkwissen

Im Alltag ist es üblich, Anteile in Prozent anzugeben und miteinander zu vergleichen. **Prozent** gibt immer den Anteil von Hundert an: $1\,\% = \frac{1}{100}$.

Besonders einfach ist der Zusammenhang bei Dezimalbrüchen: $1{,}2\,\% = 0{,}012$.

Das Komma wird bei der Umwandlung um zwei Stellen verschoben.
Für denselben Anteil gibt es drei verschiedene Schreibweisen:

Prozent ⟶ $25\,\% = \frac{25}{100} = 0{,}25$ ⟵ Dezimalbruch

Einfache Zusammenhänge:
$\frac{1}{10} = 10\,\%$ $\frac{1}{4} = 25\,\%$
$\frac{1}{2} = 50\,\%$ $\frac{3}{4} = 75\,\%$
$\frac{1}{5} = 20\,\%$ $\frac{1}{20} = 5\,\%$

Beispiele

I Wandle die Prozentangaben in die anderen beiden Schreibweisen um.

a) 8 % b) 20 % c) 99 %

Bei einem Bruch vermeidet man Dezimalzahlen in Zähler und Nenner.

Lösung:

a) $8\,\% = 0{,}08$
$8\,\% = \frac{8}{100} \overset{}{\underset{4}{=}} \frac{2}{25}$

b) $20\,\% = 0{,}20 = 0{,}2$
$20\,\% = \frac{20}{100} \underset{20}{=} \frac{1}{5}$

c) $99\,\% = 0{,}99$
$99\,\% = \frac{99}{100}$

II Wandle die Brüche in Prozentangaben und in einen Dezimalbruch um.

a) $\frac{17}{100}$ b) $\frac{3}{20}$ c) $\frac{3}{4}$

Finde durch Erweitern und Kürzen den Hundertstelbruch.

Lösung:

a) $\frac{17}{100} = 17\,\%$
$\frac{17}{100} = 0{,}17$

b) $\frac{3}{20} \overset{5}{=} \frac{15}{100} = 15\,\%$
$\frac{3}{20} \overset{5}{=} \frac{15}{100} = 0{,}15$

c) $\frac{3}{4} \overset{20}{=} \frac{75}{100} = 75\,\%$
$\frac{3}{4} \overset{20}{=} \frac{75}{100} = 0{,}75$

III Markiere 19 % der Fläche des rot umrandeten Quadrats.

Lösung:
Man unterteilt das Quadrat in 100 gleich große Felder und markiert 19 von diesen Feldern. Das entspricht einem Anteil von 19 %.

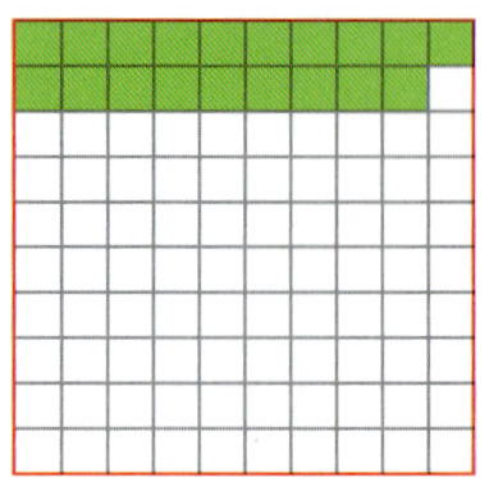

Verständnis

- Häufig hört man die Aussage: „Wir machen fifty-fifty." Erkläre.
- Marjan behauptet beim Kartenspiel: „Ich gewinne mit einer Wahrscheinlichkeit von 60 %". Beurteile seine Aussage.

Aufgaben

1 Wandle in einen Bruch um und kürze, wenn möglich.

a) 4 % **b)** 75 % **c)** 20 % **d)** 35 % **e)** 82 % **f)** 85 %
g) 88 % **h)** 125 % **i)** 250 % **j)** 110 % **k)** 100 % **l)** 0 %

Lösungen zu 1:
$0; \frac{1}{25}; \frac{1}{5}; \frac{7}{20}; \frac{3}{4}; \frac{41}{50}; \frac{17}{20}; \frac{22}{25}; 1; 1\frac{1}{10}; 1\frac{1}{4}; 2\frac{1}{2}$

2 Wandle in einen Dezimalbruch und in Prozent um.

a) $\frac{80}{100}$ **b)** $\frac{96}{100}$ **c)** $\frac{28}{50}$ **d)** $\frac{7}{25}$ **e)** $\frac{65}{50}$ **f)** $\frac{6}{10}$
g) $\frac{9}{10}$ **h)** $\frac{14}{20}$ **i)** $\frac{1}{4}$ **j)** $\frac{2}{5}$ **k)** $1\frac{1}{2}$ **l)** $\frac{96}{96}$

Lösungen zu 2:
25 %; 28 %; 40 %; 56 %; 60 %; 70 %; 80 %; 90 %; 96 %; 100 %; 130 %; 150 %

3 Schreibe in den drei Schreibweisen Bruch, Dezimalbruch und Prozent.

a) ein Zehntel **b)** die Hälfte **c)** drei von fünf
d) ein Viertel **e)** der fünfte Teil **f)** zwei von vier

Verwandle in Brüche und erweitere auf Hundertstel.

4 Gib an, wie viel Prozent der Fläche gefärbt wurden. Beschreibe dein Vorgehen.

a)
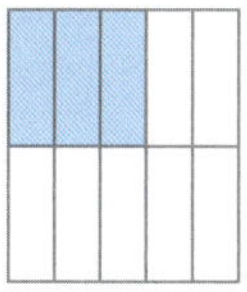
b)
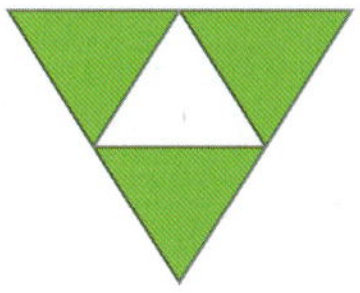
c)
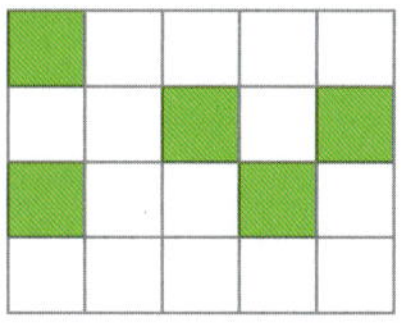
d)
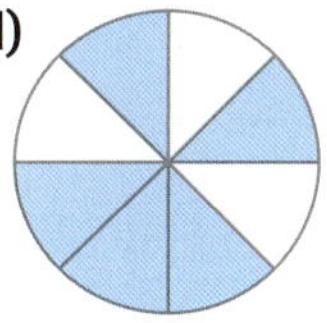

5 Zeichne ein Hunderterquadrat und kennzeichne die folgenden Anteile.

a) 15 % **b)** 0,80 **c)** 25 % **d)** 66 % **e)** 0,48 **f)** $\frac{1}{5}$

6 Die Schüler der 6a wählen ihre Mittagessen für den kommenden Ausflug.

a) Wie viele Essen wurden insgesamt bestellt?
b) Wie viel Prozent entfallen auf die einzelnen Speisen?
c) Stelle den Sachverhalt in einem Streifendiagramm (Säulendiagramm) dar.

7 Übertrage ins Heft und setze $<$, $>$ oder $=$.

a) $\frac{39}{100}$ ☐ 40 % **b)** 0,21 ☐ 37 % **c)** 0,75 ☐ $\frac{4}{4}$ **d)** 56 % ☐ $\frac{1}{2}$
e) 0,33 ☐ 30 % **f)** 0,4 ☐ $\frac{6}{10}$ **g)** $\frac{1}{10}$ ☐ 10 % **h)** 12 % ☐ $\frac{1}{5}$

8 Annas Tagesablauf kennt keine Langeweile.

a) Wie viel Prozent des Tages verbringt Anna mit Essen, Schule, Sport, Schlafen und Freizeit? Stelle hierzu zunächst Brüche auf.
b) Die Ermittlung der Prozentangaben ist problematisch. Finde Möglichkeiten.
c) Zeichne ein Säulendiagramm.
d) Erstelle deinen eigenen Tagesablauf. Berechne und vergleiche mit dem eines Mitschülers.

Frühstück	6.30–6.45 Uhr
Schulweg	7.00–7.30 Uhr
Schule	7.45–13.15 Uhr
Heimweg	13.15–13.45 Uhr
Mittagessen	13.45–14.15 Uhr
Hausaufgaben	14.15–16.00 Uhr
Reiten	16.30–18.00 Uhr
Abendessen	19.15–19.45 Uhr
Schlafen	ab 20.30 Uhr

Jede nicht klar zugeordnete Zeit ist Freizeit.

Zu 1.1

1 Ergänze im Heft zu einem Ganzen.

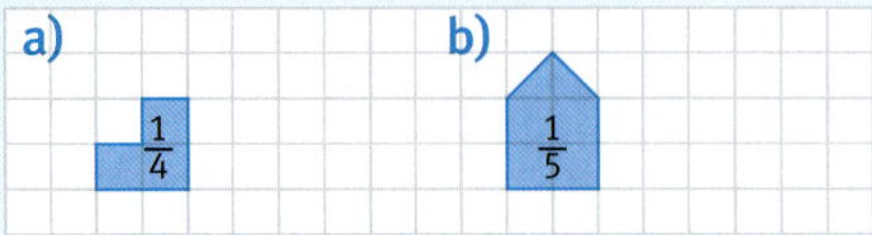

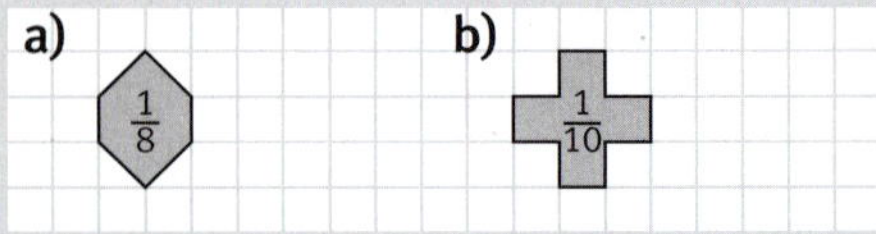

Zu 1.2

2 Welcher Anteil wurde jeweils farbig markiert? Bezeichne Zähler und Nenner.

a) 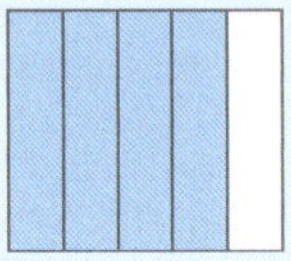 b) 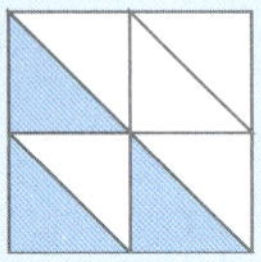

a) 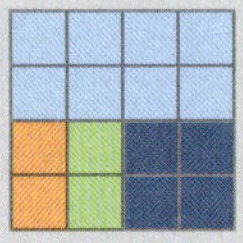 b) 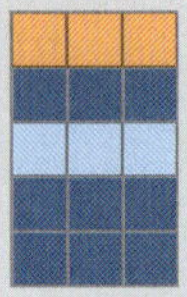

Zu 1.3

3 Bestimme möglichst im Kopf.

a) $\frac{2}{3}$ von 18 € b) $\frac{5}{6}$ von 216 m
c) $\frac{1}{8}$ von 8 km d) $\frac{5}{9}$ von 45 l
e) $\frac{3}{11}$ von 242 ha f) $\frac{1}{7}$ von 98 t

a) $\frac{1}{3}$ von ☐ ist 15 kg.
b) $\frac{2}{3}$ von ☐ sind 26 km.
c) $\frac{1}{4}$ von ☐ ist 25 l.
d) $\frac{9}{11}$ von ☐ sind 81 t.

4 In die Klasse 6c gehen 28 Kinder; davon sind 16 Mädchen. Berechne jeweils die Anzahl.

a) $\frac{3}{8}$ der Mädchen gehen zum Reiten.
b) $\frac{3}{4}$ der Jungen spielen Fußball.
c) $\frac{28}{28}$ der Kinder freuen sich auf die nächsten Ferien.

a) Drei Viertel der Mädchen und die Hälfte der Jungen gehen zum Schulchor.
b) $\frac{7}{8}$ der Mädchen und $\frac{5}{6}$ der Jungen haben ein Smartphone.

Zu 1.4

5 Schreibe als …

a) gemischte Zahl: $\frac{7}{3}$; $\frac{11}{6}$; $\frac{23}{10}$; $\frac{9}{5}$; $\frac{7}{4}$
b) unechten Bruch: $2\frac{1}{2}$; $3\frac{1}{3}$; $11\frac{3}{7}$; $9\frac{1}{5}$

a) gemischte Zahl: $\frac{21}{8}$; $\frac{45}{7}$; $\frac{343}{49}$; $\frac{59}{12}$
b) unechten Bruch: $2\frac{1}{6}$; $7\frac{1}{9}$; $10\frac{7}{10}$; $9\frac{11}{12}$

Zu 1.5

6 Stelle die Verteilung zeichnerisch dar. Wie viel bekommt jedes Kind?

a) Drei Kinder teilen sich eine Pizza.
b) Vier Kinder teilen sich drei Tafeln Schokolade.

a) Acht Kinder teilen sich sieben Pizzas.
b) Zwölf Kinder teilen sich neun Schokoriegel.

Zu 1.6

7 Kürze jeweils …

mit der angegebenen Zahl.
a) mit 2: $\frac{12}{24}$; $\frac{18}{12}$ b) mit 3: $\frac{6}{3}$; $\frac{6}{18}$
c) mit 6: $\frac{150}{240}$; $\frac{180}{300}$ d) mit 5: $\frac{174}{180}$; $\frac{150}{30}$

so weit wie möglich.
a) $\frac{12}{24}$; $\frac{18}{12}$; $\frac{48}{12}$ b) $\frac{6}{3}$; $\frac{6}{18}$; $\frac{30}{36}$
c) $\frac{150}{240}$; $\frac{180}{300}$; $\frac{66}{48}$ d) $\frac{174}{180}$; $\frac{150}{30}$; $\frac{300}{30}$

8 a) Trage die Zahlen auf einem Zahlenstrahl ein (Einheit 3 cm):
$\frac{1}{3}$; $\frac{7}{6}$; $\frac{12}{12}$; $\frac{3}{2}$

b) Gib zehn verschiedene Brüche zwischen 0 und $\frac{1}{2}$ an.

Übertrage den Ausschnitt des Zahlenstrahls in dein Heft und setze ihn bis zur 0 fort. Markiere dann die Zahlen:
$\frac{1}{2}$; $\frac{1}{4}$; $2\frac{3}{4}$; $1\frac{1}{4}$; $\frac{7}{8}$; $1\frac{5}{8}$

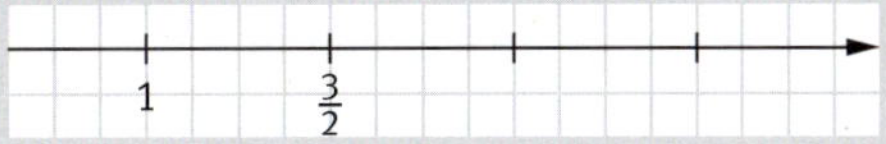

Zu 1.7

9 Aus weißer und blauer Farbe sollen Blautöne gemischt werden. Ein Kästchen steht für eine Farbdose.

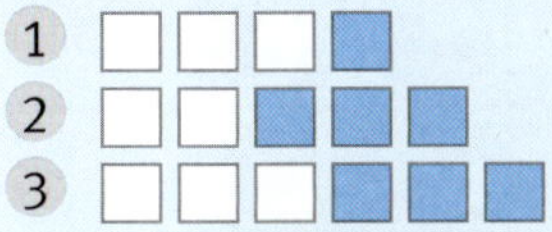

a) Gib das Mischungsverhältnis an.

b) Bestimme den Anteil an weißer (blauer) Farbe in der Mischung als Bruch und in Prozent.

a) Zeichne eine Strecke von 12 cm Länge und unterteile sie im Verhältnis:
(1) 1 : 11 (2) 1 : 1
(3) 1 : 3 (4) 1 : 5

b) Bestimme jeweils den Anteil jeder Teilstrecke aus a) an der Gesamtstrecke als Bruch und in Prozent.

c) Wie ändern sich die Ergebnisse in a) und b), wenn du die Verhältnisangaben vertauschst? Begründe.

Zu 1.8

10 Schreibe als Dezimalbruch.

a) $\frac{8}{10}$; $\frac{27}{100}$; $14\frac{41}{100}$; $\frac{233}{10}$; $\frac{83}{1000}$

b) neunundzwanzig Hundertstel

c) dreitausendsieben Hundertstel

a) $\frac{1}{10\,000}$; $\frac{229}{1000}$; $\frac{33}{10}$; $\frac{9}{1000}$; $\frac{504}{10\,000}$

b) fünfundachzig Zehntel

c) dreitausendsiebenhundertvier Tausendstel

Zu 1.9

11 Die Abbildung zeigt vier Zahlen auf dem Display eines Taschenrechners.

a) Runde die Zahlen auf Zehntel.

b) Gib an, zwischen welchen natürlichen Zahlen die angezeigten Werte liegen.

a) Runde auf Zehntel (Tausendstel).

b) Angenommen, der Taschenrechner rundet auf die letzte Anzeigestelle. In welchem Bereich liegen die tatsächlichen Zahlen?

Zu 1.10

12 Ordne der Größe nach. Beginne mit der kleinsten Zahl.

a) 1,25; $\frac{11}{8}$; 1,251 b) 7,6; $7\frac{3}{5}$; $7\frac{60}{100}$

a) 1,336; 1,248; $1\frac{1}{4}$ b) 2,2; $2\frac{200}{1000}$; $2\frac{1}{5}$

Zu 1.11

13 Ordne gleiche Angaben einander zu.

$\frac{1}{5}$	$\frac{40}{50}$	$\frac{0}{100}$	$\frac{6}{8}$	$\frac{30}{200}$	$\frac{10}{500}$	$\frac{3}{6}$
0,15	0,8	0,02	0,5	0,2	0,75	0
0 %	50 %	80 %	20 %	15 %	2 %	75 %

Gib den Bruch als Dezimalbruch und in Prozent an.

a) $\frac{1}{2}$; $\frac{1}{4}$; $\frac{1}{5}$; $\frac{4}{10}$

b) $\frac{1}{20}$; $\frac{1}{25}$; $\frac{22}{50}$; $\frac{7}{10}$

c) $\frac{1}{50}$; $\frac{3}{4}$; $\frac{6}{10}$; $\frac{4}{5}$

Zu 1.12

1 Gib mindestens zwei Brüche an, die zwischen den genannten Brüchen liegen.

a) $\frac{5}{6}$; $\frac{14}{12}$ b) $\frac{1}{4}$; $\frac{3}{7}$ c) $\frac{5}{7}$; $\frac{6}{7}$ d) $\frac{2}{3}$; $\frac{2}{5}$

2 Bei einer Erbschaft soll ein Vermögen im Verhältnis 2 : 1 an Familie Alban (5 Personen) und Familie Schädlich (4 Personen) aufgeteilt werden. Dabei geht es um eine Geldsumme von 27 000 €.

a) Welchen Betrag erhält jede Partei?

b) Welchen Anteil bekommt jedes Familienmitglied?

3 a) Erkläre das Diagramm und bestimme die Prozente für die verschiedenen Anteile des Besitzes. Verwende dein Lineal.

b) Stelle den Sachverhalt mit einem anderen Diagramm dar.

4 Bestimme die gemeinsamen Teiler und den ggT.

a) 8 und 30 b) 5 und 13 c) 32 und 1204 d) 4; 12 und 28

e) 15 und 27 f) 275 und 325 g) 4; 6; 8 und 12 h) 18; 27 und 117

5 Gib den Anteil als Bruch, in Prozent und als Dezimalzahl an.

a) Heute haben vier von 20 Kindern beim Fußballtraining gefehlt.

b) Ein viertel Kilogramm Butter enthält 200 g Fett.

c) Das Wort REGENBOGEN enthält vier Vokale.

d) In einer Packung mit 25 Gummibären sind acht rote Bärchen.

e) Das Verhältnis der Radfahrer, die mit defektem Licht fahren, zu denen mit funktionierendem Licht ist 2 : 3.

6 Frühbucher sparen ein Fünftel des Preises.

1 Woche Gardasee

600 €

1 Woche Nordsee

550 €

1 Woche Bodensee

650 €

a) Bestimme die Ersparnis für Frühbucher.

b) Nimm Stellung zu diesen Angeboten.

7 Die Jeans wurden im Schlussverkauf heruntergesetzt.

a) Berechne den Preisnachlass in € und als Anteil vom ursprünglichen Preis.

b) Wo ist der Preisnachlass am größten? Begründe deine Antwort.

~~120,- €~~	~~100,- €~~	~~50,- €~~	~~80,- €~~
90,- €	**80,- €**	**35,- €**	**60,- €**

8 Runde sinnvoll. Erkläre, wie du gerundet hast.

a) Ein Liter Diesel kostet 1,399 €.

b) Das Licht legt im Weltall pro Sekunde 299 792,458 km zurück.

c) Herr Kurze hat im Internet ein Buch für 35 US-$ bestellt. Für die Umrechnung in € findet er folgendes Ergebnis: 35 US-$ = 24,90660 €.

d) Martin sagt: „In Deutsch stehe ich auf 3,254."

9 Maßstäbe von Landkarten werden als Verhältnisse angegeben.

a) Zwei Orte liegen 4 cm auf einer Karte mit dem Maßstab 1 : 5000 (1 : 25 000) auseinander. Wie weit ist deren Entfernung in der Wirklichkeit?

b) Auf einer Karte beträgt die Entfernung zwischen zwei Orten 8 cm, die in Wirklichkeit 4 km (10 km) beträgt. Bestimme den Maßstab der Karte.

c) Nimm dir einen Atlas zur Hand und betrachte verschiedene Karten. Welche Maßstäbe kannst du finden? Suche deinen Heimatort und gib die Entfernungen von dort aus zu mindestens drei verschiedenen Orten an.

*Erinnere dich:
1 : 50 000 bedeutet:
1 cm auf der Karte entspricht 50 000 cm in Wirklichkeit.*

Spiel

Rundungs-Kartenspiel (3–4 Spieler)

Spielmaterial

Notiert auf 10 Karten pro Spieler jeweils einen Dezimalbruch zwischen 0,001 und 1,800 (bitte maximal die Tausendstelstelle notieren).

Spielverlauf

- Bestimmt zunächst, ob ihr „größer als" oder „kleiner als" spielen wollt.
- Jeder Spieler erhält sieben Karten.
- Der gebende Spieler beginnt und legt eine Karte ab.
- Im Uhrzeigersinn kann derjenige Spieler eine Karte ablegen, deren Wert größer bzw. kleiner als dem Wert ist, der auf dem Tisch liegt.
- Spieler, die nicht ablegen können, müssen eine weitere Karte ziehen. Wenn in einer Runde kein Spieler kann, wird eine neue Karte abgelegt.
- Der Spieler, der zuerst alle Karten abgelegt hat, hat gewonnen.

Beispiele:

Gleich und doch anders: Blutgruppen

Rote Blutkörperchen haben eine besondere Eigenschaft: Sie können verklumpen, wenn sie mit dem Blut anderer Menschen zusammenkommen. Die Ursache dafür sind zwei unterschiedliche Bestandteile (A und B) an der Oberfläche der Blutkörperchen.
Manche Menschen haben beide Bestandteile (Blutgruppe AB), manche gar keinen (Blutgruppe 0) und wieder andere haben nur einen der beiden Bestandteile (Blutgruppe A bzw. B).

a) Welche Blutgruppe hast du? Bestimme die Anteile der Blutgruppen in deiner Klasse.

b) Bei einer Untersuchung von 100 zufällig ausgewählten Personen ergibt sich in Deutschland folgende Verteilung:

Blutgruppe	A	B	AB	0
Anzahl	45	10	5	40

Berechne die Anteile der einzelnen Blutgruppen und stelle das Ergebnis zeichnerisch dar.

c) Vergleiche die Ergebnisse deiner Klasse aus a) mit der Verteilung in Deutschland aus b) und bestimme die Unterschiede. Erkläre, warum es Abweichungen geben kann.

d) Wie müsste das Ergebnis in deiner Klasse aussehen, wenn die Anteile für Deutschland aus b) auch in deiner Klasse gelten würden?

Das Rückgrat des Menschen: Die Wirbelsäule

Die s-förmig geschwungene Wirbelsäule verleiht dem Körper die Stützkraft für den aufrechten Gang und ist sehr elastisch. Die 34 Wirbelknochen sind dazu durch Bandscheiben miteinander verbunden und werden in der Medizin in verschiedene Bereiche eingeteilt. Zu den 24 freien Wirbelknochen des Hals-, Brust- und Lendenbereichs kommen noch das Kreuz- und das Steißbein hinzu. Diese bestehen aus je fünf Wirbelknochen, die aber miteinander verwachsen sind.
Welcher Anteil entfällt auf die einzelnen Bereiche?

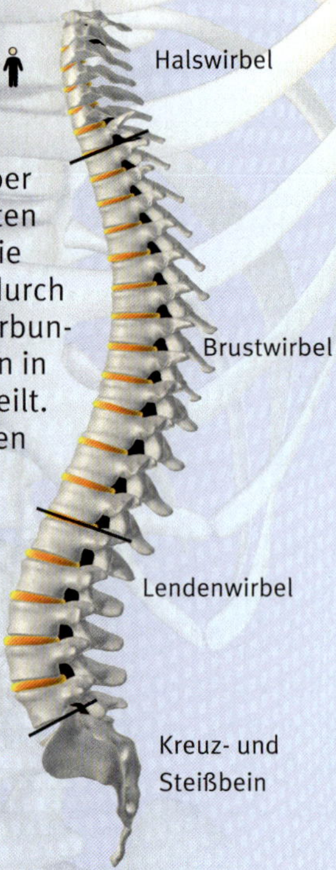

Unser Mahlwerk: Die Zähne

Informiere dich im Lexikon, im Biologiebuch oder im Internet über unser Gebiss. Erstelle einen kurzen Informationstext oder ein kleines Plakat. Verwende dabei auch Anteile.

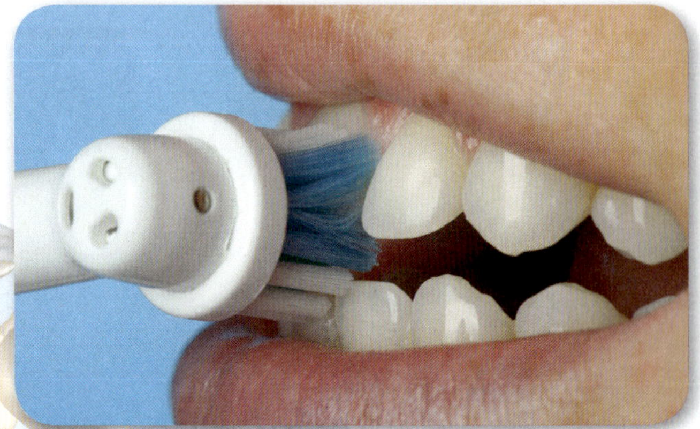

Geschmack muss man haben: Die Zunge

Mit unserer Zunge nehmen wir die Geschmacksrichtungen süß, salzig, sauer und bitter auf. Dazu dienen Geschmacksknospen in verschiedenen Bereichen unserer Zunge.

a) Schätze ab, welchen Anteil auf der gesamten Zunge die verschiedenen Geschmacksbereiche einnehmen.

b) Schätze ab, wie viele Geschmacksknospen jeweils für süß, sauer, salzig und bitter vorhanden sind, wenn insgesamt 9000 Knospen zur Verfügung stehen.

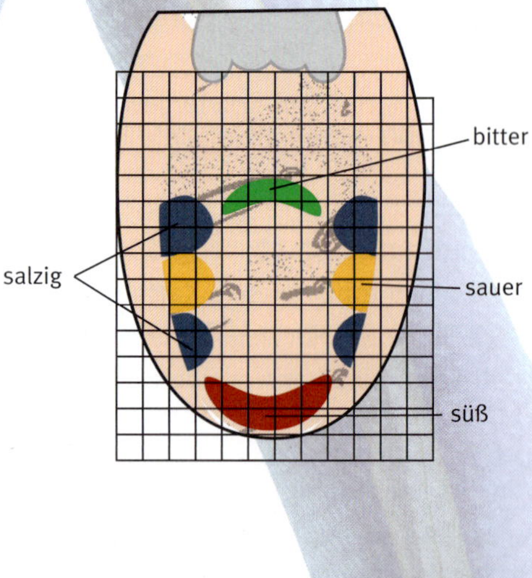

Kraftwerk des Lebens: Das Herz 🚹🚹

Das Herz ist ein Muskel, der das Blut durch die Arterien in den Körper pumpt und so den Blutkreislauf in Gang hält. Pro Minute durchfließen fast 6 Liter Blut das Herz. Dabei schlägt es im Ruhezustand etwa 60 Mal.

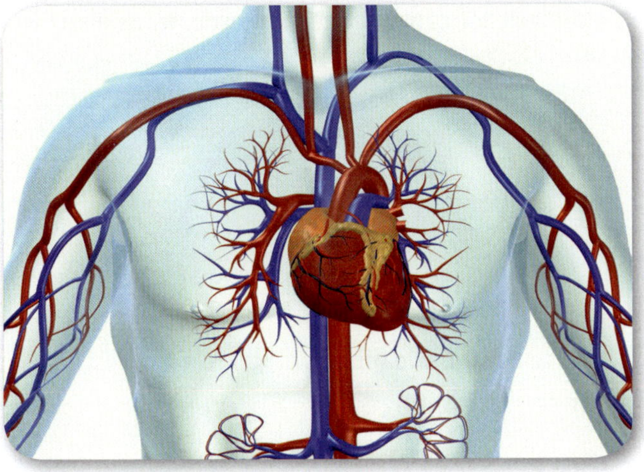

a) Wie viel Blut fließt pro Schlag durch das Herz?

b) Von dem Blut fließen etwa $\frac{3}{20}$ durch das Gehirn, $\frac{1}{4}$ durch die Nieren, $\frac{3}{10}$ durch Haut und Muskeln und $\frac{1}{5}$ durch die Verdauungsorgane. Der Rest wird für die Eigenversorgung des Herzens gebraucht. Bestimme, wie viel Liter Blut pro Tag durch die einzelnen Körperteile fließen und stelle das Ergebnis zeichnerisch dar.

c) Überlege und schätze: Wie viel Blut hat dein Herz bis jetzt bewegt? Wie viel Blut pumpt das Herz im Laufe eines Menschenlebens?

Luft zum Leben: Die Atmung 🚹🚹

Die Tabelle zeigt die Anzahl der Ein- und Ausatmungen pro Minute von Menschen im Ruhezustand.

	Atemzüge pro Minute
Erwachsener	12
Jugendlicher	15
Schulkind	20
Kleinkind	25
Säugling	30
Neugeborenes	60

a) Überprüfe anhand der Tabelle deine Atemzüge.

b) Vergleiche die Atemhäufigkeiten miteinander.

c) Erstelle ein Balkendiagramm von dem Sachverhalt.

Die Leitwerke: Nerven und Gehirn 🚹🚹🚹

Unser Körper besteht etwa aus 100 Billionen Körperzellen. Hinzu kommen Nervenzellen und die Zellen im Blut.

a) Auf eine Nervenzelle kommen ungefähr 1000 Körperzellen. Wie viele Nervenzellen gibt es?

b) Vergleiche die Größe der Gehirne verschiedener Säugetiere miteinander.

c) Suche in Büchern, Internet, ... nach der Körpergröße von Elefanten, Delfinen, Menschen und Gorillas.

1 Vergleiche die Körpergröße mit der Gehirngröße auf verschiedene Arten miteinander.

2 Stelle den Vergleich in einem geeigneten Diagramm dar. Nutze ein Tabellenprogramm.

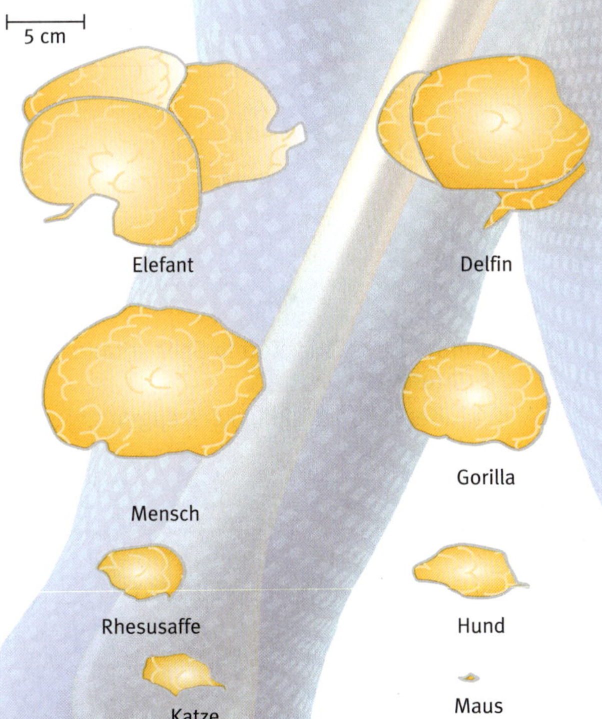

Überprüfe deine Fähigkeiten und Kenntnisse. Bearbeite dazu die folgenden Aufgaben und bewerte anschließend deine Lösungen mit einem Smiley.

☺	😐	☹
Das kann ich!	Das kann ich fast!	Das kann ich noch nicht!

Hinweise zum Nacharbeiten findest du auf der folgenden Seite. Die Lösungen stehen im Anhang.

Aufgaben zur Einzelarbeit

1 Bestimme den eingefärbten Teil als Bruch.

a) 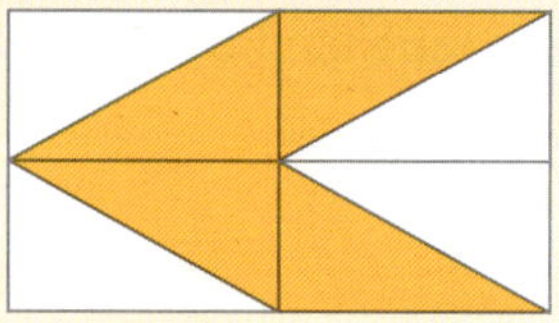 **b)** 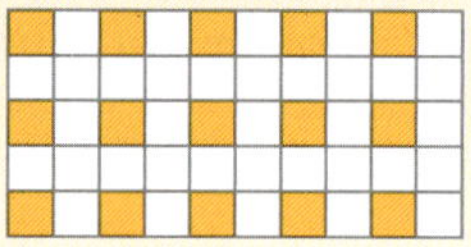

c) 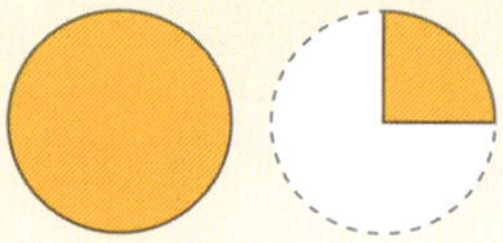 **d)** 

2 Stelle die folgenden Verteilungen zeichnerisch dar. Wie viel bekommt jedes Kind?

a) Vier Kinder teilen drei Tafeln Schokolade gerecht untereinander auf.

b) Acht Kinder teilen fünf Zuckerstangen gerecht untereinander auf.

3 Berechne den Anteil.

a) $\frac{3}{4}$ von 800 g **b)** $\frac{2}{5}$ von 30 min

c) $\frac{4}{9}$ von 81 m **d)** $\frac{7}{8}$ von 136 t

e) $\frac{32}{100}$ von 700 € **f)** $\frac{6}{25}$ von 9 kg

4 Wie groß ist jeweils das Ganze?

a) $\frac{1}{3}$ von ☐ sind 4 kg.

b) $\frac{3}{4}$ von ☐ sind 75 g.

c) $\frac{5}{7}$ von ☐ sind 85 m.

5 a) Schreibe als gemischte Zahl.

$\frac{5}{4}$; $\frac{7}{3}$; $\frac{9}{2}$; $\frac{15}{8}$; $\frac{18}{9}$; $\frac{29}{10}$; $\frac{16}{7}$; $\frac{39}{5}$; $\frac{123}{25}$; $\frac{33}{11}$

b) Schreibe als unechten Bruch.

$3\frac{1}{2}$; $4\frac{2}{3}$; $2\frac{3}{4}$; $5\frac{3}{7}$; $3\frac{1}{6}$; $5\frac{7}{8}$; $10\frac{7}{10}$; $2\frac{3}{100}$; 2

6 Zeige anhand einer Zeichnung folgende Gleichheit.

a) $\frac{7}{4} = 1\frac{3}{4}$ **b)** $\frac{8}{3} = 2\frac{2}{3}$ **c)** $\frac{15}{5} = 3$

7 Veranschauliche folgende Gleichheit.

a) $\frac{2}{3} = \frac{8}{12}$ **b)** $\frac{3}{5} = \frac{9}{15}$ **c)** $\frac{5}{8} = \frac{25}{40}$

8 Mit welcher Zahl wurde erweitert bzw. gekürzt?

a) 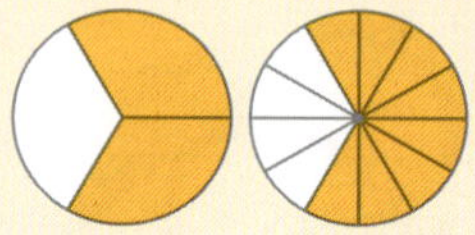 **b)** 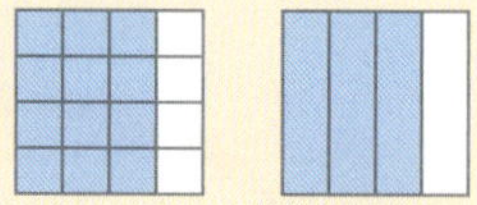

c) 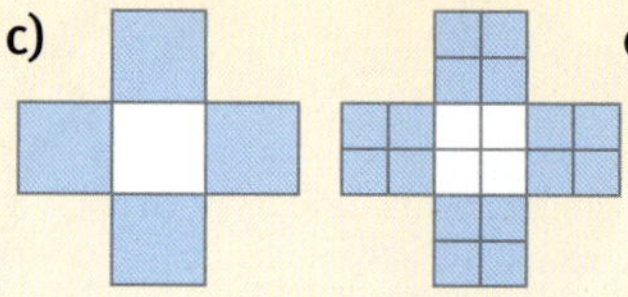 **d)** 

9 Kürze so weit wie möglich.

a) $\frac{10}{14}$ **b)** $\frac{25}{35}$ **c)** $\frac{40}{88}$

d) $\frac{100}{120}$ **e)** $\frac{24}{36}$ **f)** $\frac{45}{90}$

10 Erweitere.

a) $\frac{1}{4}$ mit 5 **b)** $\frac{4}{5}$ mit 3 **c)** $\frac{3}{8}$ mit 2

d) $\frac{5}{6}$ mit 10 **e)** $\frac{2}{7}$ mit 9 **f)** $\frac{11}{3}$ mit 4

11 Ordne folgende Brüche der Größe nach. Beginne mit dem kleinsten Bruch.

a) $\frac{7}{10}$; $\frac{1}{5}$; $\frac{4}{5}$; $1\frac{3}{10}$; $\frac{7}{5}$; $\frac{10}{10}$ **b)** $\frac{1}{4}$; $\frac{3}{2}$; $\frac{3}{8}$; $1\frac{3}{4}$; $\frac{7}{8}$; $\frac{1}{2}$

c) $\frac{7}{8}$; $\frac{7}{18}$; $\frac{7}{9}$; $\frac{7}{15}$ **d)** $\frac{7}{18}$; $\frac{5}{12}$; $\frac{19}{36}$; $\frac{17}{24}$

12 Schreibe als Bruch und kürze so weit wie möglich.

a) 0,8 **b)** 0,05 **c)** 0,15

d) 0,0035 **e)** 1,1 **f)** 2,025

13 Schreibe als Dezimalbruch.

a) $\frac{3}{10}$ **b)** $\frac{23}{100}$ **c)** $\frac{17\,000}{100\,000}$

d) $\frac{55}{10}$ **e)** $\frac{4}{5}$ **f)** $\frac{17}{50}$

14 Es wurde auf Zehntel gerundet. In welchem Bereich kann die tatsächliche Größe liegen?

a) 4,5 kg **b)** 1,9 m **c)** 4,0 m^2

d) 7,1 t **e)** 125,4 l **f)** 1,7 km

15 Schreibe als Anteil.

a) In der Schule beträgt das Verhältnis von Jungen zu Mädchen 4 : 5.

b) 2 von 7 Kindern sind mittlerweile gegen Hausstaub allergisch.

c) Das Mischungsverhältnis von Saft zu Wasser beträgt in einer Schorle 2 : 3.

16 Beschreibe den Sachverhalt durch ein Verhältnis.

a) $\frac{2}{3}$ aller Lehrpersonen einer Schule sind Frauen.

b) Im Sommer kommt die Hälfte der Schülerinnen und Schüler mit dem Rad zur Schule.

c) An einer Losbude sind $\frac{4}{5}$ aller Lose Nieten.

17 a) Schreibe in Prozent und als Dezimalbruch.
$\frac{17}{100}$; $\frac{12}{25}$; $\frac{49}{50}$; $\frac{7}{10}$; $\frac{9}{10}$; $\frac{3}{5}$; $\frac{21}{25}$; $\frac{4}{4}$

b) Schreibe als Bruch.
0,15; 18 %; 3,455; 0,005; 1,2 %; 0,99; 4,02

18 Übertrage ins Heft und setze <, > oder =.

a) 0,38 ☐ 0,83
0,40 ☐ 0,04

b) 0,202 ☐ 0,022
4,568 ☐ 4,57

c) 5,200 ☐ 5,020
1,034 ☐ 1,34

d) 1,022 ☐ 1,0220
0,3030 ☐ 0,330

19 Runde auf Zehntel (Tausendstel).

a) 3,0055; 0,91919; 0,9997; 0,0099

b) 37,8520; 1,0199; 0,0001; 14,7654

Aufgaben für Lernpartner

Arbeitsschritte

1 Bearbeite die folgenden Aufgaben alleine.
2 Suche dir einen Partner und erkläre ihm deine Lösungen. Höre aufmerksam und gewissenhaft zu, wenn dein Partner dir seine Lösungen erklärt.
3 Korrigiere gegebenenfalls deine Antworten und benutze dazu eine andere Farbe.

Sind folgende Behauptungen **richtig** oder **falsch**? Begründe schriftlich.

20 Jeder Bruch kann beliebig oft gekürzt und erweitert werden.

21 Man kann jeden Anteil auf zwei verschiedene Arten schreiben.

22 Prozente sind besondere Brüche mit dem Nenner 100.

23 Von zwei beliebigen Brüchen ist derjenige der größere, dessen Zähler größer ist.

24 Von zwei Dezimalzahlen ist diejenige die größere, die mehr Nachkommastellen hat.

25 Dezimalzahlen vergleicht man zunächst vor dem Komma und anschließend die Dezimalen von links nach rechts.

26 Dezimalbrüche rundet man nach denselben Rundungsregeln wie natürliche Zahlen.

27 Beim Runden eines Dezimalbruchs betrachtet man immer die benachbarte Ziffer links von der Stelle, auf die gerundet wird.

28 Verhältnisse sind eine besondere Ausdrucksweise, um Anteile darzustellen.

29 Ein unechter Bruch hat stets einen Wert größer als 1.

30 Jeder echte Bruch lässt sich stets in eine gemischte Zahl umwandeln.

Aufgabe	Ich kann …	Hilfe
1, 2	Anteile als Brüche beschreiben.	S. 8, 10
3, 4, 21	Anteile und das Ganze bestimmen.	S. 12
5, 6, 29, 30	unechte Brüche in gemischte Zahlen umwandeln und umgekehrt	S. 14
7, 8, 9, 10, 20	Brüche erweitern und kürzen.	S. 18
11, 23	Brüche der Größe nach ordnen.	S. 22
12, 13, 17, 22	Brüche in Dezimalbrüche und Prozente umwandeln und umgekehrt.	S. 26, 32
18, 24, 25	Dezimalbrüche ordnen.	S. 30
14, 19, 26, 27	Dezimalbrüche runden.	S. 28
15, 16, 28	Verhältnisse als Anteile angeben und umgekehrt.	S. 24

S. 8 S. 10	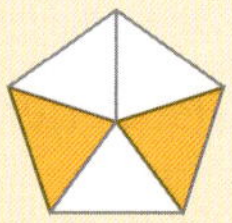 $\frac{2}{5}$ Der **Zähler** gibt die Anzahl der Teile an, die gewählt werden. Der **Nenner** gibt an, in wie viele Teile das Ganze zerlegt wird.	Wird das Ganze in fünf gleich große Teile, also in Fünftel unterteilt, von denen noch zwei Teile betrachtet werden, so verwendet man für den **Anteil** den Bruch $\frac{2}{5}$.
S. 12	$\frac{2}{5}$ von 15 €: 15 € $\xrightarrow{:5}$ 3 € $\xrightarrow{\cdot 2}$ 6 € 15 € $\xrightarrow{\cdot 2}$ 30 € $\xrightarrow{:5}$ 6 €	Der **Anteil** $\frac{2}{5}$ vom Ganzen lässt sich **bestimmen,** indem man entweder das Ganze in fünf Teile zerlegt und anschließend zwei Teile auswählt, oder das Ganze verdoppelt und anschließend ein Fünftel davon wählt.
S. 14	Unechte Brüche: $\frac{3}{2}; \frac{4}{3}; \frac{5}{4}; \frac{7}{5}; \frac{6}{6}; \ldots$ Gemischte Zahlen: $\frac{3}{2} = 1 + \frac{1}{2} = 1\frac{1}{2}$	**Unechte Brüche** bezeichnen Anteile, die gleich oder größer als das Ganze sind. **Gemischte Zahlen** sind eine besondere Schreibweise für unechte Brüche, die diese in Ganze und echte Brüche zerlegen.
S. 16	Zwei Pizzas werden gleichmäßig an fünf Kinder verteilt. Jedes Kind bekommt $2 : 5 = \frac{2}{5}$ einer Pizza.	Ein Bruch ist eine andere Schreibweise für eine **Division**. Der Bruchstrich ersetzt das Divisionszeichen.
S. 18	Erweitern → $\frac{2}{5} = \frac{4}{10} = \frac{40}{100} = \frac{80}{200} = \ldots$ ← Kürzen 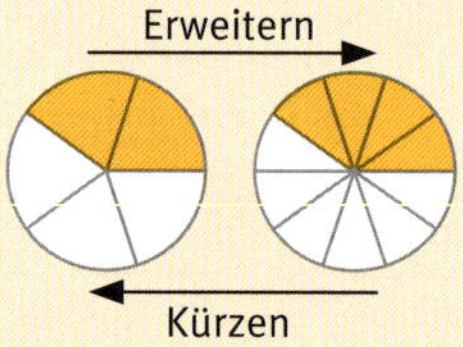	Ein Bruch wird **erweitert**, indem man Zähler und Nenner mit derselben Zahl **multipliziert**. Der Anteil **verfeinert** sich. Ein Bruch wird **gekürzt**, indem man Zähler und Nenner mit derselben Zahl **dividiert**. Der Anteil **vergröbert** sich.
S. 24	Das Verhältnis von roten Perlen zu allen Perlen ist 1 : 4. 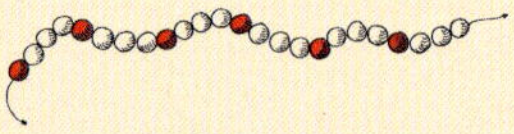	Im Alltag werden Anteile auch als **Verhältnisse** angegeben.
S. 26	$\frac{3}{10} = 0{,}3; \frac{6}{100} = 0{,}06; \frac{2}{5} = \frac{40}{100} = 0{,}40 = 0{,}4$	Zahlen mit einem Komma werden **Dezimalzahlen** bzw. **Dezimalbrüche** genannt und sind eine andere Schreibweise für Brüche mit den Nennern 10, 100, ...
S. 28	Bei 0, 1, 2, 3, 4 wird **abgerundet**: 3,45<u>2</u> ≈ 3,45 (auf Hundertstel) Bei 5, 6, 7, 8, 9, wird **aufgerundet**: 3,4<u>5</u>2 ≈ 3,5 (auf Zehntel)	Dezimalzahlen **rundet** man anhand der Nachkommastellen nach denselben Regeln wie natürliche Zahlen. Beim Runden auf einen bestimmten Stellenwert kommt es auf den nächstkleineren Stellenwert an.
S. 30	1,349 1,357 also: 1,349 < 1,357	**Ordnet** man Dezimalzahlen der **Größe nach**, dann untersucht man **zunächst die Stellenwerte vor dem Komma**. Ansonsten werden die Stellenwerte **nach dem Komma von links nach rechts** untersucht bis erstmals verschiedene Ziffern auftauchen.
S. 32	$25\,\% = \frac{25}{100} = 0{,}25$ Prozent Bruch Dezimalbruch	Im Alltag ist es üblich, Anteile in Prozent anzugeben. **Prozent** ist der Anteil von Hundert: $1\,\% = \frac{1}{100}$

Diagramme

1 Die Schüler der 6. Jahrgangsstufe an der Edersee-Schule Herzhausen kommen aus verschiedenen Orten. Marco und Kevin haben die Wohnorte in einem Diagramm dargestellt.

Herzhausen	☺☺☺☺☺☺☺☺☺☺☺
Obernburg	☺☺☺☺
Vöhl	☺☺☺☺☺☺☺
Schmittlotheim	☺☺☺☺
sonstige Orte	☺

a) Insgesamt sind es 81 Kinder. Bestimme die Anzahl aus den einzelnen Orten.

b) Tatsächlich kommen aus Obernburg 13 Kinder.

1. Beschreibe, wie Marco und Kevin gerundet haben könnten.
2. Gib einen Bereich an, in dem die tatsächlichen Zahlen liegen können, damit die Darstellung stimmt.

2 China ist das bevölkerungsreichste Land der Erde. Das Diagramm zeigt eine Prognose über die Bevölkerungsverteilung in China im Jahr 2025. Lies für die folgenden Aufgaben die Werte so genau wie möglich ab.

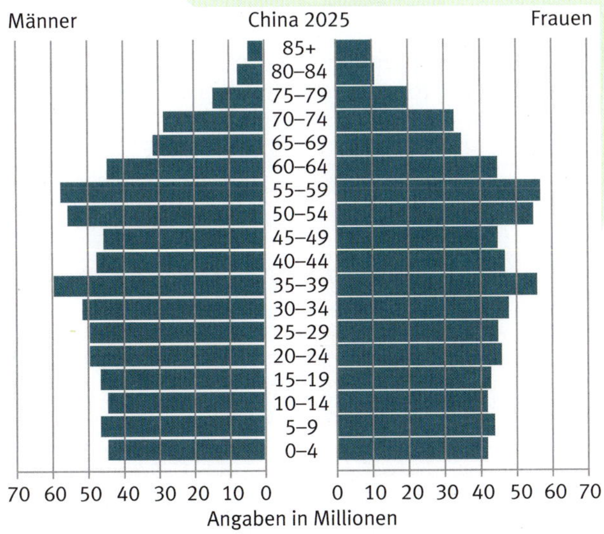

a) Erkläre den Aufbau des Diagramms.

b) Wie viele Männer (Frauen) wird es 2025 zwischen 10 und 14 Jahren geben?

c) Wie viele Menschen werden 2025 älter als 70 Jahre (jünger als 20 Jahre) sein?

d) Welche Altersgruppe wird 2025 am größten sein?

Symmetrie

3 Übertrage die folgenden Abbildungen in dein Heft. Färbe nur so viele Kästchen zusätzlich ein, dass eine achsensymmetrische Figur entsteht. Zeichne die Symmetrieachsen ein.

a) 

b) 

c) 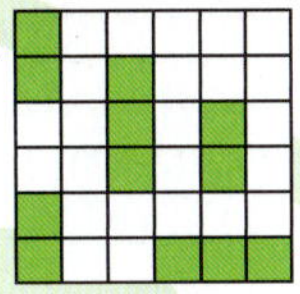

d) 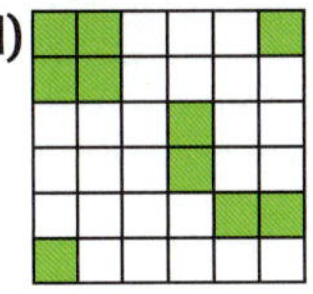

4 Skizziere die Figuren in dein Heft und zeichne alle Symmetrieachsen ein.

a) 

b) 

c) 

d) 

e) 

f) 

5 Ordne die Figuren nach der Anzahl ihrer Symmetrieachsen.
Rechteck – Kreis – Raute – Parallelogramm – Quadrat – Halbkreis

6 Das Muster soll als Element eines Balkongeländers verwendet werden.

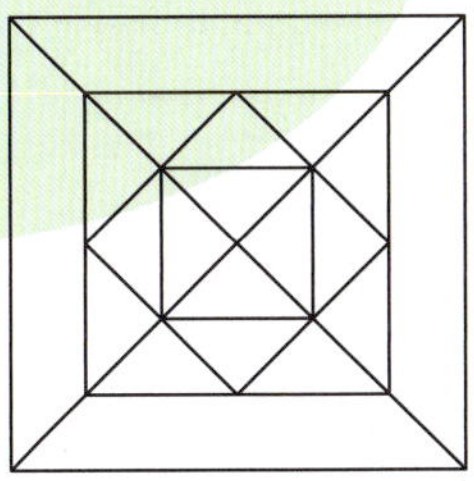

a) Übertrage das Muster in dein Heft.
Zeichne alle Symmetrieachsen ein.

b) Wie viele unterschiedliche Quadrate findest du?

c) Welche Dreiecksformen und Anordnungen erkennst du in dem Muster?

d) Stelle möglichst viele Eigenschaften der Figur in einem Steckbrief zusammen.

Koordinatensysteme

7 Zeichne in ein Koordinatensystem die gegebenen Punkte ein und verbinde sie der Reihe nach. Welche Figur ergibt sich?

a) A (0 | 3), B (2 | 2), C (3 | 0), D (4 | 2), E (6 | 3), F (4 | 4), G (3 | 6), H (2 | 4)

b) A (2 | 2), B (2 | 3), C (3 | 3), D (3 | 1), E (1 | 1), F (1 | 4), G (4 | 4), H (4 | 0), I (0 | 0), J (0 | 4)

8 **a)** Saskia schreibt Jennifer einen Brief:
(3 | 3) (1 | 4) (4 | 5) (1 | 4) – (2 | 0) (0 | 5) (2 | 1) (3 | 3) (1 | 4) (4 | 0) – (1 | 1) (2 | 3) (2 | 0) – (0 | 0) (3 | 4) (4 | 5) (5 | 3) (4 | 1) (2 | 0) (2 | 0) (1 | 4) (4 | 0). (1 | 3) (0 | 5) (2 | 0) (2 | 0) (0 | 0) (0 | 2) – (2 | 5) (2 | 3) – (2 | 0) (4 | 1) (0 | 2)?

Als Geheimcode schickt sie eine Zeichnung. Kannst du den Brief entschlüsseln?

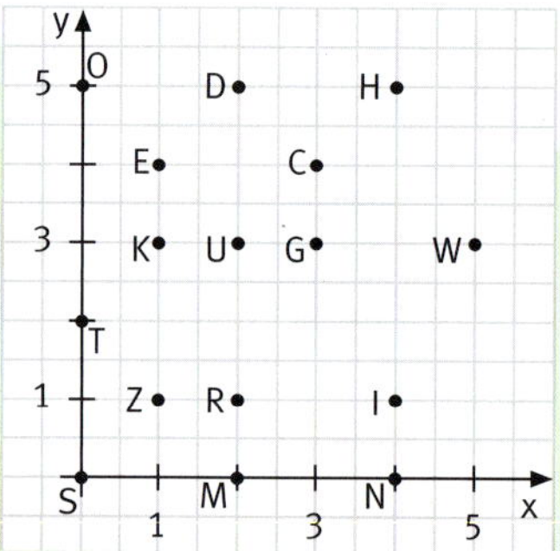

b) Schreibe selbst einen Geheimbrief und entwerfe dazu einen Codeschlüssel wie Saskia.

9 **a)** Übertrage die Figur in dein Heft. Bestimme die notwendigen Koordinaten.

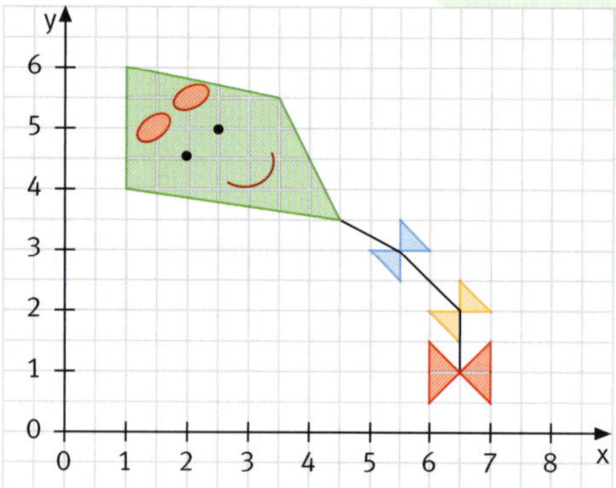

b) Zeichne eine Figur in ein Koordinatensystem, ohne dass sie ein Partner sieht. Nenne die Koordinaten und lass die Figur von dem Partner zeichnen. Kontrolliere das Ergebnis.

Natürliche Zahlen

10 Vervollständige die Rechnungen im Heft.

a)
```
  2305
  72□7
+ 6□02
------
 1□21□
```

b)
```
  6□88
   3□7
− 440□
------
  □308
```

c)
```
□3□ · 3□
   25□20
    □17□
   2□1□0
```

11 Rechne schriftlich.

a) 2256 : 8; 4718 · 23
b) 1719 : 9; 8074 · 12
c) 6816 : 12; 303 · 202

12 Übertrage die Tabelle in dein Heft und überprüfe auf Teilbarkeit.

teilbar durch	2	3	4	5	9	10
68	□	□	□	□	□	□
85	□	□	□	□	□	□
520	□	□	□	□	□	□
315	□	□	□	□	□	□

13 Rechne geschickt.

a) 50 · 63 · 2
b) 333 + 5466 + 777
c) 27 900 : 3 : 100
d) 37 · 250 · 4
e) 567 + 396 + 1004
f) 5000 : 25 : 2

14 Bei Kreisaufgaben erscheint das Ergebnis einer Rechnung jeweils wieder als erste Zahl der folgenden Rechnung. Es ergibt sich ein Lösungswort.

a)
381 504 – 125 001 (O)
85 501 + 57 563 (O)
256 503 : 3 (G)
143 064 : 9 (Start)
15 896 · 24 (L)

b)
12 874 · 68 (Start)
876 825 : 25 (E)
109 429 – 12 004 (U)
35 073 – 22 199 (R)
97 425 · 3^2 (P)
875 432 : 8 (S)

15 Drei Zahlen haben folgende Eigenschaften: Die zweite Zahl ist doppelt so groß wie die erste, die dritte Zahl ist doppelt so groß wie die zweite.

a) Gib Beispiele an für jeweils drei Zahlen, die diese Eigenschaft erfüllen.

b) Die Summe der drei Zahlen ist 1050 (3003). Wie lauten die drei Zahlen?

2 Rechnen mit Brüchen

EINSTIEG

- Welche Angaben enthält der Ausdruck der elektronischen Waage?
- Stimmt der ermittelte Preis? Überprüfe rechnerisch.
- Nenne weitere Beispiele aus deiner Umwelt, bei denen Zahlen in der Kommaschreibweise angegeben werden.

Am Ende dieses Kapitels hast du gelernt, ...

- wie man Brüche addiert, subtrahiert, multipliziert und dividiert.
- wie man bei den Grundrechenarten mit Dezimalbrüchen rechnet.
- wie man die Rechenregeln für Brüche und Dezimalbrüche begründen kann.

Von einer Tafel Schokolade hat Sabine drei Riegel und Manuel zwei Riegel gegessen.

- Welcher Anteil der Schokolade wurde insgesamt gegessen?
- Welcher Anteil ist noch übrig?
- Beschreibe, wie du die Anteile berechnen kannst.

Merkwissen

Gleichnamige Brüche werden **addiert** (**subtrahiert**), indem man die Zähler addiert (subtrahiert). Der Nenner wird beibehalten.

Addition: $\frac{1}{10} + \frac{6}{10} = \frac{1+6}{10} = \frac{7}{10}$ Subtraktion: $\frac{4}{5} - \frac{3}{5} = \frac{4-3}{5} = \frac{1}{5}$

Beispiele

I Veranschauliche die Terme auf verschiedene Arten.

a) $\frac{1}{5} + \frac{2}{5}$ b) $\frac{3}{4} - \frac{1}{4}$

Lösungsmöglichkeiten:

a) $\frac{1}{5} + \frac{2}{5} = \frac{3}{5}$

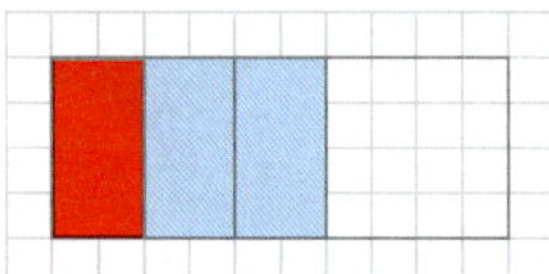

oder

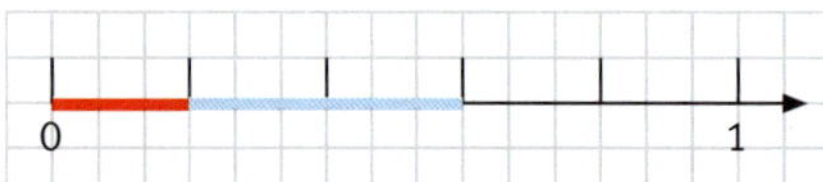

b) $\frac{3}{4} - \frac{1}{4} = \frac{2}{4}$

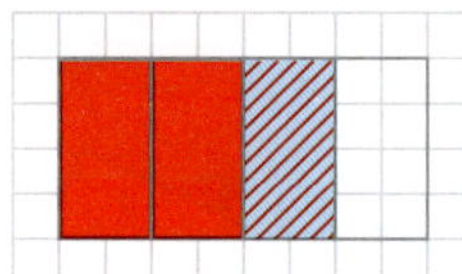

oder

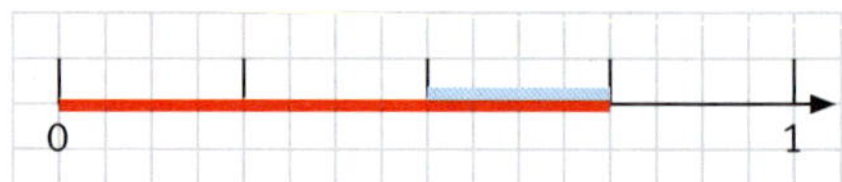

II Berechne und kürze das Ergebnis so weit wie möglich.

a) $\frac{15}{6} - \frac{3}{6}$ b) $1\frac{3}{10} + 2\frac{2}{10}$

Lösung:

a) $\frac{15}{6} - \frac{3}{6} = \frac{12}{6} \underset{6}{=} \frac{2}{1} = 2$ b) $1\frac{3}{10} + 2\frac{2}{10} = 3\frac{5}{10} \underset{5}{=} 3\frac{1}{2}$

Zu b):
Du kannst natürlich auch umwandeln:
$1\frac{3}{10} + 2\frac{2}{10} = \frac{13}{10} + \frac{22}{10}$
$= \frac{35}{10} = \ldots$

III a) Welche Additionsaufgabe passt zu der Zeichnung?

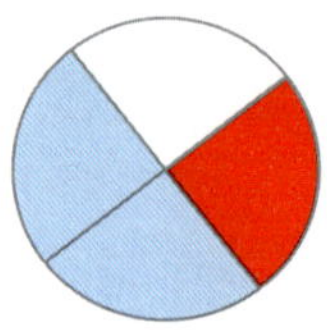

b) Welche Subtraktionsaufgabe passt zu der Zeichnung?

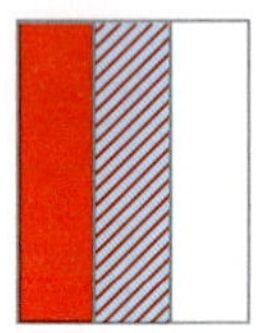

Lösung:

a) $\frac{1}{4} + \frac{2}{4} = \frac{3}{4}$ b) $\frac{2}{3} - \frac{1}{3} = \frac{1}{3}$

Verständnis

- Lassen sich Stammbrüche auf diese Weise addieren (subtrahieren)?
- Martina rechnet: $\frac{1}{2} + \frac{3}{8} = \frac{4}{10}$. Stimmt das? Begründe deine Antwort.

1 Rechne im Kopf und kürze das Ergebnis wenn möglich.

Wandle gemischte und natürliche Zahlen gegebenenfalls in unechte Brüche um.

a) $\frac{1}{6}+\frac{3}{6}$ $\frac{2}{8}+\frac{3}{8}$ $\frac{3}{9}+\frac{4}{9}$ $\frac{3}{10}+\frac{7}{10}$

b) $\frac{5}{7}-\frac{3}{7}$ $\frac{3}{5}-\frac{2}{5}$ $\frac{7}{9}-\frac{4}{9}$ $\frac{8}{10}-\frac{2}{10}$

c) $\frac{3}{5}+\frac{4}{5}+\frac{1}{5}$ $\frac{4}{12}+\frac{5}{12}+\frac{2}{12}$ $\frac{3}{8}+\frac{6}{8}+\frac{7}{8}$ $\frac{10}{11}+\frac{4}{11}+\frac{6}{11}$

d) $1\frac{1}{3}+2\frac{1}{3}$ $3\frac{5}{9}+4\frac{3}{9}$ $2\frac{5}{8}+3$ $1\frac{6}{7}+3\frac{5}{7}$

e) $5\frac{5}{6}-\frac{2}{6}$ $2\frac{4}{7}-1\frac{2}{7}$ $7\frac{4}{9}-3\frac{4}{9}$ $7\frac{1}{4}-3\frac{1}{4}$

2 Zerschneide zwei Blätter Papier in Achtel und löse dann durch Legen.

Beispiel: $\frac{3}{8}+\frac{7}{8}=\frac{10}{8}\underset{2}{=}\frac{5}{4}=1\frac{1}{4}$

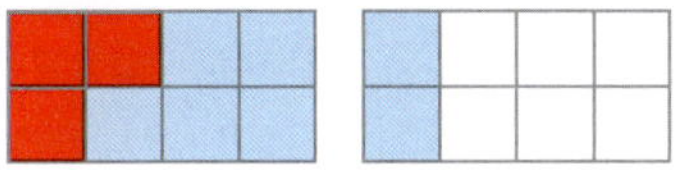

a) $\frac{5}{8}+\frac{4}{8}$ b) $\frac{11}{8}-\frac{5}{8}$ c) $\frac{5}{8}+\frac{5}{8}$ d) $1\frac{1}{8}+\frac{3}{8}$ e) $2-\frac{13}{8}$ f) $1\frac{3}{8}+\frac{5}{8}$

3 Veranschauliche die folgenden Terme.

a) $\frac{3}{10}+\frac{4}{10}$ b) $\frac{2}{8}+\frac{5}{8}$ c) $\frac{5}{6}-\frac{3}{6}$ d) $\frac{7}{10}-\frac{2}{10}$ e) $\frac{1}{7}+\frac{2}{7}+\frac{3}{7}$ f) $\frac{7}{8}-\frac{2}{8}-\frac{3}{8}$

4 Berechne den Term und kürze das Ergebnis so weit wie möglich.

Lösungen zu 4: $1\frac{3}{5}$; $1\frac{1}{5}$; 4; $2\frac{1}{3}$; $\frac{1}{4}$; $1\frac{3}{4}$; $10\frac{1}{2}$; $\frac{2}{3}$; $3\frac{4}{5}$; $1\frac{1}{4}$

a) $\frac{13}{8}+\frac{1}{8}$ $2\frac{1}{6}+1\frac{5}{6}$

b) $\frac{13}{15}-\frac{3}{15}$ $3\frac{9}{10}-2\frac{7}{10}$

c) $0{,}2+1\frac{4}{10}$ $3\frac{1}{100}+0{,}79$

d) $19{,}8-9\frac{3}{10}$ $2{,}28-1\frac{3}{100}$

e) $\frac{1}{6}+1\frac{5}{6}+\frac{2}{6}$ $1{,}75-\frac{11}{100}-1\frac{39}{100}$

5 Welche Addition ist dargestellt? Wie viel fehlt zum nächsten Ganzen?

a)
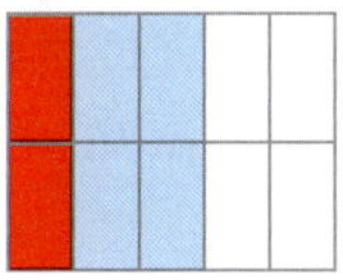

b)
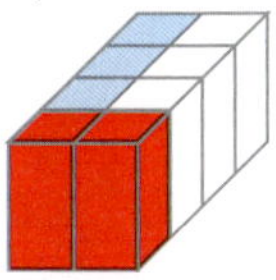

c)

d)
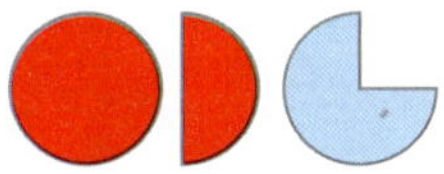

6 Welche Subtraktion ist dargestellt? Wie viel fehlt insgesamt zum nächsten Ganzen?

a)
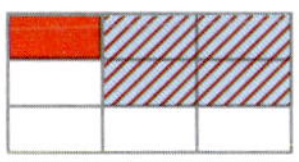

b)
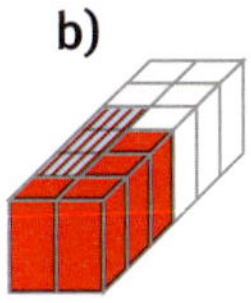

c)

d)
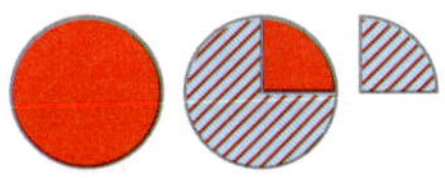

7 Berechne den Term und gib an, wie viel zur nächsten ganzen Zahl fehlt.

a) $\frac{2}{7}+\frac{6}{7}$ $1\frac{1}{3}+1\frac{1}{3}$

b) $4\frac{6}{15}-1\frac{2}{15}$ $2\frac{3}{8}-\frac{1}{8}$

c) $\frac{4}{5}+1\frac{4}{5}+\frac{3}{5}$ $2\frac{1}{4}+1\frac{3}{4}+\frac{1}{4}$

d) $5\frac{3}{11}-2\frac{1}{11}$ $2{,}5-1\frac{2}{10}$

e) $1{,}2+2\frac{9}{10}$ $9\frac{5}{7}-5$

8 Übertrage die Zahlenmauern zur Addition in dein Heft und vervollständige sie.

Der Wert eines Steins ergibt sich aus der Summe der beiden Steine, die darunter liegen.

a)

b)
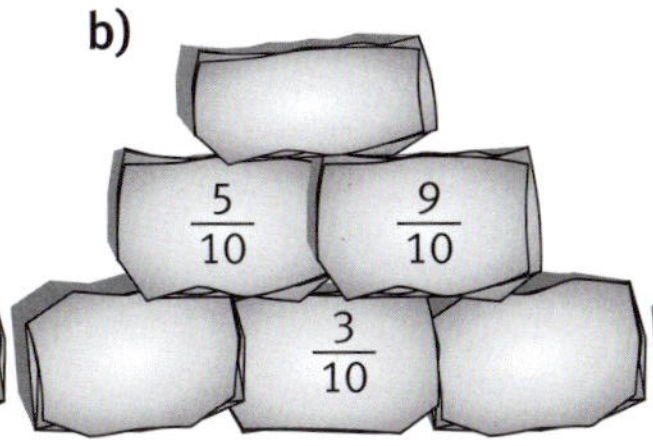

c)
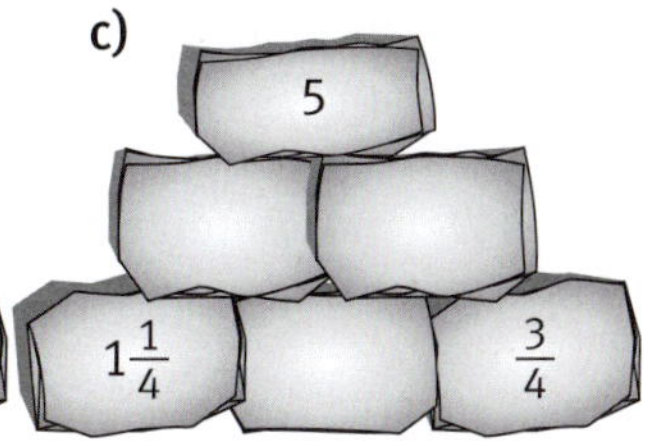

9 Saskia und Ozan rechnen eine Subtraktionsaufgabe auf verschiedene Arten.

Saskia

$4\frac{3}{5} - 2\frac{4}{5} = \frac{23}{5} - \frac{14}{5} = \frac{9}{5} = 1\frac{4}{5}$

Ozan

$4\frac{3}{5} - 2\frac{4}{5} = 3\frac{8}{5} - 2\frac{4}{5} = 1\frac{4}{5}$

a) Vergleiche das Vorgehen von Saskia und Ozan miteinander.

b) Berechne wie Saskia und Ozan auf zwei Arten:

① $3\frac{2}{5} - 1\frac{3}{5}$ ② $4\frac{1}{3} - 2\frac{2}{3}$ ③ $7\frac{5}{6} - 1\frac{3}{6}$ ④ $6\frac{3}{8} - 5\frac{7}{8}$

c) Berechne auf eine Art deiner Wahl.

① $12\frac{4}{7} - 8\frac{5}{7}$ ② $6\frac{5}{9} - 3\frac{7}{9}$ ③ $14\frac{1}{11} - 13\frac{9}{11}$ ④ $18\frac{4}{15} - 12\frac{11}{15}$

Lösungen zu 10:
a) $\frac{1}{4}$; $\frac{3}{8}$; $\frac{1}{2}$; $\frac{5}{8}$; $\frac{3}{4}$; $\frac{3}{4}$; $\frac{7}{8}$; 1; 1; $1\frac{1}{8}$; $1\frac{1}{4}$; $1\frac{1}{2}$; $1\frac{1}{2}$; $1\frac{3}{4}$; 2; $2\frac{1}{4}$
b) $\frac{2}{3}$; $\frac{5}{6}$; $\frac{5}{6}$; 1; 1; $1\frac{1}{6}$; $1\frac{1}{6}$; $1\frac{1}{3}$; $1\frac{1}{2}$; $1\frac{5}{6}$; 2; $2\frac{1}{3}$; 3; $3\frac{1}{6}$; $3\frac{1}{3}$; $4\frac{1}{6}$
c) $\frac{2}{5}$; $\frac{7}{10}$; $\frac{7}{10}$; 1; 1; 1; $1\frac{3}{10}$; $1\frac{3}{10}$; $1\frac{3}{5}$; $1\frac{3}{5}$; $1\frac{3}{5}$; $1\frac{9}{10}$; $1\frac{9}{10}$; $2\frac{1}{5}$; $2\frac{1}{5}$; $2\frac{4}{5}$

10 Übertrage die Quadrate ins Heft und vervollständige sie. Kürze wenn möglich.

a)

+	$\frac{1}{8}$	$\frac{3}{8}$	$\frac{5}{8}$	$\frac{7}{8}$
$\frac{1}{8}$				
$\frac{2}{8}$				
$\frac{5}{8}$				
$1\frac{3}{8}$				

b)

+	$\frac{1}{6}$	$\frac{2}{6}$	$\frac{4}{6}$	$2\frac{3}{6}$
$\frac{3}{6}$				
$\frac{4}{6}$				
$\frac{5}{6}$				
$1\frac{4}{6}$				

c)

+	$\frac{1}{10}$	$\frac{4}{10}$	$\frac{7}{10}$	$1\frac{3}{10}$
$\frac{3}{10}$				
$\frac{6}{10}$				
0,9				
1,5				

11 Übertrage die Quadrate in dein Heft und vervollständige sie. Subtrahiere dabei jeweils den kleineren Bruch vom größeren. Kürze die Ergebnisse wenn möglich.

a)

−	$\frac{1}{5}$	$\frac{2}{5}$	$\frac{4}{5}$	$1\frac{3}{5}$
$\frac{1}{5}$				
$\frac{3}{5}$				
$1\frac{4}{5}$				
$2\frac{2}{5}$				

b)

−	$\frac{1}{9}$	$\frac{3}{9}$	$\frac{5}{9}$	$\frac{7}{9}$
$\frac{6}{9}$				
$\frac{8}{9}$				
$1\frac{3}{9}$				
$2\frac{4}{9}$				

c)

−	$\frac{1}{10}$	$\frac{3}{10}$	$\frac{7}{10}$	$1\frac{9}{10}$
$\frac{2}{10}$				
$\frac{6}{10}$				
0,5				
2,3				

12 Wie viele Kilogramm liegen auf der Waage?
Welcher Anteil fehlt noch zum vollen Kilogramm?

a)

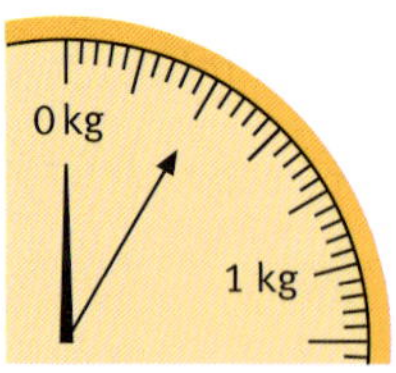

b)

c)

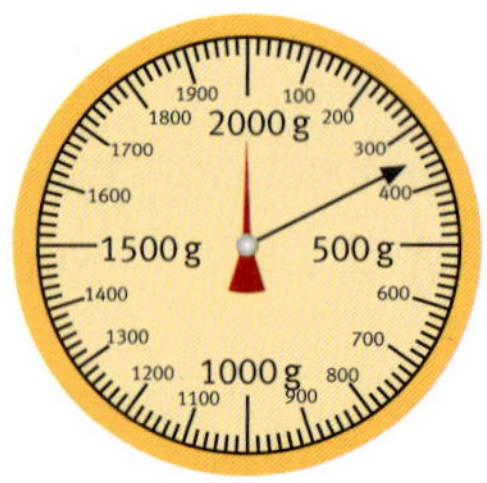

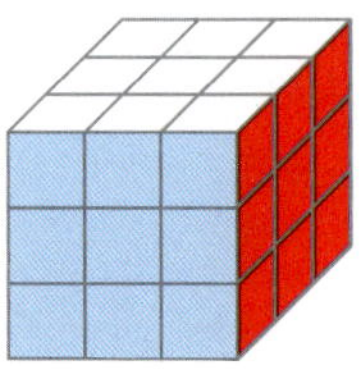

13 a) Aus wie vielen kleinen Würfeln besteht der große Würfel insgesamt?
Welcher Anteil davon ist in der Zeichnung sichtbar?

b) Wie viele Seitenflächen haben alle kleinen Würfel zusammen?
Welcher Anteil davon ist beim großen Würfel sichtbar?

c) Welcher Anteil der kleinen Würfel bildet zusammen die Kanten des Würfels?

14 Ein Schulbus ist bereits zu einem Viertel mit Schülern besetzt. An einer Haltestelle verdoppelt sich die Zahl der Schüler, zusätzlich steigen noch vier Erwachsene hinzu. Anschließend sind noch 20 Plätze frei. Wie viele Plätze hat der Bus? Veranschauliche das Ergebnis grafisch.

15 Im Jahr fallen in Deutschland etwa 340 000 t Abfall an.
Davon sind jeweils $\frac{3}{20}$ Haushaltsabfälle und Gewerbeabfälle, $\frac{11}{20}$ der Menge ist Bauschutt, der Rest ist sonstiger Abfall (z. B. aus dem Bergbau). Bestimme die Abfallmenge der einzelnen Bereiche.

16 Die acht Gewichte sollen so auf die Schalen einer Waage verteilt werden, dass die Waage im Gleichgewicht ist und alle Gewichte verwendet werden. Gib hierzu verschiedene Möglichkeiten an und zeige die zugehörigen Rechenwege.

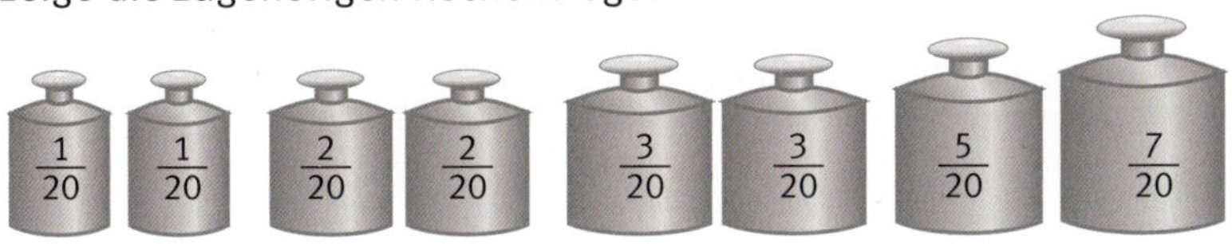

17 Kombiniere die Karten durch + und – so miteinander, dass das Ergebnis möglichst nahe bei 0 (bei 1) liegt.

1,1 | $\frac{4}{10}$ | $\frac{8}{10}$ | 0,6 | $\frac{5}{10}$ | $\frac{7}{10}$ | $1\frac{3}{10}$

18 a) Es ist $\frac{●}{10} + \frac{▲}{10} = 2$, wobei der erste Summand stets größer ist als der zweite. Bestimme alle möglichen Summanden.

b) Es ist $\frac{●}{15} - \frac{▲}{15} = \frac{1}{15}$. Welche Zähler kannst du einsetzen?

19 Gib mindestens fünf verschiedene Summen (Differenzen) mit dem Ergebnis $3\frac{1}{6}$ an.

20 Findest du bei den folgenden Aufgaben einen Lösungsweg?

a) $2 \cdot \frac{2}{3}$ b) $3 \cdot \frac{1}{6}$ c) $3 \cdot \frac{2}{5}$ d) $4 \cdot \frac{3}{7}$

Kannst du eine Regel entdecken?

21 Stelle wie im Beispiel dar.
Beispiel:
22 mithilfe von sechs Vierern: $22 = \frac{44}{4} + \frac{44}{4}$

a) 100 mithilfe von vier Neunern
b) 11 mithilfe von acht Zweiern
c) 15 mithilfe von sechs Dreiern

22 Veranschauliche mit einem Meterstab.

a) $\frac{1}{2}$ m + $\frac{1}{2}$ m   b) $\frac{3}{10}$ m + $\frac{1}{10}$ m
c) $\frac{4}{5}$ m – □ = $\frac{1}{5}$ m   d) $\frac{8}{25}$ m + □ = 1 m

Knobelei

Magische Quadrate

- Übertrage die Quadrate in dein Heft und ergänze sie so, dass man in jeder Zeile, in jeder Spalte und in jeder Diagonalen die Summe 1 erhält.

a)

□	$\frac{1}{15}$	□
$\frac{3}{15}$	□	$\frac{7}{15}$
□	□	□

b)

$\frac{12}{90}$	□	$\frac{24}{90}$
□	$\frac{30}{90}$	□
□	□	□

c)

□	$\frac{6}{30}$	□
$\frac{2}{30}$	□	□
□	□	$\frac{4}{30}$

- Findest du heraus, wie man Quadrate mit Summe 1 konstruiert?

Rezept für Kinderpunsch
$\frac{3}{4}$ l Tee
$\frac{1}{2}$ l Apfelsaft
$\frac{1}{4}$ l Orangensaft
1 Stange Zimt
Süßstoff nach Geschmack

- Wie viel Liter Kinderpunsch erhält man mit dem Rezept? Erkläre deinen Rechenweg.
- Ein Glas wird mit $\frac{1}{4}$ l gefüllt. Wie viel Punsch ist noch übrig?
- Wie viele solcher Gläser lassen sich auf diese Weise füllen? Erkläre dein Vorgehen.
- Rechne die Angaben in Dezimalbrüche um und berechne erneut. Wie gehst du vor?

Addition und Subtraktion von Brüchen
1. *Brüche gleichnamig machen, nutze das kgV*
2. *Gleichnamige Brüche addieren bzw. subtrahieren*

Merkwissen

Ungleichnamige Brüche werden addiert bzw. subtrahiert, indem man die Nenner zunächst **gleichnamig** macht, d. h. die Brüche so erweitert oder kürzt, dass sie den gleichen Nenner haben. Anschließend rechnet man wie gewohnt weiter.

Das **kleinste gemeinsame Vielfache** (kgV) ist der kleinste gemeinsame Nenner. Man nennt ihn **Hauptnenner**.

Addition:

$\frac{2}{5} + \frac{3}{10} = \frac{4}{10} + \frac{3}{10} = \frac{4+3}{10} = \frac{7}{10}$

kgV (5; 10) = 10 „Hauptnenner"

Subtraktion:

$\frac{8}{7} - \frac{2}{3} = \frac{24}{21} - \frac{14}{21} = \frac{24-14}{21} = \frac{10}{21}$

kgV (3; 7) = 21 „Hauptnenner"

Beispiele

I Veranschauliche die Terme mithilfe von Zahlenpfeilen und berechne ihren Wert.

a) $\frac{1}{4} + \frac{1}{2}$ b) $\frac{2}{3} - \frac{1}{2}$

Lösung:

a)

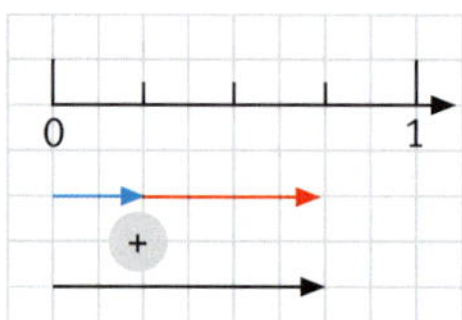

$\frac{1}{4} + \frac{1}{2} = \frac{1}{4} + \frac{2}{4} = \frac{3}{4}$

b)

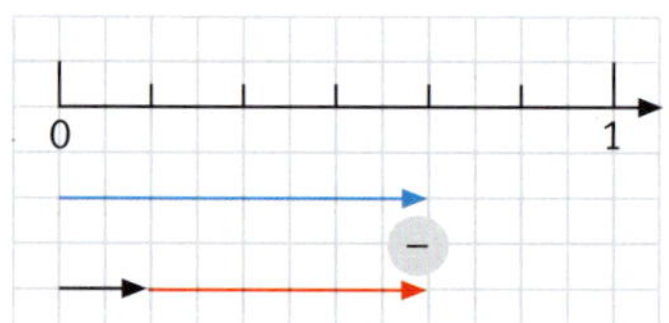

$\frac{2}{3} - \frac{1}{2} = \frac{4}{6} - \frac{3}{6} = \frac{1}{6}$

II Berechne und kürze das Ergebnis so weit wie möglich.

a) $\frac{5}{8} + \frac{1}{4}$ b) $1\frac{1}{3} - \frac{5}{6}$

Gemischte Zahlen erst in unechte Brüche umwandeln

Lösung:

a) kgV (4; 8) = 8 $\frac{5}{8} + \frac{1}{4} = \frac{5}{8} + \frac{2}{8} = \frac{7}{8}$

b) kgV (3; 6) = 6 $1\frac{1}{3} - \frac{5}{6} = \frac{4}{3} - \frac{5}{6} = \frac{8}{6} - \frac{5}{6} = \frac{3}{6} = \frac{1}{2}$

Verständnis

- Kann man zwei verschiedene Brüche immer gleichnamig machen? Wenn ja, wie?
- Wie groß ist der gemeinsame Nenner bei der Addition zweier Brüche mindestens (höchstens)?

1 Löse folgende Aufgaben mithilfe von Zahlenpfeilen wie in Beispiel I.

a) $\frac{1}{2}+\frac{2}{8}$ $\quad\frac{1}{2}+\frac{3}{8}$
b) $\frac{1}{2}-\frac{1}{8}$ $\quad\frac{1}{2}-\frac{3}{8}$
c) $\frac{1}{4}+\frac{1}{8}$ $\quad\frac{3}{4}+\frac{1}{8}$
d) $\frac{1}{4}-\frac{1}{8}$ $\quad\frac{3}{4}-\frac{1}{8}$
e) $\frac{1}{4}+\frac{4}{5}$ $\quad\frac{4}{5}-\frac{1}{4}$
f) $\frac{2}{3}+\frac{5}{6}$ $\quad 1\frac{1}{3}-\frac{1}{6}$

2 Sabine behauptet: „In der Pause habe ich drei Viertel meines Apfels gegessen. Nach der Schule habe ich dann die restlichen drei Achtel vertilgt." Kann das sein?

3 Berechne und kürze das Ergebnis so weit wie möglich.

a) $\frac{1}{15}+\frac{3}{10}$ $\quad\frac{4}{5}+\frac{2}{25}$
b) $\frac{2}{3}-\frac{1}{8}$ $\quad\frac{7}{9}-\frac{3}{18}$
c) $\frac{1}{10}+\frac{3}{33}$ $\quad\frac{3}{12}+\frac{3}{5}$
d) $\frac{9}{16}-\frac{1}{2}$ $\quad 1\frac{5}{8}-\frac{9}{6}$
e) $\frac{1}{3}+\frac{2}{9}+\frac{11}{9}$ $\quad 1\frac{1}{2}+\frac{7}{8}+\frac{3}{4}$
f) $1-\frac{1}{10}-\frac{3}{5}$ $\quad 3\frac{2}{5}-\frac{7}{10}-\frac{1}{3}$

Lösungen zu 3:
$\frac{11}{18}$; $\frac{1}{16}$; $\frac{22}{25}$; $\frac{3}{10}$; $1\frac{7}{9}$; $3\frac{1}{8}$; $\frac{11}{30}$; $\frac{13}{24}$; $\frac{21}{110}$; $\frac{17}{20}$; $\frac{1}{8}$; $2\frac{11}{30}$

4 Übertrage die Zahlenmauern zur Addition in dein Heft und vervollständige sie.

a)

b)

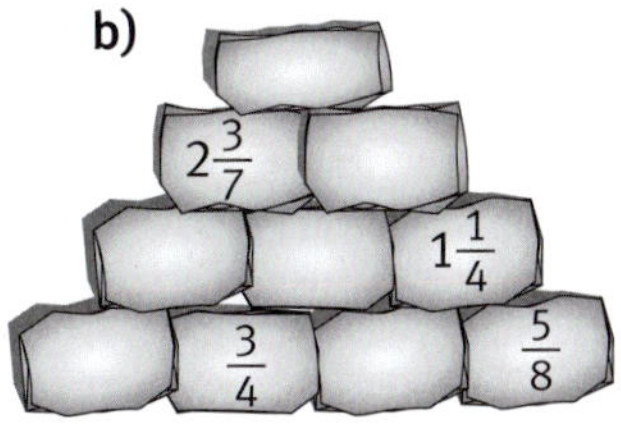

c)

5 Schreibe als Term und berechne anschließend.

a) Addiere $3\frac{56}{100}$ zur Differenz der Zahlen $6\frac{7}{10}$ und $2\frac{3}{4}$.
b) Vermindere die Zahl 17 um die Summe der Zahlen $3\frac{14}{25}$ und $12\frac{2}{5}$.
c) Berechne den Wert des Produkts aus 5 und 3 und subtrahiere davon die Differenz aus $4\frac{49}{50}$ und $\frac{86}{100}$.

6 Welche zwei Steine muss man jeweils addieren, um als Ergebnis 1 zu erhalten?

a)

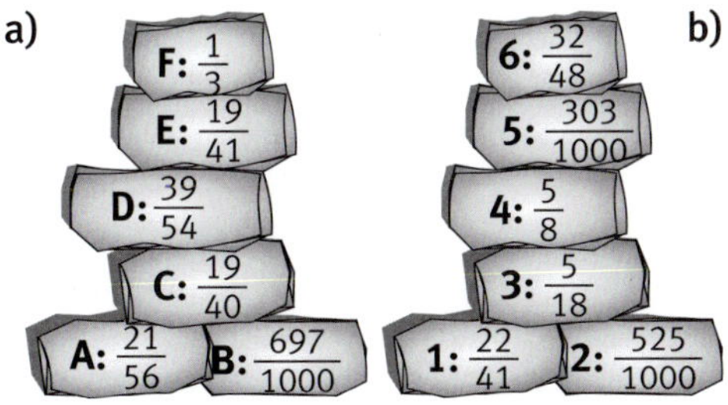

b)

$\frac{18}{54}$	$\frac{78}{100}$	$\frac{90}{108}$	$\frac{445}{1000}$
$\frac{722}{1000}$	$\frac{4}{11}$	$\frac{40}{70}$	$\frac{9}{10}$
$\frac{2}{21}$	$\frac{3}{7}$	$\frac{18}{34}$	$\frac{2}{3}$
$\frac{1}{6}$	$\frac{555}{1000}$	$\frac{22}{100}$	$\frac{139}{500}$
$\frac{8}{17}$	$\frac{1}{10}$	$\frac{7}{11}$	$\frac{57}{63}$

7 Gib zwei ungleichnamige Brüche an, deren Summe 2 (3) ergibt. Finde jeweils drei Beispiele.

8 Hier stimmt doch was nicht. Was machen Tobi und Dani falsch? Kannst du ihnen Tipps geben, wie sie ihre Fehler selbst bemerken können?

9 In einer Ferienregion wurde eine Seenlandschaft aufgestaut. Sie besteht aus dem großen Brombachsee mit $8\frac{3}{4}$ km², dem kleinen Brombachsee von $2\frac{1}{2}$ km² und dem Igelsbachsee mit $\frac{4}{5}$ km². Welchen Flächeninhalt nehmen die Seen zusammen ein?

10 Die Schnecke Murr ist schon alt. Früher hat sie die frischen Blätter am Ende des Baums schon nach zwei Tagen erreicht. Heute schafft sie am ersten Tag zwar noch die Hälfte des Wegs, dann schafft sie an den folgenden Tagen wegen Ermüdung aber nur noch die Hälfte des Vortags.

a) Wie weit ist die Schnecke Murr nach 3 (4, 5) Tagen gekommen? Verdeutliche den Sachverhalt durch eine Zeichnung.

b) Erreicht sie jemals ihr Ziel? Begründe deine Antwort. Verwende dazu ein Tabellenkalkulationsprogramm.

11 a) Familie Volkers möchte eine Rundwanderung im Naturpark Habichtswald unternehmen. Sie starten am Parkplatz und möchten auf jeden Fall am Gasthof und am See vorbeikommen.

1 Wie lange brauchen sie, wenn sie stets außen herum gehen?

2 Kannst du ihnen die schnellste Route heraussuchen?

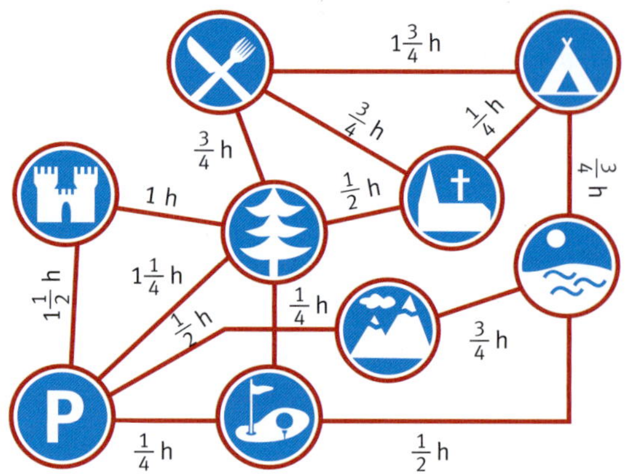

b) Für einen Touristenführer sollen Wanderrouten von etwa 2 h (von $3\frac{1}{2}$ h) Dauer erstellt werden. Welche Möglichkeiten gibt es?

c) Bei einer Wanderung geht man im Durchschnitt 4 km in einer Stunde. Ersetze die Zeitangaben in der Wanderkarte durch Entfernungsangaben.

12 a) Partnerübung: Würfelt abwechselnd mit einem Würfel und setzt die Zahlen in die Kästchen ein. Wer bekommt das größte (kleinste) Ergebnis?

1 $\square\frac{\square}{3}+\frac{\square}{9}+\frac{\square}{3}$ 2 $2\frac{\square}{2}-\frac{\square}{8}-\frac{\square}{4}$ 3 $3\frac{\square}{5}+\frac{\square}{3}-\frac{\square}{2}+\square\frac{\square}{4}$

b) Überlege dir zu den Aufgaben in a), welche Augenzahlen am Würfel fallen müssten, damit das Ergebnis möglichst groß (möglichst klein) wird.

c) Jede Augenzahl am Würfel darf höchstens ein Mal eingesetzt werden. Überlege dir nun zu den Aufgaben in a), welche Zahlen du würfeln müsstest, damit das Ergebnis möglichst groß (möglichst klein) wird.

13 Magische Quadrate: Übertrage die Quadrate in dein Heft und vervollständige sie. Die Summe der Einträge jeder Spalte, Zeile und Diagonale soll dabei gleich sein.

a)

□	□	$\frac{2}{5}$
□	$\frac{4}{10}$	□
$\frac{4}{10}$	□	$\frac{8}{20}$

b)

□	□	$\frac{3}{50}$
$\frac{3}{100}$	$\frac{1}{20}$	$\frac{7}{100}$
□	□	□

c)

□	$\frac{3}{5}$	□	$\frac{1}{10}$
$1\frac{3}{10}$	□	1	$\frac{4}{5}$
□	$1\frac{3}{5}$	□	□
$\frac{7}{10}$	□	$\frac{2}{5}$	□

14 Bruchdomino mal anders: Berechne den Wert des Terms auf dem Startstein. Suche dann den Stein mit der Lösung und berechne den Wert des Terms auf diesem Stein. Welches Lösungswort ergibt sich, wenn du den Zielstein erreicht hast?

$5\frac{129}{130}$ T	$\frac{7}{6}-1\frac{1}{6}$
$11\frac{1}{8}$ E	$\frac{7}{4}+\frac{1}{3}$
$\frac{17}{18}$ A	$2\frac{4}{7}-\frac{2}{3}$
Start	$\frac{11}{9}-\frac{4}{9}$
$1\frac{19}{21}$ U	$\frac{1}{18}+\frac{4}{5}$
$2\frac{19}{30}$ N	$\frac{27}{31}+\frac{8}{62}-\frac{4}{19}$
$\frac{77}{90}$ P	$4\frac{9}{13}+1\frac{3}{10}$
0 N	$\frac{22}{2}+\frac{5}{16}-\frac{6}{32}$
$\frac{15}{19}$ E	$\frac{3}{8}+\frac{1}{4}$
$\frac{7}{9}$ H	$\frac{2}{3}+\frac{5}{18}$
$2\frac{1}{12}$ N	$3\frac{8}{15}-\frac{9}{10}$
$\frac{5}{8}$ R	Ziel

15 a) Übertrage das Mobile in dein Heft und fülle die Kästchen so aus, dass das Mobile im Gleichgewicht ist.

b) Verändere den Startwert. Wie hängen die anderen Werte mit dem Startwert zusammen?

Musik

Bruchrechnung in der Musik

Um Musik aufzuschreiben, bedient man sich der Noten. Dabei reicht es aber nicht aus, den Noten nur eine Tonhöhe zuzuordnen, es müssen auch die Längen der Noten und Pausen klar bezeichnet werden. Beschreibe, was die unterschiedlichen Notenwerte bedeuten. Informiere dich gegebenenfalls beim Musiklehrer, im Lexikon oder im Internet.

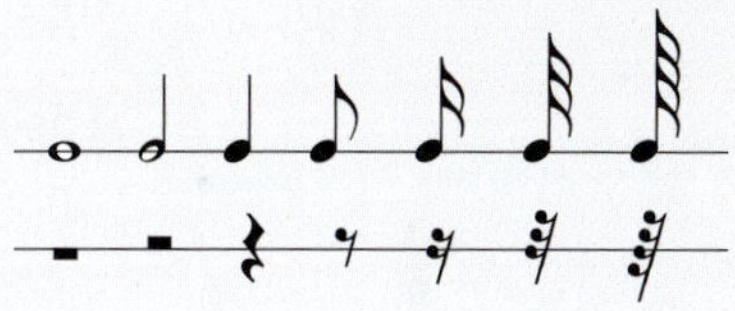

Addiert man die Notenwerte einer Einheit zusammen, so erhält man einen Hinweis auf den **Takt**.

$\frac{4}{4}$-Takt:  $\frac{4}{4}=\frac{1}{4}+\frac{1}{4}+\frac{1}{8}+\frac{1}{8}+\frac{1}{4}$

- Bestimme die Notenwerte. Um welche Taktart handelt es sich: $\frac{2}{4}$-, $\frac{3}{4}$- oder $\frac{4}{4}$-Takt?

a)  b)  c) 

- Notiere die Brüche als Noten und gib den zugehörigen Viertel-Takt an.

a) $\frac{1}{2}+\frac{1}{4}$ b) $\frac{1}{8}+\frac{1}{8}+\frac{1}{8}+\frac{1}{8}$ c) $\frac{1}{4}+\frac{1}{8}+\frac{1}{8}+\frac{1}{16}+\frac{1}{16}+\frac{1}{16}+\frac{1}{16}+\frac{1}{4}$ d) $\frac{1}{8}+\frac{1}{2}+\frac{1}{8}$

Um einen Notenwert um die Hälfte zu verlängern, setzt man einen Punkt hinter die Note (sogenannte Punktierung).

Beispiel:

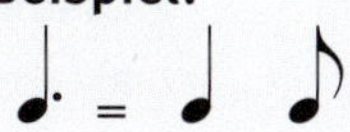

- Zerlege die punktierten Noten in nicht punktierte:

a)  b)  c) 

- Schreibe einen $\frac{3}{4}$-Takt mit einer (zwei) punktierten Noten.
- Suche ein Musikstück und überprüfe deine Kenntnisse.

Sabine und Martin haben eine Schokolade geschenkt bekommen, von der Martin bereits einen Teil genascht hat. Sabine möchte nun $\frac{3}{4}$ des Rests essen.

- Skizziere die Schokoladentafel im Heft und markiere Sabines Anteil.
- Erkläre, wie du den Anteil von der ganzen Tafel bestimmen kannst.
- Wie viele Stücke bleiben noch für Martin übrig?

„$\frac{2}{3}$ von" bedeutet das „$\frac{2}{3}$-Fache" oder „$\frac{2}{3}\cdot$".

Multiplikation von Brüchen:
$\frac{\text{Zähler}\cdot\text{Zähler}}{\text{Nenner}\cdot\text{Nenner}}$

Merkwissen

Zwei Brüche werden miteinander **multipliziert**, indem man **Zähler mit Zähler** und **Nenner mit Nenner** multipliziert.

$\frac{2}{3}\cdot\frac{4}{5}=\frac{2\cdot 4}{3\cdot 5}=\frac{8}{15}$

$\frac{2}{3}$ von $\frac{4}{5}$ sind $\frac{8}{15}$ (vom Ganzen).

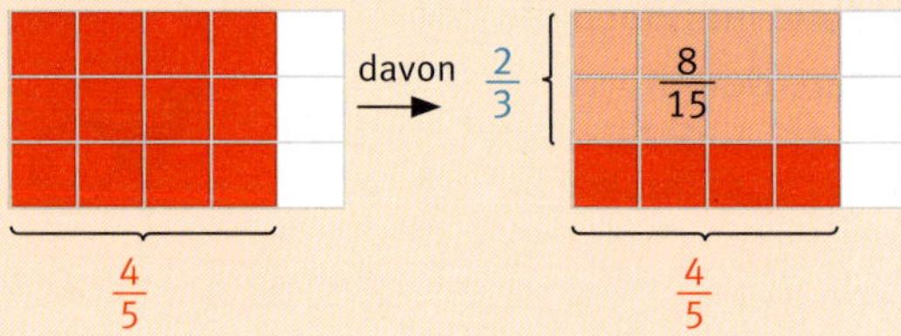

Beispiele

I Veranschauliche den Term $\frac{1}{3}\cdot\frac{3}{4}$ ...
a) mithilfe eines Rechtecks.
b) mithilfe eines Kreises.

Lösungsmöglichkeit:

a)
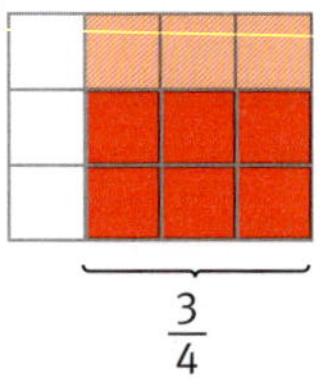

$\frac{1}{3}$ von $\frac{3}{4}=\frac{3}{12}=\frac{1}{4}$

b)
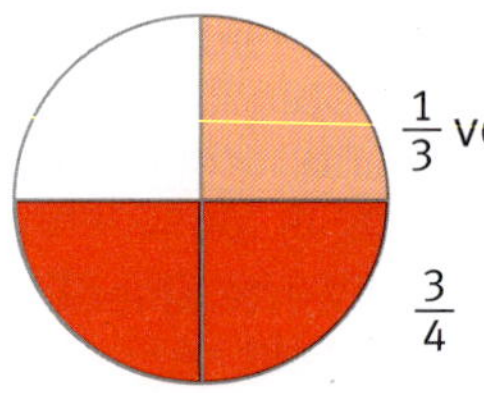

$\frac{1}{3}$ von $\frac{3}{4}=\frac{1}{4}$

II Schreibe eine passende Rechnung.

a)
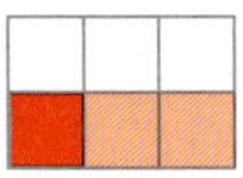

b)

Lösung:
a) $\frac{2}{3}\cdot\frac{1}{2}=\frac{2\cdot 1}{3\cdot 2}=\frac{2}{6}\underset{2}{=}\frac{1}{3}$
b) $\frac{2}{7}\cdot\frac{7}{8}=\frac{2\cdot 7}{7\cdot 8}=\frac{14}{56}\underset{14}{=}\frac{1}{4}$

III Berechne den Term und kürze so weit wie möglich.
a) $\frac{4}{7}\cdot\frac{1}{12}$
b) $2\frac{1}{12}\cdot\frac{4}{25}$

Zu b): $2\frac{1}{12}=\frac{25}{12}$

Bei der Multiplikation ist es oft sinnvoll, möglichst früh zu kürzen.

Lösung:
a) $\frac{4}{7}\cdot\frac{1}{12}=\frac{4}{84}\underset{4}{=}\frac{1}{21}$ oder $\frac{\overset{1}{\cancel{4}}}{7}\cdot\frac{1}{\underset{3}{\cancel{12}}}=\frac{1}{21}$
b) $\frac{25}{12}\cdot\frac{4}{25}=\frac{100}{300}\underset{3}{=}\frac{1}{3}$ oder $\frac{\overset{1}{\cancel{25}}}{\underset{3}{\cancel{12}}}\cdot\frac{\overset{1}{\cancel{4}}}{\underset{1}{\cancel{25}}}=\frac{1}{3}$

Verständnis

- Hannes rechnet: $5\cdot\frac{7}{8}=\frac{5\cdot 7}{5\cdot 8}$. Kann das sein? Begründe deine Antwort.
- Wie ändert sich das Ergebnis von $\frac{3}{7}\cdot\frac{2}{5}$, wenn beide Nenner verdoppelt werden?

1 Berechne die folgenden Terme. Veranschauliche wie in Beispiel I.

a) $\frac{3}{4}\cdot\frac{1}{2}$ b) $\frac{3}{5}\cdot\frac{5}{12}$ c) $\frac{2}{3}\cdot\frac{3}{4}$ d) $\frac{2}{5}\cdot\frac{2}{3}$

e) $\frac{1}{3}\cdot\frac{5}{6}$ f) $\frac{2}{7}\cdot\frac{3}{8}$ g) $\frac{1}{5}\cdot\frac{7}{8}$ h) $\frac{4}{9}\cdot\frac{3}{7}$

2 Vergleiche und begründe jeweils folgende Gleichheit.

a) $\frac{2}{3}\cdot\frac{3}{5}=\frac{3}{5}\cdot\frac{2}{3}$ b) $\frac{3}{4}\cdot\frac{2}{5}=\frac{2}{5}\cdot\frac{3}{4}$ c) $\frac{5}{6}\cdot\frac{3}{8}=\frac{3}{8}\cdot\frac{5}{6}$

3 Schreibe zu jeder Abbildung eine passende Rechnung wie in Beispiel II.

a) 
b) 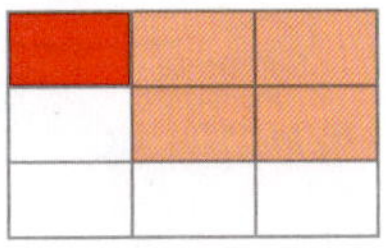
c) 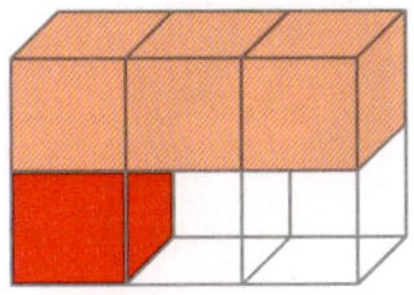
d) 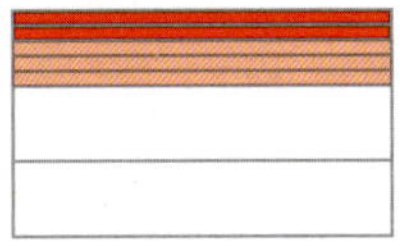

e) 
f) 
g) 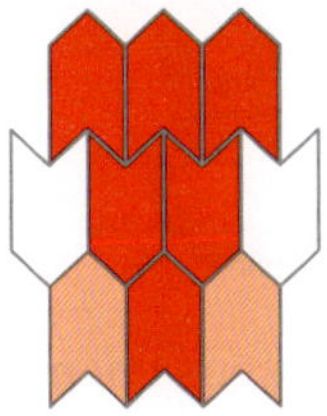
h) 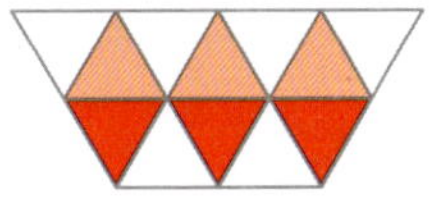

4 a) Begründe folgende Gleichheiten.

① $2\cdot\frac{1}{4}=\frac{1}{4}+\frac{1}{4}=\frac{2}{4}$ ② $3\cdot\frac{5}{8}=\frac{5}{8}+\frac{5}{8}+\frac{5}{8}=\frac{15}{8}$ ③ $4\cdot\frac{3}{10}=\frac{3}{10}+\frac{3}{10}+\frac{3}{10}+\frac{3}{10}=\frac{12}{10}$

b) Formuliere eine Regel, wie man natürliche Zahlen mit Brüchen multipliziert.

c) Wende deine Regel an und berechne.

① $8\cdot\frac{4}{15}$ ② $18\cdot\frac{5}{12}$ ③ $27\cdot\frac{8}{9}$ ④ $8\cdot\frac{3}{10}$ ⑤ $7\cdot\frac{1}{7}$

d) Wie lassen sich folgende Terme berechnen? Erkläre dein Vorgehen.

① $\frac{2}{3}\cdot 5$ ② $\frac{9}{8}\cdot 3$ ③ $\frac{3}{8}\cdot 4$ ④ $\frac{5}{24}\cdot 32$ ⑤ $\frac{1}{6}\cdot 12$

5 a) Erkläre die Richtigkeit folgender Rechnungen.
Welchen Vorteil bringt dieses Vorgehen deiner Meinung nach?

Prüfe rechtzeitig, ob du kürzen kannst.

① $\frac{4}{5}\cdot\frac{3}{8}=\frac{\overset{1}{\cancel{4}}\cdot 3}{5\cdot\underset{2}{\cancel{8}}}=\frac{1\cdot 3}{5\cdot 2}=\frac{3}{10}$ ② $\frac{27}{40}\cdot\frac{16}{21}=\frac{\overset{9}{\cancel{27}}\cdot\overset{2}{\cancel{16}}}{\underset{5}{\cancel{40}}\cdot\underset{7}{\cancel{21}}}=\frac{9\cdot 2}{5\cdot 7}=\frac{18}{35}$

b) Berechne die Terme und kürze so weit wie möglich.

① $\frac{1}{3}\cdot\frac{1}{4}$; $\frac{1}{5}\cdot\frac{2}{7}$; $\frac{1}{10}\cdot\frac{3}{8}$ ② $\frac{3}{8}\cdot\frac{7}{15}$; $\frac{5}{9}\cdot\frac{3}{4}$; $\frac{2}{11}\cdot\frac{5}{12}$ ③ $\frac{2}{9}\cdot\frac{3}{4}$; $\frac{5}{6}\cdot\frac{12}{25}$; $\frac{20}{21}\cdot\frac{7}{10}$ ④ $\frac{6}{35}\cdot\frac{7}{9}$; $\frac{18}{49}\cdot\frac{21}{36}$; $\frac{60}{169}\cdot\frac{65}{144}$ ⑤ $3\frac{1}{3}\cdot\frac{4}{5}$; $\frac{5}{16}\cdot 5\frac{1}{3}$; $2\frac{5}{8}\cdot 3\frac{3}{7}$

Lösungen zu 5b):
$\frac{2}{3}$; $\frac{2}{35}$; $\frac{5}{3}$; $\frac{3}{14}$; $\frac{5}{12}$; $\frac{7}{40}$; $\frac{25}{156}$; $\frac{5}{66}$; $\frac{1}{6}$; $\frac{2}{5}$; $\frac{2}{15}$; $\frac{3}{80}$; 9; $\frac{8}{3}$; $\frac{1}{12}$

6 Übertrage die Zahlenmauern in dein Heft und vervollständige sie.

a) 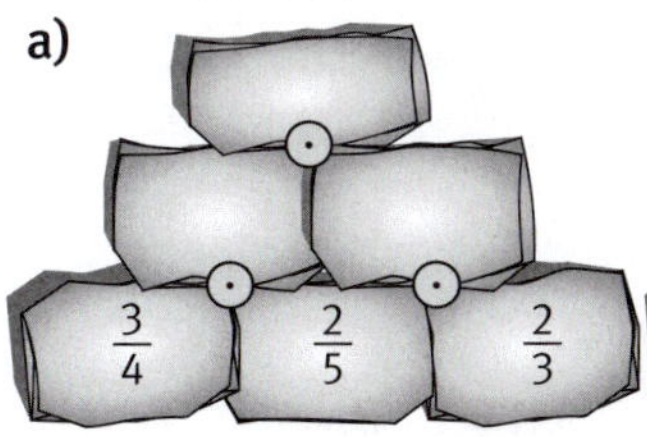

b) 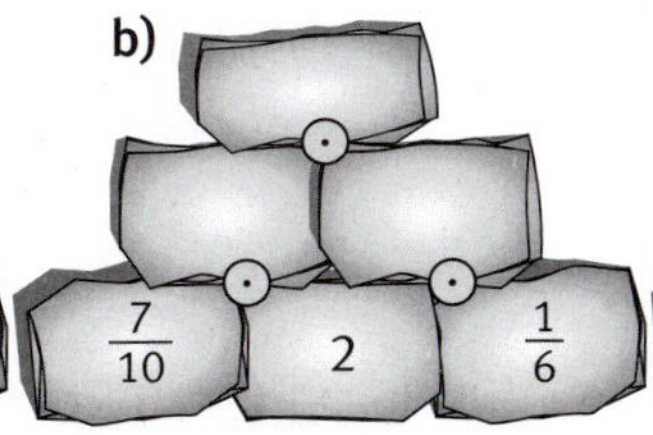

c) 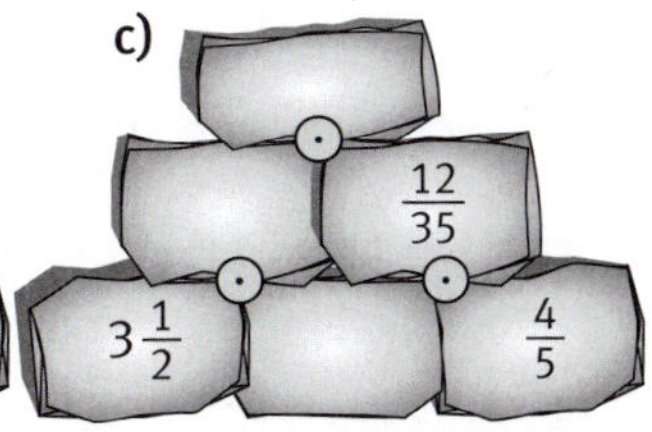

Verwandle gemischte Zahlen zuerst in unechte Brüche.

7 Die Arbeitszeit eines Bäckers beträgt $6\frac{2}{3}$ h pro Tag. Wie lange arbeitet der Bäcker an sechs Arbeitstagen pro Woche?

8 Die Schüler der Klasse 6b haben 28 Unterrichtsstunden pro Woche, von denen jede eine Dreiviertelstunde dauert. Wie viele volle Stunden sind das?

9 Hier stimmt doch etwas nicht. Finde die Fehler und korrigiere sie.

10 Die Erdoberfläche ist insgesamt etwa 510 000 000 km² groß. Die Landmassen nehmen etwa $\frac{1}{4}$ der Oberfläche ein. Davon entfällt $\frac{1}{10}$ auf Europa, $\frac{1}{3}$ auf Asien, $\frac{3}{10}$ auf den amerikanischen Kontinent, $\frac{1}{5}$ auf Afrika und der Rest auf Australien und Ozeanien.

a) Welchen Anteil der Erdoberfläche nehmen die Kontinente jeweils ein?

b) Wie viel Quadratkilometer betragen die Flächen der Kontinente?

Chai-Tee

(Angaben für 1 Liter)

$1\frac{1}{3}$ EL schwarzer Tee

$1\frac{1}{2}$ TL Kardamon

1 EL Fenchelsamen

8 getrocknete Nelken

Tee und Gewürze in ein Gefäß geben und mit 0,4 l kochendem Wasser übergießen.
5 Minuten ziehen lassen.
Abschließend mit warmer Milch auffüllen.

11 Ein indischer Chai-Tee besteht aus schwarzem Tee, verschiedenen Gewürzen und Milch. Eine Teekanne fasst $\frac{3}{4}$ l. Rechne die Angaben des Rezepts um.

12 Die Fläche vor einem Haus soll neu gepflastert werden.

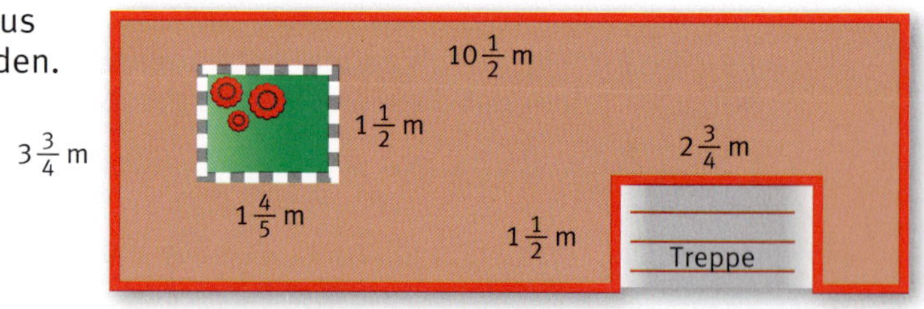

a) Wie viel Quadratmeter Pflastersteine werden gebraucht?

b) Wie teuer werden die Steine, wenn 1 m² davon $35\frac{1}{2}$ € kostet? Beurteile, wie realistisch die mathematische Lösung ist.

13 Berechne …

a) die Hälfte von zwei Dritteln.

b) das Vierfache von zwei Fünfteln.

c) vier Drittel von $\frac{1}{2}$ kg.

d) drei Fünftel von $1\frac{1}{2}$ h.

14 Wähle einen zweiten Bruch zu $\frac{3}{8}$ so, dass das Produkt beider Brüche größer als (kleiner als, gleich) ein Ganzes ist.

15 Zwei Brüche werden miteinander multipliziert. Wie ändert sich das Produkt, wenn
- a) der Zähler von nur einem Bruch verdoppelt wird?
- b) die Zähler beider Brüche verdoppelt werden?
- c) jeweils ein Zähler und ein Nenner verdoppelt werden?
- d) der Nenner von nur einem Bruch verdreifacht wird?

16 Partnerübung im Heft: Würfelt abwechselnd mit einem Würfel und setzt die Zahlen in die Platzhalter ein. Wer bekommt das größte (kleinste) Ergebnis heraus?

Beachte die Regel „Punkt vor Strich“.

a) $\frac{\square}{\square} \cdot \frac{\square}{\square} =$ b) $\frac{\square}{\square} \cdot \frac{\square}{\square} + \frac{\square}{\square} =$ c) $\frac{\square}{\square} - \frac{\square}{\square} \cdot \frac{\square}{\square} =$

17 Ein DIN-A0-Blatt hat einen Flächeninhalt von 1 m^2. Die kleineren Formate erhält man durch fortgesetzte Halbierung.
- a) Welchen Flächeninhalt hat ein DIN-A4- (DIN-A5-, DIN-A8-) Blatt?
- b) Welchen Flächeninhalt haben ein DIN-A4- und ein DIN-A5-Blatt zusammen?
- c) Welchen Anteil von einem DIN-A0-Blatt hat ein DIN-A10-Blatt? Stelle geschickt ein DIN-A-10-Blatt her.

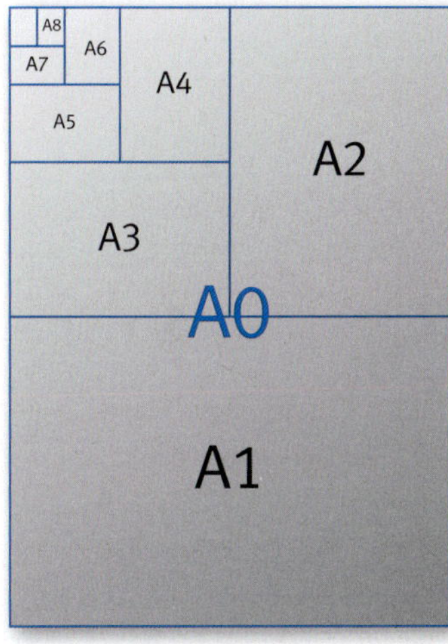

18 Finde zwei Brüche, die den folgenden (gekürzten) Wert des Produkts haben können. Es gibt mehrere Möglichkeiten.

a) $\frac{12}{25}$ b) $\frac{8}{15}$ c) $\frac{18}{35}$ d) $\frac{10}{21}$ e) $\frac{16}{49}$ f) $\frac{3}{4}$ g) 1

19 Ein Würfel hat eine Kantenlänge von $\frac{7}{8}$ m. Berechne seine Oberfläche.

20 Ersetze die Lücke. Gibt es mehrere Lösungen?

a) $\frac{3}{10} \cdot \frac{\square}{5} = \frac{21}{50}$ b) $\frac{3}{4} \cdot \frac{3}{\square} = \frac{9}{20}$ c) $\frac{4}{\triangle} \cdot \frac{3}{8} = \frac{1}{2}$ d) $\frac{5}{\triangle} \cdot \frac{\square}{7} = 1$ e) $\frac{\square}{25} \cdot \frac{12}{\triangle} = \frac{12}{25}$

21 a) Wähle zwei Karten so aus, dass das Produkt möglichst groß (klein) wird.
b) Wie viele Produkte kannst du mit zwei Karten bilden, deren Ergebnisse größer (kleiner) als 1 sind? Nenne sie.

Spiel

Bruchroulette

Material
- 1 runde Untertasse mit erhöhtem Rand
- 1 Papierscheibe, die in die Untertasse passt
- 8 Streichhölzer, 1 Murmel

Klebe die Streichhölzer so auf die Papierscheibe, dass gleich große Felder entstehen. Beschrifte die Felder mit Brüchen. Lege die Scheibe in die Untertasse.Setze die Kugel an den Rand der Untertasse und stoße sie an. Sie rollt in ein Feld. Wiederhole den Vorgang und berechne das Produkt beider Zahlen. Derjenige Spieler mit dem größten Produkt hat die Runde gewonnen.

Beispiel:

Von einer Tafel Schokolade wurden bereits sechs Stücke gegessen. Als Sabine versucht, die restliche Tafel gleichmäßig mit Martin zu teilen, bricht eine Ecke aus der Schokolade heraus.

- Sabine überlegt: In wie viele solcher Teile kann ich den Rest zerlegen? Übertrage eine Skizze der Schokoladentafel in dein Heft und markiere eine mögliche Aufteilung.
- Notiere einen Rechenausdruck, der diese Aufteilung beschreibt.
- Welchen Anteil der Schokolade bekommt jeder?

$\frac{3}{1}$ *ist der Kehrwert von* $\frac{1}{3}$

Division durch einen Bruch

$: \frac{\text{Zahl a}}{\text{Zahl b}}$

↓

$\cdot \frac{\text{Zahl b}}{\text{Zahl a}}$

Multiplikation mit dem Kehrwert

Merkwissen

Die Brüche $\frac{1}{3}$ und $\frac{3}{1}$, $\frac{3}{4}$ und $\frac{4}{3}$, ... nennt man **Kehrwerte zueinander**, da Zähler und Nenner vertauscht wurden.

Man **dividiert** eine Zahl durch einen Bruch, indem man sie mit seinem **Kehrwert multipliziert**.

Multiplikation

$$\frac{3}{4} : \frac{2}{3} = \frac{3}{4} \cdot \frac{3}{2} = \frac{3 \cdot 3}{4 \cdot 2} = \frac{9}{8}$$

Kehrwert

Beispiele

Die Division ist die Umkehrung der Multiplikation:

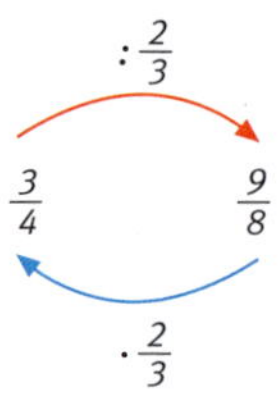

Erweiterung:

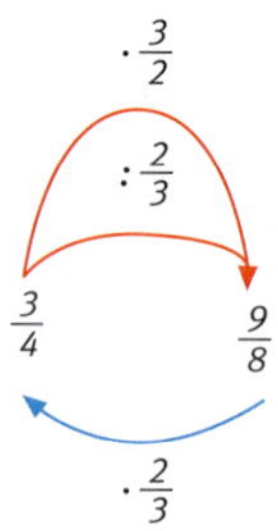

$: \frac{2}{3}$ *und* $\cdot \frac{3}{2}$ *führt zum selben Ergebnis.*

I Ergänze die fehlenden Angaben.

a) 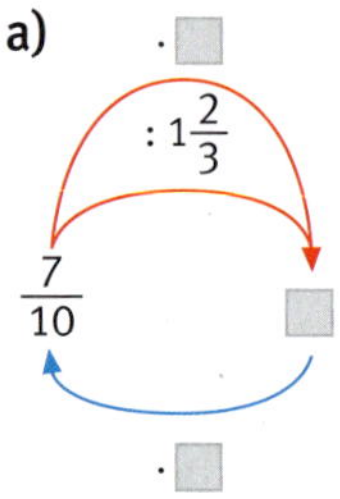

b) 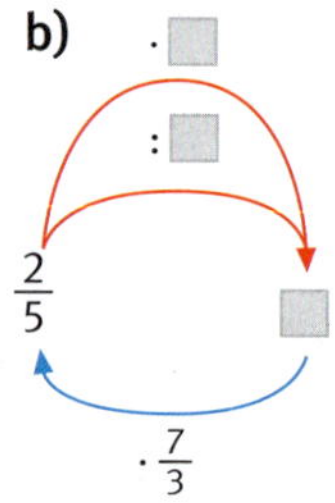

c) 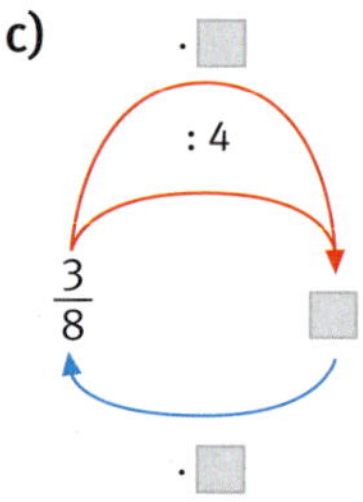

Lösung:

a) 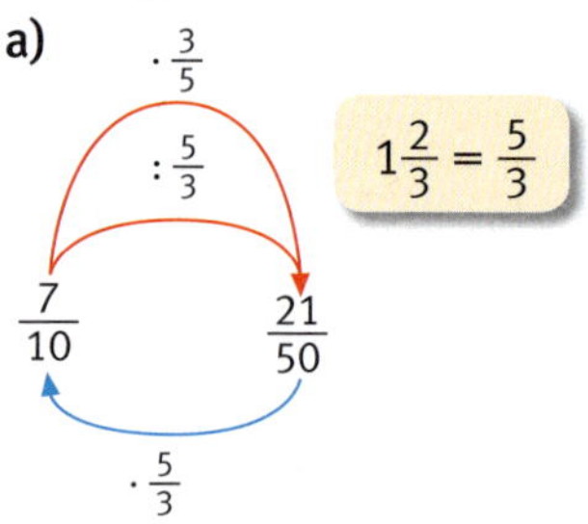

b) 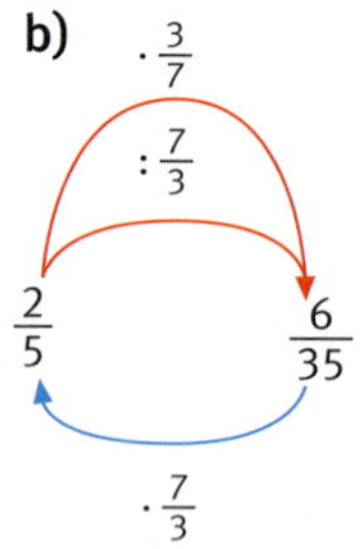

c) 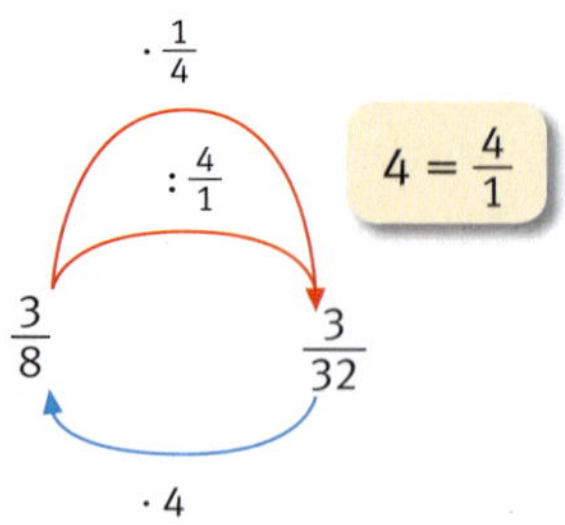

II Schreibe zu der Abbildung eine passende Rechnung mit einem Bruch als Divisor. Welche Bedeutung hat das Ergebnis?

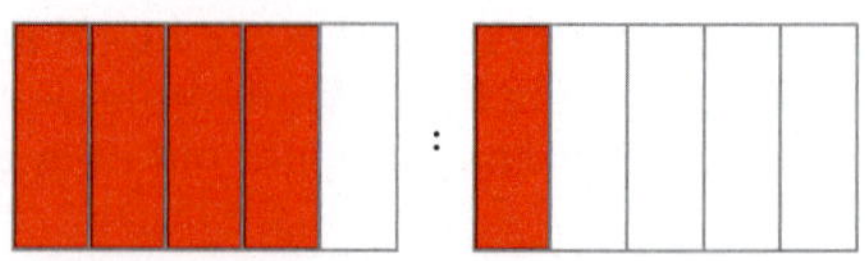

Lösung:

$\frac{4}{5} : \frac{1}{5} = 4$ bedeutet: Das kleine Rechteck passt viermal in das große Rechteck.

Verständnis

- Kann man zu jedem Bruch seinen Kehrwert bilden? Begründe.
- Julia behauptet: „Das Ergebnis einer Division ist immer kleiner als der Dividend." Suche Beispiele, die Julia widerlegen.
- Welche Kehrwerte haben natürliche Zahlen?

Aufgaben

Wandle gemischte Zahlen und natürliche Zahlen erst in unechte Brüche um.

1 Bestimme jeweils den Kehrwert.

a) $\frac{4}{5}$ $\frac{5}{6}$ $\frac{15}{11}$ $\frac{7}{9}$ $\frac{6}{13}$ $\frac{24}{5}$ $\frac{14}{15}$ $\frac{144}{169}$ $\frac{35}{7}$ $\frac{27}{1}$

b) $\frac{1}{3}$ 2 $\frac{1}{2}$ 5 $\frac{2}{4}$ 1 $1\frac{1}{2}$ $6\frac{1}{6}$ 1004 $\frac{5}{5}$

2 Übertrage die Pfeilmodelle in dein Heft und ergänze die fehlenden Angaben.

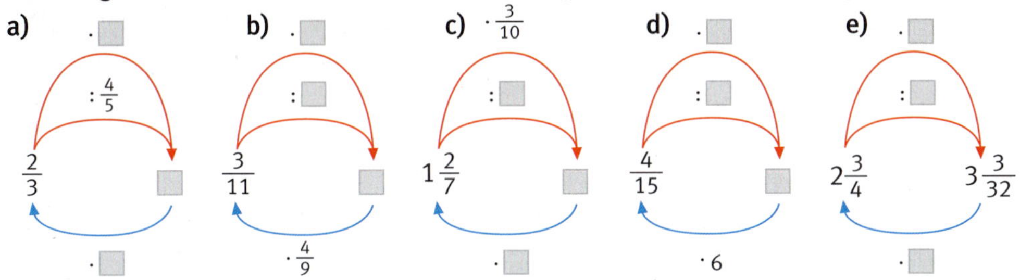

Beachte:

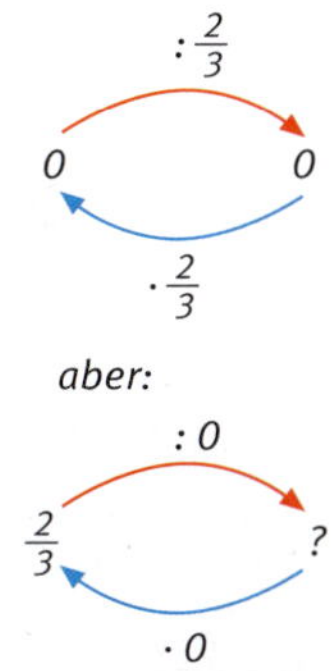

Durch 0 kann man nicht dividieren. Man findet keine Zahl, die mit 0 multipliziert $\frac{2}{3}$ ergibt.

3 Schreibe zu jeder Abbildung eine passende Rechnung mit einem Bruch als Divisor.

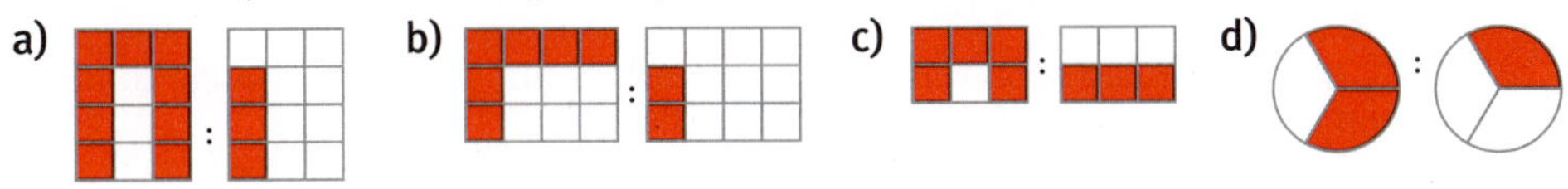

4 Berechne im Kopf.

a) $2 : \frac{1}{2}$ $\frac{5}{2} : \frac{1}{2}$ $\frac{3}{4} : 2$ $3 : \frac{1}{10}$ $140 : 7$ $4 : \frac{2}{5}$ $\frac{1}{9} : 3$ $0 : \frac{5}{6}$

b) $\frac{4}{9} : \frac{2}{3}$ $\frac{2}{7} : \frac{2}{7}$ $2\frac{4}{5} : \frac{7}{10}$ $12 \cdot \frac{1}{36}$ $\frac{12}{13} + \frac{12}{13}$ $14 : \frac{1}{7}$ $\frac{1}{81} : \frac{1}{27}$ $2\frac{1}{5} \cdot \frac{5}{17}$

c) $\frac{2}{5} : \frac{4}{7}$ $\frac{1}{7} \cdot \frac{2}{21}$ $14 \cdot 5$ $\frac{3}{10} - \frac{2}{15}$ $1\frac{5}{16} : 1\frac{1}{8}$ $2\frac{4}{5} \cdot 1\frac{3}{7}$ $\frac{4}{15} : \frac{1}{6}$ $5\frac{3}{5} : \frac{1}{4}$

5 Berechne. Kürze immer so weit wie möglich.

a) $\frac{2}{5} : \frac{4}{5}$ $\frac{4}{3} : \frac{2}{3}$ $\frac{7}{9} : \frac{7}{27}$

b) $\frac{17}{6} : \frac{17}{30}$ $\frac{8}{9} : \frac{2}{27}$ $\frac{24}{25} : \frac{8}{15}$

c) $1\frac{1}{8} : \frac{3}{4}$ $2\frac{1}{3} : \frac{5}{6}$ $1\frac{3}{7} : \frac{5}{21}$

d) $2\frac{1}{4} : 13\frac{1}{2}$ $2\frac{1}{6} : 5\frac{5}{9}$ $11\frac{2}{3} : 1\frac{8}{27}$

e) $\frac{64}{81} : \frac{25}{27}$ $7\frac{4}{5} : 1\frac{2}{13}$ $5\frac{5}{26} : 3\frac{9}{52}$

Lösungen zu 5:
$\frac{39}{100}$; 2; $6\frac{19}{25}$; $\frac{1}{6}$; 5; $1\frac{4}{5}$; $\frac{64}{75}$; $1\frac{7}{11}$; $1\frac{1}{2}$; 3; $2\frac{4}{5}$; 6; 12; 9; $\frac{1}{2}$

6 Hier stimmt doch etwas nicht. Finde den Fehler und korrigiere ihn.

a) $\frac{8}{9} : \frac{4}{9} = \frac{8:4}{9} = \frac{2}{9}$

b) $\frac{5}{6} : \frac{3}{7} = \frac{5}{\cancel{6}_2} : \frac{\cancel{3}^1}{7} = \frac{5}{2} : \frac{1}{7} = \frac{5}{2} \cdot \frac{7}{1} = \frac{35}{2} = 17\frac{1}{2}$

c) $\frac{14}{81} : \frac{7}{9} = \frac{14:7}{81:9} = \frac{2}{9}$

d) $\frac{7}{13} : \frac{15}{26} = \frac{\cancel{13}^1}{7} \cdot \frac{15}{\cancel{26}_2} = \frac{15}{14} = 1\frac{1}{14}$

7 Erkläre die folgenden Sachverhalte.

a) 25 m : 4 ist dasselbe wie 25 m $\cdot \frac{1}{4}$. **b)** 17 kg : $\frac{1}{5}$ ist dasselbe wie 17 kg · 5.

8 Melanies Mutter hat 5 l Erdbeermarmelade gekocht. Wie viele Marmeladengläser kann sie damit füllen, wenn in ein Glas $\frac{1}{5}$ l hinein passt?

9 Im Haus von Familie Jordan soll eine neue Treppe zum Dachboden gebaut werden. Herr Jordan misst nach: Der Höhenunterschied zum Dachboden beträgt $3\frac{1}{2}$ m. Leider steht nur wenig Platz zur Verfügung. Deshalb muss Herr Jordan eine Stufe $\frac{1}{4}$ m hoch machen. Wie viele Stufen plant er?

10 Bestimme, wie viele Beutel Getränkepulver du für die angegebene Wassermenge benötigst. Beurteile die mathematischen Lösungen kritisch.

a) 2 l

b) $\frac{1}{2}$ l

c) $2\frac{1}{2}$ l

d) $1\frac{3}{4}$ l

e) $1\frac{2}{3}$ l

Pro Beutel $\frac{2}{10}$ l heißes, nicht mehr kochendes Wasser in ein Glas geben und umrühren.

11 Herr Frankenberger möchte in seinem Garten einen Wasserbrunnen bohren. Der Brunnen bei seinem Nachbarn ist $15\frac{3}{4}$ m tief. Herr Frankenberger rechnet mit einer Bohrzeit von 6 Tagen.

a) Wie tief muss Herr Frankenberger im Durchschnitt an einem Tag bohren, um das Loch in der angestrebten Zeit zu schaffen?

b) Gleich am ersten Tag schafft Herr Frankenberger nur $1\frac{1}{2}$ m. Wie lange dauert die Bohrung, wenn er in diesem Tempo weiter macht?

12 Für den Geburtstag wird eine Kanne voll heißer Schokolade gekocht. In die Kanne passen $1\frac{1}{2}$ l.

a) Wie viele Tassen zu je $\frac{1}{6}$ l lassen sich damit füllen?

b) Es wird viel getrunken, sodass die Kanne noch einmal zur Hälfte (zu drei Viertel) gefüllt wird. Wie viele Tassen wurden insgesamt getrunken, wenn am Ende der Feier die Kanne wieder leer ist?

13 Im Ristorante „Tivoli“ stehen Spaghetti als Hauptgericht (1 Portion), Kinderteller ($\frac{2}{3}$ Portionen) und Vorspeise ($\frac{1}{2}$ Portion) auf der Karte. In der Küche sind noch 46 Portionen vorrätig.

a) Wie viele Kinderteller (Vorspeisen) lassen sich damit herstellen?

b) Bei einer großen Familienfeier werden Spaghetti doppelt so oft als Kinderteller und dreimal häufiger als Vorspeise wie als Hauptspeise bestellt. Am Abend sind alle Portionen gegessen. Wie viele Teller mit Spaghetti haben die Küche insgesamt verlassen?

14 1000 Liter Orangensaft werden in $\frac{7}{10}$ -l-Flaschen, $\frac{1}{2}$ -l-Flaschen und $\frac{1}{3}$ -l-Flaschen abgefüllt. Runde jeweils sinnvoll.

a) Wie viele Flaschen braucht man, wenn der gesamte Saft in eine Flaschensorte abgefüllt wird?

b) Von jeder Flaschensorte sollen gleich viele Flaschen abgefüllt werden. Wie viele Flaschen werden nun insgesamt abgefüllt? Beschreibe dein Vorgehen.

15 Suche zwei Brüche, für die gilt: Das Ergebnis einer Division beider Brüche ist größer als (kleiner als, gleich) ein Ganzes. Wie viele solcher Brüche gibt es?

16 a) Finde mindestens fünf Paare von Stammbrüchen, bei deren Division sich wieder ein Stammbruch ergibt. Beschreibe dein Vorgehen.

b) Welche Zahl muss man durch $\frac{2}{3}$ dividieren, um 2 zu erhalten?

c) Durch welche Zahl muss man $\frac{5}{8}$ dividieren, um $\frac{1}{2}$ zu erhalten?

17 Übertrage die Zahlenmauern in dein Heft und vervollständige sie.

a)
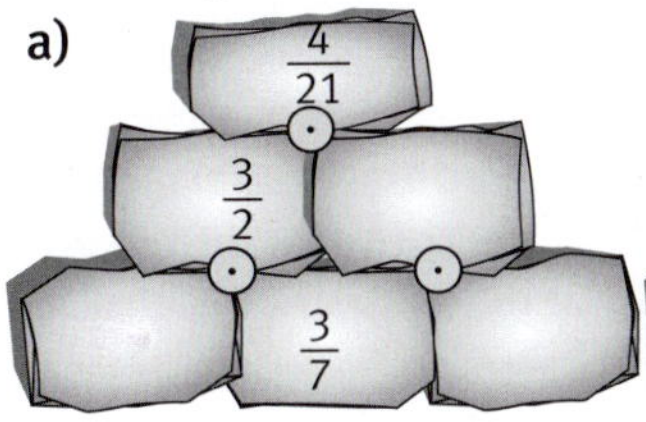

b)
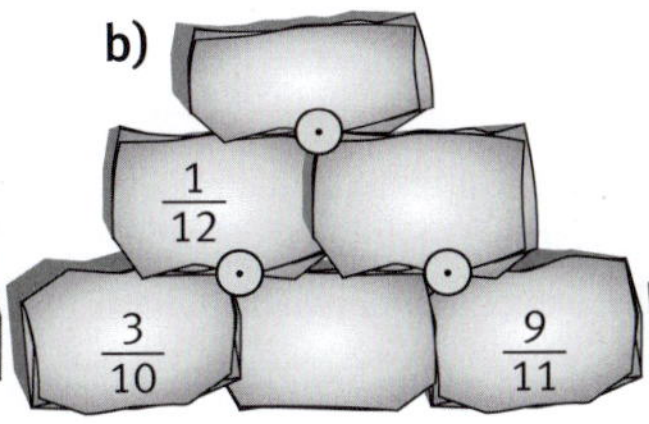

c)
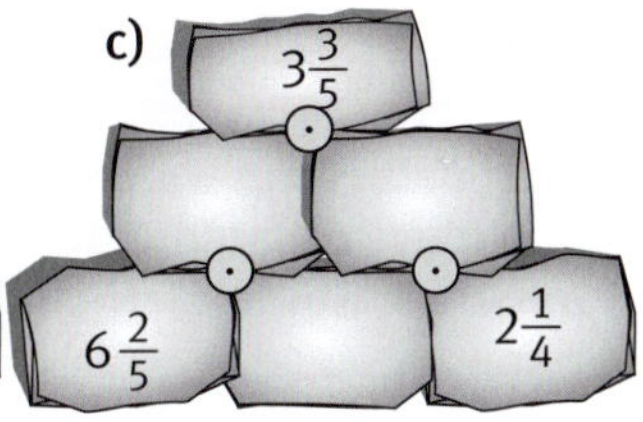

18 Ordne die Karten mit demselben Ergebnis einander zu.

Wie lautet das Lösungswort?

19 a) Erfinde selbst Aufgaben zu den Rechenausdrücken und löse sie.

Beachte: Gleiche Einheiten werden gekürzt.

Beispiel: $1\frac{1}{2}$ kg : $\frac{1}{8}$ kg

Aufgabe: Eine Packung Müsli enthält $1\frac{1}{2}$ kg.
Wie viele Portionen Müsli zu je $\frac{1}{8}$ kg bekommt man?

Rechnung: $1\frac{1}{2}\,\text{kg} : \frac{1}{8}\,\text{kg} = \frac{3}{2}\,\text{kg} : \frac{1}{8}\,\text{kg} = \frac{3}{\cancel{2}_1} \cdot \frac{\cancel{8}^4}{1} = 12$

Antwort: Die Packung reicht für 12 Portionen Müsli.

① $5\,\text{l} : \frac{1}{4}\,\text{l}$ ② $11\frac{1}{3}\,\text{m} : \frac{1}{6}\,\text{m}$ ③ $\frac{7}{10}\,\text{l} : \frac{3}{20}\,\text{l}$

b) Erfinde jeweils eine Aufgabe zum Rechenausdruck 120 € : 5 € bzw. 120 € : 5. Worin besteht der Unterschied beider Aufgaben?

c) Partnerübung: Überlege dir einen Rechenausdruck. Dein Partner erfindet dazu eine passende Aufgabe. Anschließend werden die Rollen getauscht.

20 Übertrage die Zeichnung in dein Heft und gib bei jeder der folgenden Aussagen an, ob sie wahr oder falsch ist. Korrigiere gegebenenfalls.
Hinweis: A_{BCDE} bedeutet: Flächeninhalt der Figur BCDE.

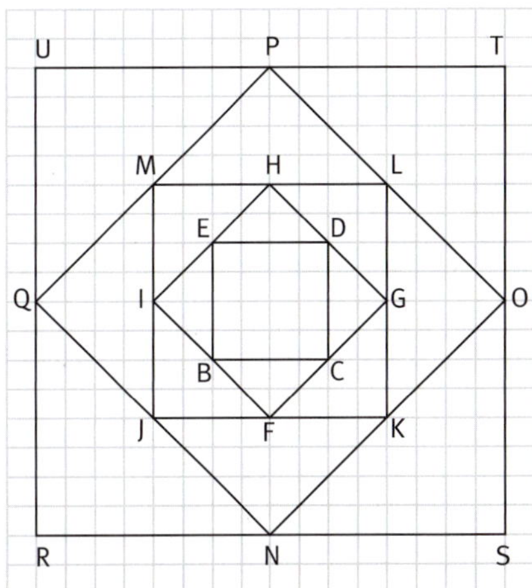

a) $A_{BCDE} = 4\ \text{cm}^2$ **b)** $A_{FGHI} = 8\ \text{cm}^2$ **c)** $A_{FGHI} = 4\ \text{cm}^2 : \frac{1}{2}$

d) $A_{FGHI} = \frac{1}{16} A_{RSTU}$ **e)** $A_{PQU} = 8 \cdot A_{RSTU}$ **f)** $A_{MHI} = 2 \cdot A_{PQU}$

2.5 Dezimalbrüche addieren und subtrahieren

Johanna und Rico finden den Kassenbon ihrer Mutter in der Küche und betrachten diesen genau.

- Wie kommt der Betrag „Summe 4,14 €“ zustande?
- Wie kommt der „Rück“-Betrag zustande?
- Kannst du eine Regel finden, nach der Dezimalbrüche addiert und subtrahiert werden können?

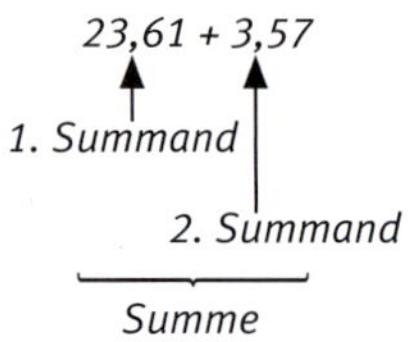

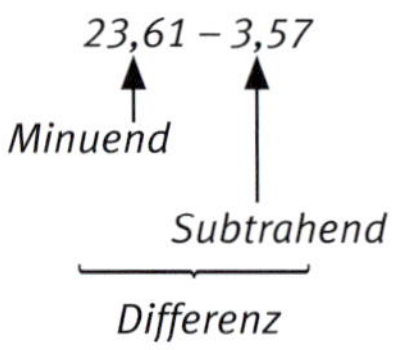

Merkwissen

Dezimalbrüche werden wie natürliche Zahlen **stellenweise addiert** (**subtrahiert**), d. h. die Dezimalbrüche werden stellengerecht untereinandergeschrieben (**Komma unter Komma**). Nicht besetzte Dezimalstellen werden mit Nullen aufgefüllt.

Beispiel:

Addiere 23,61 und 3,57.

```
  23,61
+  3,57
   1
-------
  27,18
```

Subtrahiere 26,244 von 563,81.

```
  563,810
–  26,244
   1  11
---------
  537,566
```

Beispiele

I Ergänze die fehlenden Angaben.

a)
```
   □,□6
+ □3,48
-------
  27,4□
```

b)
```
  14□,70
– □5,1□
-------
  58,□1
```

Lösung:

a)
```
   3,96
+ 23,48
-------
  27,44
```

b)
```
  143,70
–  85,19
--------
   58,51
```

Verständnis

- Das Rechnen mit Dezimalzahlen geht genau wie das Rechnen mit natürlichen Zahlen. Man muss nur das Komma beachten. Stimmt das?
- Warum ist es oft leichter, mit Dezimalbrüchen statt mit Brüchen zu rechnen?
- Wie groß ist der Übertrag bei der Addition zweier Dezimalzahlen höchstens?

Aufgaben

Es ist von Vorteil, wenn man vor der Berechnung eine Überschlagsrechnung macht.

Lösungen zu 1 und 2: 0,102; 70,032; 159,94; 361,31; 3,546; 105,63; 25,88; 48,022; 407,97; 380,64

1 Berechne den Wert der Summe.

a)	b)	c)	d)	e)
48,23	5,04	44,039	57,003	60,55
45,39	355,90	3,327	8,999	45,02
+287,02	+ 47,03	+ 0,656	+ 4,030	+ 0,06

2 Berechne den Wert der Differenz.

a)	b)	c)	d)	e)
73,97	4,566	245,97	389,30	29,089
– 48,09	– 1,020	– 86,03	– 27,99	– 28,987

3 Übertrage die Tabelle ins Heft und vervollständige sie.

+	4,503	12,01	3,45	17,589	200,02	100,99	0,9845
3,345	7,848	□	□	□	□	□	□
0,87	□	□	□	□	□	□	□
9,99	□	□	□	□	□	□	□
10,01	□	□	□	□	□	□	□

4 Bestimme die fehlenden Zahlen.

a) 4,504 – 0,345 = □ **b)** 200,89 – 12,721 = □ **c)** □ – 10,01 = 0,482
d) 11,208 – 0,852 = □ **e)** 24,58 – □ = 14,36 **f)** □ – 6,4 = 17,328
g) 25,001 – 17,655 = □ **h)** 17,01 – □ = 8,408 **i)** □ – 27,32 = 8,5

5 Thomas löst die Aufgabe 44,50 – 13,5 – 26,3 – 1,1 wie nebenstehend. Erkläre sein Vorgehen. Wie könnte man diese Aufgabe noch lösen?

Ansatz:
13,50 + 26,30 + 1,1 = 40,90
Berechnung:
44,50 – 40,90 = 3,60

6 Berechne.

a) 4,58 – 0,54 – 2,18 **b)** 14,88 – 10,54 – 4,18 **c)** 99,7 – 80,3 – 5,9
d) 43,58 – 5,55 – 0,03 **e)** 224,88 – 1,84 – 22,18 **f)** 199,7 – 99,3 – 2,4
g) 4,508 – 0,504 – 3,8 **h)** 4,88 – 0,54 – 2,2 **i)** 9,7 – 8,03 – 1,62

Lösungen zu 6:
0,16; 0,05; 200,86; 38; 98; 0,204; 1,86; 2,14; 13,5

7 Felix zieht nacheinander von links nach rechts aus jeder Schüssel eine Karte. Die Dezimalbrüche verbindet er in der Reihenfolge ihrer Ziehung durch Addition und/oder Subtraktion miteinander, wobei das Ergebnis berechenbar sein soll.
Beispiel: 1,95 – 0,9 + 0,55 = 1,6

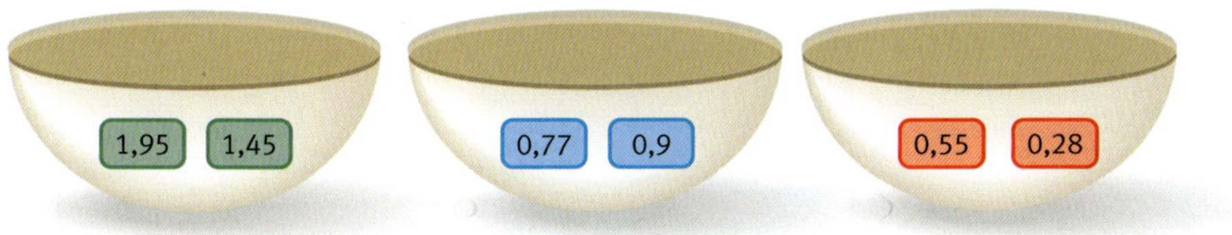

a) Stelle drei verschiedene Rechnungen wie im Beispiel auf.
b) Bestimme das kleinste (größte) mögliche Ergebnis.
c) Wie viele unterschiedliche Rechnungen kannst du erzeugen? Erkläre.

8 Berechne möglichst geschickt.

a) 0,3 + 0,23 + 0,016 – 0,09 **b)** 0,125 + 3,45 + 2,55 – 0,005
c) 0,83 – 0,23 – 0,014 – 0,09 **d)** 10,125 – 3,45 – 2,55 + 0,005
e) 50,3 – 0,53 + 0,516 – 0,15 **f)** 8,120 – 3,85 + 2,85 – 0,05
g) 100,516 – 50,53 + 40,43 **h)** 78,20 – 53,85 + 12,85 – 10,05

9 Übertrage die Rechnungen in dein Heft und ergänze die fehlenden Angaben.

a)	**b)**	**c)**	**d)**	**e)**
21□,63	3□,5□□	0,48□	9,□5□	1□,000
+ 1□3,□8	– 17,119	+ 1,□00	– □,9□6	– 0,□□5
□57,1□	□2,□47	□,1□3	0,202	16,00□

10 Anna-Sophia packt ihren Rucksack für eine Bergtour.

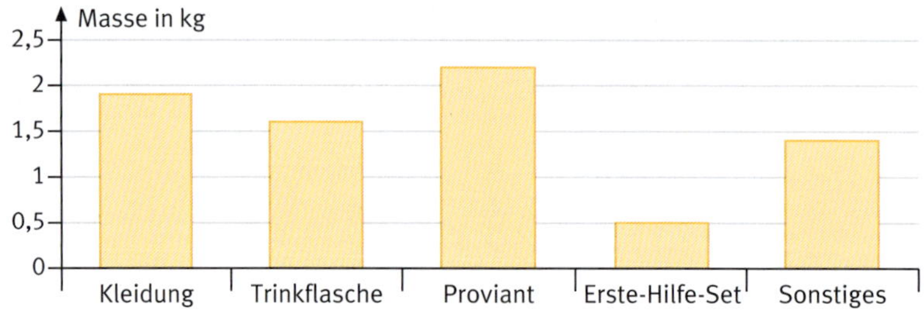

a) Entnimm dem Diagramm die Massen der Artikel und addiere diese.

b) Anna-Sophia soll insgesamt nicht mehr als 12 kg tragen. Wie viel kann sie noch einpacken, wenn der Rucksack selbst 2500 g wiegt?

Lösungen zu 11: 37,6385; 181,06; 283,79; 325,8; 345,12; 5653,96

11 Berechne.

a) 234,45 + 123,04 – 12,37 **b)** 24,95 – 2,4085 + 23,947 – 8,85

c) 145,2 – 34,58 + 84,48 – 14,04 **d)** 2534,58 – (2346,78 – 120,57) – 24,58

e) 6778 – [2345,8 – (234,67 + 987,09)]

f) 10^2 + 342,5 – (245,6 – 125,8) + 103 – 99,95 + (8,54 – 8,49)

12 a) Subtrahiere von der Summe der Zahlen 69,4 und 54,36 die Zahl 32,4.

b) Addiere zur Differenz der Zahlen 497,49 und 224,56 die Zahl 494,495.

c) Subtrahiere von der Differenz der Zahlen 97,49 und 74,56 die Zahl 18,95.

d) Addiere zur Summe der Zahlen 47,49; 8,08 und 24,56 die Zahl 194,455.

e) Subtrahiere die Summe der Zahlen 13,68 und 35,57 von der Differenz der Zahlen 436,04 und 17,04.

13 Die Familien Schmidt, Ziuk und Tizian waren beim Einkaufen:

Schmidt	Ziuk	Tizian
34,95 €	17,5 €	2500 ct
236,25 €	467,25 €	254,99 €
5,79 €	33,58 €	242 €
78,5 €	5,05 €	5,05 €
156,8 €	53,5 €	810 ct

a) Welche Familie hat am meisten Geld ausgegeben, welche am wenigsten?

b) Familie Schmidt hatte 900 €, Familie Ziuk 700 € und Familie Tizian 1000 € in der Geldbörse. Berechne den Rest, der jeweils noch in der Geldbörse ist.

c) Runde die Gesamtausgaben der drei Familien sinnvoll, sodass du sie in einem Säulendiagramm darstellen kannst.

Der Wert eines Steins ergibt sich aus der Summe der beiden Steine, die darunter liegen.

14 Übertrage die Zahlenmauern zur Addition in dein Heft und vervollständige sie.

a)

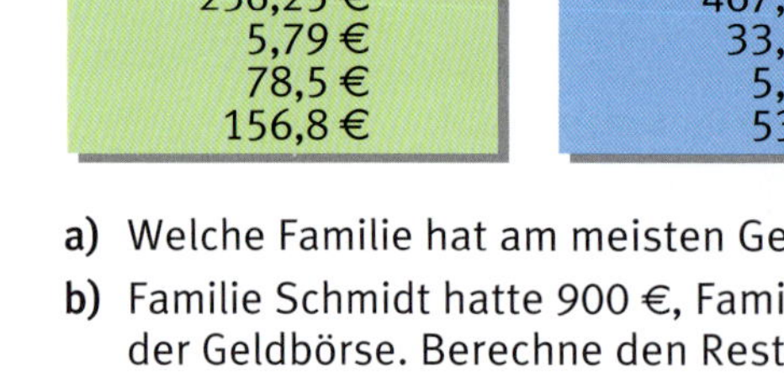

b)

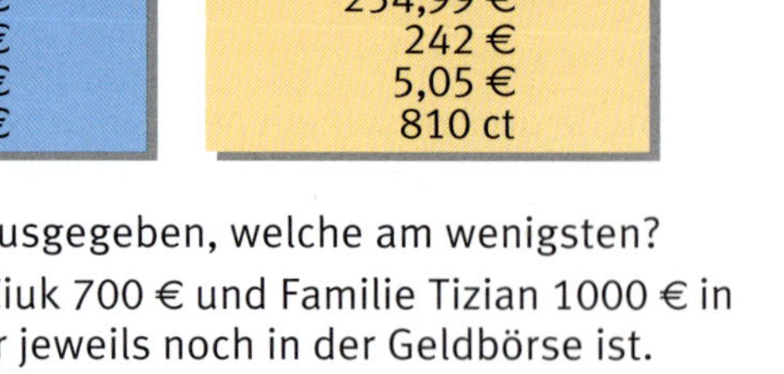

15 Hier fehlt was! Schreibe die Aufgabe ins Heft und setze das Komma in jeder markierten Zahl so, dass eine mathematisch wahre Aussage entsteht.

a) 0,42 + 0,88 = 13 **b)** 99,6 + 104 = 110,0 **c)** 2,56 – 0,87 = 169
d) 12,1 + 80,8 = 929 **e)** 19,6 – 104 = 9,2 **f)** 2,5 + 3,4 – 0,8 = 51
g) 106 + 34,5 – 12,6 = 325 **h)** 1000 – 549 – 43,44 = 166 **i)** 17 + 0,5 – 12 = 10

16 Patrick macht eine Radtour durch Hessen von Bensheim nach Willingen. Vor dem Start und am Abend jedes Tages notiert er sich den Stand des Kilometerzählers.

a) Wie lang waren die einzelnen Tagesetappen?
b) Wie viele Kilometer ist er insgesamt geradelt?
c) An welchem Tag hat er die längste (die kürzeste) Strecke zurückgelegt?
d) Patricks Freund Michael wohnt an der Radstrecke. Als Patrick bei Michael angekommen ist, hat er bereits 224 km zurückgelegt. Überlege dir mathematische Fragestellungen und beantworte sie.

17 Wie viel fehlt bis 1?

a) 0,3; 0,33; 0,333; 0,3333; … **b)** 0,6; 0,06; 0,006; 0,0006; …
c) 0,5; 0,55; 0,555; 0,5555; … **d)** 0,4; 0,41; 0,414; 0,4141; …
e) Entwickle selbst eine Zahlenreihe und untersuche diese auf gleiche Weise.

18 Zum so genannten Kraftdreikampf gehören die Disziplinen Bankdrücken (B), Kniebeugen (Kb) und Kreuzheben (Kh). Die Tabelle zeigt die gehobenen Massen bei einem Turnier.

	B	Kb	Kh
Ivanovic	210,2 kg	412 kg	165,7 kg
Güllig	205,6 kg	415 kg	159,5 kg
Josefo	195,4 kg	420,7 kg	160,4 kg
Morten	200 kg	419,4 kg	161,4 kg

a) Wer hat die einzelnen Disziplinen gewonnen? Erstelle jeweils eine Rangliste.
b) Schätze ab, wer insgesamt die größte Masse bewegt hat, und überprüfe anschließend durch Rechnung.
c) Um den Gesamtsieger zu ermitteln, werden anhand der Platzierungen in den einzelnen Disziplinen Punkte nach der nebenstehenden Tabelle verteilt. Sieger ist derjenige mit der größten Gesamtpunktzahl. Ermittle die Platzierungen der einzelnen Athleten.

	B	Kb	Kh
Erster	6	4	8
Zweiter	4,5	3	6
Dritter	3	2	4
Vierter	1,5	1	2

19 Hier stimmt doch was nicht. Was macht Petra falsch?

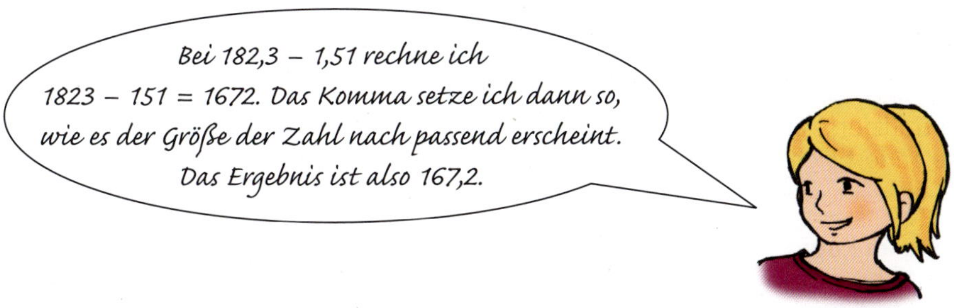

Weißt du, wie dick ein Blatt Papier ist?

- Versuche, die Dicke eines Blattes zu bestimmen. Es ist leichter, die Dicke eines ganzen Stapels (z. B. 100 Blatt) zu bestimmen und dann „runter“ zu rechnen.
- Wie schwer ist ein DIN-A4-Blatt?
- Ein DIN-A4-Blatt hat eine Fläche von 6,237 dm². Welche Fläche kannst du mit 10 (100, 1000) Blättern auslegen?
- Wie viele Blätter brauchst du, um eine Fläche von 1 km² auszulegen?

Merkwissen

Ist keine Dezimale mehr beim Verschieben vorhanden, hängt man Nullen an. (Beispiel Ia)

Multipliziert man einen Dezimalbruch mit einer **Stufenzahl** (10, 100, 1000, ...), verschiebt man das Komma um **die Anzahl der Nullen der Stufenzahl nach rechts.**

Multiplikation mit 10: 2,65 · 10 = 26,5 — Komma 1 Stelle nach rechts

Multiplikation mit 100: 2,65 · 100 = 265 — Komma 2 Stellen nach rechts

Ist keine Ziffer mehr beim Verschieben vorhanden, ergänzt man links Nullen. (Beispiel Ib)

Dividiert man einen Dezimalbruch durch eine **Stufenzahl** (10, 100, 1000, ...), verschiebt man das Komma um **die Anzahl der Nullen der Stufenzahl nach links.**

Division durch 10: 123,5 : 10 = 12,35 — Komma 1 Stelle nach links

Division durch 100: 123,5 : 100 = 1,235 — Komma 2 Stellen nach links

Beispiele

I Berechne.

a) 3,45 · 10 000 **b)** 0,2 : 1000

Lösung:

a) 3,45 · 10 000 = 34 500 **b)** 0,2 : 1000 = 0,0002

II Ergänze die fehlende Operation.

a) 6,713 $\xrightarrow{\square}$ 67,13 **b)** 152,33 $\xrightarrow{\square}$ 0,15233 **c)** 12,9 $\xrightarrow{\square}$ 1290

Lösung:

a) 6,713 $\xrightarrow{\cdot 10}$ 67,13 **b)** 152,33 $\xrightarrow{:1000}$ 0,15233 **c)** 12,9 $\xrightarrow{\cdot 100}$ 1290

Verständnis

- Was passiert, wenn du einen Dezimalbruch durch dieselbe Stufenzahl erst multiplizierst und dann wieder dividierst?
- Wie ändert sich eine Zahl insgesamt, wenn du dreimal durch 10 (100) dividierst?

Aufgaben

1 Berechne im Kopf.

a)	b)	c)	d)
1,2 · 10	145,56 : 100	0,0045 : 100	14 · 100 000
45,653 · 100	2767,42 : 1000	0,0045 · 100	16 789 : 10 000
0,345 · 1000	6,75 : 100	45 : 1000	16 789 · 10 000

Aufgaben

Beachte:
7,6 Millionen ist
7,6 · 1 000 000

2 Verändere die Schreibweise der Zahlen, sodass sie vergleichbar werden. Multipliziere oder dividiere dazu die Vorsätze (z. B. 0,0036) so mit einer geeigneten Stufenzahl, dass die Größenordnung dieselbe ist (z. B. immer Millionen). Ordne die Zahlen dann der Größe nach.

a) 0,0036 Milliarden	7,6 Millionen	123 975 087,99
b) 930,776 Millionen	0,93 Milliarden	0,00931 Billionen

3 Übertrage ins Heft und ergänze den fehlenden Operator.

a) 14,653 $\xrightarrow{\square}$ 1,4653 **b)** 0,476 $\xrightarrow{\square}$ 476 **c)** 4,5673 $\xrightarrow{\square}$ 4567,3

d) 7567 $\xrightarrow{\square}$ 0,7567 **e)** 0,0121 $\xrightarrow{\square}$ 12,1 **f)** 0,0061 $\xrightarrow{\square}$ 610

4 Berechne. Findest du eine einzige Umrechnungsmöglichkeit?

a) $17{,}63 \cdot 10 : 100$ **b)** $0{,}056 : 10 \cdot 1000$ **c)** $978{,}554 : 1000 \cdot 10$

d) $0{,}54 \cdot 100 : 10 \cdot 1000$ **e)** $4{,}5 : 10\,000 \cdot 100 \cdot 100$ **f)** $77 \cdot 10 \cdot 100 : 1 : 10\,000$

5 Hier siehst du Bilder, die unter einem Mikroskop mit verschiedenen Vergrößerungen aufgenommen wurden. Miss und bestimme die tatsächliche Größe.

a)
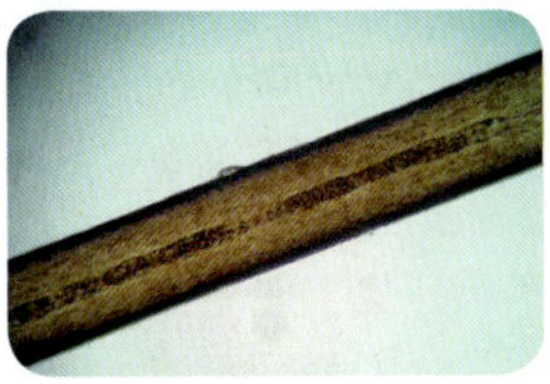
Haar, 100-fach

b)

Tropfen, 10-fach

c)
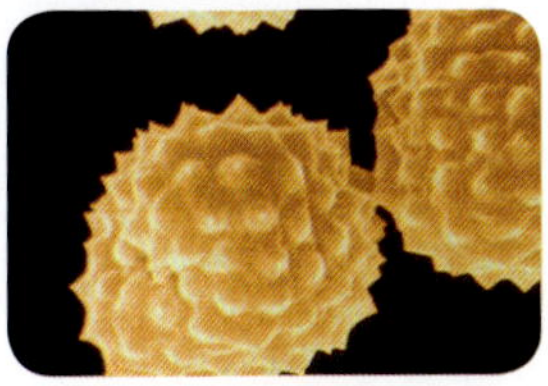
Polle, 1000-fach

6 Die kleinsten Waldameisen sind nur 0,8 mm lang und wiegen etwa 4 mg. Sie leben in Staaten mit bis zu 10 Millionen Tieren.

a) Berechne, wie lang eine Strecke wäre, wenn alle Ameisen in einer Reihe hintereinander laufen. Stell dir vor, die Strecke würde an deiner Schule beginnen. Wo könnte sie enden?

b) Wie schwer sind alle Ameisen eines solchen Staates zusammen?

c) Jede Ameise bedeckt etwa eine Fläche von 0,35 mm². Welche Fläche bedecken alle Ameisen des Staates zusammen?

d) Eine Waldameise kann etwa das 10-Fache des eigenen Körpergewichts tragen. Wie viele Ameisen sind mindestens notwendig, um eine 4 g schwere Raupe in den Hügel zu bringen? Bist du auch so stark wie eine Ameise?

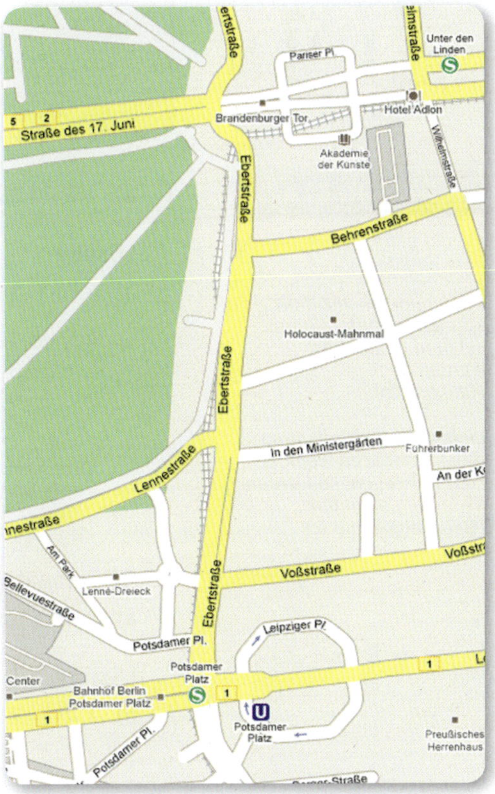

7 Karten und Pläne gibt es in unterschiedlichen Maßstäben.

a) Der abgebildete Plan hat einen Maßstab von 1 : 10 000. Bestimme die tatsächliche Streckenlänge zwischen Brandenburger Tor und der S-Bahn Potsdamer Platz (Unter den Linden).

b) Wie lang ist eine 750 m lange Strecke auf einer Karte im Maßstab 1: 100 000 (1 : 1 000 000)?

c) Der Abstand zwischen Siegessäule und Brandenburger Tor beträgt auf einer anderen Karte 40 cm. Tatsächlich ist der Weg etwa 2 km lang. Bestimme den Maßstab.

Kader hat am Marktstand zwei Gurken, 1,5 kg Strauchtomaten, 0,5 kg Champignons und $\frac{3}{4}$ kg Paprika gekauft.

- Wie viel muss sie bezahlen?
- Sie bezahlt mit einem 20-€-Schein. Berechne das Rückgeld.

Merkwissen

Dezimalbrüche werden zunächst so **multipliziert**, als ob **kein Komma** vorhanden wäre. Anschließend wird das Komma gesetzt: Dabei erhält das Ergebnis so viele **Nachkommastellen**, wie **beide Faktoren** zusammen haben.

Dezimalzahlen multiplizieren:

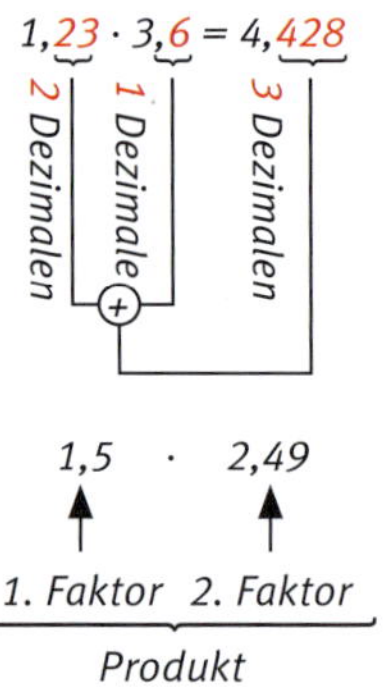

Begründung mit Bruchrechnung:

Multiplikation ohne Komma

$$2{,}5 \cdot 1{,}47 = \frac{25}{10} \cdot \frac{147}{100} = \frac{25 \cdot 147}{10 \cdot 100} = \frac{3675}{1000} = 3{,}675$$

Nenner bestimmt Nachkommastellen

Begründung mit Stufenzahlen:

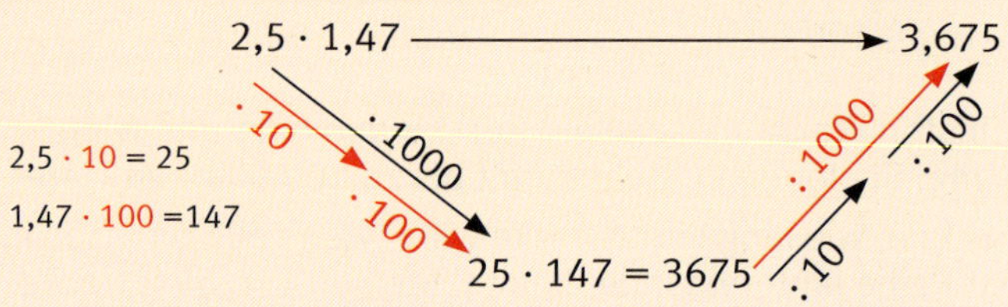

Beispiele

Endnullen als Dezimale können nach der Kommasetzung gestrichen werden. (Beispiel Ib)

Liefert die Multiplikation ohne Komma zu wenige Dezimalstellen, so werden Vornullen eingefügt. (Beispiel Ia) und Ic)

I a) 4,6 · 0,123 b) 32 · 17,5 c) 0,05 · 0,008

Lösung:

a) 4,6 · 0,123 = 0,5658

```
4,6 · 0,123
 46
   92
   138
   1
 0,5658
```
(1 + 3 Dezimalen)

b) 32 · 17,5 = 560

```
32 · 17,5
  32
  224
   160
   1
  560,0
```
(0 + 1 Dezimalen)

c) 0,05 · 0,008 = 0,0004

```
    5 · 8
0,00040
```
(2 + 3 Dezimalen)

Endnullen erst nach der Rechnung weglassen

II Schreibe den Term zunächst als Produkt und berechne ihn dann.

a) $2{,}4^2$ b) $0{,}01^2$ c) $1{,}5^3$

Lösung:

a) $2{,}4^2 = 2{,}4 \cdot 2{,}4 = 5{,}76$

b) $0{,}01^2 = 0{,}01 \cdot 0{,}01 = 0{,}0001$

c) $1{,}5^3 = 1{,}5 \cdot 1{,}5 \cdot 1{,}5 = 3{,}375$

Verständnis

- Luca rechnet: 0,25 · 2,4 = 0,6. Cevat behauptet: Das kann nicht stimmen, weil du drei Nachkommastellen haben musst.“ Hat Luca Recht? Überprüfe.
- Susi behauptet: „40 ist größer als 4, also ist 0,40 auch größer als 0,4.“ Widerlege Susis Behauptung.

Aufgaben

1 Berechne im Kopf.

a)	b)	c)	d)	e)
0,3 · 2	0,2 · 6	0,4 · 0,3	0,4 · 0,6	0,11 · 0,5
4 · 0,2	1,2 · 4	0,5 · 0,5	0,04 · 0,6	1,5 · 0,05
9 · 1,1	11 · 1,1	1,2 · 1,2	0,4 · 0,06	2 · 1,7
2,3 · 5	9 · 0,4	0,9 · 0,8	0,004 · 6	0,03 · 0,21

2 Es gilt: 589 · 1289 = 759 221. Gib das Ergebnis der folgenden Terme ohne Rechnung an. Beschreibe dein Vorgehen.

a) 58,9 · 128,9 b) 5,89 · 1289 c) 589 · 1,289 d) 5,89 · 0,1289

3 Berechne schriftlich.

a)	12,5 · 7,1	3,65 · 8,54	0,05 · 0,02	14 · 1,25	7,79 · 6,4
b)	4,387 · 5,7	13,44 · 6,22	17,001 · 0,32	4,75 · 0,05	$3{,}2^2$
c)	$1{,}6^3$	0,004 · 0,06	143,45 · 9,76	74,5885 · 3,4	0,1234 · 5,67

Lösungen zu 3:
0,00024; 88,75; 5,44032; 10,24; 25,0059; 17,5; 31,171; 1400,072; 0,001; 49,856; 83,5968; 253,6009; 4,096; 0,699678; 0,2375

4 Übertrage die Tabelle in dein Heft und vervollständige sie.

a)

·	5	0,1	10
3,4	▢	▢	▢
0,8	▢	▢	▢
17,56	▢	▢	▢

b)

·	0,5	0,3	1,569
24,5	▢	▢	▢
12,31	▢	▢	▢
0,454	▢	▢	▢

5 a) Rauminhalte werden in den USA in Gallonen (gal) oder Pint (Pt) angegeben.
Dabei gilt: 1 gal = 3,785 l   1 Pt = 0,473 l
Rechne in Liter um:
5 gal 2,45 gal 22 Pt 0,5 Pt 0,875 Pt 1,75 gal 12,64 gal

b) In der Ölindustrie werden die Fördermengen in Barrel (bl) angegeben, was dem Inhalt eines Ölfasses entspricht. Dabei gilt: 1 bl = 158,987 l.
Wie viel Öl ist in 5 (6,5; 7,25) Fässern? Runde sinnvoll.

6 Benzinpreise werden häufig mit drei Nachkommastellen angegeben.

a) Wie viel muss der Kunde jeweils bezahlen?

① Abgabe 22,45 Liter; Preis 1,589 €/Liter
② Abgabe 45,21 Liter; Preis 1,629 €/Liter
③ Abgabe 32,89 Liter; Preis 1,449 €/Liter

b) Der Tank von Frau Günthers Auto fasst 55 l. Wie viel € könnte Frau Günther bei jeder Tankfüllung sparen, wenn sie Diesel statt Super (Super Plus) tanken könnte?

7 Hier stimmt doch etwas nicht. Finde den Fehler und korrigiere ihn.

a) *70 · 0,4 = 2,8* b) *0,5 · 0,1 = 0,6* c) *1,2 · 1,2 = 14,4*
d) *45,3 · 1,0 = 4,53* e) *3,2 · 4,7 = 12,14* f) *3,46 · 8,75 = 3027,5*

2.8 Dezimalbrüche durch natürliche Zahlen dividieren

	Riegel 1		Riegel 2	
Nährwerte	pro 100 g	pro Riegel (10 g)	pro 100 g	pro Riegel (20 g)
Brennwert	375 kcal	0,79 €	439 kcal	0,85 €
Eiweiß	6,7 g		7,1 g	
Kohlenhydrate	43,9 g		18,1 g	
Fett	18,8 g		14,3 g	

Bei Müsliriegeln sind stets Angaben über die Nährwerte aufgedruckt. Viele Hersteller geben neben den Angaben für 100 g auch diejenigen für einen Riegel an.

- Bei zwei verschiedenen Packungen Müsliriegel ist ein Teil der Angabe durch das Preissschild verdeckt. Ergänze jeweils die fehlenden Informationen.
- Finde eine Regel, nach der Dezimalbrüche durch natürliche Zahlen geteilt werden.

7,1 : 5
Dividend
Divisor
Quotient

Merkwissen

Dividiert man Dezimalbrüche durch eine natürliche Zahl, so geht man genauso vor, wie wenn man eine natürliche Zahl durch eine natürliche Zahl teilt. Wird im Dividenden das **Komma überschritten**, so wird im Ergebnis das Komma gesetzt.

Beispiele:

1. $12{,}48 : 8 = 1{,}56$

```
 12,48 : 8 = 1,56
- 8
  44
- 40
   48
 - 48
    0
```

Überschreiten des Kommas – Komma im Ergebnis setzen

2. $94{,}28 : 4 = 23{,}57$

```
 94,28 : 4 = 23,57
- 8
 14
- 12
  22
- 20
   28
 - 28
    0
```

Überschreiten des Kommas – Komma im Ergebnis setzen

Beispiele

I Gib an, durch welche Zahl geteilt wurde.

a) 67,13 : ☐ = 6,713 b) 152,33 : ☐ = 0,15233

Lösung:

a) 10 b) 1000

Denke auch an die Möglichkeit, mit Brüchen zu rechnen.

II Karla behauptet: „0,675 : 25 = 2,7". Überprüfe rechnerisch, ob sie Recht hat.

Lösung:

```
 0,675 : 25 = 0,027
-0
 06
 -0
  67
 -50
  175
 -175
    0
```

oder

$$0{,}675 : 25 = \frac{675}{1000} : \frac{25}{1} = \frac{\overset{27}{\cancel{675}}}{1000} \cdot \frac{1}{\underset{1}{\cancel{25}}} = \frac{27}{1000} = 0{,}027$$

Karla hat also nicht Recht.

Verständnis

- Erkläre die Kommasetzung in der Lösung zu Beispiel II.
- Begründe, dass die Division eines Dezimalbruchs durch eine Stufenzahl ein Sonderfall der Division durch eine natürliche Zahl ist.

Aufgaben

1 Berechne.

a)	b)	c)	d)	e)
5,02 : 10	2,65 : 5	$36 : 10^2$	0,63 : 21	12,8 : 40
5,02 : 100	2,40 : 4	$0{,}36 : 10^3$	14,4 : 2	128,0 : 4
44,62 : 100	0,024 : 2	16,5 : 5	10,5 : 7	2,56 : 8
0,064 : 1000	0,429 : 22	0,16 : 8	58,5 : 26	25,6 : 80
120,4 : 10 000	58,5 : 13	12,87 : 9	0,135 : 5	5,12 : 0,256

2 Übertrage die Zahlenmauern zur Multiplikation ins Heft und vervollständige sie.

a)
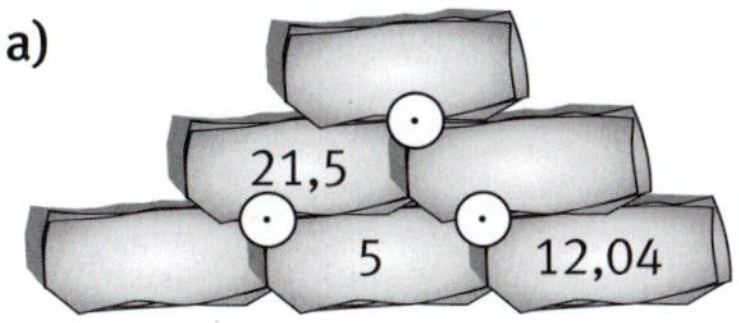

b)
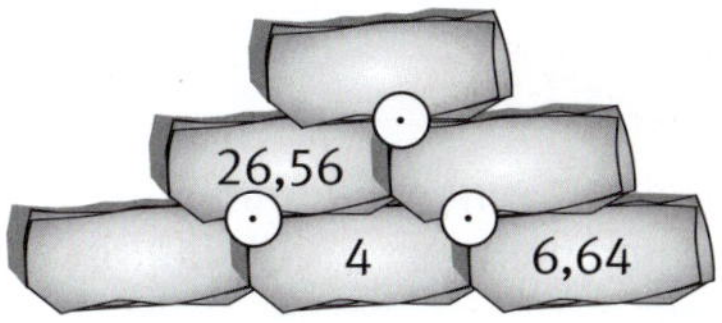

3 Herr Tizian hat heute 50 Liter Benzin getankt und dafür 63,45 € bezahlt. Seine Frau hatte vor einer Woche für 40 Liter 50,76 € bezahlen müssen.

a) Ermittle den Literpreis für Benzin, den Herr bzw. Frau Tizian bezahlen mussten.

b) Frau Tizian hatte vor einer Woche zudem fünf Autowaschmarken gekauft und insgesamt nur noch 9,29 € von ihrem 100-€-Schein zurück bekommen. Wie teuer ist eine Autowäsche?

Bei vielen Aufgaben hilft dir eine Überschlagsrechnung, dein Ergebnis zu kontrollieren.

4 Sandy hört im Radio, dass eine vierköpfige Tippgemeinschaft im Lotto 1 597 842,36 € gewonnen hat.

a) Erkläre, wie Sandy gerechnet haben könnte.

b) Wie viel bekommt jedes Mitglied der Tippgemeinschaft exakt?

5 Wandle den Bruch in eine Dezimalzahl um, indem du schriftlich dividierst.

a) $\frac{4}{5}$ $\frac{5}{4}$ $\frac{7}{8}$ $\frac{17}{5}$ $\frac{5}{8}$ $\frac{7}{4}$ $\frac{14}{8}$

b) $\frac{12}{15}$ $\frac{17}{20}$ $\frac{78}{25}$ $\frac{35}{28}$ $\frac{9}{48}$ $\frac{89}{32}$ $\frac{49}{56}$

Eine Möglichkeit, Dezimalbrüche zu bestimmen:
$\frac{1}{8} = 1 : 8$; $\frac{4}{5} = 4 : 5$

6 Setze die Ziffern 4, 2, 0, 8 und 2 so in die folgende Rechnung ein, dass sie richtig wird: $\square,\square\square : 4 = \square,\square 6$.

7 Obsthändler Birne kauft 45 kg Äpfel für 36,90 €.

a) Berechne den Preis für 1 kg Äpfel.

b) Beim Umfüllen stellt er fest, dass 8,6 kg der Äpfel verdorben sind. Wie viel muss Herr Birne für 1 kg Äpfel verlangen, wenn er mit 5,12 € Geschäftskosten für alle Äpfel rechnet und einen Gewinn von 6,64 € erzielen will?

Geschäftskosten fallen immer an, wenn man Ware verkauft: Äpfel müssen gekühlt werden, Computer brauchen Strom, Berufskleidung kostet Geld, ...

Auf Müsli-Verpackungen sind stets Angaben über die Nährwerte aufgedruckt. Dabei geben viele Hersteller neben den Angaben für 100 g auch diejenigen für eine Portion an.

- Bei einer Müslipackung ist ein Teil der Tabelle durch ein Preisschild verdeckt. Ergänze die fehlenden Angaben.

Nährwerte	**pro Portion (40 g)**	**pro 100 g**
Brennwert		360 kcal
Eiweiß		16 g
Kohlenhydrate	3,49 €	80,5 g
Fett		10,5 g

Merkwissen

Das Ergebnis einer **Division** ändert sich nicht, wenn **Dividend** und **Divisor** mit **derselben Zahl erweitert** werden.

$3{,}85 : 1{,}5 = (3{,}85 \cdot 10) : (1{,}5 \cdot 10) = 38{,}5 : 15$

Durch eine **gleichsinnige Kommaverschiebung** wird erreicht, dass der Divisor eine natürliche Zahl ist.
Die Division eines Dezimalbruchs durch eine natürliche Zahl erfolgt wie bei natürlichen Zahlen. Beim **Überschreiten des Kommas** im Dividenden wird das **Komma im Ergebnis** gesetzt.

gleichsinnige Kommaverschiebung

```
11,541 : 0,3 = 115,41 : 3  = 38,47
                − 9
                 25
               − 24
                  14
                − 12
                  21
                − 21
                   0
```

Überschreiten des Kommas — Komma im Ergebnis setzen

Bei der Division wird das Komma immer in die gleiche Richtung verschoben.

Beispiele

I a) Berechne: 1,518 : 1,2 b) Berechne: 0,006 : 0,2

Lösung:

a) $1{,}518 : 1{,}2 = 15{,}180 : 12 = 1{,}265$

```
− 12
   31
 − 24
   78
 − 72
    60
  − 60
     0
```

Komma setzen

Endnullen ergänzen

b) $0{,}006 : 0{,}2 = 0{,}06 : 2 = 0{,}03$

```
− 0
  00
 − 0
  06
 − 6
   0
```

Manchmal müssen für eine vollständige Berechnung Endnullen ergänzt werden.

Nach dem Komma werden die Teildivisionen stellenweise durchgeführt.

Verständnis

- Darf man auch eine gleichsinnige Kommaverschiebung durchführen, bis Dividend und Divisor natürliche Zahlen sind? Begründe deine Antwort.
- Für welche Divisoren ist das Ergebnis der Division größer als der Dividend?

1 Berechne im Kopf.

a) 13,45 : 10	**b)** 2,4 : 4	**c)** 0,6 : 0,3	**d)** 17,2 : 0,4	**e)** 4 : 0,002
453,11 : 100	8,1 : 9	0,5 : 0,25	16,1 : 0,7	7,5 : 0,15
1744,2 : 1000	1,69 : 13	0,144 : 0,12	4,75 : 0,5	0,9 : 0,02

2 Berechne.

a) 1,8 : 0,15	**b)** 1,02 : 0,85	**c)** 0,00108 : 0,9	**d)** 44,4015 : 3,45
21,525 : 1,5	2,117 : 7,3	0,0783 : 0,15	188,092 : 5,9
8 : 0,125	4,2 : 0,14	0,047 : 2,5	1,64076 : 24,2
2,16 : 0,72	0,168 : 0,006	5,1051 : 9,1	0,92011 : 0,911

Lösungen zu 2:
31,88; 14,35; 1,2; 30; 0,29; 28; 0,0012; 0,522; 12; 0,561; 0,0188; 12,87; 0,0678; 1,01; 64; 3

3 Es gilt: 516 : 12 = 43. Gib das Ergebnis der folgenden Terme ohne Rechnung an. Beschreibe dein Vorgehen.

a) 51,6 : 12 **b)** 5,16 : 12 **c)** 51,6 : 1,2 **d)** 51,6 : 0,12 **e)** 0,516 : 0,12

4 Schreibe als Dezimalzahl: $\frac{5}{8}$; $\frac{7}{8}$; $\frac{9}{20}$; $\frac{29}{200}$; $\frac{1}{9}$; $\frac{1}{6}$; $\frac{2}{3}$

5 Der Rennsteigtunnel ist mit 7,92 km der längste Straßentunnel Deutschlands. Er soll alle 35,2 m eine Beleuchtung erhalten. Wie viele Lampen benötigt man?

6 Die Tabelle zeigt die geschätzten Energievorräte und den weltweiten Jahresverbrauch aus dem Jahr 2012. Wie lange reichen die Vorräte bei gleichem Verbrauch? Runde günstig.

	Reserven	Verbrauch
Erdöl (in Mrd. t)	165,5	3,9
Erdgas (in Bill. m^3)	181,4	2,8
Kohle (in Mrd. t)	909,1	3,1

7 Erfinde selbst Aufgaben zu den Rechenausdrücken und löse sie.

a) 42,50 € : 4 **b)** 0,75 l : 0,15 l **c)** 145,8 km : 3 **d)** 1,3 m^2 : 0,25 m^2

8 Hier stimmt doch etwas nicht. Finde den Fehler und korrigiere ihn.

a) *4,08 : 2 = 2,4* **b)** *0,33 : 0,3 = 0,03* **c)** *3,42 · 4,5 = 34,2 · 45*
d) *0,63 : 0,9 = 7* **e)** *28 : 0,7 = 2,8 : 7 = 0,4* **f)** *2 : 0,4 = 0,4 : 2 = 0,2*

9 **a)** Setze die Zahlen in die Kästchen ein und berechne das Ergebnis.
b) Setze die Zahlen so in die Kästchen, dass das Ergebnis möglichst groß (klein) wird.

① ☐☐,☐ : 0,☐ =

② ☐,☐ : ☐,☐ =

10 Sabine fährt mit ihren Eltern auf einer Radtour den 3-Länder-Radweg ab. Für die Etappen hat sie die Fahrzeiten notiert. Auf welcher Strecke fuhren sie im Schnitt am schnellsten (in km/h)? Wie schnell fuhren sie im Durchschnitt insgesamt (in km/h)? Runde sinnvoll.

Strecke	Entfernung	Gesamtzeit
Erbach – Walldürn	75 km	6,5 h
Walldürn – Obernburg	73 km	$6\frac{1}{4}$ h
Obernburg – Erbach	69 km	6 h

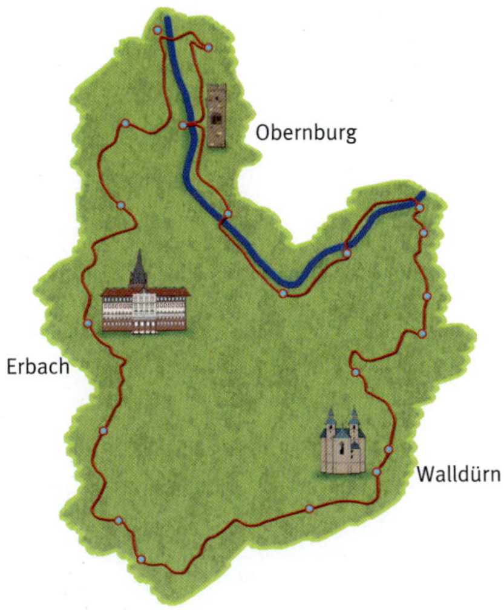

2.10 Endliche und periodische Dezimalbrüche

Faires Teilen: Sven, Anja und Eric wollen ihren Tombolagewinn von 100 € gerecht aufteilen. Plötzlich beginnen sie sich zu streiten ...

- Versuche mithilfe einer schriftlichen Division 100 € durch 3 zu teilen.
- Sven schlägt vor, dass jeder für seine Eltern ebenfalls einen Teil bekommen soll. „Also wird durch 6 geteilt, dann müsste doch eine Division ohne Rest möglich sein." Hat er Recht?
- Unter wie vielen Personen könnte man 100 € gerecht aufteilen? Gib Beispiele an.
- Finde weitere Divisionsaufgaben, bei denen du auf ein ähnliches Problem stößt wie bei 100 : 3.

Merkwissen

Um einen Bruch in einen Dezimalbruch umzuwandeln, teilt man den Zähler durch den Nenner. Dabei können sich zwei unterschiedliche Arten von Dezimalbrüchen ergeben:

Beispiele:

Endlicher Dezimalbruch
Bei der Division bleibt kein Rest.

$\frac{5}{8} = 5 : 8 = 0{,}625$

Nicht endlicher, also periodischer Dezimalbruch
Bei der Division entstehen fortlaufend Reste, die nach einem Muster wiederkehren und für sich ständig wiederholende Dezimalen sorgen.

$\frac{5}{11} = 5 : 11 = 0{,}4545... = 0{,}\overline{45}$

*Die Ziffer bzw. Zifferngruppe im Ergebnis, die sich immer wiederholt, nennt man **Periode**. Man schreibt sie wie folgt: $0{,}4545... = 0{,}\overline{45}$ („null Komma **Periode** vier fünf")*

Beginnt bei periodischen Dezimalbrüchen die Periode sofort nach dem Komma, so nennt man sie **reinperiodisch**.

$\frac{1}{3} = 1 : 3 = 0{,}33... = 0{,}\overline{3}$

Gehört mindestens **eine Ziffer** nach dem Komma **nicht** zur Periode, dann nennt man sie **gemischtperiodisch**.

$\frac{5}{12} = 5 : 12 = 0{,}4166... = 0{,}41\overline{6}$

Beispiele

I Wandle $\frac{3}{8}$, $\frac{10}{12}$ und $\frac{2}{11}$ in Dezimalbrüche um.
Um welche Art von Dezimalbruch handelt es sich jeweils?

Lösung:

$\frac{3}{8} = 3 : 8 = 0{,}375$ (endlich)

$\frac{2}{11} = 2 : 11 = 0{,}1818... = 0{,}\overline{18}$
(reinperiodisch)

$\frac{10}{12} = 10 : 12 = 0{,}833... = 0{,}8\overline{3}$

```
 100
- 96
  40
- 36
   4
   :
```
(gemischtperiodisch)

II Setze <, > oder = ein.

a) $0{,}\overline{4}$ ☐ 0,444   b) $2{,}2\overline{4}$ ☐ 2,25   c) $2\frac{1}{3}$ ☐ 2,333

Lösung:

a) $0{,}\overline{4} > 0{,}444$ b) $2{,}2\overline{4} < 2{,}25$ c) $2\frac{1}{3} > 2{,}333$

Verständnis

- Mia behauptet, dass $0,\overline{3} \cdot 7 = 0,\overline{21}$ ist. Hat sie Recht? Begründe.
- Kann sich ein periodischer Dezimalbruch ergeben, wenn ein Bruch mit einer Stufenzahl als Nenner in einen Dezimalbruch umgewandelt wird?

Aufgaben

1 Wandle in einen Dezimalbruch um.

a) $\frac{4}{9}$; $\frac{4}{12}$; $\frac{21}{40}$; $\frac{1}{4}$; $\frac{17}{40}$; $\frac{7}{12}$; $\frac{10}{22}$

b) $\frac{3}{9}$; $\frac{4}{10}$; $\frac{11}{18}$; $\frac{11}{15}$; $\frac{7}{36}$; $\frac{4}{12}$; $\frac{4}{55}$

c) $\frac{25}{9}$; $\frac{7}{24}$; $\frac{21}{84}$; $\frac{7}{32}$; $\frac{5}{7}$; $\frac{73}{90}$; $\frac{38}{120}$

d) $2\frac{14}{33}$; $2\frac{13}{21}$; $1\frac{21}{60}$; $8\frac{3}{4}$; $\frac{96}{40}$; $5\frac{14}{72}$

2 Ordne den Dezimalbrüchen jeweils den genauen Fachbegriff (reinperiodisch, gemischtperiodisch, endlich) zu.

a) 0,355... b) 0,1616... c) $0,\overline{6}$ d) $0,2\overline{6}$ e) 1,3456789

3 Wandle die Brüche jeweils in Dezimalbrüche um. Welche Besonderheit stellst du fest? Formuliere eine Regel mit eigenen Worten.

a) **Beispiel**: $\frac{4}{9} = 0,\overline{4}$
$\frac{1}{9}$; $\frac{2}{9}$; $\frac{3}{9}$; $\frac{4}{9}$; $\frac{5}{9}$; $\frac{7}{9}$; $\frac{8}{9}$

b) **Beispiel**: $\frac{7}{99} = 0,\overline{07}$
$\frac{1}{99}$; $\frac{2}{99}$; $\frac{4}{99}$; $\frac{53}{99}$; $\frac{65}{99}$

c) **Beispiel**: $\frac{24}{999} = 0,\overline{024}$
$\frac{1}{999}$; $\frac{2}{999}$; $\frac{41}{999}$; $\frac{558}{999}$

4 Wandle die periodischen Dezimalbrüche in einen Bruch bzw. eine gemischte Zahl um. Kürze das Ergebnis, wenn möglich. **Beispiel**: $0,\overline{6} = \frac{6}{9} = \frac{2}{3}$

a) $0,\overline{6}$; $0,\overline{4}$; $0,\overline{7}$; $0,\overline{16}$; $0,\overline{65}$

b) $0,\overline{06}$; $0,\overline{04}$; $0,\overline{009}$; $0,\overline{156}$

c) $0,\overline{61}$; $2,\overline{024}$; $6,\overline{069}$; $7,\overline{556}$

d) $0,\overline{37}$; $2,\overline{124}$; $6,\overline{69}$; $7,\overline{513}$

Merke dir folgende Zusammenhänge:

$\frac{1}{3} = 0,\overline{3}$ $\frac{1}{9} = 0,\overline{1}$

$\frac{1}{6} = 0,1\overline{6}$ $\frac{1}{99} = 0,\overline{01}$

$\frac{1}{11} = 0,\overline{09}$ $\frac{1}{999} = 0,\overline{001}$

5 Ordne die Dezimalbrüche der Größe nach. Beginne mit dem kleinsten.

W $0,\overline{43}$ **E** $0,4\overline{29}$ **K** 0,404 **E** 0,4375 **R** $0,4\overline{3}$ **T** $0,\overline{4}$ **R** 0,44 **H** 0,43

6 Tobi und Carmen unterhalten sich im Supermarkt.

Was meinst du zu Tobis Aussage? Begründe.

7 Ein Bruch mit dem Nenner 7 wird in einen Dezimalbruch umgewandelt. Dieser ist reinperiodisch und seine Periode besteht aus sechs verschiedenen Ziffern. Wie könnte der Bruch lauten?
Wandle alle echten Brüche mit dem Nenner 7 in Dezimalbrüche um. Was fällt dir auf?

Vertiefung

Aron behauptet, dass $0,\overline{9} = 1$ ist. Dazu führt er folgende Begründung an:

Es gilt: $0,\overline{1} = \frac{1}{9}$ $0,\overline{2} = \frac{2}{9}$ $0,\overline{3} = \frac{3}{9} \ldots$

Also folgt daraus: $0,\overline{9} = \frac{9}{9} = 1$

- Erkläre Arons Überlegungen.
- Versuche auf ähnliche Weise zu zeigen, dass gilt: $0,8\overline{9} = 0,9$.
- Gib weitere derartige Beispiele an.

Zu 2.1

1 Welche Addition ist dargestellt? Wie viel fehlt dem Ergebnis zum Ganzen?

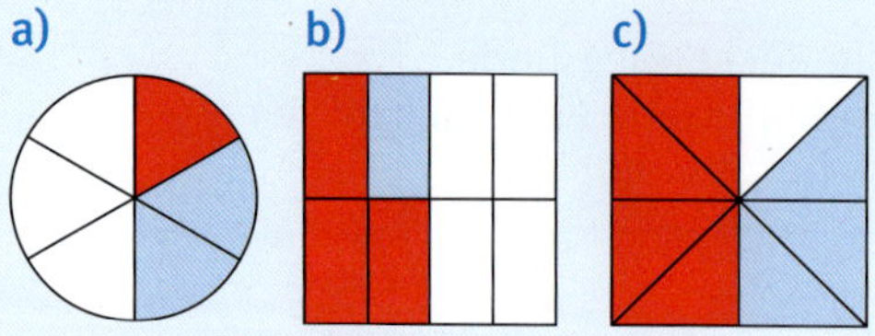

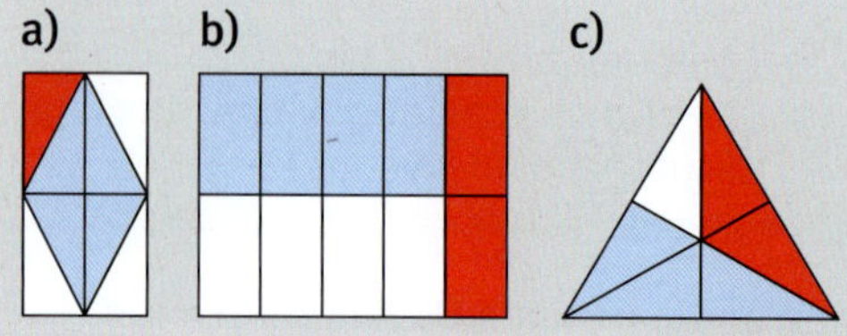

Zu 2.2

2 Übertrage die Zahlenmauer in dein Heft. Jeder Stein ergibt sich als Summenwert der darunter liegenden Steine.

3 Gib mindestens vier verschiedene Summen (Differenzen) an, die alle den Wert $5\frac{3}{4}$ haben.

a) Gib alle möglichen Summen zu $\frac{\triangle}{15} + \frac{\square}{15} = 2$ an.

b) Bei welchen Summen aus a) sind beide Zähler Primzahlen?

Zu 2.3

4 Übertrage die Angabe in dein Heft und ersetze den Platzhalter so, dass das Produkt stimmt.

a) $\frac{1}{4} \cdot \frac{5}{\square} = \frac{5}{28}$ b) $\frac{6}{7} \cdot \frac{\square}{12} = \frac{1}{2}$

c) $\frac{5}{\square} \cdot 3\frac{3}{5} = \frac{1}{5}$ d) $\frac{3}{9} \cdot \frac{\square}{4} = \frac{1}{12}$

e) $\frac{1}{8} \cdot \frac{\square}{5} = \frac{1}{10}$ f) $\frac{8}{11} \cdot \frac{\square}{3} = 5\frac{1}{3}$

a) $\frac{2}{3} \cdot \square = \frac{8}{15}$ b) $\frac{3}{5} \cdot \square = \frac{21}{40}$

c) $\frac{7}{10} \cdot \square = \frac{7}{15}$ d) $\square \cdot \frac{17}{21} = 1$

e) $\frac{3}{8} \cdot \square = 2$ f) $1\frac{5}{6} \cdot \square = 0$

Zu 2.4

5 Übertrage die Tabelle in dein Heft und ergänze die fehlenden Werte.

:		Divisor		
		$\frac{3}{4}$	$\frac{7}{6}$	$\frac{9}{10}$
Dividend	$\frac{1}{2}$	$\square$	$\square$	$\square$
	$\frac{2}{3}$	$\square$	$\square$	$\square$
	$\frac{4}{5}$	$\square$	$\square$	$\square$

:		Divisor		
		$\frac{1}{2}$	$\square$	$\square$
Dividend	$\frac{1}{2}$	$\square$	$\frac{1}{4}$	$\frac{3}{8}$
	$\square$	$\square$	$\frac{2}{3}$	$\square$
	$\square$	$1\frac{2}{3}$	$\square$	$\square$

6 Finde mindestens zwei Möglichkeiten, wie sich die Zahl als Quotient von zwei Brüchen schreiben lässt.

$\frac{4}{9}$ $\frac{1}{2}$ $\frac{18}{35}$ 25

Finde zwei Paare von Stammbrüchen, ...

a) bei deren Division sich wieder ein Stammbruch ergibt.

b) bei denen der Wert des Produkts mit dem der Differenz übereinstimmt.

7 Berechne. **Zu 2.5**

a) 0,43 + 0,2
34,05 + 2,22
b) 1,032 – 0,032
3,291 – 0,6101

a) 1,345 + 0,29 + 1,43
9,037 + 1 + 0,02
b) 14,652 – 1,65 – 0,112
1,07 – 0,1 – 0,321

8 Berechne im Kopf und schreibe das Ergebnis in dein Heft. **Zu 2.6**

a) 0,5 : 10 345 : 100 0,08 · 10
b) 45,3 · 100 45,3 : 10 45,3 · 10
c) 99,9 : 100 99,9 · 100 99,9 : 10

a) 0,28 · 10 000 1,2 · 1000 2,5 : 10 000
b) 2,222 : 1000 2,222 : 10 2,222 : 1000
c) 99,9 · 1000 99,9 · 100 99,9 : 10 000

9 Übertrage die Tabelle in dein Heft und vervollständige sie. **Zu 2.7**

·	4	1000	0,3	0,01
0,9	▢	▢	▢	▢
0,12	▢	▢	▢	▢
6,25	▢	▢	▢	▢

·	0,102	47,9	0,05	0,025
2,22	▢	▢	▢	▢
0,161	▢	▢	▢	▢
0,001	▢	▢	▢	▢

10 Berechne **Zu 2.8**

a) 0,24 : 6 16,9 : 13 2,7 : 9
b) 0,0036 : 6 4,02 : 2 25,15 : 5

a) $0{,}631 : 10^2$ 42,7 : 7 536,8 : 4
b) 33,0033 : 11 63,108 : 3 24,3 : 9

11 Frau Schulz überlegt, welches Angebot günstiger ist. **Zu 2.9**

1 2,4 m für 22,80 €
2 2,75 m für 26,40 €

a) Erkläre die Rechnungen.
b) Welche Bedeutung hat das Ergebnis?

1
22,80 : 2,4
· 10 · 10
228 : 24 = 9,5
– 216
120
– 120
0

2
26,40 : 2,75
· 100 · 100
2640 : 275 = 9,6
– 2475
1650
– 1650
0

Erkläre die Rechnungen.

1
2,875 : 1,15
287,5 : 115 = 2,5
– 230
575
– 575
0

2
54 : 1,8
540 : 18 = 30
– 54
0

3
17,34 : 5,1
173,4 : 51 = 3,4
– 153
204
– 204
0

4
3,5 : 1,4
35 : 14 = 2,5
– 28
70
– 70
0

12 Gib die Ziffer an, die bei den Dezimalbrüchen an 20. Stelle nach dem Komma steht. **Zu 2.10**

a) $0{,}\overline{5}$ b) $0{,}\overline{01}$

a) $0{,}6\overline{81}$ b) $1{,}\overline{142857}$

13 Übertrage in dein Heft und setze <, > oder = ein.

a) $0{,}33$ ▢ $0{,}\overline{3}$ b) $\frac{1}{99}$ ▢ $0{,}\overline{01}$

a) $0{,}\overline{161}$ ▢ $0{,}\overline{16}$ b) $0{,}345$ ▢ $0{,}\overline{34}$

Lösungen zu 1:
keine Lösung; $\frac{1}{9}$; $\frac{1}{2}$; $\frac{3}{4}$; $\frac{3}{4}$; 1; $1\frac{3}{77}$; $1\frac{1}{18}$; $1\frac{11}{45}$; $1\frac{5}{18}$; $1\frac{19}{40}$; $1\frac{3}{4}$; $2\frac{2}{27}$; $2\frac{1}{10}$; $3\frac{9}{10}$

1 Berechne den Term und kürze das Ergebnis so weit wie möglich.

a) $\frac{3}{5} + \frac{7}{8}$ $\quad \frac{8}{3} - \frac{11}{12}$ $\quad \frac{7}{9} + \frac{7}{15}$

b) $\frac{2}{5} \cdot \frac{15}{8}$ $\quad 1\frac{5}{7} \cdot \frac{21}{48}$ $\quad \frac{8}{11} \cdot 1\frac{3}{7}$

c) $\frac{7}{4} : \frac{5}{6}$ $\quad \frac{36}{8} : 4\frac{1}{2}$ $\quad 1\frac{7}{9} : \frac{6}{7}$

d) $\frac{4}{3} \cdot \frac{5}{8} \cdot \frac{2}{15}$ $\quad 2\frac{3}{8} : 2\frac{1}{4}$ $\quad 1\frac{2}{3} + \frac{4}{9} - \frac{5}{6}$

e) $2\frac{1}{8} \cdot 2 : \frac{17}{2}$ $\quad 5\frac{3}{5} + \frac{7}{15} - 2\frac{1}{6}$ $\quad \frac{4}{9} \cdot \frac{2}{11} : \frac{0}{13}$

Lösungen zu 2:
0; 0,008; 0,04; 0,61725; 1,418; 1,705; 2,149; 4,6; 5,052; 12,5; 12,95; 17,6; 45,76; 74,261; 155,25; 333,333

2 Berechne.

a)	b)	c)	d)
2,45 – 1,032	15,7 · 4,73	3,696 : 0,21	0 : 7,635
12,2 + 0,75	0,048 : 1,2	6,4 + 0,08 – 4,331	1,00 · 45,76
3,45 · 45	17,05 · 0,1	0,0056 : 0,7	$\frac{2}{5} \cdot 12{,}63$
16,1 : 3,5	345,36 – 12,027	0,05 · 12,345	15,625 : 1,25

3 Richtig oder falsch? Erkläre durch eine Zeichnung und korrigiere, wenn nötig.

a) $\frac{2}{3} < \frac{3}{4} < \frac{4}{5}$ **b)** $\frac{1}{3} < 0{,}25 < \frac{1}{2}$ **c)** $\frac{3}{7} < \frac{1}{2} < \frac{6}{14}$ **d)** $\frac{6}{10} < 0{,}75 < \frac{7}{5}$

4 Übertrage und setze <, > oder =. Begründe deine Entscheidung ohne Rechnung.

a) $\frac{1}{2} + \frac{1}{3} \;\square\; 1 - \frac{1}{3}$ **b)** $\frac{1}{2} \cdot \frac{1}{3} \;\square\; \frac{5}{6} \cdot \frac{1}{5}$ **c)** $\frac{5}{11} : \frac{3}{11} \;\square\; \frac{5}{11} \cdot \frac{3}{11}$

d) $\frac{3}{7} \cdot \frac{1}{2} \;\square\; \frac{3}{7} + \frac{1}{2}$ **e)** $1\frac{3}{4} + 0{,}25 \;\square\; 2 - 0{,}01$ **f)** $0{,}9 : 0{,}3 \;\square\; 3 \cdot \frac{0}{2}$

Die Klammer sagt: „Zuerst komm ich", Potenz vor Punkt und Punkt vor Strich, und was man noch nicht rechnen kann, das schreibt man unverändert an.

5 Berechne und beachte die bekannten Rechenregeln.

a) $(12{,}4 - 6{,}43) \cdot 5{,}17$ **b)** $\frac{6}{7} + \frac{8}{9} \cdot 4\frac{1}{2}$ **c)** $13 : (0{,}75 \cdot 6 - 2)$

d) $\frac{3}{2} : \left(\frac{5}{6} - \frac{5}{9}\right)$ **e)** $3{,}75 - 0{,}345 : 0{,}15$ **f)** $\left(\frac{1}{4} + \frac{7}{12}\right)^2 : \left(\frac{2}{7} - \frac{1}{6}\right)$

6 Hier hat doch jemand rumgekleckst. Bestimme die fehlenden Bestandteile.

a) $\frac{1}{2} \cdot \blacksquare = \frac{1}{6}$ $\quad 12{,}4 \;\blacksquare\; 0{,}01 = 0{,}124$ $\quad \frac{2}{7} \;\blacksquare\; \frac{4}{21} = \frac{2}{21}$

b) $\blacksquare + \frac{3}{11} = \frac{79}{88}$ $\quad 14{,}76 : \blacksquare = 73{,}8$ $\quad 7{,}5 \;\blacksquare\; 0{,}65 = 4{,}875$

c) $\blacksquare : \frac{2}{3} = \frac{7}{6}$ $\quad 1\frac{3}{5} \cdot \blacksquare = 1\frac{7}{15}$ $\quad \left(\blacksquare + \frac{7}{12}\right) : 13\frac{1}{4} = \frac{1}{9}$

7 In einem Supermarkt wurden nacheinander folgende Beträge eingenommen: 12,09 €; 27,90 €; 33,15 €; 125,67 €; 0,89 €; 4,35 €; 5 €; 16,47 €

a) Wie viel Euro wurden insgesamt eingenommen?

b) Bei der Kassenkontrolle sind 377,40 € in der Kasse. Wie viel Wechselgeld war vor den Einkäufen in der Kasse?

8 In einem Baugebiet soll jedes Grundstück etwa 650 m^2 groß sein. Wie breit ist es bei einer Länge von 40 m (36 m, 30 m, 24 m)? Runde auf die erste Dezimale.

9 Berechne jeweils die Länge der Seiten und den Flächeninhalt.

a) Der Umfang eines Quadrats beträgt 19,2 cm.

b) In einem Rechteck (U = 20,7 cm) ist eine Seite doppelt so lang wie die andere.

10 a) Finde zu jedem Term zwei weitere, die das gleiche Ergebnis haben.

① $\frac{2}{3} + \frac{1}{6}$ ② $\frac{7}{10} - \frac{3}{5}$ ③ $\frac{5}{8} \cdot \frac{3}{5}$ ④ $\frac{4}{9} : \frac{5}{12}$ ⑤ $\frac{6}{11} + \frac{4}{11} \cdot \frac{1}{3}$

b) Gib für jede Rechenart einen Term aus 2 (aus 3) verschiedenen Brüchen an, dessen Ergebnis zwischen 1 und 2 liegt.

11 In einer Kleiderfabrik werden verschiedene Hosen aus unterschiedlichen Stoffen produziert. Je nach Größe, Schnitt und Verarbeitung werden unterschiedliche Stoffmengen und Arbeitszeiten für die Herstellung veranschlagt.

Runde alle Ergebnisse sinnvoll.

Modell				
Länge der Stoffbahn	2,15 m	2,4 m	1,85 m	2,65 m
Stoffpreis pro Meter	15,35 €	9,65 €	12,94 €	36,88 €
Arbeitszeit	$\frac{3}{4}$ h	20 min	12 min	1 h 12 min

a) Berechne die Materialkosten für jedes Hosenmodell.

b) Die Arbeitskosten betragen pro Stunde 41,50 €. Wie teuer werden die Hosen, wenn auf die Gesamtkosten noch 20 % als Gewinn hinzu gerechnet wird?

Medizin

Homöopathie

Ein homöopathisches Mittel bezeichnet eine Arznei, in der Wirkstoffe sehr verdünnt vorkommen. Für die Herstellung verwendet man oftmals eine Urtinktur, die dann je nach Zweck mit medizinischem Alkohol weiter verdünnt wird. Die verschiedenen Stufen dieses Vorgangs nennt man Dezimalverdünnung. Die Herstellung solcher Tinkturen ist rechts beschrieben.

Erstelle mit einem Tabellenprogramm ein Rechenblatt, mit der man die Menge der Dezimalverdünnungen berechnen kann. Du kennst bereits den Aufbau eines Tabellenprogramms.

Markierte Zelle — Spalte — Befehlszeile

B2 | fx Mathematik

	A	B	C	D	E
1		Montag	Dienstag	Mittwoch	Donnerstag
2	1. Stunde	Mathematik			
3	2. Stunde	Deutsch			
4	3. Stunde	Biologie			
5	4. Stunde				
6	5. Stunde				
7	6. Stunde				

Zeile — Zelle, die gerade bearbeitet wird

Lege das Tabellenblatt wie folgt an:

	A	B	C	D	E
1	Alle Angaben in ml				
2					
3	Rohtinktur	D1	D2	D3	D4
4	4	40	=10*B4		

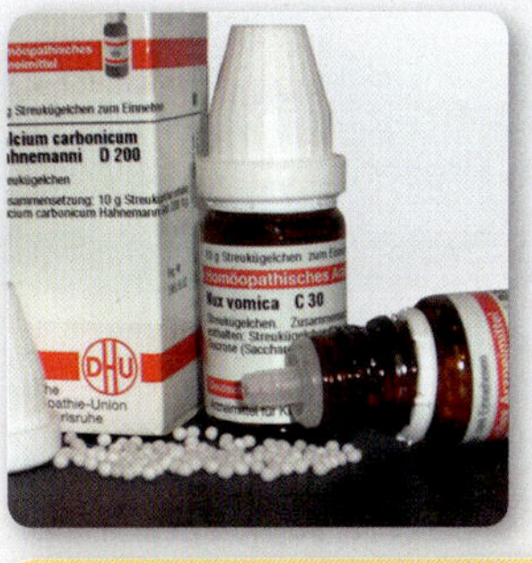

Homöopathisches Arzneibuch (HAB)

Die 1. Dezimalverdünnung D1 wird aus 1 Teil Urtinktur und 9 Teilen Wasser, die 2. Dezimalverdünnung D2 aus 1 Teil D1 und 9 Teilen Wasser hergestellt. Für die Verdünnung D3 verwendet man 1 Teil D2 und 9 Teile Wasser, usw. Bei jedem Vorgang wird also die 9-fache Menge Wasser zur bisherigen Flüssigkeit zugeschüttet.

Löse mit dem Tabellenprogramm. Du kannst auch Aufgaben durch Probieren lösen.

- Wie viel ml D3 (D9) bekommst du aus 4 ml (12 ml) Urtinktur?
- Wie viel Urtinktur ist in 10 ml (100 ml, 1000 ml) Verdünnung D2 enthalten?
  Beschreibe, wie sich die Reihe weiter fortsetzt.
- Vergleiche die Urtinktur in 1000 ml D1 mit 1000 ml D2 (D3, D6).

Zoo

Der Kartenausschnitt zeigt den Frankfurter Zoo.

a) Bestimme die Größe des Zoos in Wirklichkeit. Schätze dazu die Fläche möglichst genau.

b) Im Frankfurter Zoo gibt es über 1500 verschiedene Tierarten. Wie viel Platz hat eine Tierart im Durchschnitt? Beurteile das Ergebnis.

Schlafenszeit

Die Tabelle zeigt die durchschnittlichen Schlafenszeiten verschiedener Tiere in Prozent von 24 h.

Tier	tägliche Schlafenszeit
Braunbär	$\frac{4}{5}$ des Tages
Python	$\frac{3}{4}$ des Tages
Tiger	$\frac{3}{5}$ des Tages
Schimpanse	$\frac{2}{5}$ des Tages
Giraffe	$\frac{1}{10}$ des Tages

a) Bestimme die tägliche Schlafenszeit der Tiere in Stunden bzw. Minuten.

b) Wievielmal länger schläft ein Braunbär als eine Giraffe (ein Tiger, ein Schimpanse) am Tag? Stelle Vergleiche an.

c) Der Zoo hat täglich zehn Stunden geöffnet. Ist es möglich, dass alle Tiere schlafen (kein Tier schläft)?

Blattschneiderameisen

Die Blattschneiderameisen tragen riesige Mengen von Blättern in die Kammern ihres Nestes. Dabei fressen sie nicht die Blätter selbst, sondern ernähren sich von einem Pilz, den sie mithilfe der Blätter züchten.

a) Die Kolonie verbraucht im Jahr etwa 8,75 t Laub. Wie viel Laub benötigt sie an einem Tag (in einem Monat)? Runde sinnvoll.

Die Aufgaben im Ameisenstaat sind verteilt. Die Blätter werden nur von den Arbeiterinnen transportiert, von denen es zwei Größen gibt.

Maxima-Arbeiterin
Transportiert große Blattteile bis zu 8 mg; etwa $\frac{1}{3}$ aller Ameisen

Media-Arbeiterin
Transportiert mittlere Blattteile bis zu 3,2 mg; etwa $\frac{1}{6}$ aller Ameisen

b) Im Ameisenstaat leben zusammen etwa 1,2 Millionen Arbeiterinnen. Aus wie vielen Ameisen besteht der Staat?

c) Ein Blatt wiegt im Mittel 0,85 g. Wie viele Maxima- (Media-) Ameisen benötigt man mindestens, um ein Blatt zu zerlegen?

d) Wie viele Blätterteile kommen im Ameisenhügel an, wenn alle Blattteile eines Tages von Maxima- (Media-) Arbeiterinnen angeliefert werden? Wie viele Blätterteile kommen etwa an, wenn man die tatsächlichen Anteile der Arbeiterinnen berücksichtigt?

Elefantös

Ein afrikanischer Elefant frisst etwa 115 kg Futter am Tag. Der Speiseplan setzt sich wie folgt zusammen:

$\frac{2}{5}$ Grünpflanzen $\quad$ $\frac{1}{4}$ Heu und Stroh

$\frac{1}{20}$ Getreide $\quad$ $\frac{2}{25}$ Äpfel

Rest: Trockenfutter, Mineralien

a) Gib die Anteile der einzelnen Sorten in Prozent an.

b) Wie viel Kilogramm der einzelnen Sorten frisst ein Elefant am Tag?

c) Im Großmarkt gibt es Äpfel zu kaufen:

1. Welches ist das günstigste Angebot?
2. Du musst eine Wochenration Äpfel für die fünf Elefanten im Zoo einkaufen. Welche Sorte wählst du und wie viel musst du bezahlen? Begründe deine Entscheidung.

d) Ein ausgewachsener Elefant wiegt etwa 4,5 t. Wie lange dauert es, bis der Elefant sein Körpergewicht „gefuttert" hat?

e) Hannibal war ein berühmter Feldherr, der mit seinen Truppen vor mehr als 2000 Jahren gegen die Römer kämpfte. Er überquerte mit 37 Kriegselefanten sogar die verschneiten Alpen. Welche Futtermenge benötigt er für seine Elefanten in einer Woche? Wie vielen Lkw-Ladungen zu je 7,5 t entspricht das?

Tagesgeschäfte

Die Tabelle zeigt die Eintrittspreise eines Zoos.

Eintrittspreise		Verkaufte Tickets	
Tageskarte einzeln		12. Wo	35. Wo
Erwachsene	7,50 €	587	1455
Schüler, Studenten, Rentner, Behinderte	4,80 €	893	2783
Kinder bis 8 Jahre	3,20 €	435	678
10er-Karte			
Erwachsene	71,25 €	17	35
Schüler, ...	44,40 €	35	105
Kinder bis 8 Jahre	28,80 €	5	56

a) Welchen Anteil einer 10-er Karte für Erwachsene zahlen Schüler (Kinder bis 8 Jahre)?

b) Plane einen Ausflug mit deiner Klasse in den Zoo. Wie viel muss jeder Schüler bezahlen?

c) In der Tabelle sind die verkauften Tickets einer durchschnittlichen Woche im Winter und im Sommer aufgeführt. Wie hoch waren die Einnahmen in den angegebenen Wochen?

Wassermaßnahmen

Der Vogelweiher wird ausgebessert. Dadurch entstehen dem Zoo folgende Materialkosten:

Kieselsteine (groß)	274,50 €
Kieselsteine (klein)	155,95 €
Wasserpflanzen	133,73 €
Randsteine	448,60 €

Bei Sofortzahlung kann der Zoo 5 % von der Rechnungssumme abziehen. Wie hoch ist in diesem Fall die Ersparnis?

Überprüfe deine Fähigkeiten und Kenntnisse. Bearbeite dazu die folgenden Aufgaben und bewerte anschließend deine Lösungen mit einem Smiley.

☺	😐	☹
Das kann ich!	Das kann ich fast!	Das kann ich noch nicht!

Hinweise zum Nacharbeiten findest du auf der folgenden Seite. Die Lösungen stehen im Anhang.

Aufgaben zur Einzelarbeit

1 Berechne den Term und kürze das Ergebnis so weit wie möglich.

a) $\frac{3}{8}+\frac{1}{10}$ b) $\frac{4}{7}-\frac{2}{8}$ c) $\frac{12}{25}+\frac{13}{40}$
d) $1\frac{2}{5}-\frac{1}{7}$ e) $1{,}3-\frac{7}{10}$ f) $4\frac{3}{100}-0{,}23$

2 Berechne.

a) $0{,}3+0{,}4$; $1{,}2+0{,}12$; $34{,}25+2{,}3$
b) $0{,}8-0{,}4$; $0{,}6-0{,}03$; $16{,}003+1$
c) $1{,}34-1{,}24$; $2-0{,}331$; $3-0{,}29-2{,}710$

3 Veranschauliche durch eine Zeichnung.

a) $\frac{3}{4}+\frac{1}{2}$ b) $\frac{4}{5}-\frac{5}{8}$ c) $\frac{5}{6}+\frac{4}{9}$

4 Veranschauliche mithilfe von Rechtecken.

a) $\frac{1}{2}\cdot\frac{2}{3}$ b) $\frac{3}{8}\cdot\frac{1}{6}$ c) $\frac{3}{5}\cdot\frac{2}{7}$

5 Berechne. Kürze so weit wie möglich.

a) $4\cdot\frac{2}{3}$; $\frac{3}{8}\cdot 2$; $8\cdot\frac{7}{10}$
b) $\frac{5}{9}\cdot\frac{4}{15}$; $\frac{4}{10}\cdot\frac{7}{8}$; $\frac{4}{18}\cdot\frac{9}{40}$
c) $2\frac{7}{8}\cdot\frac{1}{3}$; $\frac{5}{12}\cdot 3\frac{3}{7}$; $1\frac{2}{5}\cdot 1\frac{2}{3}$

6 In einem Kartenspiel hat $\frac{1}{4}$ aller Karten Kreuz. $\frac{3}{8}$ von ihnen sind Bildkarten.

a) Welcher Anteil der Kreuzkarten sind Bildkarten?
b) Ein Kartenspiel hat 32 Karten. Wie viele von ihnen sind Bildkarten (keine Bildkarten)?

7 In Afrika lebt etwa $\frac{1}{5}$ der Erdbevölkerung. $\frac{2}{11}$ der Afrikaner leben in Nigeria. Welcher Anteil der Erdbevölkerung lebt in Nigeria?

8 Bestimme jeweils den zugehörigen Kehrwert.

a) $\frac{3}{4}$ $\frac{7}{9}$ $\frac{12}{32}$ $\frac{49}{6}$ $\frac{1}{22}$
b) 4 $1\frac{5}{8}$ 1 $7\frac{1}{7}$ 0

9 Übertrage die Pfeilmodelle in dein Heft und ergänze die fehlenden Angaben.

a) b) c) d)

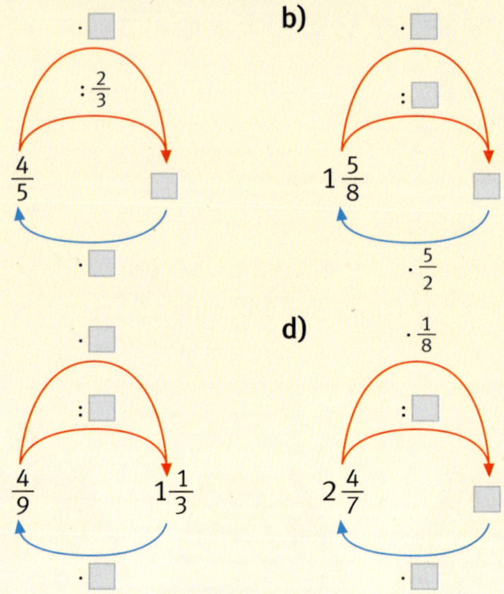

10 Berechne. Kürze das Ergebnis so weit wie möglich.

a) $\frac{5}{6}:\frac{1}{6}$; $\frac{6}{7}:\frac{4}{21}$; $8:\frac{2}{9}$
b) $\frac{21}{25}:\frac{28}{45}$; $\frac{3}{144}:\frac{5}{48}$; $\frac{13}{7}:\frac{7}{13}$
c) $1\frac{1}{4}:\frac{15}{52}$; $7\frac{3}{7}:3\frac{1}{4}$; $0:\frac{11}{12}$

11 a) Sophie bereitet Bänder von eineinhalb Meter Länge für einen ungarischen Bändertanz vor. Wie viele solcher Bänder erhält sie von einer 30-m-Rolle?

b) In ein siebentägiges Zeltlager nimmt Martin 24,50 € mit. Wie viel € kann er im Durchschnitt pro Tag ausgeben?

12 Berechne.

a) $0{,}34\cdot 10$; $0{,}111\cdot 100$; $1000\cdot 1{,}0068$
b) $17:10$; $0{,}5:100$; $1{,}7:1000$
c) $6{,}05\cdot 10\,000$; $0{,}23:100$; $396:1000$

13 Berechne.

a) $1{,}51\cdot 2$; $39{,}3\cdot 6$; $3{,}0128\cdot 3$; $0{,}007\cdot 49$
b) $1{,}5\cdot 1{,}8$; $1{,}5\cdot 0{,}18$; $0{,}15\cdot 0{,}018$; $15\cdot 0{,}18$
c) $16{,}25\cdot 0{,}25$; $22{,}5\cdot 0{,}36$; $103{,}6\cdot 102{,}6$; $0{,}081\cdot 0$

14 Berechne.

a) $3{,}04:2$; $18:0{,}6$; $4{,}2:14$; $99{,}2:31$
b) $0{,}459:8{,}5$; $0{,}045:0{,}5$; $406{,}77:5{,}25$; $9:0{,}015$
c) $14{,}162:1{,}46$; $9{,}61:0{,}31$; $1{,}568:11{,}2$; $0{,}1:0{,}001$

15 Berechne den Umfang und den Flächeninhalt der Figuren.

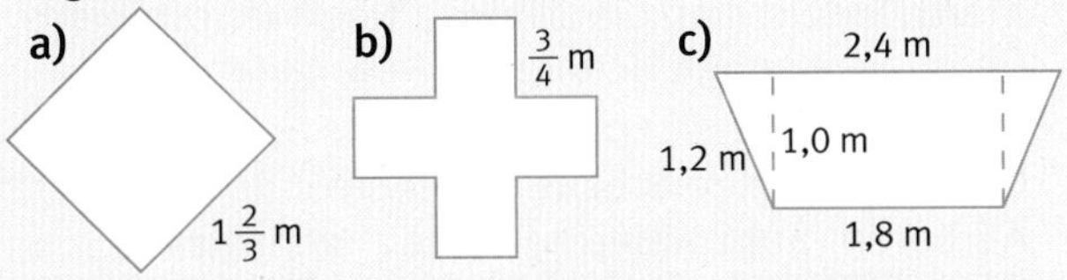

16 Ein Scheich hinterlässt seinen drei Söhnen 24 Kamele. Der erste Sohn soll die Hälfte an Kamelen bekommen, der zweite ein Drittel und der dritte schließlich ein Achtel. Wie viele Kamele bleiben übrig? Löse durch eine Zeichnung.

17 Stelle zunächst den Term auf und löse dann.

a) Subtrahiere das Zehnfache von 1,2 von 17,8.

b) Dividiere den Quotienten aus $\frac{5}{8}$ und $\frac{2}{5}$ durch $\frac{4}{5}$.

c) Multipliziere die Summe von 7,8 und 2,1 zum Quadrat von 1,1.

Aufgaben für Lernpartner

Arbeitsschritte

1 Bearbeite die folgenden Aufgaben alleine.

2 Suche dir einen Partner und erkläre ihm deine Lösungen. Höre aufmerksam und gewissenhaft zu, wenn dein Partner dir seine Lösungen erklärt.

3 Korrigiere gegebenenfalls deine Antworten und benutze dazu eine andere Farbe.

Sind folgende Behauptungen **richtig** oder **falsch**? Begründe schriftlich.

18 Johannes behauptet: „Die wichtigste Regel in der Bruchrechnung lautet: Zähler zusammenrechnen und Nenner zusammenrechnen. Das klappt immer."

19 Bei der Addition und Subtraktion von Dezimalbrüchen rechnet man zuerst ohne Berücksichtigung des Kommas. Das Ergebnis hat so viele Nachkommastellen wie der größere Dezimalbruch.

20 „Von" bedeutet in der Mathematik immer „mal".

21 $\frac{2}{3}$ von 27 Schülern sind 18 Schüler.

22 Natürliche Zahlen haben keinen Kehrwert.

23 Bei einer Division ist das Ergebnis stets kleiner als der Dividend.

24 $0{,}25 \cdot 100 = 250 : 10$

25 Durch die Multiplikation mit Stufenzahlen (10, 100, 1000, ...) lässt sich jede Division von Dezimalbrüchen in eine Division von natürlichen Zahlen umwandeln.

26 Das Ergebnis von $132{,}2 \cdot 0{,}49$ hat drei Nachkommastellen.

27 Wie bei der Division von Dezimalbrüchen lassen sich auch bei der Multiplikation immer durch Kommaverschiebung natürliche Zahlen herstellen.

28 $12{,}025 : 0{,}2 = 1{,}2025 : 2$

29 Bei der Division von Brüchen muss man von jedem Bruch den Kehrwert bilden.

30 Bei der Multiplikation von Brüchen muss man zuerst einen gemeinsamen Nenner suchen und die Brüche darauf erweitern.

31 Bei der Multiplikation von Dezimalbrüchen rechnet man zunächst ohne Komma. Das Ergebnis hat dann so viele Nachkommastellen, wie alle Faktoren zusammen haben.

Aufgabe	Ich kann ...	Hilfe
1, 3, 15, 17, 18	Brüche addieren und subtrahieren.	S. 46, 50
4, 5, 15, 17, 30	Brüche multiplizieren.	S. 54
6, 7, 16, 19, 20, 21	Anteile durch eine Multiplikation bestimmen.	S. 54
8, 22	den Kehrwert zu einem gegebenen Bruch bestimmen.	S. 58
9, 10, 11, 18, 23, 29	Brüche dividieren.	S. 58
2, 17, 19	Dezimalbrüche addieren und subtrahieren.	S. 62
12, 24, 25	Dezimalbrüche mit Stufenzahlen (10, 100, 1000, ...) multiplizieren und dividieren.	S. 66
13, 26, 27, 31	Dezimalbrüche multiplizieren.	S. 68
14, 28	Dezimalbrüche dividieren.	S. 70, 72

S. 46	$\frac{2}{5} + \frac{1}{5} = \frac{2+1}{5} = \frac{3}{5}$ 	**Gleichnamige Brüche** werden **addiert** (**subtrahiert**), indem man die Zähler addiert (subtrahiert). Der gleichnamige Nenner bleibt erhalten.
S. 50	$\frac{1}{12} + \frac{4}{9} = \frac{3}{36} + \frac{16}{36} = \frac{3+16}{36} = \frac{19}{36}$ kgV (9; 12) = 36 „Hauptnenner“	**Ungleichnamige Brüche** werden vor dem **Addieren** (**Subtrahieren**) erst auf denselben (**Haupt-**)**Nenner** erweitert bzw. gekürzt. Dann wird der Zähler addiert (subtrahiert), der gemeinsame Nenner bleibt erhalten.
S. 54	$\frac{4}{7} \cdot \frac{2}{9} = \frac{4 \cdot 2}{7 \cdot 9} = \frac{8}{63}$	Zwei **Brüche** werden **multipliziert**, indem man **Zähler mit Zähler** und **Nenner mit Nenner** multipliziert.
S. 58	Multiplikation $\frac{3}{4} : \frac{2}{3} = \frac{3}{4} \cdot \frac{3}{2} = \frac{3 \cdot 3}{4 \cdot 2} = \frac{9}{8}$ Kehrbruch	Man **dividiert** eine Zahl durch einen **Bruch**, indem man mit seinem **Kehrbruch multipliziert**. Beim Kehrbruch werden **Zähler und Nenner** des Bruchs **vertauscht**.
S. 62	0,265 + 1,372 (Übertrag 1) = 1,637 1,34 − 0,25 (Übertrag 1) = 1,09	**Dezimalbrüche** werden stellenweise **addiert** (**subtrahiert**), d. h. **„Komma unter Komma“**.
S. 66	$3{,}425 \cdot 100 = 342{,}5$ $15{,}2 : 100 = 0{,}152$	**Multipliziert** (**dividiert**) man einen Dezimalbruch mit einer **Stufenzahl** (10, 100, 1000, …), dann verschiebt sich das Komma um **so viele Stellen nach rechts** (**links**), wie die Stufenzahl Nullen hat.
S. 68	123 · 36 369 738 11 4428 $1{,}23 \cdot 3{,}6 = 4{,}428$ 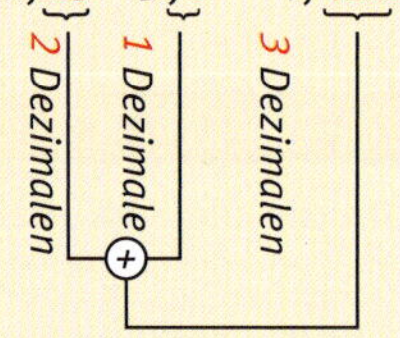	**Dezimalbrüche** werden zunächst ohne Komma **multipliziert**. Anschließend wird das Komma gesetzt: Dabei hat das Ergebnis so viele **Nachkommastellen**, wie **beide Faktoren zusammen** haben.
S. 70 S. 72	12,48 : 8 = 1,56 − 8 44 − 40 48 − 48 0 Überschreiten des Kommas Komma im Ergebnis setzen	Bei der **Division** durch einen **Dezimalbruch** kann man durch eine **gleichsinnige Kommaverschiebung** stets erreichen, dass der **Divisor** eine **natürliche Zahl** ist. Anschließend dividiert man wie bei natürlichen Zahlen. Beim **Überschreiten des Kommas** im Dividenden wird das **Komma im Ergebnis** gesetzt.
S. 74	**Beispiele**: 0,2: endlicher Dezimalbruch $0{,}\overline{45}$: rein periodischer Dezimalbruch $0{,}1\overline{6}$: gemischt periodischer Dezimalbruch	Bleibt bei der Umwandlung eines Bruchs in einen Dezimalbruch kein Rest übrig, so heißt er **endlich**. Wiederholt sich der Rest nach einem wiederkehrenden Muster, dann nennt man ihn **periodisch**.

Flächeninhalt

1 Übertrage die Tabelle in dein Heft und bestimme die fehlenden Größen.

Figur	Rechteck	Quadrat	Rechteck
Länge	1,2 m	13,4 dm	□
Beite	27 dm	□	4,5 m
Flächeninhalt	□	□	765 dm²

2 ①

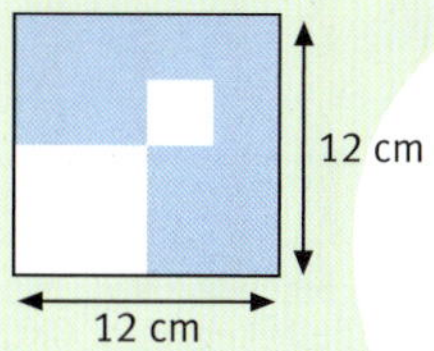

②

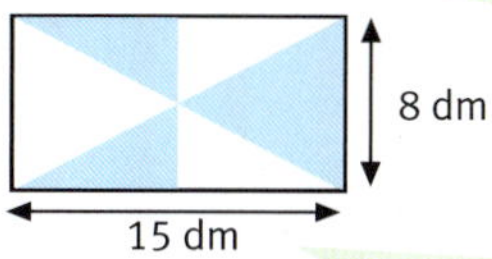

a) Bestimme die Größe der weißen Fläche.

b) Welche Symmetrien erkennst du in den Figuren?

3 Ordne die Flächeninhalte richtig zu.

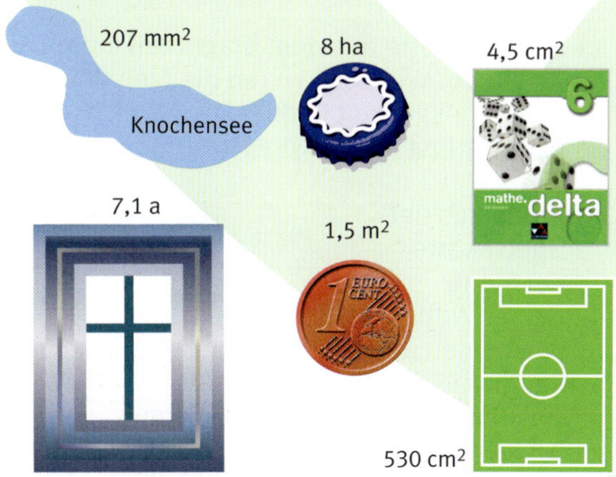

4

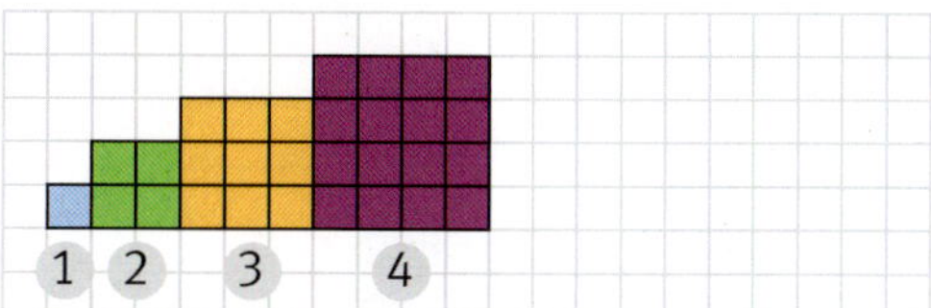

a) Übertrage das Muster in dein Heft und setze es um zwei Figuren weiter fort.

b) Welchen Flächeninhalt (Umfang) in Kästcheneinheiten hat die 6. (8., 10.) Figur?

c) Beschreibe eine Regel für den Flächeninhalt (Umfang) einer beliebigen Figur.

d) Welchen Flächeninhalt haben die ersten 4 (6, 8) Figuren zusammen?

Maßstab

5 Die Karte im Maßstab 1 : 250 000 zeigt die Orte Montabaur und Limburg.

a) Wie weit sind die beiden Orte voneinander entfernt (Luftlinie)?

b) Wie weit muss man tatsächlich fahren, um von einem Ort zum anderen zu kommen? Wähle verschiedene Routen und vergleiche.

6 Das Hinweisschild gibt der Feuerwehr die Lage eines Hydranten an. Informiere dich im Internet, was die Angaben bedeuten.

a) Zeichne im Maßstab 1 : 100 die Lage der Hydranten in dein Heft.

b) Suche auf deinem Schulweg nach Hinweisschildern für Hydranten, Wasserrohre oder Gasleitungen, zeichne sie ab und stelle sie deiner Klasse vor.

7 Gib zu den Messstrecken den Maßstab an.

a)

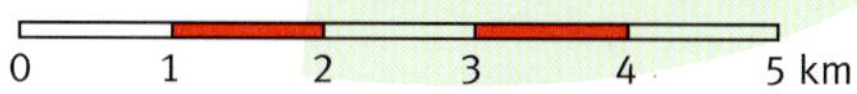

b)

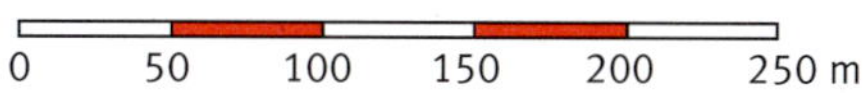

8 Übertrage ins Heft und vervollständige.

Maßstab	Streckenlänge auf der Karte	Streckenlänge in Wirklichkeit
1 : 100 000	17 mm	□
1 : 125 000	□	30 km
□	16 cm	3200 km
1 : 7500	2,5 cm	□
□	4,6 cm	115 m

Potenzen

9 Berechne.

a) 3^4; 2^5; 5^2; 10^3
b) 4^3; 6^2; 7^4; 8^2
c) 12^1; 13^2; 14^3; 20^4
d) $1{,}1^2$; $1{,}4^2$; $1{,}6^2$; $4{,}9^3$

10 Schreibe als Potenz mit möglichst kleiner Basis.

a) 16; 25; 27; 125; 10 000
b) 81; 289; 1024; 1600; 10 000 000

11 a) Berechne 5^1, 5^2, 5^3, ... und vergleiche die Einerziffern. Was stellst du fest?
b) Verfahre wie in a) mit der Reihe 3^1, 3^2, ..., 3^6. Wie ändern sich die Einerziffern? Erkennst du eine Regel? Überprüfe an einem weiteren Beispiel.

12 Eine Grünalge kann bei idealem Wachstum die von ihr bedeckte Fläche jede Woche verdoppeln. Beginne mit einer Alge. Wie viele Algen gibt es nach 6 (8, 12) Wochen?

13 Eine Schneiderin sagt zu einer Kundin: „Ich nähe Ihnen Ihr Kleid umsonst, sie müssen lediglich die 15 Knöpfe zahlen. Für den ersten nehme ich 2 ct, für den zweiten 4 ct, für den dritten 8 ct, usw.“ Die Kundin ist einverstanden. Wie teuer wird das Kleid? Ist es ein gutes Geschäft? Begründe.

Sachrechnen

14 Familie Prill möchte einen Computer für 900 € kaufen. Der Händler macht folgende Angebote:

1 Barzahlung mit 10 % Nachlass
2 Keine Anzahlung, 24 Monatsraten zu je 35 €
3 Anzahlung: $\frac{1}{4}$ des Preises, den Rest in 12 Monatsraten zu jeweils 50 €

Vergleiche die Angebote miteinander.

15 Bauer Meyer erntet 2400 kg Kartoffeln. Ein Fünftel davon lagert er ein, den Rest verpackt er in Säcke zu jeweils 12 kg. Wie viele Säcke benötigt er?

16 Das Diagramm zeigt die Einnahmen und Ausgaben eines Autozulieferers im Laufe eines Jahres.

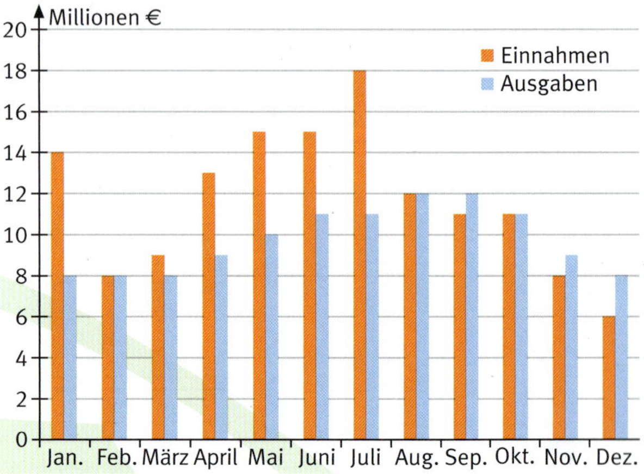

a) In welchem Monat hatte die Firma die höchsten (niedrigsten) Einnahmen bzw. Ausgaben?
b) In welchen Monaten hat das Unternehmen mit Sicherheit „Gewinn“ gemacht? Erkläre deine Ausführungen.
c) Lies die Werte aus dem Diagramm möglichst genau ab. Wie hoch waren die Einnahmen (Ausgaben) insgesamt in dem Jahr? Welchen Gewinn bzw. Verlust machte die Firma insgesamt?

17 a) Stelle aus der Speisekarte ein Menü deiner Wahl zusammen und bestimme den Gesamtpreis. Gib verschiedene Möglichkeiten an, wie du den Preis passend mit Scheinen und Münzen bezahlen kannst.

Pizza	
Pizza Margarita	5,50 €
Pizza D'Oro	6,50 €
Pizza Siciliana	7,50 €
Pizza Prosciutto	8,00 €
Nudelgerichte	
Spaghetti Aglio Olio	7,00 €
Maccaroni Bolognese	6,50 €
Salate	
Portion Gurkensalat	2,50 €
Insalata Mista	3,50 €
Getränke	
Pfirsichnektar	2,20 €
Mineralwasser	2,00 €

b) Stelle ein Menü für vier Personen zusammen, dessen Gesamtpreis unter 45 € liegt.
c) Wie viel Restgeld bekommst du zurück, wenn du auf die Rechnung aus b) noch 10 % Trinkgeld gibst und mit einem 50-€-Schein bezahlst?

3 Kreise und Winkel

Einstieg

- Beschreibe, wo auf dem Foto Kreise und Winkel zu sehen sind.
- Wie überträgt man das Riesenrad ins Heft?
- Kannst du Symmetrien auf dem Bild erkennen?
- Wo begegnen dir Kreise und Winkel in der Schule?

Ausblick

Am Ende dieses Kapitels hast du gelernt, ...
- wie man Kreise und Kreismuster zeichnet.
- wie man mithilfe des Geodreiecks Winkel misst und zeichnet.
- wie man symmetrische Figuren erkennt und erstellt.

Beim Beginn eines Fußballspiels müssen sich alle Spieler in ihrer eigenen Hälfte befinden. Außer den beiden anstoßenden Spielern darf sich niemand im Anstoßkreis aufhalten.

- Beschreibe, wie der Platzwart den Anstoßkreis gezeichnet haben könnte.
- Worauf muss er achten?
- Zeichne mit einem Bindfaden, einer Nadel und einem Buntstift verschieden große Kreise in dein Heft.

Zum Zeichnen von Kreisen verwendet man in der Regel einen Zirkel.

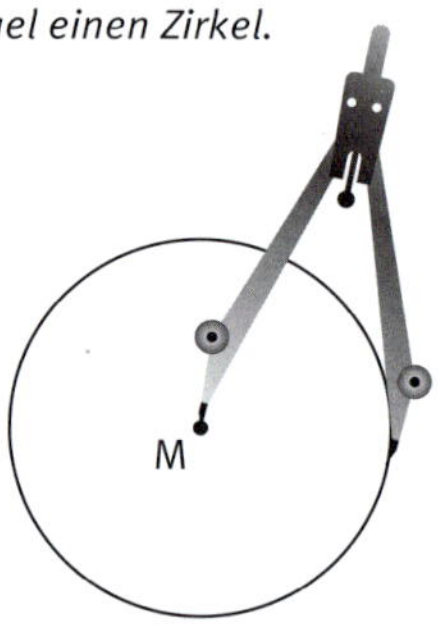

Merkwissen

Alle Punkte auf dem Kreis (genauer: auf der Kreislinie) haben vom **Mittelpunkt M** des Kreises den gleichen Abstand. Diesen Abstand bezeichnet man als **Radius r**.

Jede Strecke, die zwei Punkte der Kreislinie verbindet und durch den Mittelpunkt geht, nennt man **Durchmesser d** des Kreises. Der Durchmesser ist somit doppelt so lang wie der Radius: **$d = 2 \cdot r$**.

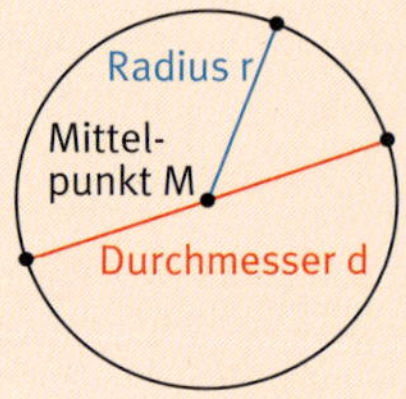

Beispiele

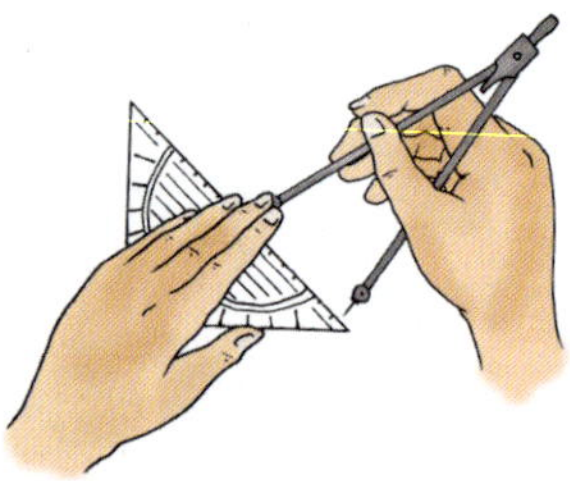

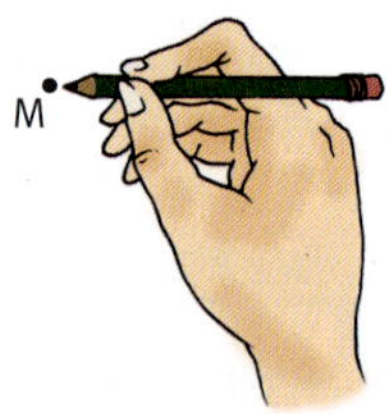

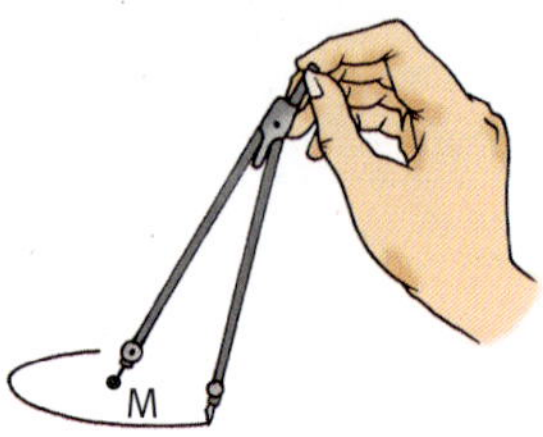

I Zeichne mit dem Zirkel einen Kreis mit …

a) dem Radius r = 2 cm. **b)** dem Durchmesser d = 3 cm.

Lösung:
Stelle bei deinem Zirkel einen Abstand bei a) von 2 cm und bei b) von 1,5 cm (Radius = halber Durchmesser) ein. Markiere mit Bleistift auf dem Papier einen Mittelpunkt M und schlage mit dem Zirkel den Kreis darum.

a)

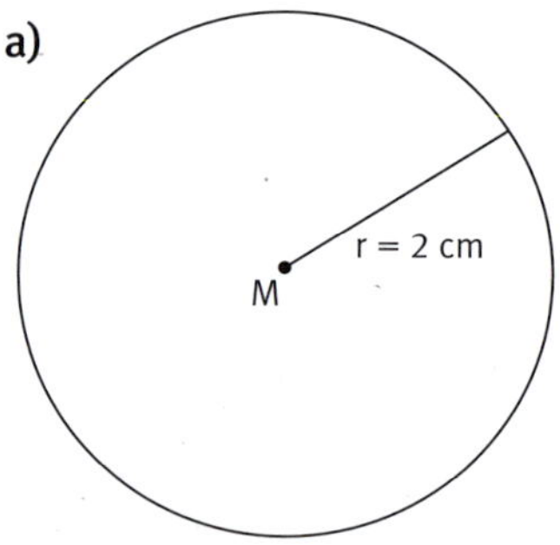

b)

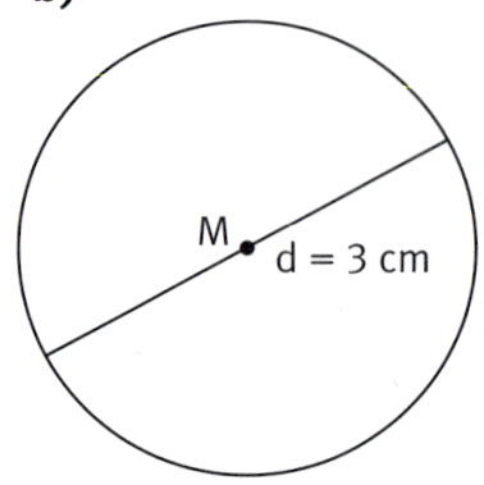

II Miss Radius und Durchmesser der beiden Kreise.

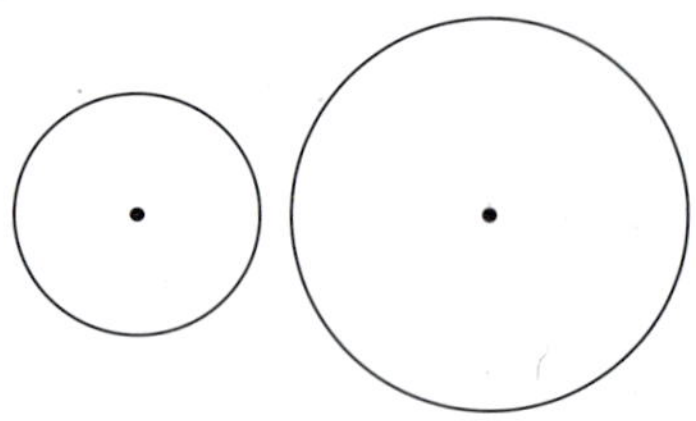

Lösung:
kleiner Kreis: Der Radius r beträgt 0,8 cm, der Durchmesser d ist 1,6 cm.
großer Kreis: r = 1,3 cm, d = 2,6 cm

Verständnis

- Welchen Radius hat der größte Kreis, der auf eine DIN-A4-Seite passt?
- Peter behauptet: „Der Durchmesser meines Fahrradreifens beträgt 62 cm. Der Radius des Fahrrades meiner kleinen Schwester ist 44 cm.“ Was meinst du dazu?

1 **a)** Nenne Gegenstände, mit denen du Kreise zeichnen kannst.
b) Wo findest du in der Umgebung Kreise oder Teile eines Kreises? Benenne sie.
c) Bei welchen Sportarten findest du Kreise auf Spielfeldern, als Begrenzungen, ...?

2 Übertrage die Tabelle ins Heft und fülle sie aus.

	a)	b)	c)	d)	e)	f)
Radius r	4 cm	▢	▢	32 mm	▢	1 m 85 cm
Durchmesser d	▢	12 cm	11,2 dm	▢	5 m 3 dm	▢

3 Zeichne mit dem Zirkel Kreise mit dem Radius r bzw. dem Durchmesser d. Beschreibe dein Vorgehen. Gib auch die jeweils fehlende Größe an.
a) r = 2 cm **b)** r = 35 mm **c)** r = 4 cm 5 mm **d)** r = 0,5 dm
e) d = 6 cm **f)** d = 9 cm **g)** d = 5 cm 6 mm **h)** d = 1,4 dm

4 Übertrage ins Heft. Bestimme dazu jeweils den Durchmesser und Radius.

Finde zunächst den Mittelpunkt.

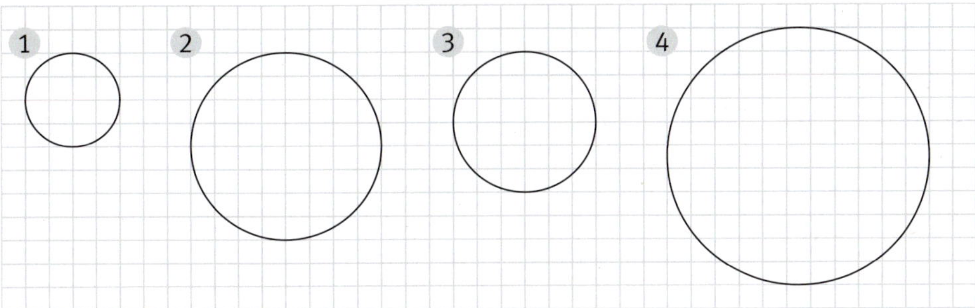

5 Zeichne zwei Kreise mit den Radien 3 cm und 4 cm, die sich ...
a) in zwei Punkten schneiden. **b)** nicht schneiden. **c)** in einem Punkt berühren.

Findest du mehrere Möglichkeiten?

6 Übertrage die Figuren in dein Heft. Beschreibe die Figuren.

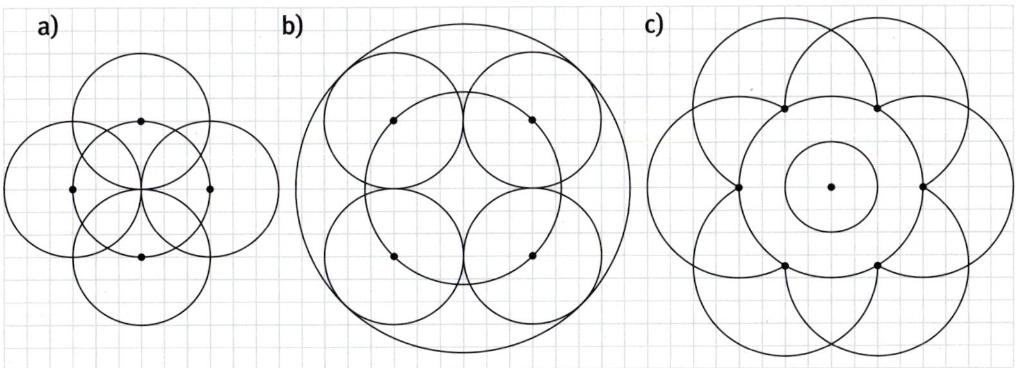

7 **a)** Zeichne in ein Koordinatensystem (1 Einheit ≙ 1 cm) die Kreise ein. Beschreibe die gegenseitige Lage der Kreise und bestimme die Anzahl der Schnittpunkte.
① M (6|6); r = 3 cm; M (8|9); r = 2,5 cm
② M (4|9); r = 35 mm; M (8|5); r = 0,5 dm
③ M (7|7); d = 4 cm; M (6|8); d = 0,7 dm
b) Gib die Koordinaten jeweils zweier Punkte an, die innerhalb, außerhalb bzw. auf dem Kreis liegen.
c) Erfinde eine weitere Aufgabe wie in a) und lasse sie von einem Partner lösen.

Benenne das Viereck ABCD.

8 Zeichne in ein Koordinatensystem (1 Einheit ≙ 1 cm) die Punkte A (11 | 6), B (6 | 11), C (1 | 6) und D (6 | 1). Zeichne den Kreis, der durch alle vier Punkte geht. Beschreibe dein Vorgehen. Wie lauten die Koordinaten seines Mittelpunkts?

Hilfe zu 9b:

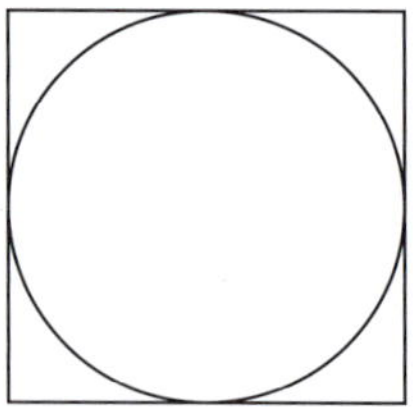

9 a) Zeichne mit einem kreisrunden Gegenstand einen Kreis auf unliniertes Papier und schneide ihn aus. Bestimme durch Falten den Durchmesser, den Radius und den Kreismittelpunkt.

b) Zeichne den Kreis aus a) nochmals auf ein weißes Blatt Papier und bestimme den Mittelpunkt zeichnerisch. Beschreibe dein Vorgehen.

c) Miss den Durchmesser einiger Münzen und bestimme jeweils deren Radius.

10 Schätze den Durchmesser der abgebildeten kreisförmigen Gegenstände.

Zu 11:

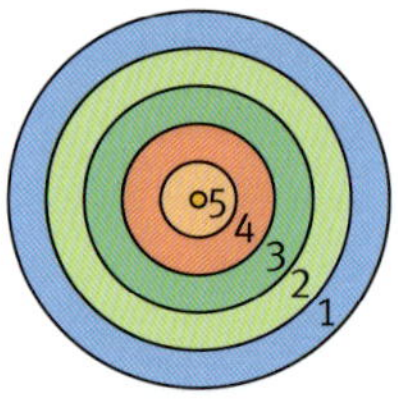

Spielidee: Eine 1-Cent-Münze möglichst genau in die Mitte werfen.

11 Stelle eine Zielscheibe her. Markiere zunächst den Mittelpunkt M. Die Durchmesser sollen 3 cm, 6 cm, 9 cm, 12 cm und 15 cm betragen. Färbe die entstandenen Ringe verschiedenfarbig ein. Nummeriere die Kreisringe.

12 Zeichne in ein Koordinatensystem (1 Einheit ≙ 1 cm) einen Kreis mit Radius 4 cm und Mittelpunkt M (6 | 5). Zeichne nun die Punkte A (10 | 2), B (3 | 3), C (6 | 9), D (10 | 7), E (2 | 6), F (4 | 2), G (8,5 | 8) und H (2 | 5) ein. Welche Punkte liegen …

a) auf der Kreislinie? b) innerhalb des Kreises? c) außerhalb des Kreises?

13

	1	2	3	4	5	6
Mittelpunkt	A (3 | 3)	B (12 | 5)	C (6 | 7)	D (2 | 1,5)	E (4 | 5)	F (8,5 | 6,5)
Kreislinie durch	Z (3 | 6)	Y (12 | 2)	X (9 | 4)	W (3 | 2,5)	V (0 | 5)	U (5,5 | 3)

a) Zeichne jeweils eine Kreislinie um den angegebenen Mittelpunkt. Die Kreislinie soll auch durch den angegebenen Punkt verlaufen.

b) Untersuche, ob diese Kreislinie durch weitere Gitterpunkte verläuft und gib gegebenenfalls deren Koordinaten an.

14 Zeichne ein Quadrat mit der Seitenlänge a = 8 cm.

a) Zeichne einen Kreis so in das Quadrat ein, dass er weder die Seiten noch die Eckpunkte berührt.

b) Zeichne einen Kreis, der alle vier Eckpunkte des Quadrates berührt.

c) Zeichne einen Kreis, der die Seitenlinie des Quadrates berührt. Wie lang ist r?

d) Sind a)–c) auch für ein Rechteck (a = 7 cm; b = 4 cm) lösbar? Zeichne.

15 Wie zeichnet man die Olympischen Ringe?
Trage dazu die Punkte A (3 | 6), B (6 | 3), C (9 | 6), D (12 | 3) und E (15 | 6) in ein Koordinatensystem. Zeichne anschließend um jeden der Punkte zwei Kreise mit Radius 23 mm bzw. 28 mm. Finde heraus, wofür die Farben der einzelnen Ringe stehen.

16 a) Übertrage die Kreismuster ins Heft. Beachte dabei die angegebenen Radien.

Im Heft sind die Kreismuster größer. Wähle den Mittelpunkt nicht zu nah am Rand.

1

r = 4 cm

2

großer Kreis: r = 4 cm
kleine Kreise: r = 2 cm

3

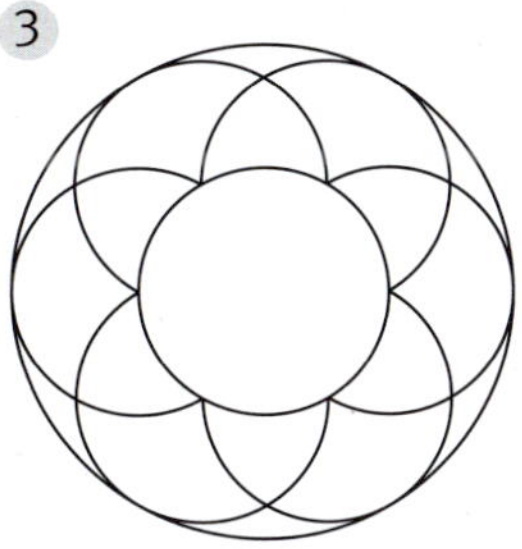

großer Kreis: r = 6 cm
kleine Kreise: r = 3 cm

4

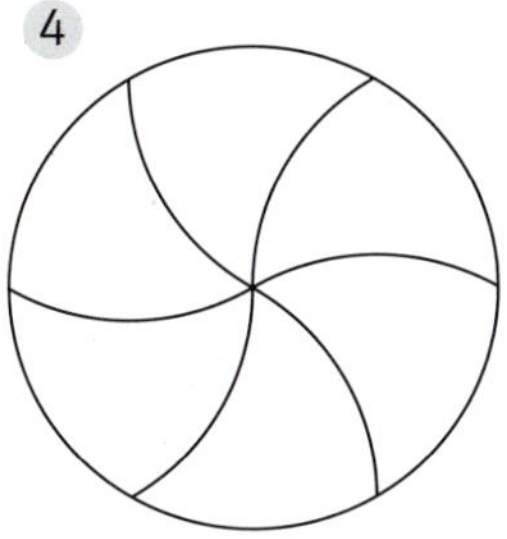

r = 6 cm

5

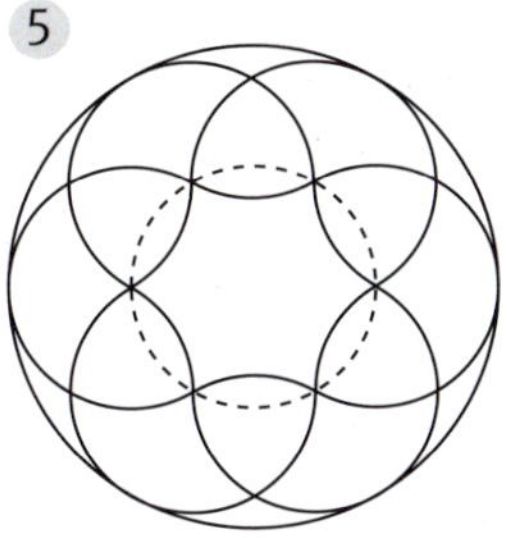

großer Kreis: r = 6 cm
kleine Kreise: r = 3 cm

6

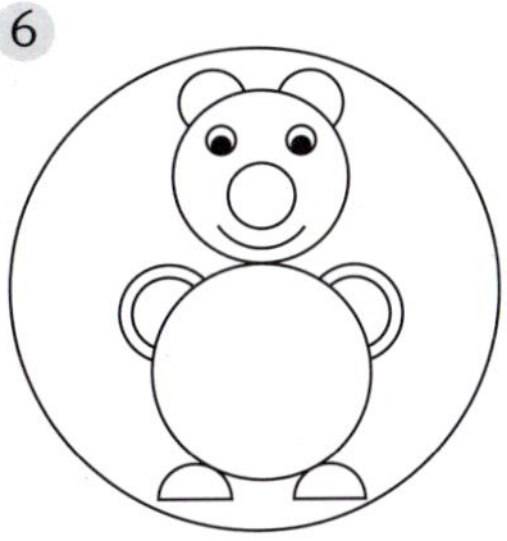

großer Kreis: r = 6 cm
Probiere den Rest aus.

b) Erfinde selbst solche Kreismuster (Rosetten) und male diese farbig an.

*Beispiel zu 17:
Welcher Kreis in der Mitte ist größer?*

17 Kreise werden oft für optische Täuschungen oder in Kunstwerken verwendet. Stelle eine Sammlung zusammen und präsentiere sie deinen Mitschülern.

Spiel

Schatzsuche (2 Spieler)

Spielmaterial

Jeder Spieler benötigt ein Blatt mit der abgebildeten Bucht. Zeichnet möglichst genau.

Spielregeln

Zunächst markiert jeder Spieler (für den Mitspieler verdeckt) vier Gitterpunkte im Meer; dies sind die Standorte der Schätze, die der Mitspieler finden muss. Bei der Suche nach den Schätzen des Mitspielers dürft ihr abwechselnd ein Radar einsetzen: Ihr sagt eurem Mitspieler, um welchen Gitterpunkt ihr einen Kreis ziehen wollt, und welchen Radius dieser haben soll (höchstens 2 Einheiten). Hierbei muss der Kreis vollständig im Wasser liegen. Liegt nun ein Schatz innerhalb des angegebenen Kreises, gilt er als gehoben. Gewonnen hat derjenige, der als Erster alle Schätze gefunden hat.

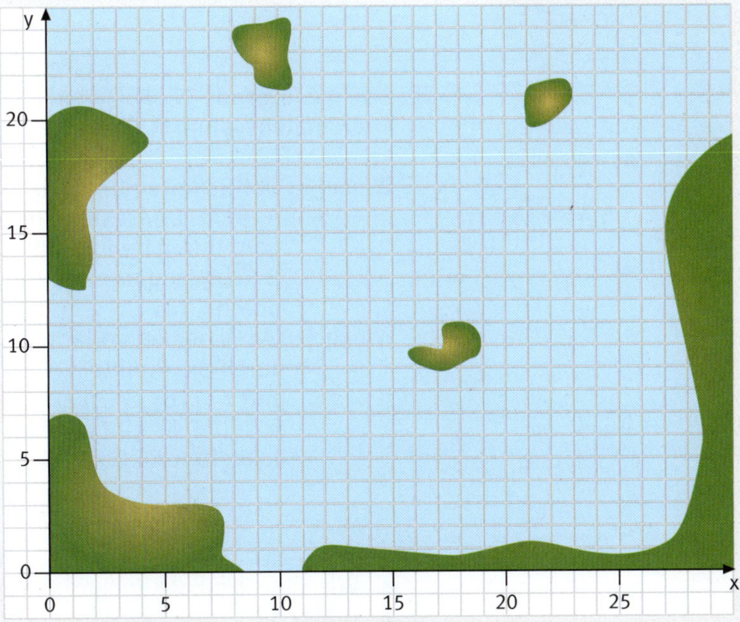

Kennst du das Spiel „Blinde Kuh"? Dazu bekommt eine Mitspielerin oder ein Mitspieler die Augen verbunden und die restlichen Spieler müssen den Weg zum Ziel zurufen (z. B. Gehe drei Schritte nach vorne, mache eine Achteldrehung nach rechts, ...).

- Spielt das Spiel „Blinde Kuh" mit 2–3 Spielern.
- Alternative: Beschreibe den Weg einer „Blinden Kuh" zum Stuhl.

Merkwissen

Ein **Winkel** wird von zwei Strahlen a und b begrenzt, die man **Schenkel** nennt. Die Schenkel besitzen einen gemeinsamen Anfangspunkt, den **Scheitelpunkt S**.

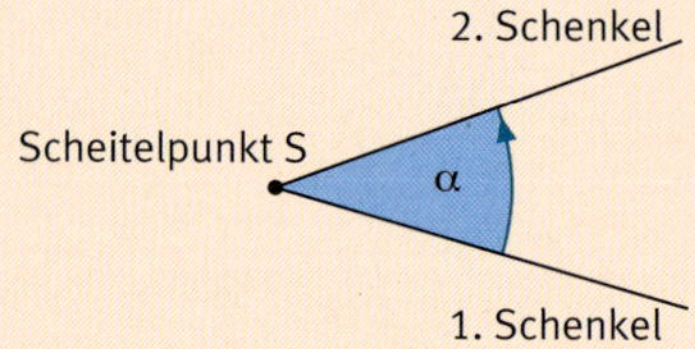

Ein Winkel kann dadurch entstehen, dass sich ein Schenkel um den anderen dreht, wie etwa die Zeiger einer Uhr. Der Winkel beschreibt dabei die Größe der Drehung.

Winkel werden mit griechischen Buchstaben bezeichnet:

α	β	γ	δ	ε	φ
alpha	beta	gamma	delta	epsilon	phi

*In der Mathematik **drehen** wir immer **gegen den Uhrzeigersinn**:*

Beispiele

Erinnere dich:

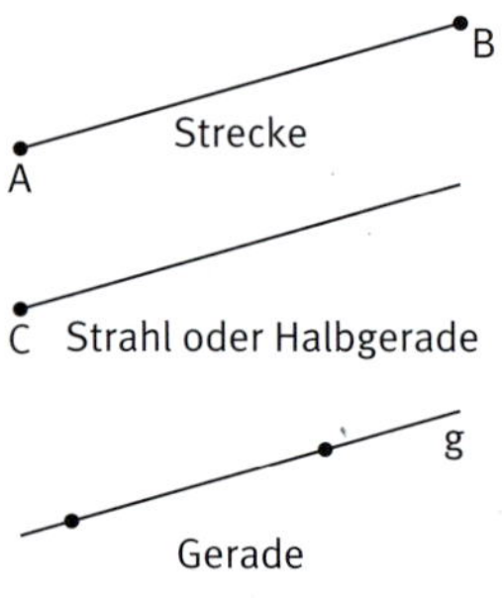

I Zeichne zwei Geraden, die sich in einem gemeinsamen Punkt schneiden, in dein Heft. Bezeichne alle entstandenen Winkel.

Lösung:

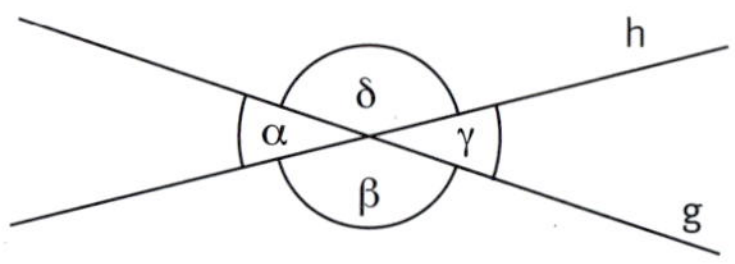

II Zeichne folgende Winkel in ein Koordinatensystem (1 Einheit ≙ 1 cm).

Winkel α: Der Scheitelpunkt liegt in A (9 | 4). Der erste Schenkel geht durch den Punkt B (8 | 6) und der zweite durch C (4 | 1).

Winkel β: Die Schenkel verlaufen durch die Punkte X (7 | 1) und Y (1 | 6). S (2 | 2) ist der Scheitel. Es gibt zwei Möglichkeiten für β.

Statt Scheitelpunkt sagt man auch Scheitel.

Lösung:

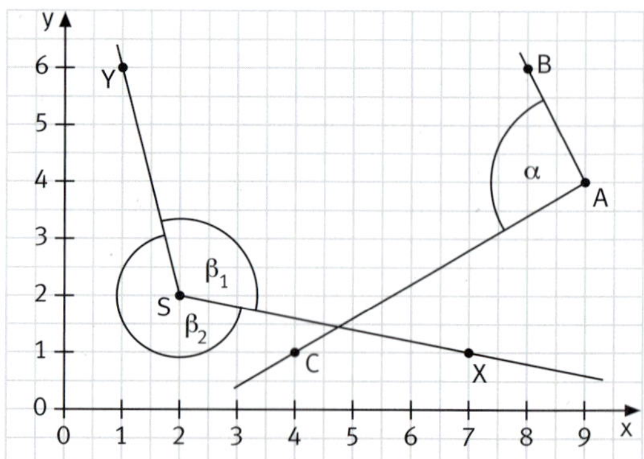

Verständnis

- Wie viele Winkel kannst du mit zwei Buntstiften legen?
- Hängt die Größe der Winkel von der Länge der Buntstifte ab? Begründe.

1 Überlege und notiere, wo du in deiner Umwelt Winkel findest. Beschreibe jeweils den Scheitelpunkt und die Schenkel bei deinen Beispielen.

2 Beschreibe den Scheitelpunkt und die beiden Schenkel folgender Winkel. Welche Bedeutung hat der Winkel jeweils?

a) Schaukel auf dem Kinderspielplatz
b) Öffnung einer Schere
c) Sichtfeld eines Menschen
d) Öffnung eines Fensters
e) Lichtkegel einer Taschenlampe
f) Schranke im Parkhaus

3 **a)** Versuche aus Papier oder Pappe unterschiedlich große Winkel zu falten.
b) Kannst du auch vier gleich große Winkel aus einem Blatt Papier falten? Zeige.

4 Mit der Ecke eines DIN-A4-Blatts kann man leicht Winkel miteinander vergleichen. Reiß eine Ecke von einem Blatt ab und vergleiche sie mit folgenden Winkeln.

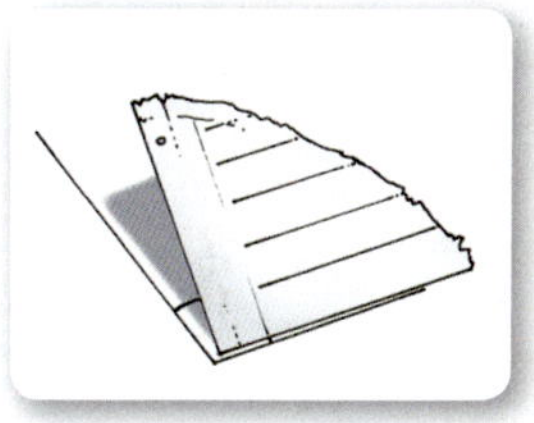

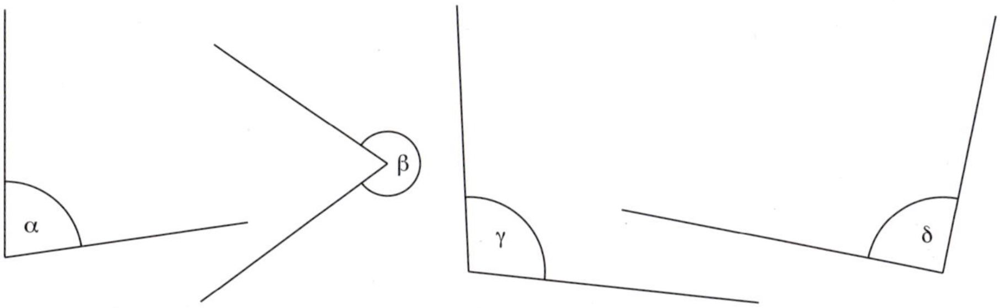

5 **a)** Der Minutenzeiger einer Uhr hat sich unterschiedlich weit gedreht. Ordne die dadurch entstehenden Winkel der Größe nach. Beginne mit dem kleinsten.
20 min   35 min   22 min   17 min   40 min   52 min

b) Welcher vom Minutenzeiger überstrichene Winkel ist größer?

① Winkel für 15 min oder $\frac{1}{2}$ h   ② Winkel für 55 min oder $\frac{3}{4}$ h
③ Winkel für 25 min oder $\frac{1}{4}$ h   ④ Winkel für 40 min oder $\frac{8}{60}$ h

Beachte die Drehrichtung. Es gibt manchmal mehrere Möglichkeiten (vgl. Beispiel II).

6 **a)** Zeichne folgende Winkel in ein Koordinatensystem (1 Einheit ≙ 1 cm).
α: Der Scheitelpunkt liegt in A (2 | 3). Der erste Schenkel geht durch den Punkt B (1 | 7) und der zweite Punkt durch C (3 | 11).
β: Die Schenkel verlaufen durch X (3 | 1) und Y (10 | 3). S (4 | 8) ist Scheitelpunkt.
γ: Die beiden Schenkel verlaufen durch die Punkte M (10 | 0) und N (0 | 10). Der Scheitelpunkt liegt in P (10 | 10).

b) Vergleiche die entstandenen Winkel miteinander. Beschreibe, wie du die Größe der Winkel miteinander vergleichen kannst. Findest du verschiedene Möglichkeiten?

7 Ein Scheinwerfer wird auf eine Vase gerichtet. Welchen Schatten wirft die Vase an die Wand? Zeichne das Schattenbild ins Heft.

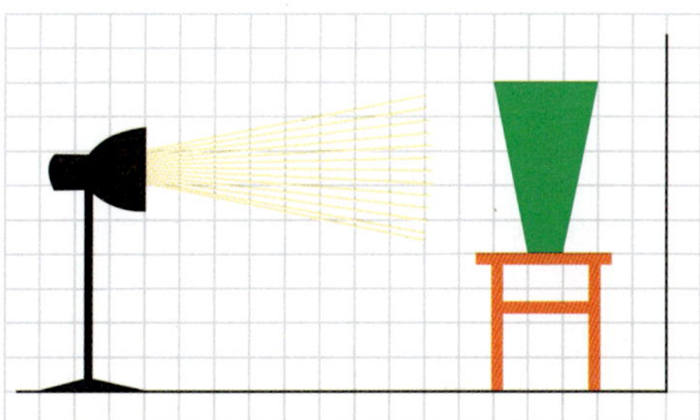

3.3 Winkel messen und zeichnen

Bei jedem Fahrzeug gibt es im Seitenspiegel einen „toten Winkel“.

- Erkläre, was man unter einem „toten Winkel“ versteht. Warum ist er gefährlich?
- Wo kann sich die Fahrradfahrerin überall befinden, wenn sie im „toten Winkel“ ist?
- An welche Regeln sollte man sich halten, damit man als Radfahrer sicher fährt, um von Autos, Lastwagen, Bussen, ... erkannt zu werden? Mache Vorschläge und stelle sie deiner Klasse vor.

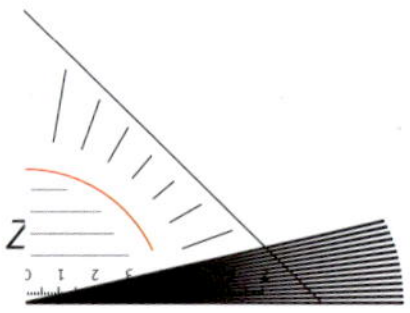

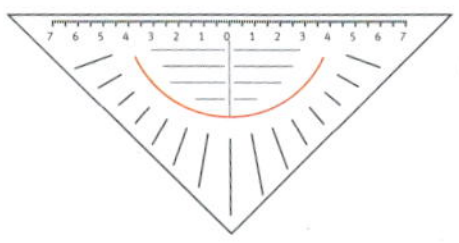

Am Geodreieck sind zwei Winkelskalen von 0° bis 180° eingezeichnet. Um die richtige Skala zu verwenden, zähle am besten immer vom ersten Schenkel aus.

Merkwissen

Um die Größe eines Winkels anzugeben, wird ein Kreis (eine volle Drehung) in **360 gleich große Teile** geteilt. Die so entstandene Einheit nennt man 1 Grad (1°). Sie ist ein Maß für die Größe eines Winkels.

$\alpha = 40°$

Maßzahl — Maßeinheit (Grad)

Zum **Messen und Zeichnen** von Winkeln mit dem Geodreieck gibt es zwei Möglichkeiten. Wir beginnen jeweils mit dem ersten Schenkel g.

Möglichkeit 1

1

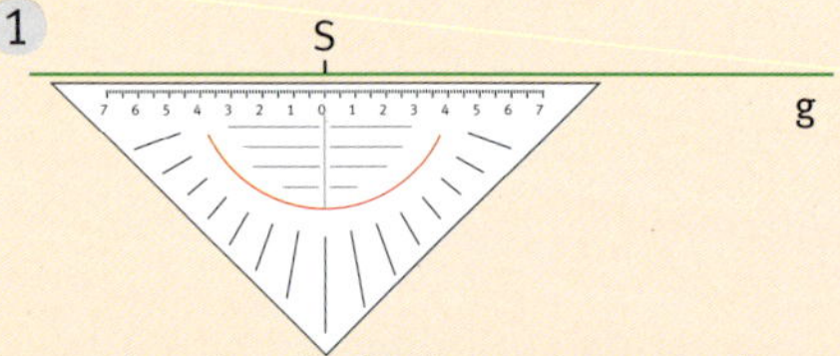

Lege das Geodreieck so an g an, dass der Nullpunkt der Zentimeterskala genau auf dem Scheitelpunkt S liegt.

2

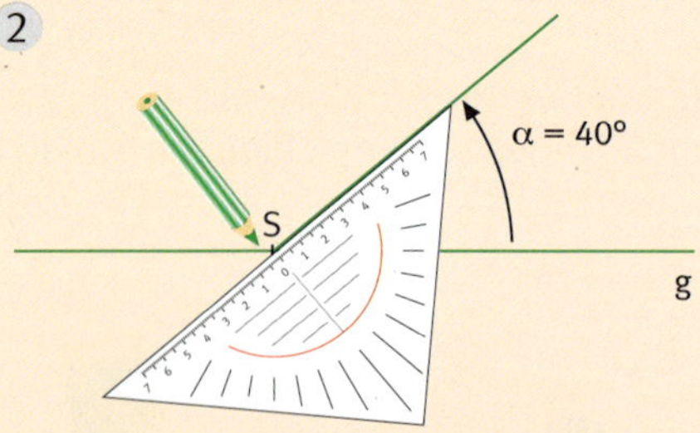

Drehe das Geodreieck gegen den Uhrzeiger um S bis zum gewünschten Winkel. Die Winkelgröße liest du an der Winkelskala an g ab. Zeichne gegebenenfalls den zweiten Schenkel ein.

Möglichkeit 2

1

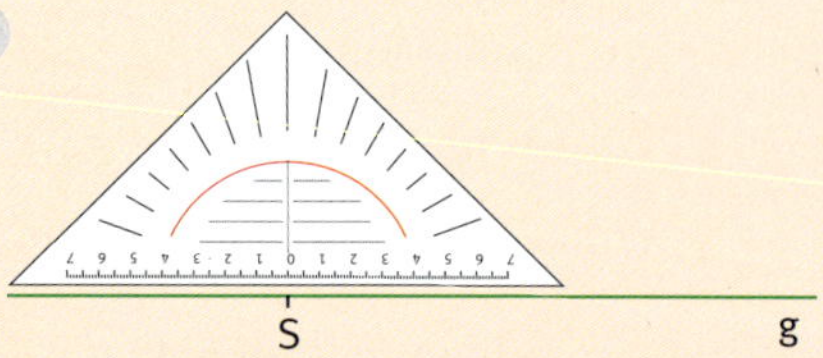

Lege das Geodreieck so an g an, dass der Nullpunkt der Zentimeterskala genau auf dem Scheitelpunkt S liegt.

2

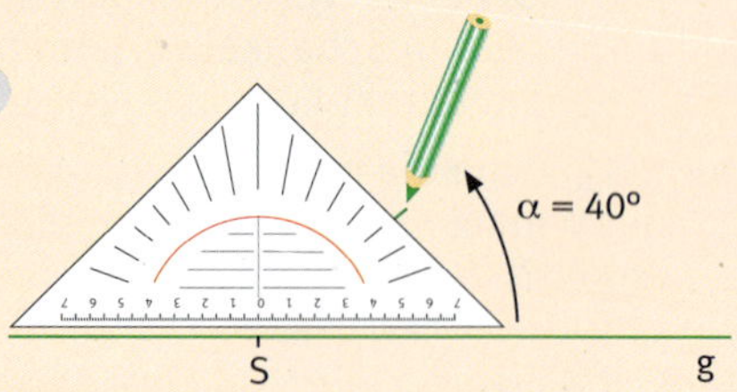

Lies den gesuchten Winkel an der Winkelskala ab bzw. markiere den gesuchten Winkel an der Skala des Geodreiecks und zeichne den zweiten Schenkel durch S und die Markierung.

BEISPIELE

I Wie groß ist der Winkel α?

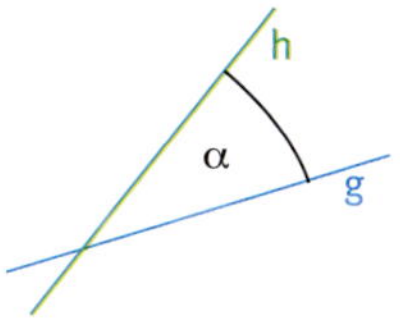

Lösung:
Verwende eine der beiden Möglichkeiten.

Möglichkeit 1:

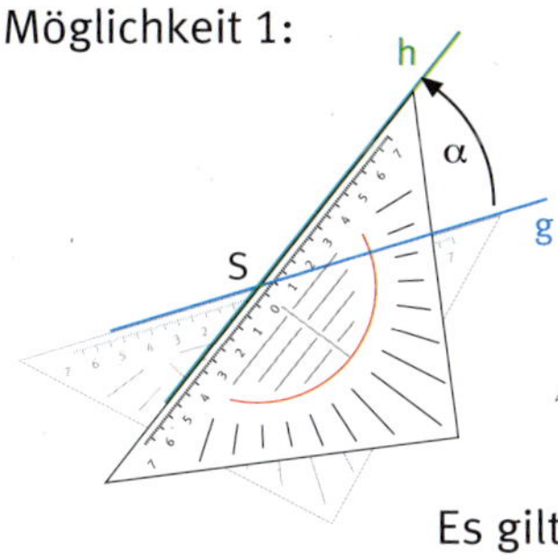

Möglichkeit 2:

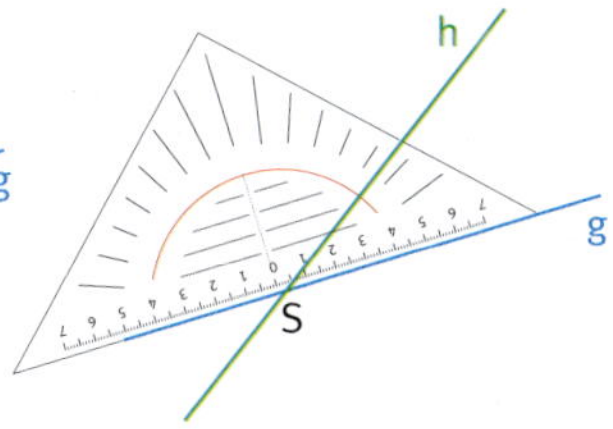

Es gilt: $\alpha = 35°$

II Zeichne einen Winkel $\beta = 75°$.

Lösung:
Möglichkeit 1:

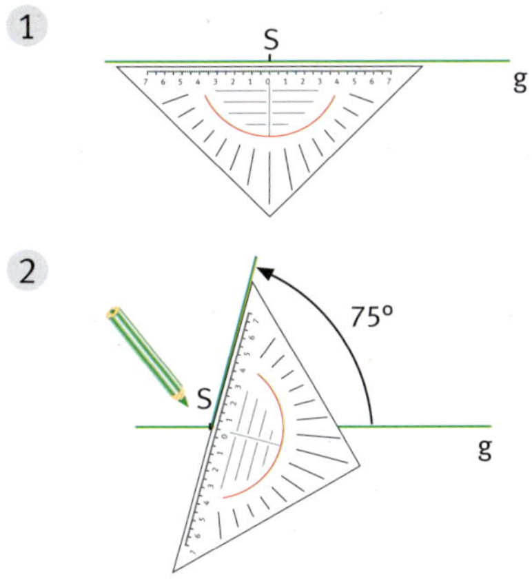

Ergebnis:

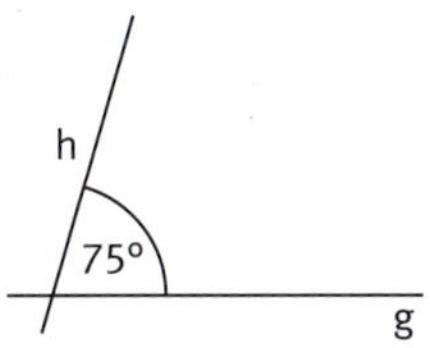

Möglichkeit 2:

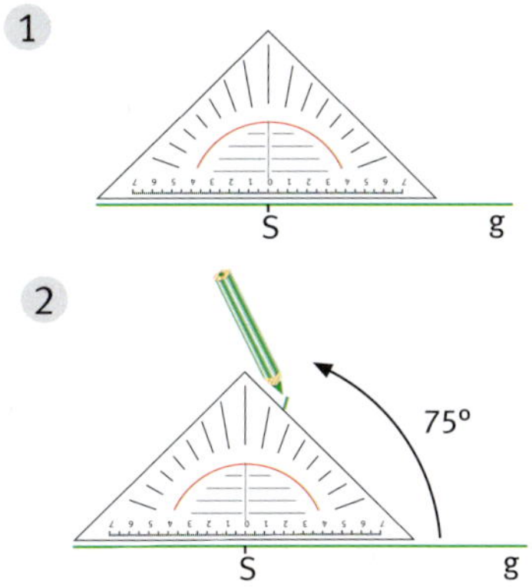

VERSTÄNDNIS

- Warum besitzt das Geodreieck zwei Skalen von 0° bis 180° (eine innere und eine äußere Skala)? Wovon hängt es ab, welche Skala man wählt? Erkläre.
- Giovanna meint: „Ein 350°-Winkel lässt sich durch das Zeichnen eines 10°-Winkels darstellen." Stimmt das? Begründe.

AUFGABEN

Verlängere gegebenenfalls die Schenkel.

1 Übertrage die Winkel in dein Heft und miss deren Größe.

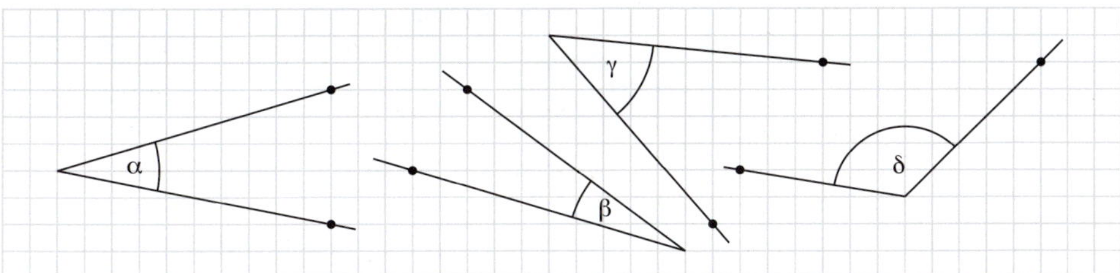

2 Zeichne drei beliebig große Winkel α, β, und γ auf ein weißes Blatt Papier. Bestimme ihre Größe und notiere sie auf die Rückseite des Blattes. Tausche mit deinem Partner die Blätter aus. Messt und vergleicht eure Werte.

3 Die abgebildeten Winkel sind 45°, 55°, 111° und 122° groß. Ordne ohne zu messen die jeweiligen Winkel zu. Zwei Winkel bleiben übrig. Welche sind es?

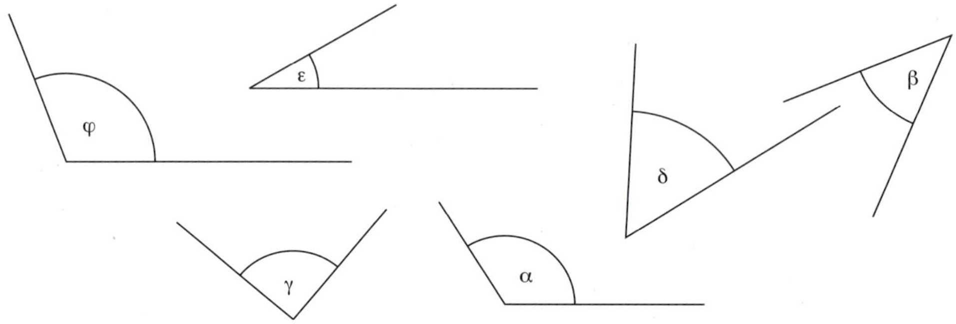

Bei Winkeln über 180°: Verlängere den ersten Schenkel um eine Hilfslinie und zeichne dann den Rest ein, der über 180° ist.

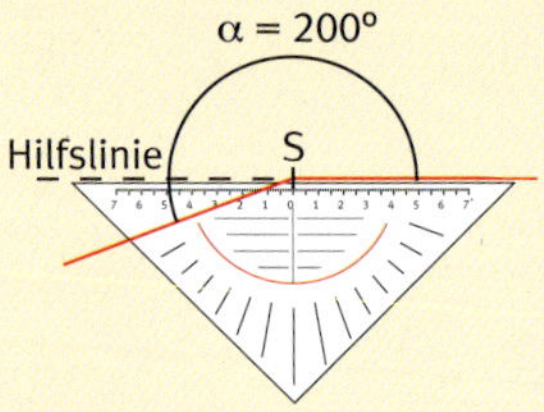

Alternative: Bestimme die Größe des Winkels, der zu 360° noch fehlt, und zeichne diesen Winkel in die andere Richtung.
α = 200°
360° – 200° = 160°

4 Zeichne Winkel mit der angegebenen Größe in dein Heft.

a) 30°; 60°; 90°; 120°; 150°
b) 45°; 55°; 75°; 125°; 165°
c) 17°; 27°; 86°; 117°; 172°
d) 89; 180°; 190°; 280°; 325°

5 Zeichne den angegebenen Winkel zuerst möglichst genau mit einem einfachen Lineal. Überprüfe anschließend mit dem Geodreieck.

a) 40°; 50°; 80°; 10°; 90°; 160°
b) 14°; 44°; 125°; 150°; 175°; 111°

6 Übertrage die Halbgeraden in dein Heft und drehe sie wie angegeben.

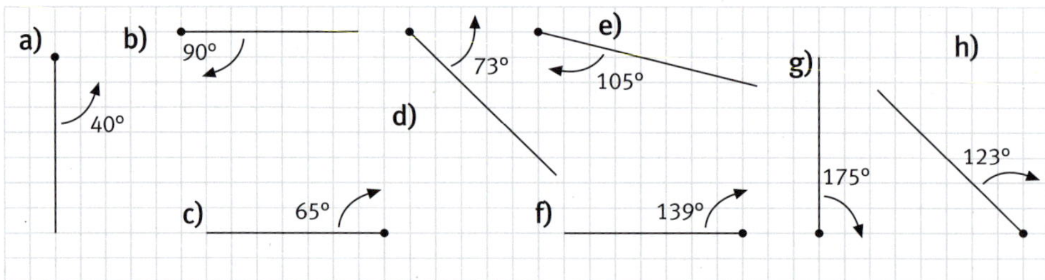

7 **a)** Tierarten haben unterschiedliche Gesichtsfelder. Zeichne die Gesichtsfelder folgender Tiere ins Heft. Welche Vorteile hat ein großes Gesichtsfeld?

Hamster 110°

Schleiereule 160°

Leopard 180°

Frosch 330°

b) Wie groß ist das Gesichtsfeld eines Menschen? Führe selbst Versuche hierzu durch und vergleiche deine Messungen mit den Angaben aus einem Lexikon, Internet, ... Stelle deine Versuche sowie die Ergebnisse in der Klasse vor.

8 Je nach Größe eines Winkels werden verschiedene Winkelarten unterschieden:

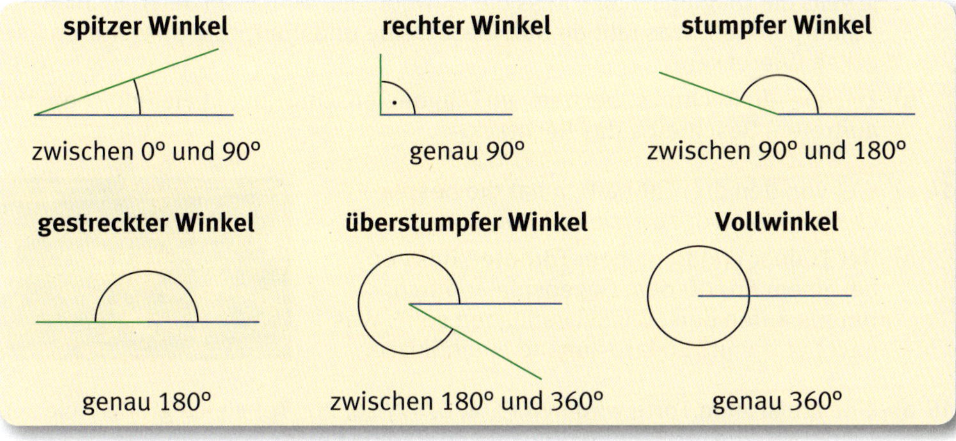

a) Gib jeweils die Winkelart an.

	1	2	3	4	5	6	7
α	90°	30°	79°	1°	78°	44°	99°
β	180°	80°	91°	360°	100°	359°	250°
γ	270°	130°	189°	45°	181°	89°	111°

b) Welche Winkelarten kommen an Gebäuden am häufigsten vor? Erstelle eine Tabelle. Fertige gegebenenfalls Zeichnungen an.

9 Zeichne zwei Geraden in dein Heft, die sich in einem Punkt schneiden. Benenne die Winkel und miss ihre Größen. Beschreibe deine Beobachtung.

Überprüfe deine Beobachtungen an zwei weiteren Geraden.

10 a) Zeichne ein Dreieck mit mindestens einem spitzen Winkel. Bestimme alle Winkelarten. Findest du mehrere Möglichkeiten mit unterschiedlichen Winkelarten?

b) Zeichne ein Viereck mit ...

1 zwei spitzen und zwei stumpfen Winkeln.

2 mit einem überstumpfen, zwei spitzen Winkeln und einem weiteren Winkel.

Finde weitere Vierecke mit verschiedenen Winkelarten.

11

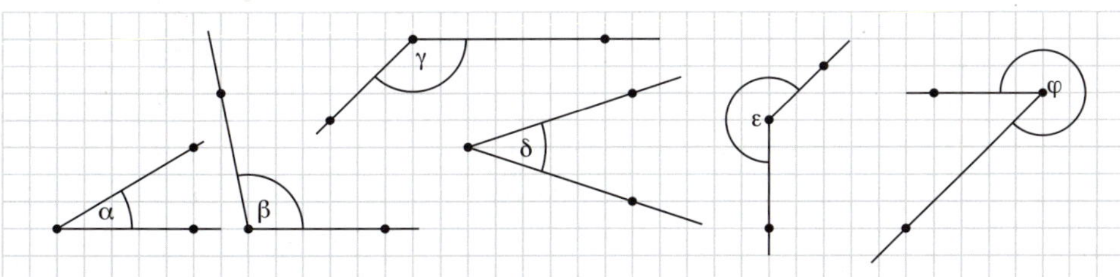

Denke an die Ecke eines DIN A4-Blattes.

a) Schätze die Größe und benenne die Art der abgebildeten Winkel.

b) Übertrage die Winkel in dein Heft und miss nach. Vergleiche anschließend die gemessenen Werte mit deinen Vermutungen.

12 a) Wie groß ist der Winkel, den ein Minutenzeiger einer Uhr in 15 min (5 min, 60 min, 10 min, 1 min) überstreicht? Beschreibe deinen Lösungsweg.

b) Wie lange benötigt der Minutenzeiger, um folgende Winkel zu überstreichen?
$\alpha = 30°$ $\beta = 120°$ $\gamma = 270°$ $\delta = 12°$ $\varepsilon = 3°$

13 a) Zeichne zwei verschieden große Rechtecke (Vierecke) in dein Heft. Zeichne jeweils die Diagonalen ein. Miss die auftretenden Winkel an den Diagonalenschnittpunkten. Was fällt dir auf? Beschreibe und überprüfe an weiteren Rechtecken (Vierecken).

b) Zeichne ein Rechteck, bei dem am Diagonalenschnittpunkt vier gleiche Winkel auftreten. Beschreibe das Rechteck.

14 a) Wer von den drei Fußballern hat die besten Chancen, ein Tor zu erzielen? Begründe.

b) Der Trainer erklärt seinem Torhüter, dass er bei einem Angriff dem Gegenspieler durch Herauslaufen den „Winkel verkürzen soll“. Was meint er damit? Erkläre anhand einer Skizze.

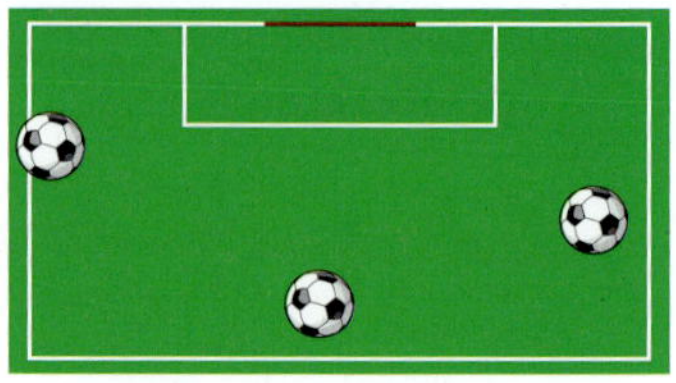

15 a) Eine kreisrunde Torte wird in 8 (3, 4, 6, 12, 16, 20, 36) gleich große Teile zerschnitten. Wie groß ist der Winkel in der Spitze eines Tortenstücks?

b) Zeichne die Unterteilung der Torte für vier Beispiele aus a).

Schreibe so:
α = 63°, spitzer Winkel

16 a) Übertrage die Figuren ins Heft und miss die angegebenen Winkel. Gib jeweils die Winkelart an.

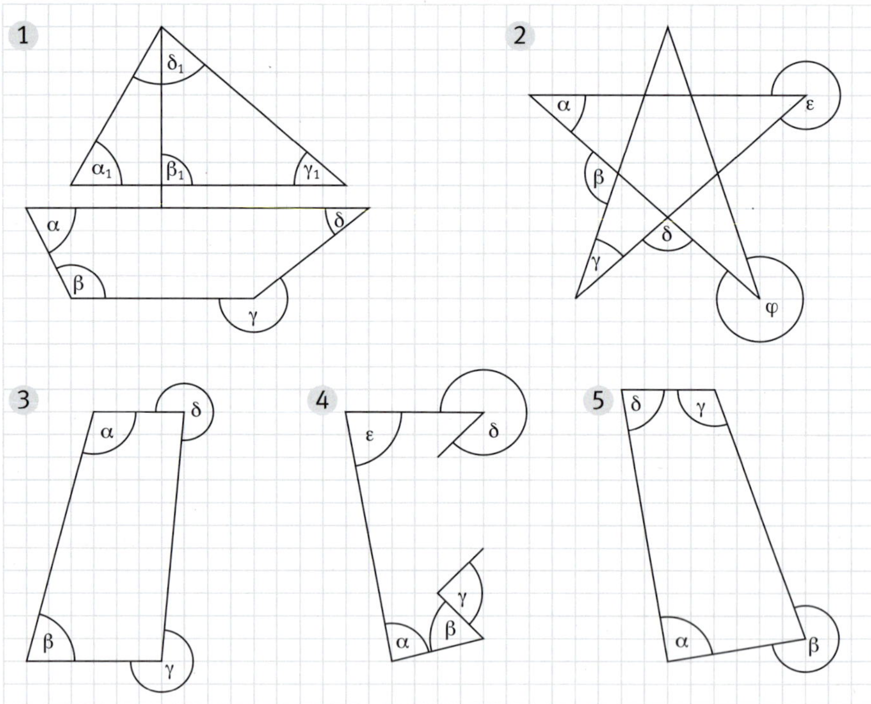

b) Erfinde eigene Figuren auf weißem Papier und miss alle Winkel aus.

17 a) Zeichne die Dreiecke in ein Koordinatensystem (1 Einheit ≙ 1 cm) und miss die drei Winkel im Dreieck.

1 A (3|1), B (6|7), C (2|8) 2 D (6|2), E (12|4), F (7|8)

b) Bilde jeweils die Summe der drei Winkelgrößen in a). Was fällt dir auf? Überprüfe deine Vermutung an weiteren Dreiecken deiner Wahl und stelle die Ergebnisse deinen Mitschülern vor.

18 a) Eine Leiter lehnt an einer 6 m hohen Mauer und ragt oben über die Mauer hinaus. Die Leiter steht unten 2,20 m von der Wand entfernt. Skizziere den Sachverhalt im Heft und ermittle die Mindestlänge der Leiter.

b) Nach den gültigen Sicherheitsrichtlinien muss eine Leiter einen Anstellwinkel zwischen 68° und 75° gegenüber dem Boden haben. Wird diese Vorschrift eingehalten?

c) In welcher Entfernung von der Wand darf man die Leiter aufstellen, damit sie dem Sicherheitsabstand in b) entspricht? Ermittle zeichnerisch.

19 ①

②

③

④

a) Erfinde zu den Bildern selbst Aufgaben zum Thema „Winkel zeichnen und messen“. Stelle deinem Nachbarn entsprechende Fragen.

b) Erstellt ein Plakat zu dem Thema.

Spiel

Winkelraten (2 Personen)

Material

Man benötigt zwei verschiedenfarbige Pappscheiben mit gleichem Radius (r = 8 cm), die jeweils einmal bis zum Mittelpunkt eingeschnitten sind. An den Schnitten werden die Scheiben ineinander geschoben.

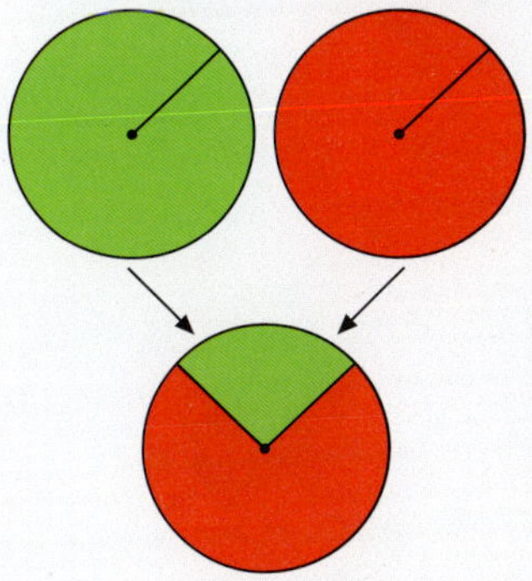

Spielregeln

- Ein Spieler stellt einen Winkel ein. Der andere Spieler benennt die Winkelart und schätzt die Größe des Winkels. Dann wird gemessen, der Unterschied zwischen Schätzung und Messung wird notiert.
- Nach jeder Schätzung werden die Rollen getauscht. Nach 10 Schätzungen werden die Differenzen addiert. Der Spieler mit der kleinsten Summe gewinnt.

Variante: Gruppenspiel

Zwei Gruppen spielen gegeneinander. Die Spieler der einen Gruppe müssen den eingestellten Winkel der anderen Gruppe schätzen. Liegt die Schätzung innerhalb eines Toleranzbereiches von ±10°, so erhält die Gruppe einen Punkt. Die Gruppe, die als erstes 10 Punkte hat, gewinnt.

- Was bedeuten die Verkehrsschilder?
- Viele Schilder sind regelmäßig aufgebaut. Beschreibe den Aufbau dieser Schilder.
- Welches dieser Schilder passt nicht zu den anderen? Begründe deine Antwort.

Merkwissen

Eine Figur kann auch mehr als eine Symmetrieachse besitzen.

Eine Figur heißt **achsensymmetrisch**, wenn man sie so falten kann, dass beide Hälften genau aufeinander fallen. Die Faltgerade heißt **Symmetrieachse**.

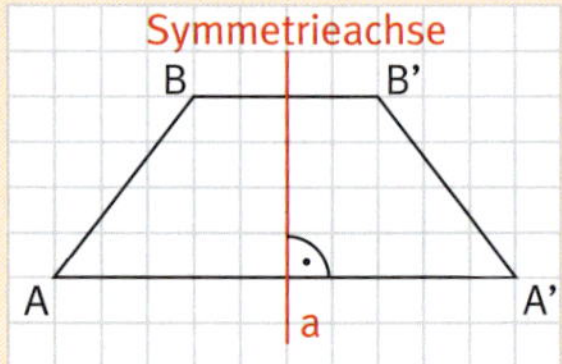

Eigenschaften einer achsensymmetrischen Figur:

Im Koordinatensystem kann man den Symmetriepunkt eines Punktes an einer Gittergeraden durch das Auszählen von Kästchen finden.

1. Die Verbindungsstrecke eines Punktes A mit seinem **Symmetriepunkt A'** steht **senkrecht** auf der Symmetrieachse.
2. Punkt A und Symmetriepunkt A' haben zur Symmetrieachse **denselben Abstand**.
3. Liegt ein Punkt auf der Symmetrieachse, dann ist er gleichzeitig sein eigener **Symmetriepunkt**.

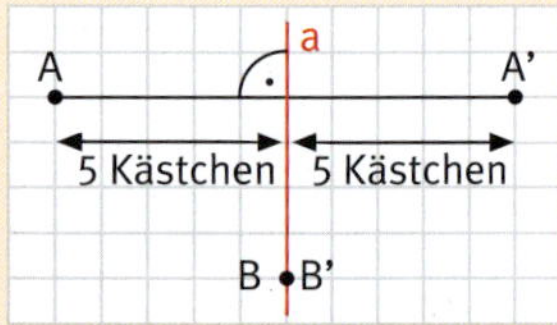

Beispiele

I Welche der Figuren ist achsensymmetrisch? Zeichne die Symmetrieachse(n) ein.

a) 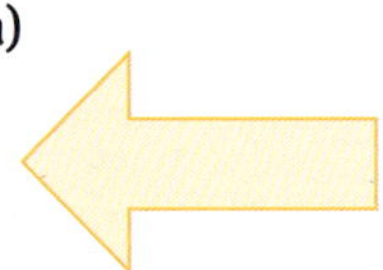

b) 

c) 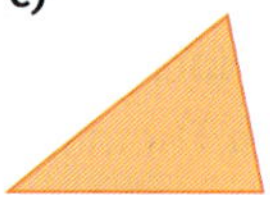

d) 

Lösung:

a) 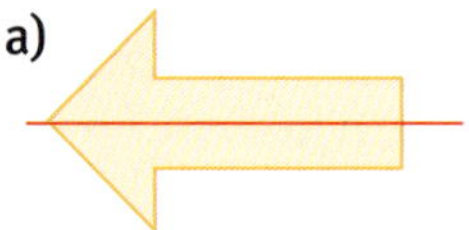

b) 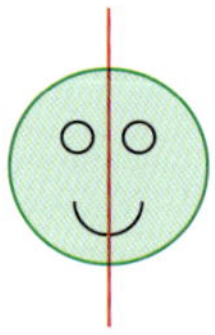

c) 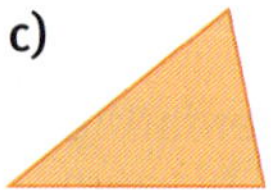

d) 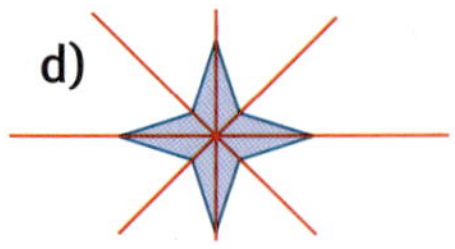

Die Figuren a), b) und d) sind achsensymmetrisch.

II Erzeuge Tintenklecksfiguren, indem du einen Klecks auf ein Blatt Papier gibst und es anschließend faltest. Zeichne die Symmetrieachsen ein.

Lösungsmöglichkeiten:

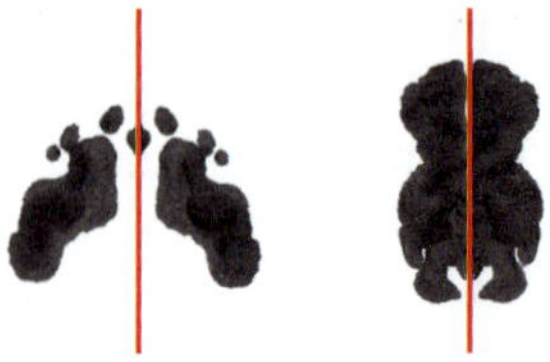

Verständnis

- Haben alle Figuren eine Symmetrieachse? Begründe deine Antwort.
- Welche Ziffern (Zahlen) sind achsensymmetrisch?
- Wie viele Symmetrieachsen besitzt ein Kreis?

Aufgaben

1 a) Welche Fahnen sind achsensymmetrisch? Skizziere die Fahnen ins Heft und zeichne Symmetrieachsen ein. Kennst du die zugehörigen Länder?

b) Entwirf selbst achsensymmetrische Fahnen.

2 Nenne Gegenstände aus der Umwelt, die achsensymmetrisch sind.

3 Schneide achsensymmetrische Blumen (Blätter, Muster) aus einem Blatt Papier, indem du es einmal (zweimal, dreimal) faltest. Klebe anschließend das auseinander gefaltete Papier in dein Heft und zeichne mit Bleistift Symmetrieachsen ein.

Beispiele:

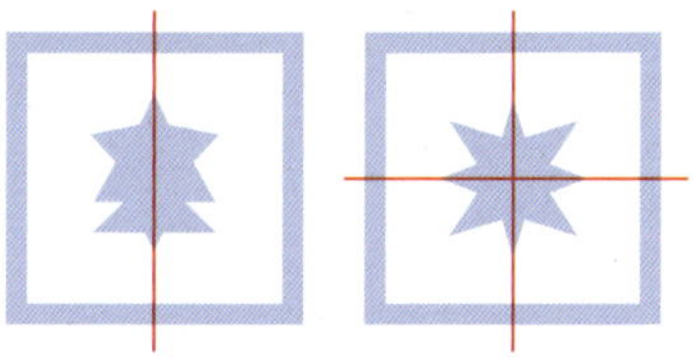

4 a) Rechts siehst du ein Faltbild, das mit Wasserfarben hergestellt wurde. Erkläre, wie man das Bild erzeugen kann.

b) Stelle selbst solche Faltbilder mit Tinte oder Wasserfarbe her, indem du ein Blatt einmal (mehrmals) faltest. Zeichne die Symmetrieachsen ein.

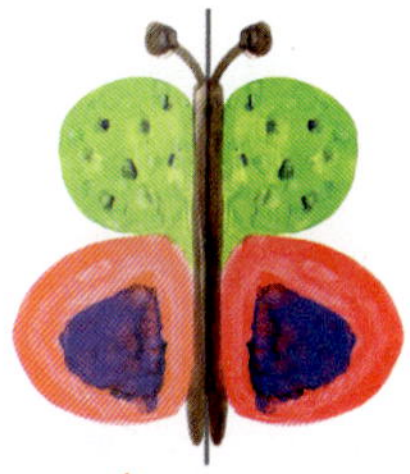

5 a) Überprüfe, welche Großbuchstaben der Druckschrift achsensymmetrisch sind.

b) Finde Wörter, die man achsensymmetrisch schreiben kann.

c) Finde Wörter, die mehr als eine Symmetrieachse besitzen.

d) Informiere dich im Internet, im Lexikon oder im Wörterbuch, was Palindrom-Sätze sind und finde Beispiele dafür.

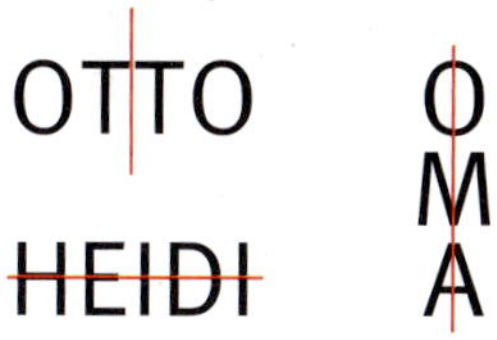

6 Adlige Familien im Mittelalter besaßen oft Familienwappen, die in vielen Fällen achsensymmetrisch waren.

a) Suche in Büchern oder im Internet nach solchen Wappen.

b) Übertrage achsensymmetrische Wappen ins Heft und zeichne die Symmetrieachsen ein.

c) Erfinde dein eigenes achsensymmetrisches Familienwappen.

7 Übertrage die Figur ins Heft und ergänze zu einer achsensymmetrischen Figur.

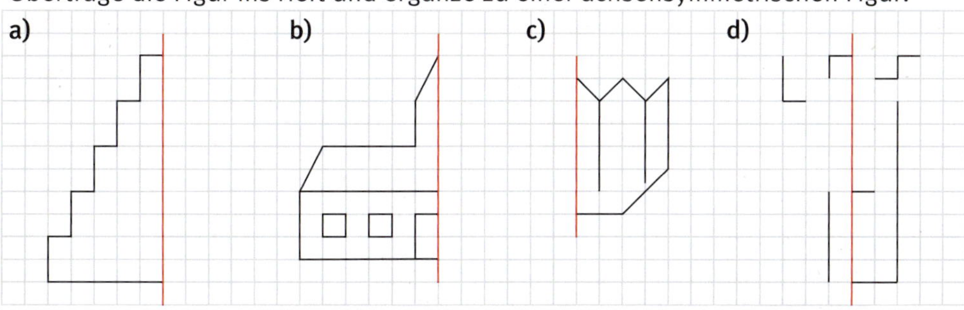

8 Überprüfe, ob die Gerade die Symmetrieachse der Figur ist. Gib zu jedem Punkt seinen Symmetriepunkt an.

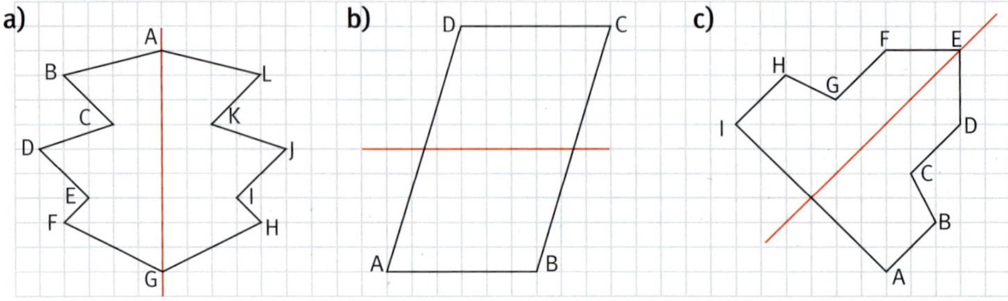

Schaue im Merkwissen nach, wie der Symmetriepunkt entsteht.

9 a) Übertrage die Figuren ins Heft und ergänze zu einer achsensymmetrischen Figur. Beschreibe, wie du die Symmetriepunkte findest.

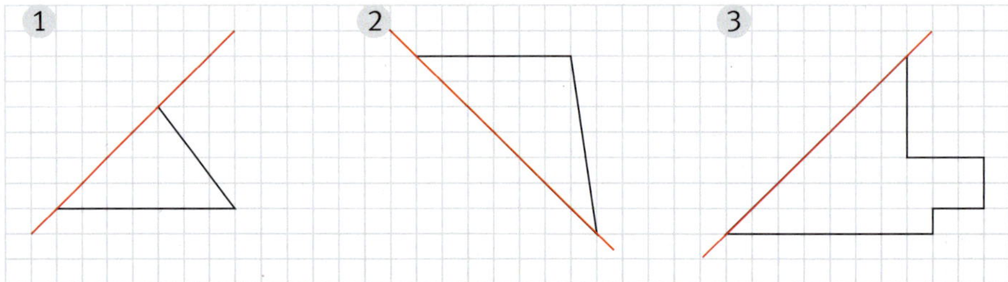

b) Zeichne ähnliche Figuren in dein Heft und bitte deinen Tischnachbarn, die Figur achsensymmetrisch zu vervollständigen.

10 Zeichne für jede Figur ein passendes Koordinatensystem (1 Einheit ≙ 1 Kästchen). Trage die Punkte in das Koordinatensystem ein und verbinde sie der Reihe nach miteinander. Ergänze das Vieleck zu einer achsensymmetrischen Figur mit der gegebenen Symmetrieachse. Gib die Koordinaten der Symmetriepunkte an.

	Koordinaten der Punkte	Symmetrieachse
a)	A (5 | 2); B (3 | 3); C (2 | 5); D (4 | 7); E (0 | 9); F (5 | 9)	G (5 | 0); H (5 | 10)
b)	A (0 | 5); B (1 | 5); C (1 | 1); D (3 | 5); E (3 | 2); F (5 | 5); G (5 | 3); H (7 | 5); I (7 | 4); J (9 | 6); K (0 | 6)	L (10 | 6); M (0 | 6)
c)	A (3 | 3); B (5 | 3); C (8 | 6); D (12 | 4); E (13 | 5); F (10 | 8); G (12 | 10); H (13 | 10); I (14 | 11); J (12 | 12)	K (13 | 13); L (2 | 2)

11 a) Untersuche, welche dieser (teils veränderten) Spielkarten achsensymmetrisch sind, und beschreibe die Lage der Symmetrieachsen.

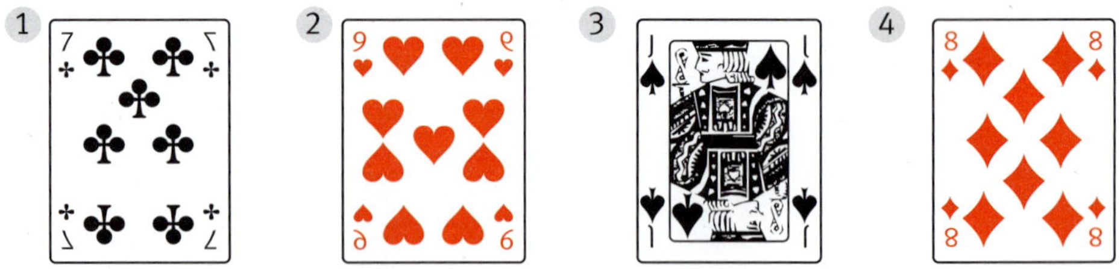

Sei erfinderisch.

b) Verändere Spielkarten so, dass sie achsensymmetrisch werden.

12 Zu welchen Uhrzeiten bilden die Zeiger und das Ziffernblatt der Uhr eine achsensymmetrische Figur? Zeichne Beispiele mit Symmetrieachse in dein Heft, wenn beide Zeiger gleich lang sind.

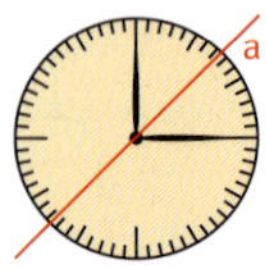

13 Auch mit dem Geobrett lassen sich achsensymmetrische Figuren spannen.

a) Ergänze zu einer achsensymmetrischen Figur. Verwende für die Figur und die Symmetrieachse unterschiedlich farbige Gummibänder.

1 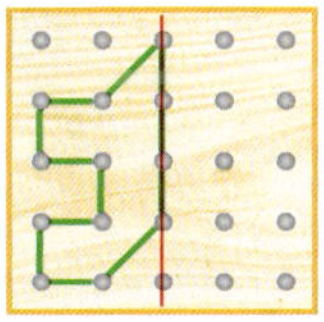
2 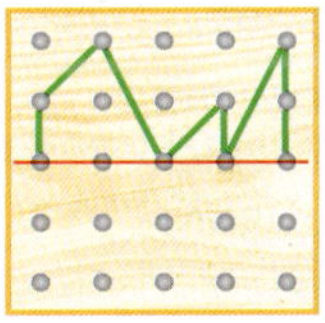
3 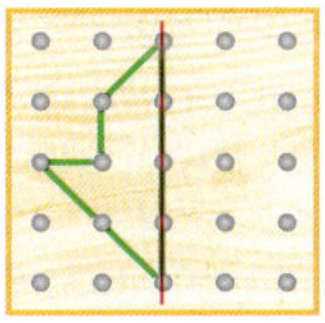
4 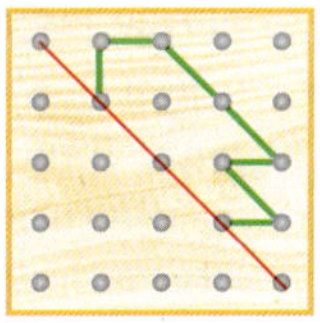

b) Erfinde selbst Figuren wie in Teil a) und lasse sie von einem Partner ergänzen.

c) Spanne achsensymmetrische Figuren mit 1 (2, 3, 4) Symmetrieachse(n).

14 In der Natur, Technik und Kunst kommen häufig Symmetrien vor.

a) Welche der Abbildungen ist genau, welche annähernd achsensymmetrisch? Begründe deine Antwort und beschreibe die Lage der Symmetrieachse.

b) Suche im Internet oder in deiner Umgebung nach achsensymmetrischen Figuren und Gegenständen. Sind sie annähernd oder genau achsensymmetrisch?

15 Übertrage die Figuren auf ein unliniertes Blatt Papier und vervollständige sie mithilfe eines Geodreiecks zu einer Figur, die symmetrisch zur roten Gerade ist. Wähle eine geeignete Größe der Figur.

a) 
b) 
c) 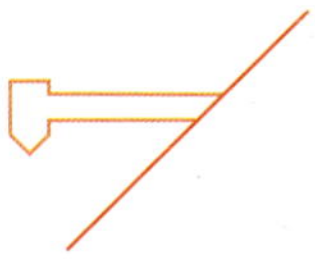
d) 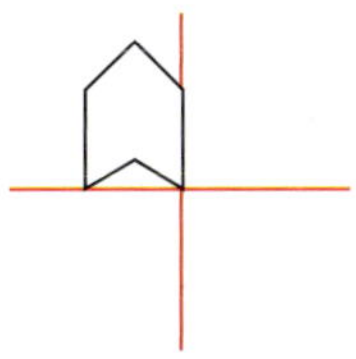

Knobelei

Original oder Fälschung?

- Einige dieser Bilder sind verändert worden. Welche? Wie wirken sie auf dich? Begründe deine Antwort.
- Wie sind diese Bilder vermutlich entstanden?
- Kannst du solche Bilder selbst herstellen?
  Probiere es am Computer aus.

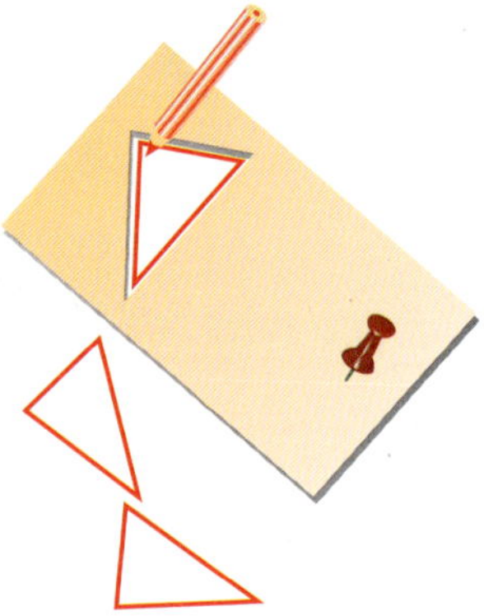

Mit einem Kartonstreifen und einer Pinnnadel kann man leicht Figuren drehen.

- Nimm einen Kartonstreifen und schneide einige Figuren (Rechtecke, Dreiecke, ...) aus.
- Setze den Karton auf ein Blatt Papier, lege mit einer Pinnadel einen Drehpunkt fest und zeichne die Umrisse einer ausgeschnittenen Figur. Drehe anschließend den Karton und zeichne erneut, drehe wieder, ...
- Entferne den Karton und verbinde die Eckpunkte der Figuren mit dem Einstichpunkt.
- Vergleiche die entstandenen Figuren miteinander. Welche Gemeinsamkeiten, welche Unterschiede findest du? Beschreibe.

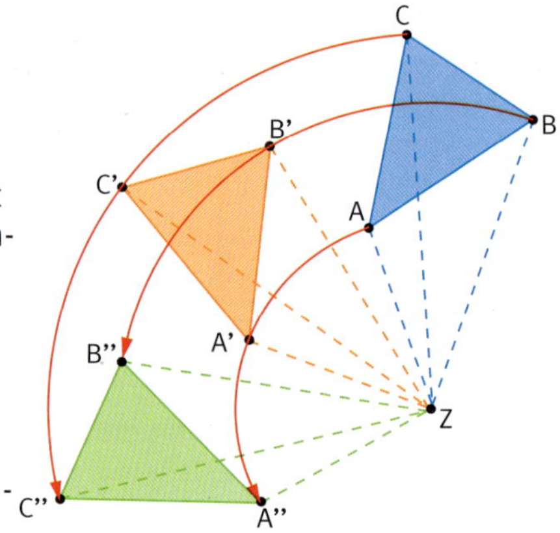

Merkwissen

Eine **Drehung** ist eine Abbildung in der Ebene, bei der einem **Urpunkt P** eindeutig ein **Bildpunkt P'** zugeordnet wird. Eine Drehung ist durch ein **Drehzentrum Z** und einen **Drehwinkel** α zwischen 0° und 360° eindeutig festgelegt. Es gilt:

Beachte die Drehrichtung eines Winkels gegen den Uhrzeigersinn.

- Urpunkt und Bildpunkt haben den gleichen Abstand vom Drehzentrum.
- Der Winkel zwischen einem Urpunkt, dem Drehzentrum und dem zugehörigen Bildpunkt hat jeweils die Größe von α.
- Das Drehzentrum Z ist der einzige Fixpunkt.

Fixpunkte sind Punkte, die bei einer Abbildung auf sich selbst übergehen.

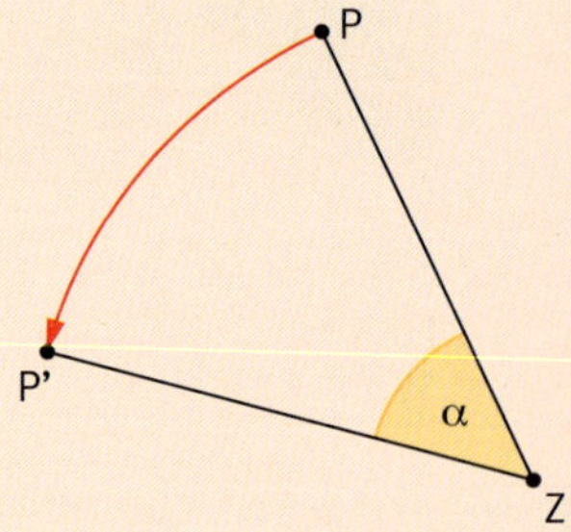

Eine Figur, die bei einer Drehung um einen Punkt Z mit sich selbst zur Deckung gebracht wird, heißt **drehsymmetrisch**.

Beispiele

I Drehe das Dreieck ABC auf dem linken Rand um A mit einem Drehwinkel von 90° (180°, 270°). Verwende dabei ...
a) Transparentpapier. **b)** den Zirkel.

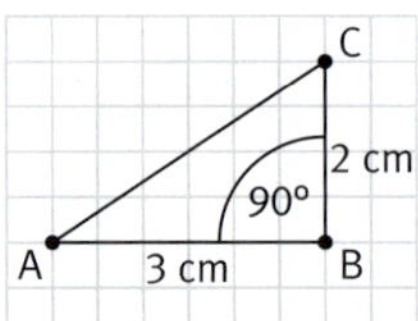

Erinnere dich: In der Mathematik werden Winkel gegen den Uhrzeigersinn gemessen.

Lösung:

a) Übertrage das Dreieck ABC auf Transparentpapier und fixiere es mit einer Nadel im Punkt A. Mithilfe des Geodreiecks wird das Dreieck um 90° gedreht.
Das Bilddreieck A'B'C' wird durchgedrückt und nachgezeichnet. Verfahre ebenso mit 180° und 270°. Die entstandene Figur ist drehsymmetrisch.

b)

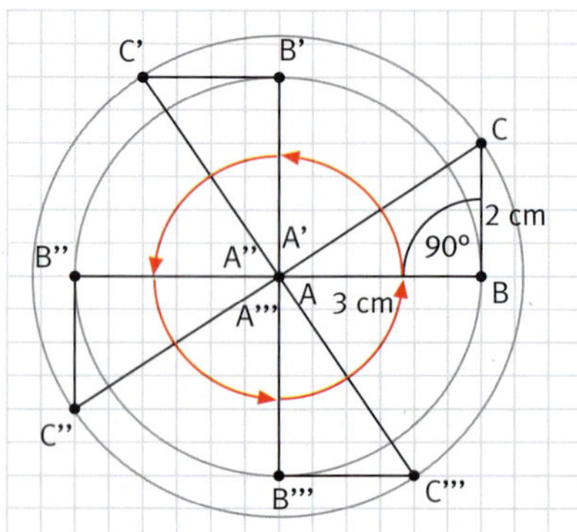

Verständnis

- Nenne Beispiele für drehsymmetrische Figuren aus deiner Umwelt.
- Ein regelmäßiges Achteck ist immer drehsymmetrisch. Ist die Aussage wahr?

Aufgaben

Verwende Transparentpapier und Zirkel wie in Beispiel I.

1 **a)** Zeichne die Figuren in dein Heft und drehe sie mehrmals um 45° (30°). Wie oft musst du drehen, bis die Figur wieder in der Ausgangslage ist?

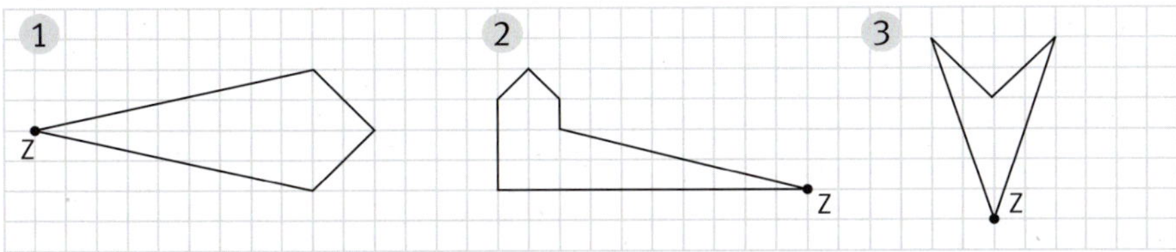

b) Entwirf selbst Schablonen und zeichne drehsymmetrische Figuren.

2 **a)** Um welchen Winkel muss man die Buchstaben um Z jeweils drehen, damit sie wieder in dieselbe Lage kommen?

b) Kannst du den Punkt Z bei einigen Buchstaben so verschieben, dass der Buchstabe auch bei einer kleineren Drehung mit sich zur Deckung kommt?

3 Übertrage die Figur in dein Heft. Drehe die Figur nacheinander um das Drehzentrum Z mit dem Drehwinkel 90° (45°; 120°).

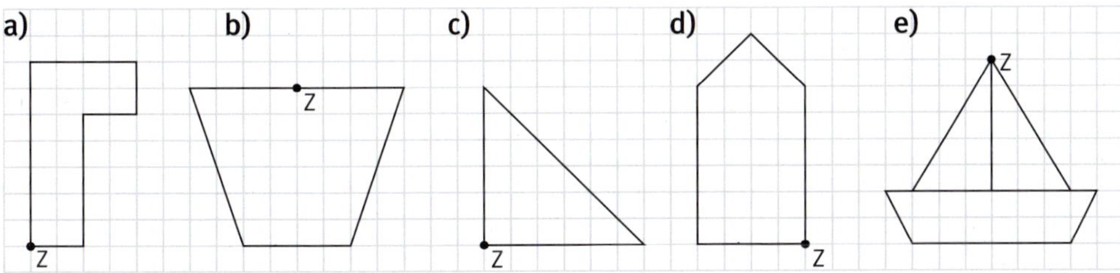

4 Bilde die angegebene Figur durch Drehung um Z mit dem Drehwinkel α ab.

a)	Strecke $\overline{AB}$	A (3 | 2)	B (4 | 2)		Z (1 | 0)	$\alpha = 45°$
b)	Gerade AB	A (3 | 4)	B (5 | 3)		Z (4 | 2)	$\alpha = 270°$
c)	Dreieck ABC	A (2 | 3)	B (5 | 4)	C (2 | 5)	Z = B	$\alpha = 90°$
d)	Rechteck ABCD	A (2 | 1)	B (6 | 2)	C (1,5 | 3)	Z (0 | 0)	$\alpha = 215°$

5 Um Sägeblattfiguren zu erzeugen, kann man rechtwinklige Dreiecke als Schablonen verwenden. Legt man sie aneinander, so kann man die Sägezähne mit einem Stift umfahren.

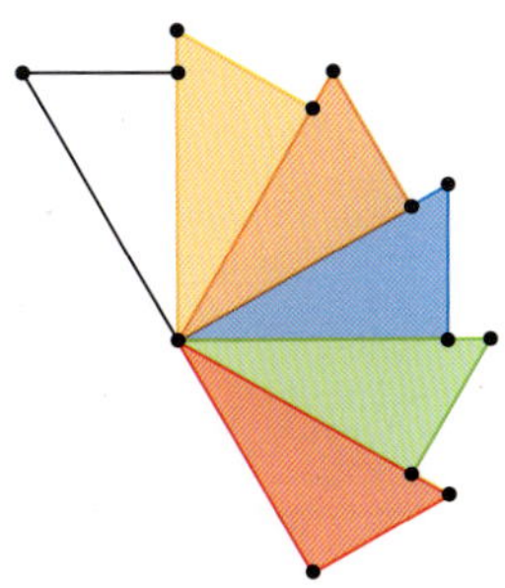

a) Wie groß ist der kleinstmögliche Drehwinkel α im Beispiel?

b) Schneide ein solches Dreieck aus Karton aus und erzeuge mit dieser Schablone die Sägeblattfigur.

c) Wie viele Sägezähne hätte die Figur, wenn der Winkel α nur halb so groß wäre?

d) Für welche ganzzahligen Winkelmaße von α ist eine geschlossene drehsymmetrische Figur möglich?

Eine Drehung um 180° nennt man auch ***Halbdrehung****.*

6 Ist bei einer Drehung der Drehwinkel **90°** oder **270°**, so stehen alle **Ur**- und **Bildgeraden senkrecht** aufeinander.

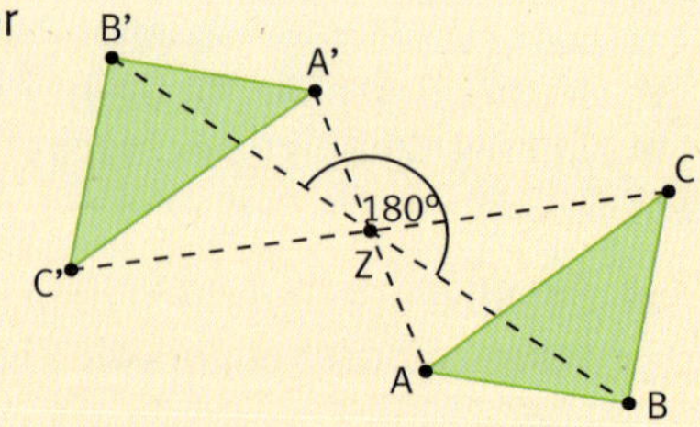

Bei einem Drehwinkel von **180°** liegt eine **Punktspiegelung** vor. Es gilt:

- Urpunkt, Bildpunkt und Drehzentrum liegen auf einer Gerade.
- Das Drehzentrum halbiert die Strecke zwischen Ur- und Bildpunkt.
- Alle Geraden durch das Drehzentrum sind **Fixgeraden**, werden also auf sich selbst abgebildet.

Eine Figur, die bei einer Drehung um einen Punkt Z mit dem Drehwinkel 180° mit sich selbst zur Deckung kommt, nennt man **punktsymmetrisch**.

a) Spiegle die Gerade AB mit A (4|3) und B (6|2) am Punkt Z (4|2).

b) Begründe, dass jede punktsymmetrische Figur auch drehsymmetrisch ist.

7 Welche der Figuren kann durch Punktspiegelung, durch Achsenspiegelung oder durch eine 90°-Drehung in sich überführt werden?

a) **b)** **c)**

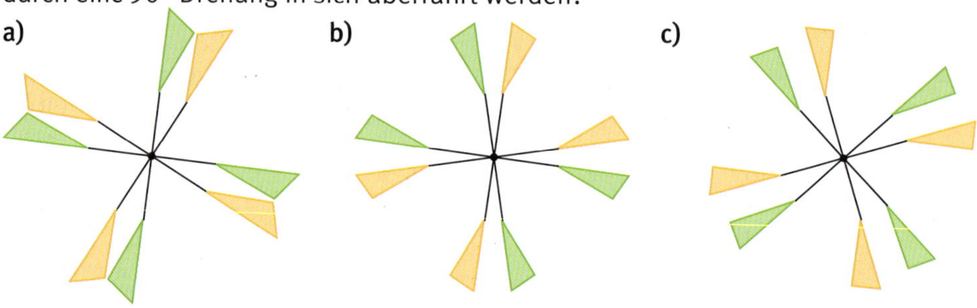

8 Bilde das Trapez ABCD mit A (1|1), B (9|1), C (7|5) und D (3|5) durch Punktspiegelung an seinem Diagonalenschnittpunkt ab. Beschreibe die neu entstandene Gesamtfigur möglichst genau (Symmetrie, Lage des Spiegelpunktes, ...).

Überlege dir ein geeignetes Symmetriezentrum, das auf einem Gitterpunkt liegt.

9 **a)** Ändere auf deinem Geobrett die Figuren so ab, dass sie punktsymmetrisch sind.

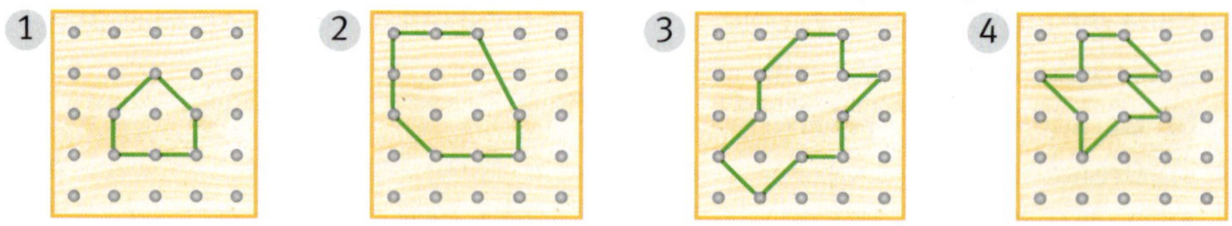

b) Spanne eine punktsymmetrische Figur und beschreibe sie einem Partner, ohne dass dieser die Figur sieht. Vergleicht das Ergebnis und tauscht die Rollen.

10 Übertrage ins Heft und ergänze zu einer punktsymmetrischen Figur. Was kannst du zu den entstandenen Bildfiguren aussagen?

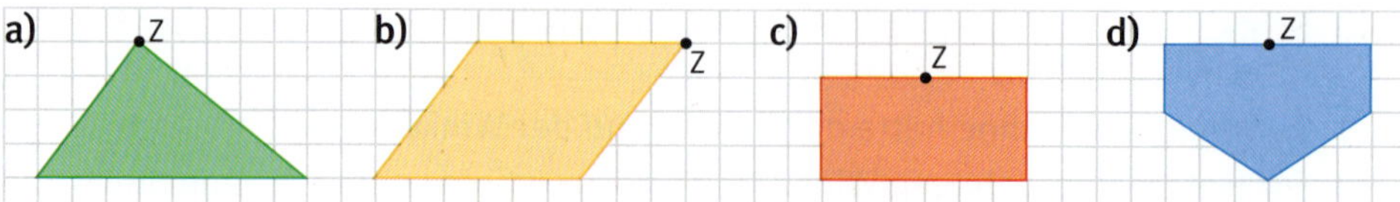

11 Schneide ein beliebiges Viereck aus Karton aus und lege es auf ein Blatt. Markiere die Eckpunkte des Vierecks mit Blau auf dem Papier. Lege nun dein Geodreieck an eine Vierecksseite. Verschiebe nun dein Viereck entlang des Geodreiecks um 5 cm. Markiere die neue Lage der Eckpunkte in Grün.

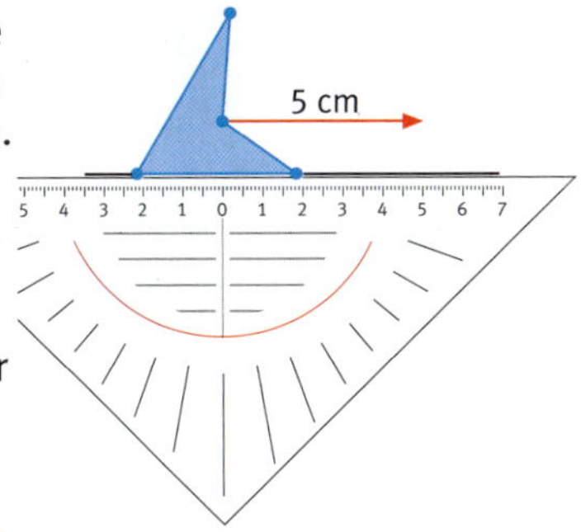

a) Verbinde die Punkte mit gleicher Farbe zu einer Figur.
b) Beschreibe die Figuren vor und nach der Verschiebung.
c) Zeichne Pfeile zwischen sich entsprechenden Punkten. Beschreibe die Lage der Verschiebungspfeile zueinander. Bestimme deren Länge.
d) Überprüfe die folgende Beschreibung:

Eine **Parallelverschiebung** (oder kurz Verschiebung) ist durch einen **Verschiebungspfeil** $\overrightarrow{PQ}$ eindeutig bestimmt. Jedem Urpunkt wird dadurch genau ein Bildpunkt zugeordnet. Die Pfeile sind parallel, gleich lang und gleich gerichtet.

Eine Figur, die durch die Verschiebung eines Musters entstanden ist, nennt man **verschiebungssymmetrisch**.

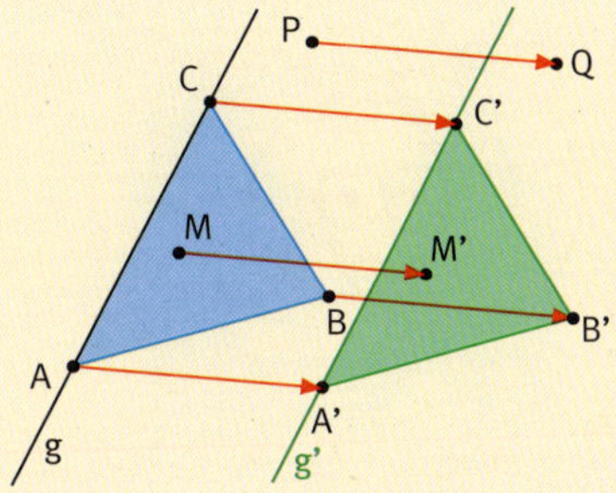

12 a) Bilde das Trapez T_1 nacheinander auf T_2, T_3 und T_4 ab und gib die Verschiebungspfeile von T_1 auf T_2, T_2 auf T_3 und T_3 auf T_4 an.
b) Gib mindestens eine andere Abbildungsabfolge an, wie du von T_1 auf T_4 gelangen kannst.

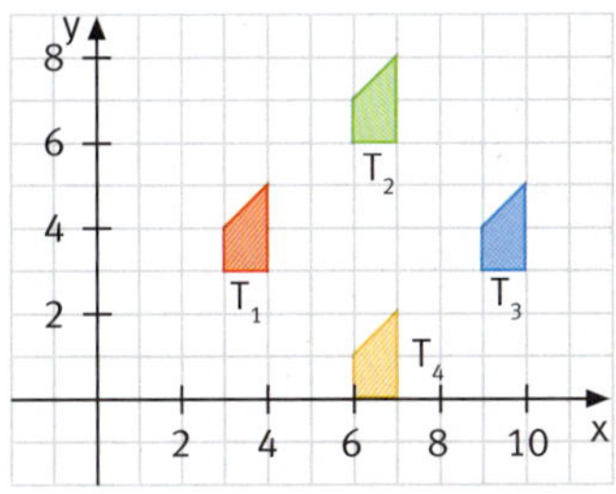

13 Überprüfe, welche der folgenden Aussagen wahr (w) oder falsch (f) sind. Es entsteht ein Lösungswort.

Bei einer Parallelverschiebung ...	w	f
• gibt es Fixpunkte.	V	P
• gibt es eine Fixgerade.	E	F
• sind Verschiebungspfeile parallel zueinander.	E	K
• sind Bild und Urbild deckungsgleich.	I	T
• sind die Bilder von Kreisen ebenfalls Kreise.	L	O
• sind die Verschiebungspfeile unterschiedlich lang.	R	E

14 Zeichne die Punkte in ein Koordinatensystem (1 Einheit ≙ 0,5 cm). Bestimme die fehlenden Koordinaten der Vierecke ABCD.

	Figur	A	B	C	D	Z	P	Q
1	Dreieck	(2|15)	(11|15)	(2|24)		B	(1|6)	(1|3)
2	Quadrat	(2|2)	(12|2)	□	□	C	(4|7)	(8|7)
3	Rechteck	(1|3)	(11|3)	(11|11)	□	C	(1|3)	(4|6)
4	Parallelogramm	(18|12)	□	(24|24)	(18|22)	(21|18)	(18|12)	(16|10)
5	Raute	□	(25|12)	(22|17)	(19|12)	D	(15|15)	(12|10)

Verwende ausreichend Platz für das Koordinatensystem.

a) Ergänze zu einer Figur, die punktsymmetrisch zum Punkt Z ist.
b) Führe eine Verschiebung (Verschiebungspfeil $\overrightarrow{PQ}$) durch.

Zu 3.1

1 Übertrage ins Heft.

a)

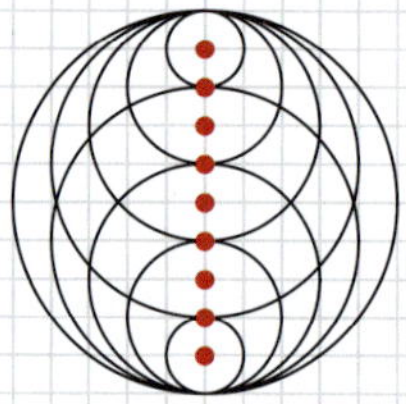

b)

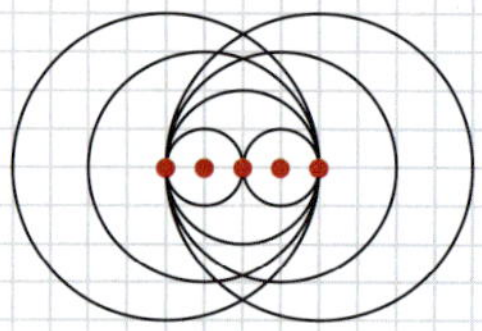

Übertrage ins Heft. Setze die Muster fort.

a)

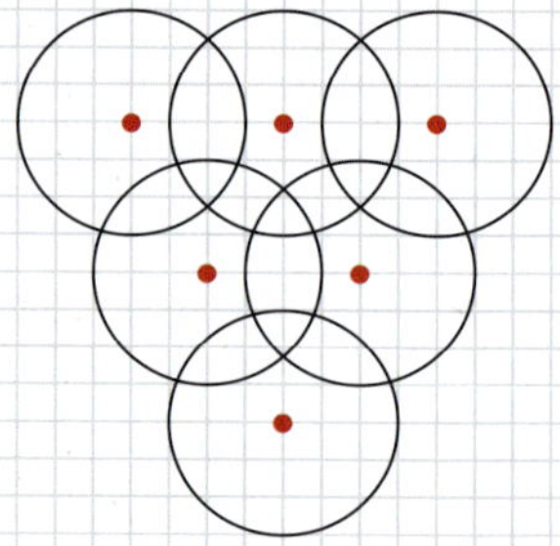

b)

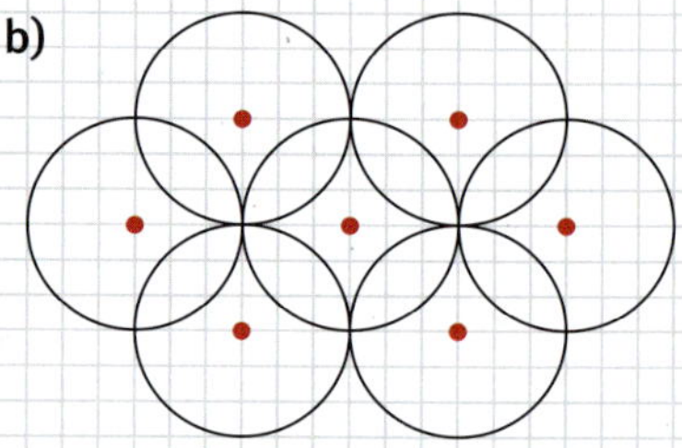

2 Zeichne jeweils einen Kreis um den angegebenen Mittelpunkt M (Radius $r = \frac{1}{2}d$).

	a)	b)	c)
M	M (3 | 4)	M (5 | 5)	M (4 | 3)
r bzw. d	r = 3 cm	r = 4 cm	d = 6 cm

	a)	b)	c)
Mittelpunkt	M (4 | 4)	M (4 | 7)	M (6 | 3)
Kreispunkt	S (2 | 2)	T (4 | 0)	U (4 | 2)

Bestimme jeweils den Radius und den Durchmesser des Kreises.

Zu 3.2

3 Beschreibe, wo du in den Abbildungen Winkel entdeckst. Beschreibe die Winkel durch die Schenkel und den Scheitelpunkt. Welche Bedeutung bzw. Funktion hat der Winkel?

a) 

b) 

c) 

d) 

a) 

b) 

c) 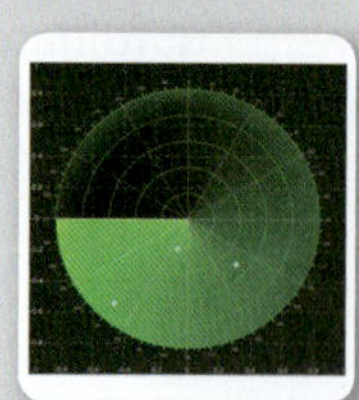

d) 

Zu 3.3

4 Zeichne die angegebenen Winkel in dein Heft.

a) $\alpha = 15°$ b) $\beta = 60°$
c) $\gamma = 130°$ d) $\delta = 168°$

a) $\alpha = 74°$ b) $\beta = 157°$
c) $\gamma = 193°$ d) $\delta = 320°$

5 Übertrage die Winkel in dein Heft, bestimme ihre Größe und die Winkelart.

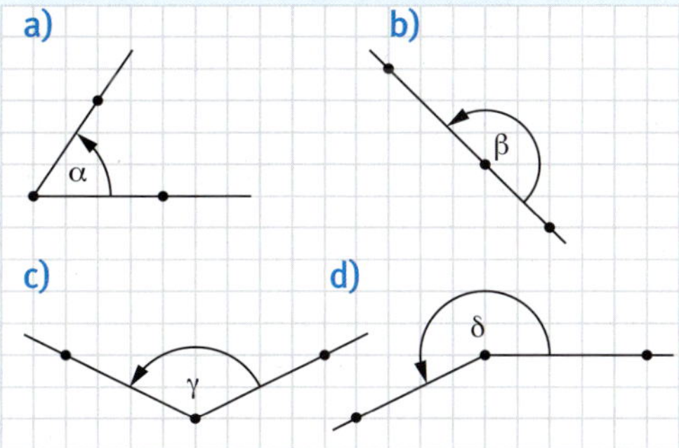

In einer Zeichnung für ein Kino geht die Leinwand von L nach W mit L (1|7) und W (8|7).
Bei einer Kinovorstellung sitzen Laura (6|4), Sophie (6|2) und Georg (6|1) hintereinander in verschiedenen Reihen. Lucas (4|3) und Andreas (2|3) sitzen in der gleichen Reihe.

a) Skizziere den Sachverhalt und miss jeweils den Sehwinkel, den jede Person auf die Leinwand hat.

b) Welche Winkelarten treten in der Skizze auf?

6 Übertrage die Figur in doppelter Größe auf kariertes Papier und schneide sie aus. Untersuche durch Falten, wie viele Symmetrieachsen die Figur besitzt. **Zu 3.4**

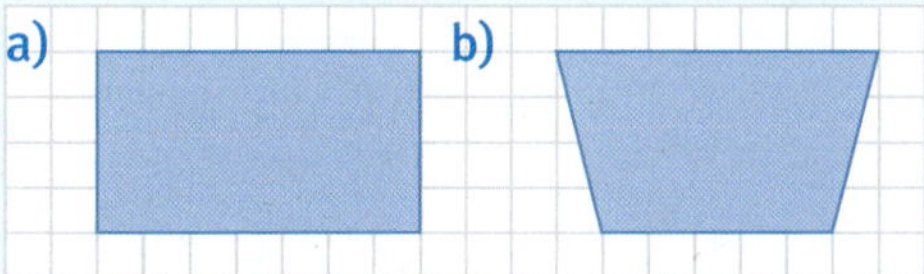

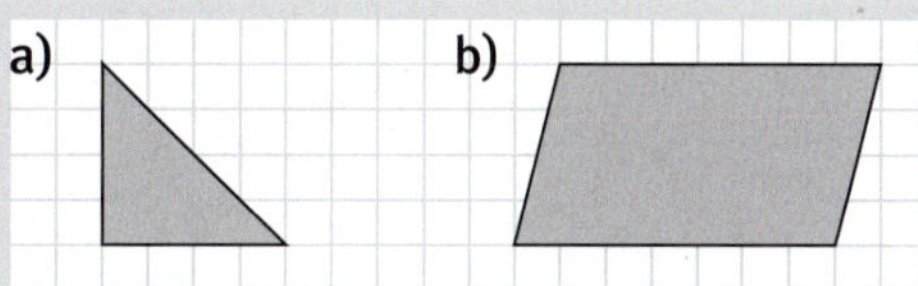

7 **Zu 3.5**

a) Übertrage die Figuren in dein Heft.

b) Finde Paare von Figuren, bei denen die eine Figur durch Achsenspiegelung, Drehung oder Verschiebung aus der anderen entstanden ist. Zeichne die Symmetrieachsen, Symmetriepunkte bzw. Verschiebungspfeile ein.

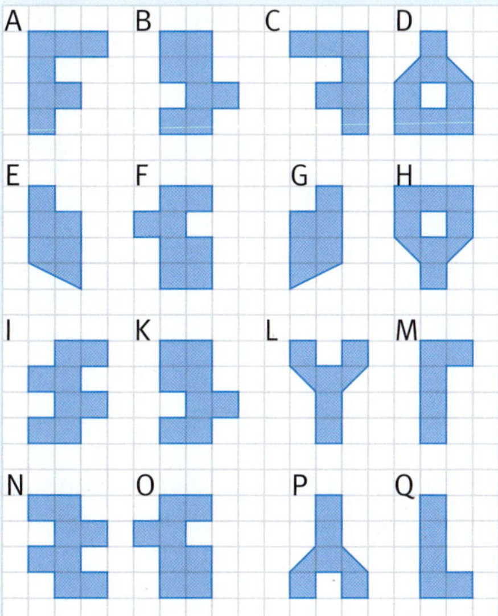

a) Untersuche die Figur jeweils auf Symmetrie. Beschreibe die Symmetrie anhand der charakteristischen Elemente.

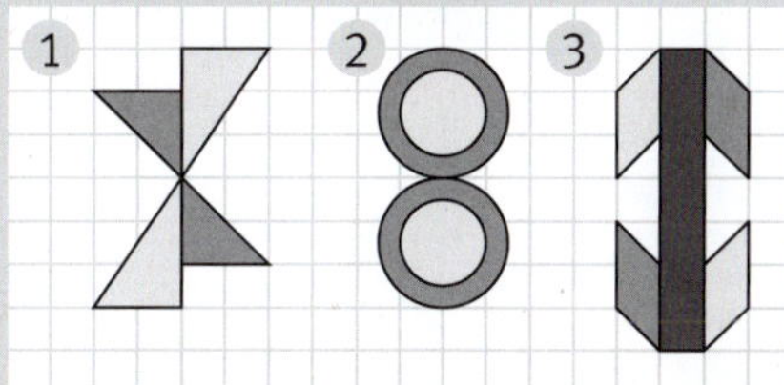

b) Gib jeweils an, durch welche Symmetrie die Figuren 1 bis 5 aus der Ausgangsfigur entstanden sind.

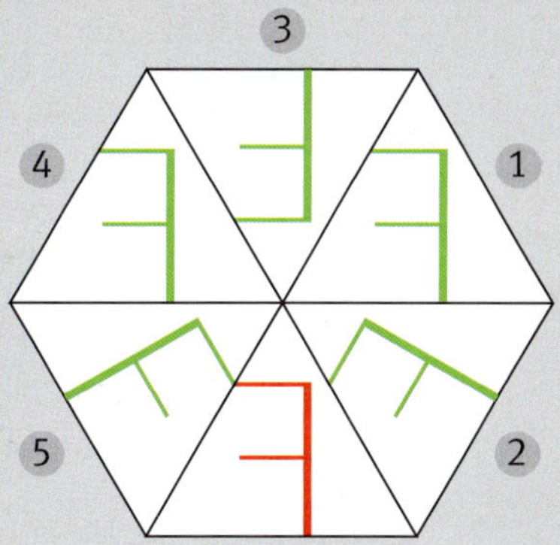

1 Beschreibe Gemeinsamkeiten und Unterschiede der Kreise.

a)
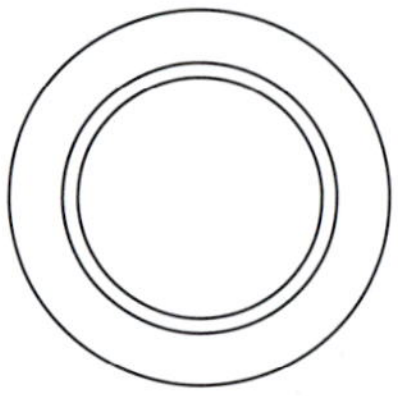
b)
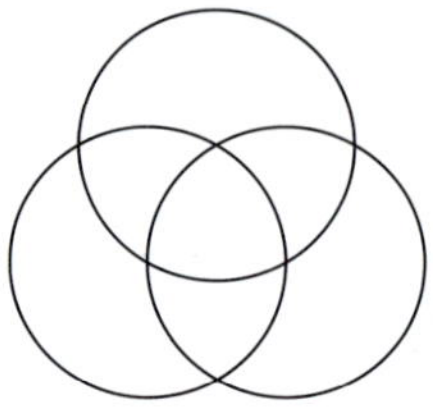
c)
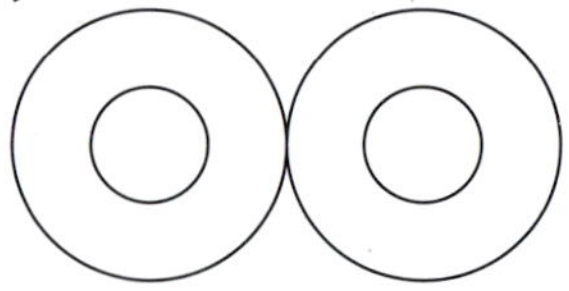

2 **a)** Zeichne jeweils einen Kreis mit dem angegebenen Radius bzw. Durchmesser.
(1) r = 4 cm (2) d = 6 cm (3) r = 2,2 cm (4) d = 7,8 cm
b) Zeichne drei Kreise, die genau zwei Punkte (genau einen Punkt) gemeinsam haben.

Überlege zunächst, wie lang und wie hoch die Figur insgesamt ist. Verwende ein Blatt gegebenenfalls im Querformat.

3 **a)** Übertrage die Figur in dein Heft. Der Radius der roten Kreise beträgt 1,5 cm. Bestimme auch die Radien der blauen und grünen Kreise.

(1)
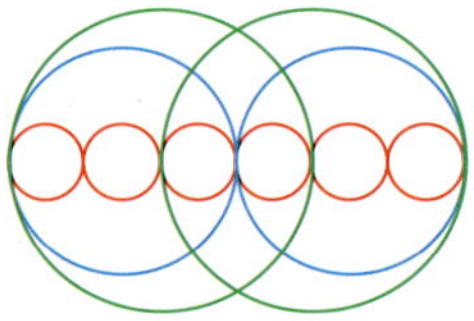
(2)
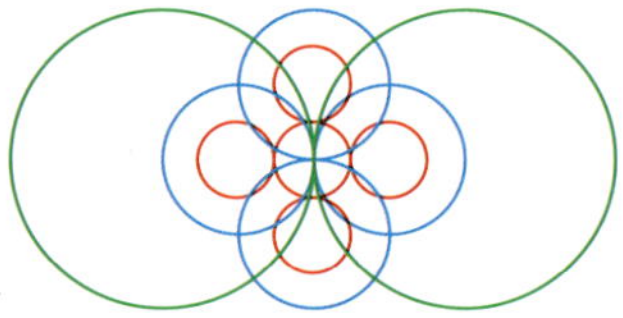

b) Erfinde weitere derartige Kreisfiguren.

4 Welcher der folgenden Winkel passt jeweils nicht zu den anderen? Begründe.

a)
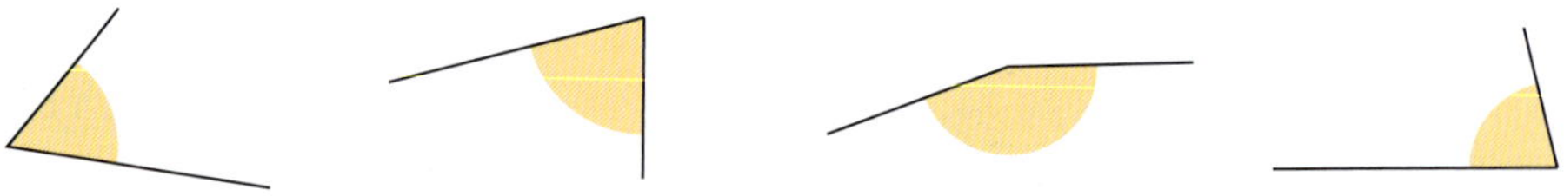
b)

c)
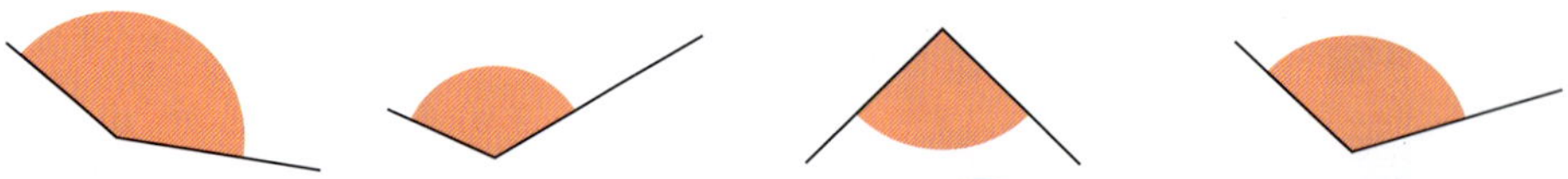
d)
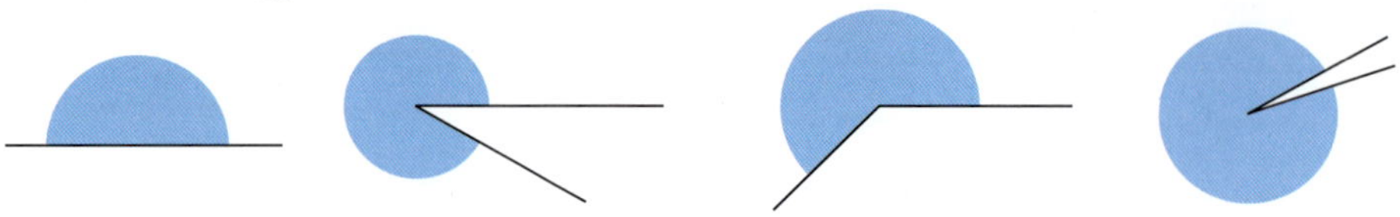

5 Zeichne ein beliebiges Viereck ABCD. Ergänze das Viereck zu einer punktsymmetrischen Figur mit Symmetriezentrum Z = D.

6 Zeichne das Dreieck ABC mit A (2|2), B (5|1) und C (2|6). Die Symmetrieachse geht durch die Punkte P (7|0) und Q (7|8). Führe eine Achsenspiegelung aus und gib die Koordinaten der Bildpunkte an. Miss alle auftretenden Winkel.

7 Zeichne folgende Winkel in dein Heft.
$\alpha = 75°$ $\beta = 90°$ $\gamma = 135°$ $\delta = 200°$ $\varepsilon = 355°$

8 Beschreibe die auftretenden Winkel in den Beispielen. Nenne Winkelart, Schenkel und Scheitelpunkt.

a) Öffnung eines Vogelschnabels
b) Neigung eines Dachs
c) Rollstuhlrampe
d) Öffnung deines Zirkels

9 1 $\alpha = 90°$

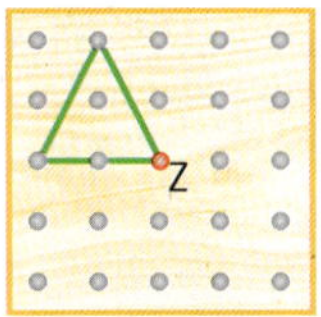

2 $\alpha = 270°$

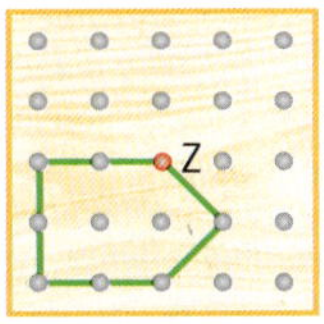

3 $\alpha = 180°$

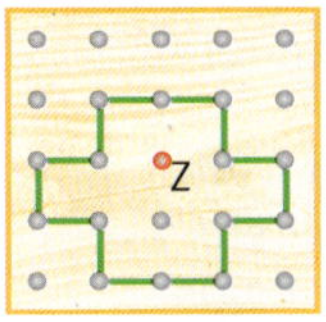

a) Spanne die Figuren auf dem Geobrett und führe eine Drehung um das angegebene Drehzentrum Z mit dem Drehwinkel α aus.

b) Bestimme den Flächeninhalt (in Kästcheneinheiten) der Gesamtfiguren.

10 Übertrage in dein Heft und ergänze zu der angegebenen Figur.

a) Parallelogramm

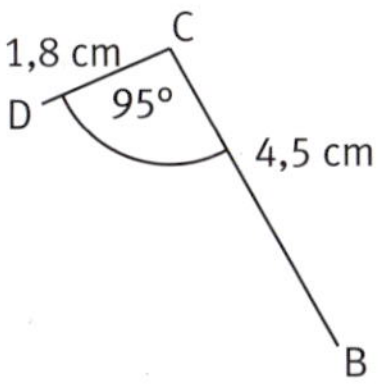

b) Raute

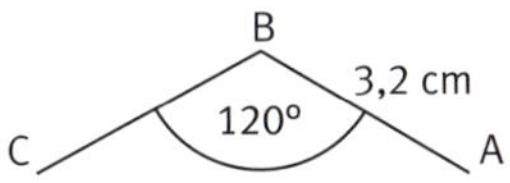

c) Dreieck

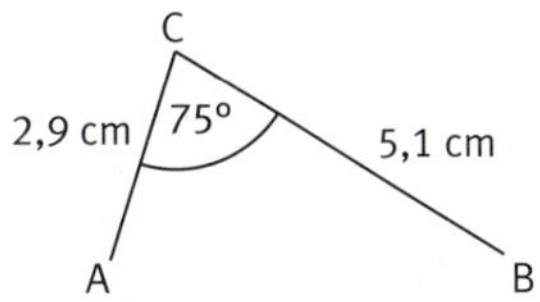

11 Beschreibe die Symmetrie der Figuren.

a)

b)

12 Verschiebe die Figur anhand des Verschiebungspfeils mit Anfangspunkt P und Endpunkt Q. Wie lauten die Koordinaten der neuen Figur?

a) Figur: A (1 | 1); B (5 | 1); C (6 | 4); D (2 | 4) Verschiebung: P (0 | 1); Q (0 | 5)

b) Figur: A (3 | 2); B (7 | 5); C (2 | 4) Verschiebung: P (1 | 2); Q (4 | 4)

13 Auf einer Kirmes haben Fahrgeschäfte verschiedene Symmetrien. Beschreibe sie.

a)

b)

c)

Wir lernen ein Geometrie-Programm kennen

Es gibt inzwischen eine Vielzahl von sogenannten dynamischen Geometrieprogrammen, deren Bedienung sehr ähnlich ist. Die beiden Screenshots rechts zeigen die Oberflächen von zwei der gebräuchlichsten Programme. Die folgende Anleitung basiert auf dem Programm des unteren Screenshots, sämtliche Aufgaben kannst du aber auch mit jedem anderen Programm bearbeiten.
Nach dem Start eines Geometrie-Programms erscheint auf dem Bildschirm eine Zeichenebene, umgeben von verschiedenen Leisten. Über die einzelnen **Register** gelangst du zu unterschiedlichen **Werkzeugleisten**. Die Icons jeder Werkzeugleiste zeigen, was du mit dem Werkzeug machen kannst. Wenn du mit deinem Mauszeiger auf ein Icon kommst, dann erhältst du eine zusätzliche Information in einem kleinen Kasten. Klickst du ein Werkzeug an, dann kannst du in der **Statusleiste** nachlesen, was du jeweils machen musst.
Wenn du deinen Mauszeiger auf einen Punkt ziehst, verändert er sich zu einer **Zange**. Du kannst bei gedrückter linker Maustaste jetzt diesen Punkt „greifen" und ihn in der Zeichenebene bewegen. Die Geometrie ist dynamisch geworden. Probiere die Zangenfunktion einmal an beliebigen Objekten aus.

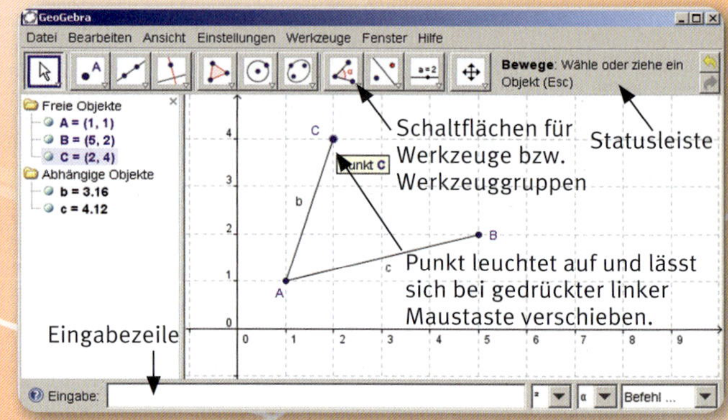

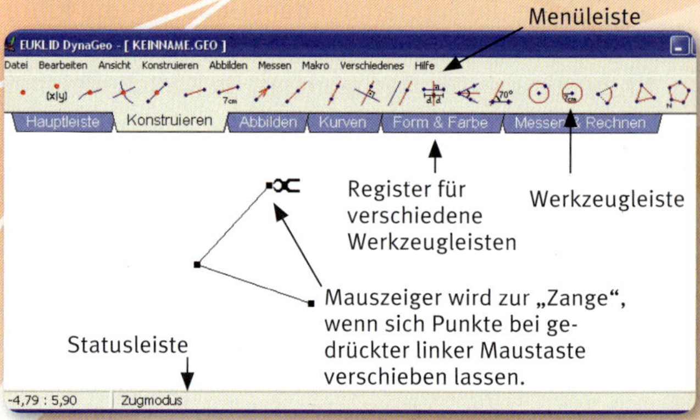

Verwinkeltes

a) Zeichne einen Winkel, indem du zwei Strecken ( ) mit einem gemeinsamen Startpunkt, dem Scheitel, zeichnest. Bewege einen Punkt so, dass du verschiedene Winkelarten erhältst. Schätze die Größe des Winkels und benenne die Winkelart.

b) Miss die Größe eines Winkels, indem du im Register „Messen & Rechnen" mit dem Icon die drei Punkte, die den Winkel festlegen, der Reihe nach anklickst. Wiederhole damit die Teilaufgabe a).

c) Zeichne im Register „Konstruieren" mit dem Icon ein Dreieck und miss anschließend die Größe der drei inneren Winkel. Bewege die Eckpunkte des Dreiecks und beobachte jeweils, wie groß die Summe aus der Größe der drei Winkel ist.
Du kannst die Summe auch berechnen lassen, indem du im Register „Messen & Rechnen" das Taschenrechnersymbol drückst. Es öffnet sich ein kleines Fenster „Term". Klicke mit der Maus der Reihe nach auf die Winkelgrößen und setze nach jedem Klick das Additionszeichen in den Term. Bestätige mit „Okay". Bewege wiederum die Eckpunkte des Dreiecks.

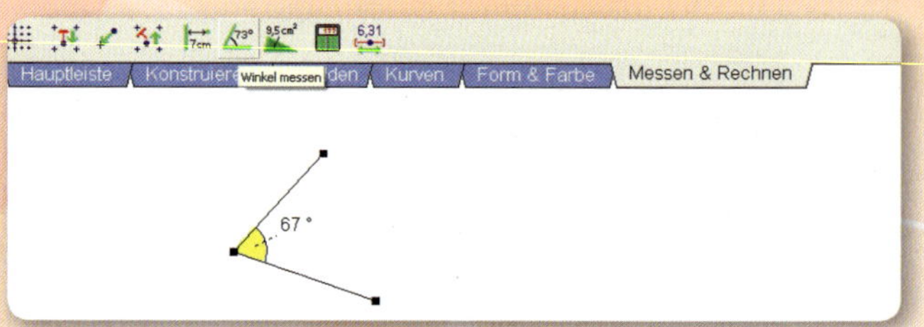

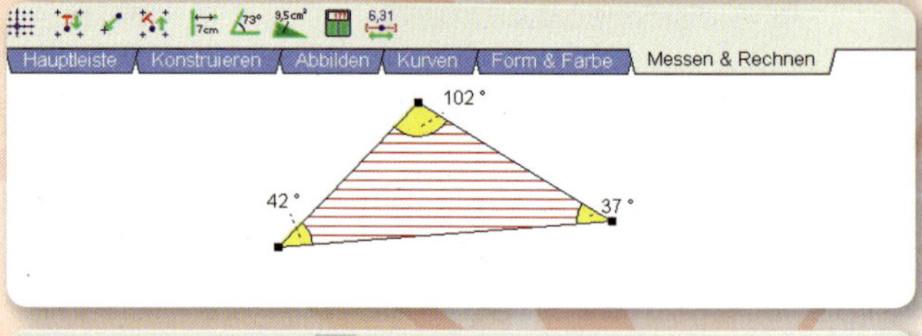

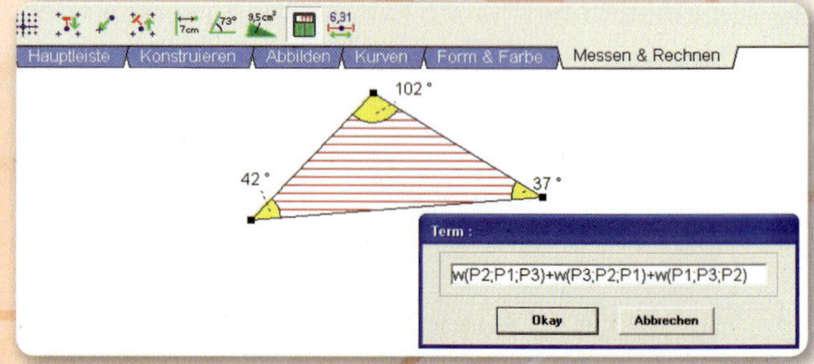

Kreisornamente

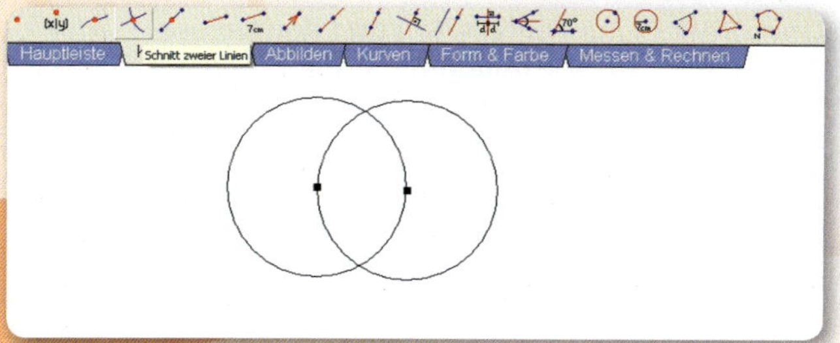

a) Zeichne mit dem Werkzeug einen Kreis, indem du zunächst den Mittelpunkt und dann einen Kreispunkt bestimmst. Zeichne anschließend einen weiteren Kreis, dessen Mittelpunkt nun der Kreispunkt und dessen Kreispunkt der Mittelpunkt des ersten Kreises ist.
Klicke anschließend auf . Markiere irgendwo den ersten Kreis und den zweiten Kreis: Die Schnittpunkte beider Kreise werden markiert. Wiederhole mit den Schnittpunkten die Konstruktionsschritte zum zweiten Kreis und zu den neuen Schnittpunkten so lange, bis eine Rosette entsteht. Wenn du den Mittelpunkt des ersten Kreises bewegst, darf die Konstruktion nicht „kaputt" gehen. Beschreibe die Symmetrien der Rosette.

b) Erweitere deine Rosette mit neuen Formen, die möglichst viele Symmetrien aufweisen.
Mit dem Register „Form & Farbe" kannst du Linien und Flächen auch farblich gestalten.

Symmetrisches leicht gemacht

Mit einem Geometrie-Programm kannst du auch symmetrische Figuren erzeugen. Zeichne dazu eine beliebige Figur und eine Symmetrieachse mit . Im Register „Abbilden" kannst du mit eine Achsenspiegelung durchführen, indem du zunächst deine Figur und anschließend die Symmetrieachse anklickst.

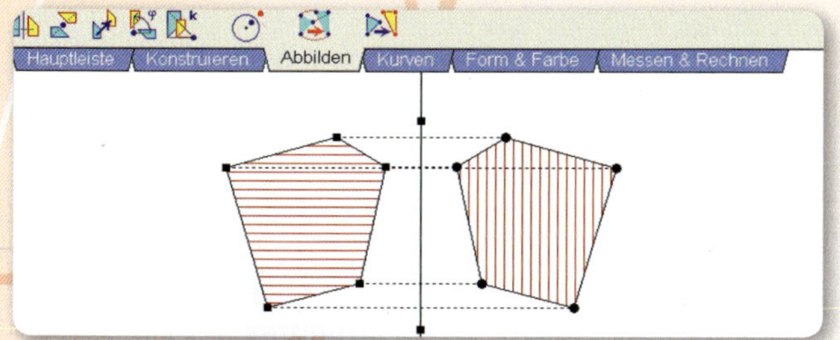

a) Versuche ein Gesicht zu konstruieren, indem du möglichst viele Symmetrien ausnutzt.

b) Erfinde eigene kunstvolle Figuren.

Der Wind, der Wind, ...

Wir entwerfen eine Windmühle. Zeichne dazu einen Winkel am Rand des Zeichenblattes und miss seine Größe.
Zeichne anschließend ein Dreieck. Gehe zum Register „Abbilden" und klicke das Icon an. Markiere nun zunächst das Dreieck, dann einen Eckpunkt des Dreiecks, der das Drehzentrum sein wird, und den Winkel als Drehwinkel. Wiederhole mit dem jeweils entstandenen Bilddreieck die Schritte mehrere Male. Es entsteht ein „Windrad". Wenn du den Drehwinkel bewegst, ändert sich auch das Windrad.
Probiere aus und beschreibe verschiedene Drehsymmetrien. Kannst du auch Verschiebungen mit deinem Programm erzeugen?

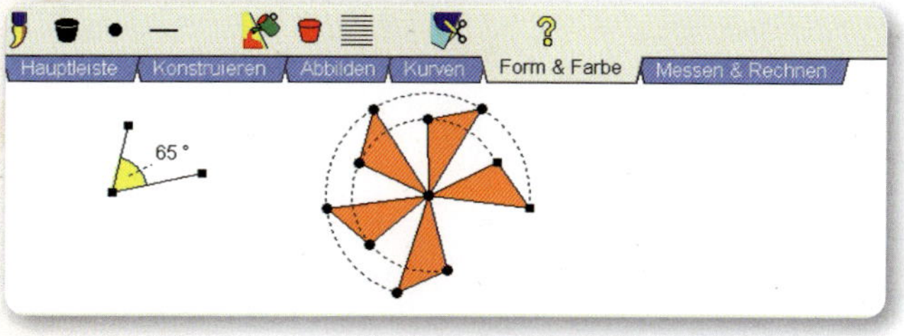

Überprüfe deine Fähigkeiten und Kenntnisse. Bearbeite dazu die folgenden Aufgaben und bewerte anschließend deine Lösungen mit einem Smiley.

☺	😐	☹
Das kann ich!	Das kann ich fast!	Das kann ich noch nicht!

Hinweise zum Nacharbeiten findest du auf der folgenden Seite. Die Lösungen stehen im Anhang.

Aufgaben zur Einzelarbeit

1 Zeichne einen Kreis um M mit r bzw. d.

a) M (5 | 6); r = 3 cm **b)** M (6 | 13); d = 5 cm
c) M (2 | 2); r = 1,5 cm **d)** M (7 | 7); d = 3,8 cm

2 Zeichne den Kreis um M durch P. Gib jeweils Radius und Durchmesser an.

a) M (5 | 6); P (2 | 6) **b)** M (3 | 3); P (4 | 5)

3 Zeichne die Kreisfiguren ins Heft und färbe sie. Verwende a = 4 cm.

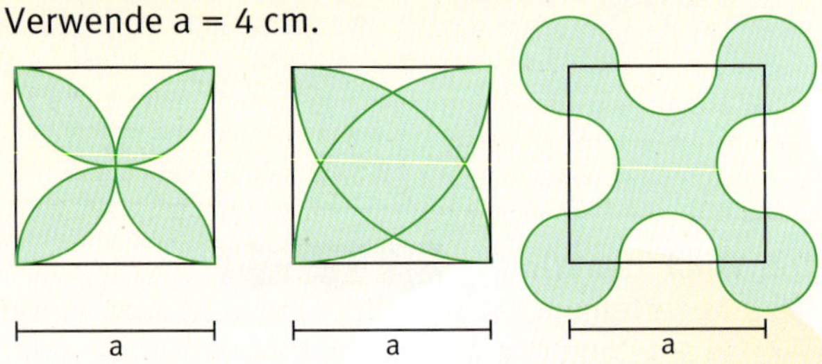

4 Zeichne in ein Koordinatensystem (Einheit 0,5 cm) die Punkte A (9 | 1), B (15 | 7), C (9 | 13) und D (3 | 7). Zeichne einen Kreis, der durch alle vier Punkte geht. Gib die Koordinaten des Kreismittelpunkts an und beschreibe, wie du ihn gefunden hast.

5 Um welche Winkelart handelt es sich?

a) $0° < \alpha < 90°$ **b)** $\alpha = 180°$ **c)** $90° < \alpha < 180°$
d) $\alpha = 90°$ **e)** $\alpha = 360°$ **f)** $180° < \alpha < 360°$

6 Miss die Größe der auftretenden Winkel.

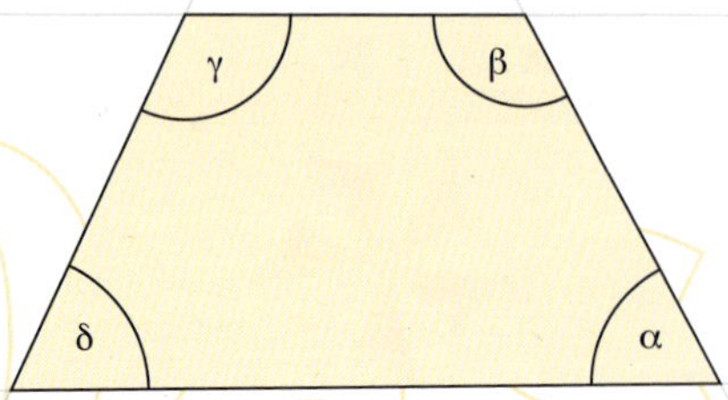

7 Zeichne Winkel folgender Größe in dein Heft.

a) 50°; 70°; 90°; 120° **b)** 35°; 78°; 96°; 123°
c) 150°; 180°; 165° **d)** 199°; 214°; 305°; 351°

8 Zeichne das Dreieck ABC in ein Koordinatensystem (Einheit 1 cm) und miss seine Innenwinkel.

a) A (2 | 3); B (10 | 4); C (5 | 8)
b) A (1 | 9); B (8 | 1), C (7 | 9)

9 Miss die Innenwinkel der abgebildeten Figuren. Übertrage die Figuren dazu in dein Heft und vergrößere sie geeignet.

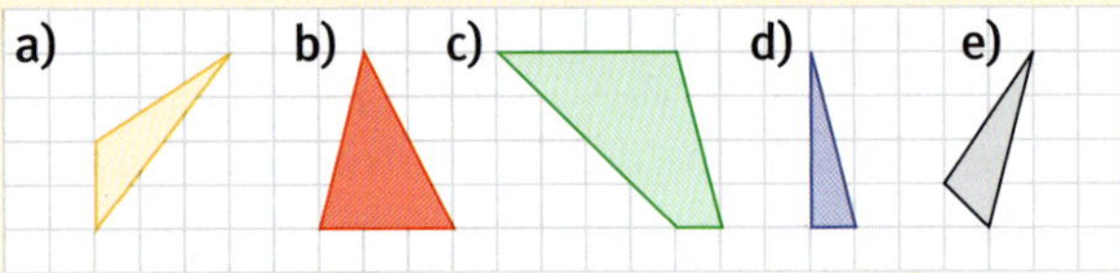

10 Übertrage in dein Heft und ergänze …

a) zum Dreieck. **b)** zum Parallelogramm.

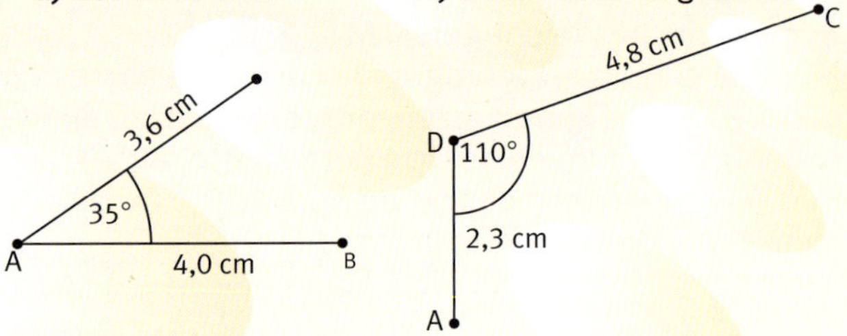

11 Versuche ein Dreieck zu zeichnen mit …

a) drei spitzen Winkeln.
b) einem rechten Winkel.
c) einem stumpfen Winkel.

12 Versuche ein Viereck zu zeichnen mit …

a) drei spitzen und einem stumpfen Winkel.
b) mindestens einem rechten Winkel.
c) einem überstumpfen Winkel.

13 Tim hat den Eingang einer Höhle gefunden. Er beschreibt den Weg dorthin wie folgt:
Geht von der Eiche zunächst 50 m nach Norden. Dann dreht euch um 120° nach rechts und geht anschließend 40 m geradeaus. Danach dreht euch um 90° nach links und folgt dem Weg 80 m geradeaus.

a) Zeichne den Weg zur Höhle. Wähle für 1 m in Wirklichkeit 1 mm in der Zeichnung. Bestimme den Maßstab der Zeichnung.
b) Gib eine einfachere Wegbeschreibung an.

14 Übertrage ins Heft und verschiebe die Figur in Richtung des Pfeils.

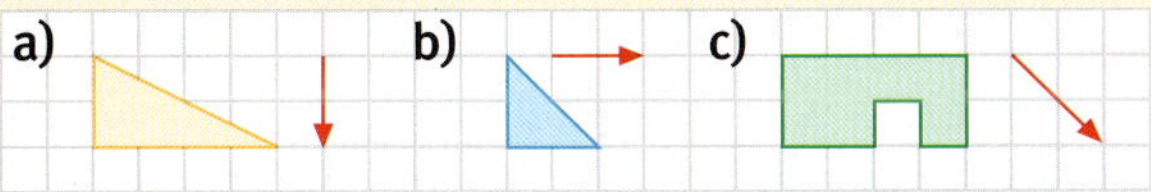

15 Ergänze zu einer achsensymmetrischen Figur.

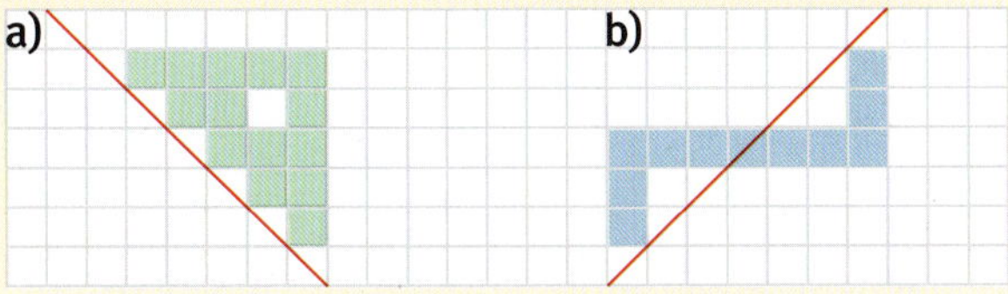

16 Übertrage ins Heft und zeichne alle Symmetrieachsen ein.

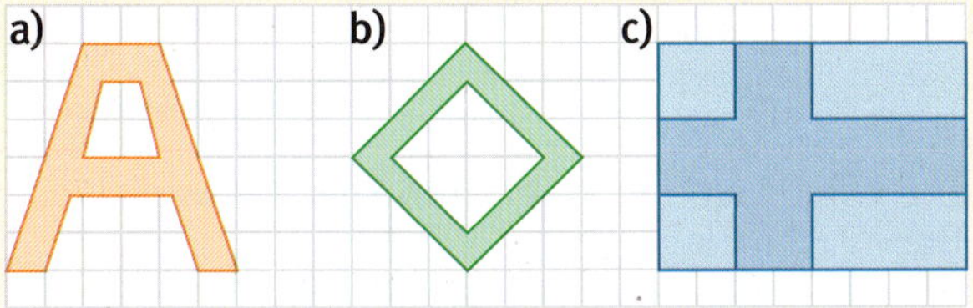

17 Übertrage die Figur ins Heft und drehe sie um das Drehzentrum Z mit dem Drehwinkel 90° (60°).

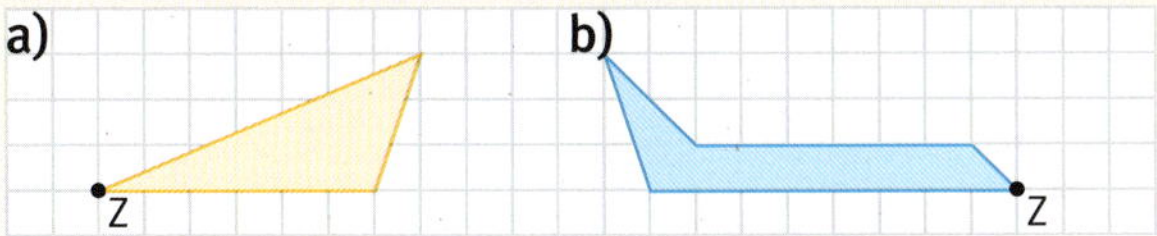

18 Ergänze zu einer in Z punktsymmetrischen Figur.

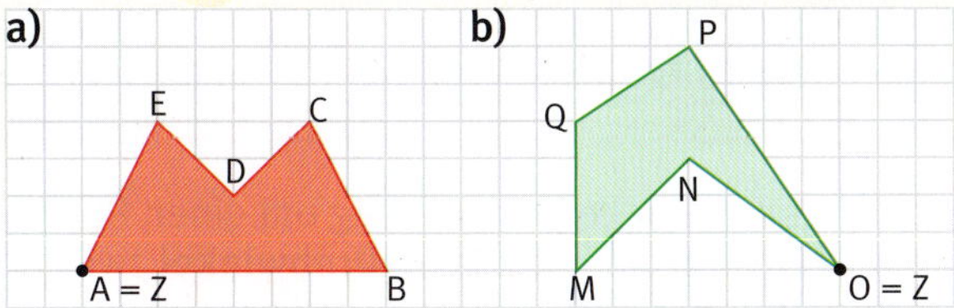

Aufgaben für Lernpartner

Arbeitsschritte

1. Bearbeite die folgenden Aufgaben alleine.
2. Suche dir einen Partner und erkläre ihm deine Lösungen. Höre aufmerksam und gewissenhaft zu, wenn dein Partner dir seine Lösungen erklärt.
3. Korrigiere gegebenenfalls deine Antworten und benutze dazu eine andere Farbe.

Sind folgende Behauptungen **richtig** oder **falsch**? Begründe schriftlich.

19 Den Kreisradius berechnet man wie folgt: $d = r^2$.

20 Vier spitze Winkel ergeben einen Vollwinkel.

21 Die Diagonalen eines Vierecks schneiden sich stets im rechten Winkel.

22 Es gibt Vierecke, die aus zwei rechten und zwei anderen Winkeln bestehen.

23 Ein 65°-Winkel kann folgendermaßen gezeichnet werden: Zunächst ersten Schenkel und Scheitelpunkt zeichnen. Danach den Nullpunkt des Geodreiecks anlegen. Den Winkel auf der inneren Skala markieren und den zweiten Schenkel zeichnen.

24 Bei einer Verschiebung muss man nur darauf achten, in welche Richtung man verschiebt.

25 Bei einer punktsymmetrischen Figur hat ein Punkt den gleichen Abstand zum Symmetriezentrum wie sein Symmetriepunkt.

26 Eine Punktspiegelung ist ein Sonderfall von einer Drehung.

27 Figuren, die bei einer Drehung um 360°, 720°, 1080°, ... mit sich selbst zur Deckung kommen, sind drehsymmetrisch.

28 Winkel werden stets gegen den Uhrzeigersinn gemessen.

Aufgabe	Ich kann ...	Hilfe
1, 3	einen Kreis und Kreisfiguren bei gegebenem Radius bzw. Durchmesser zeichnen.	S. 88
2, 4, 19	den Radius bzw. den Durchmesser eines Kreises bestimmen.	S. 88
5, 20, 21	die Winkelart eines Winkels bestimmen.	S. 97
6, 8, 9, 28	die Größe von Winkeln bestimmen.	S. 94
7, 10, 13, 23	Winkel und Figuren mit gegebenen Winkelgrößen zeichnen.	S. 94
11, 12, 22	anhand gegebener Winkelarten Dreiecke und Vierecke zeichnen.	S. 94
16	achsensymmetrische Figuren erkennen und deren Symmetrieachsen einzeichnen.	S. 100
15	achsensymmetrische Figuren herstellen.	S. 100
17, 27	Eigenschaften drehsymmetrischer Figuren benennen und drehsymmetrische Figuren zeichnen.	S. 104
18, 25, 26	eine Punktspiegelung erkennen und punktsymmetrische Figuren zeichnen.	S. 106
14, 24	Verschiebungen erkennen und zeichnen.	S. 107

S. 88

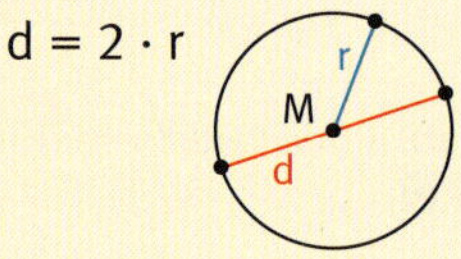

Alle Punkte auf der Kreislinie haben vom **Kreismittelpunkt M** den gleichen Abstand. Diesen Abstand nennt man **Radius r.** Der **Durchmesser d** eines Kreises ist der doppelte Radius.

S. 92

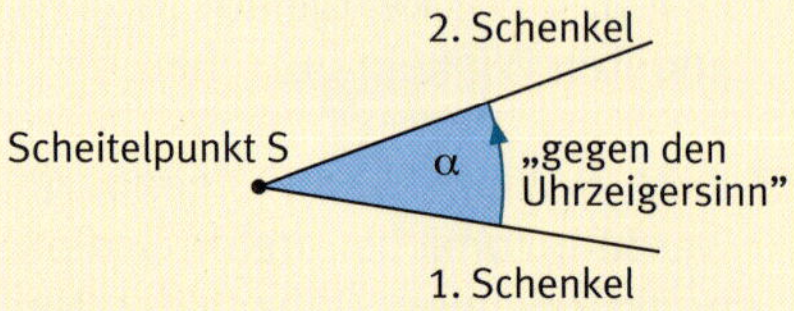

Ein **Winkel** wird von zwei Strahlen, den **Schenkeln**, begrenzt. Diese haben einen gemeinsamen Anfangspunkt, den **Scheitelpunkt S**.

S. 94
S. 97

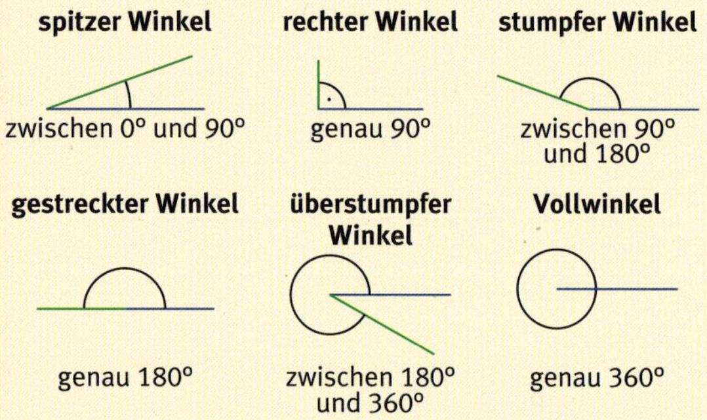

Um die **Größe von Winkeln** anzugeben, wird der Vollwinkel (eine Umdrehung) in 360 gleich große Teile geteilt. Die so entstandene Einheit nennt man **1 Grad (1°)**.

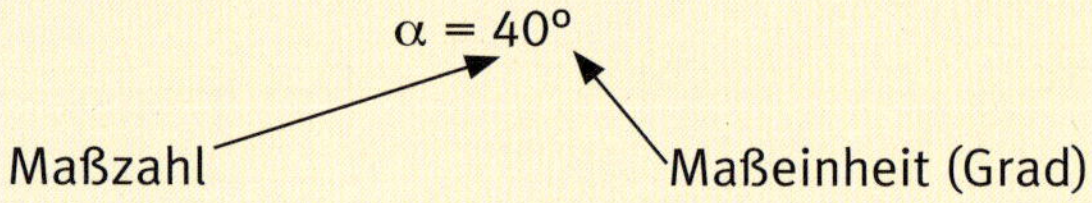

Die Winkel werden ihrer Größe nach in verschiedene Arten eingeteilt.

S. 94

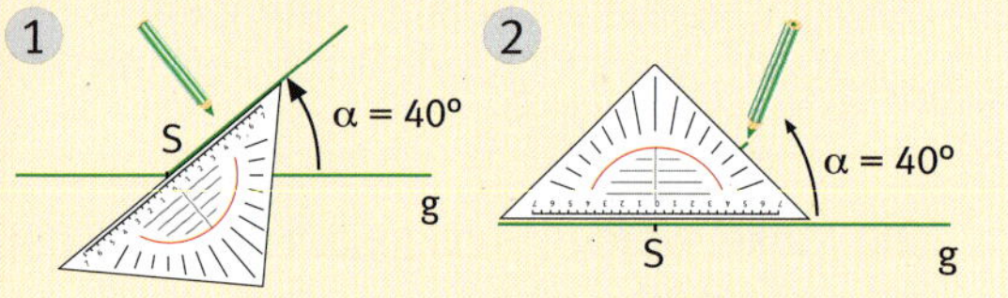

Zum **Messen** und **Zeichnen von Winkeln** mit dem Geodreieck gibt es ausgehend von einem Schenkel und dem Scheitel S zwei Möglichkeiten.

S. 100

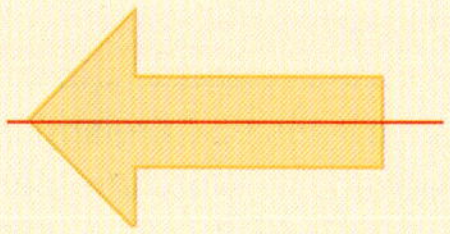

Eine Figur ist **achsensymmetrisch**, wenn man sie so falten kann, dass beide Hälften genau aufeinander liegen. Die Faltgerade nennt man **Symmetrieachse**.

S. 104

Drehsymmetrische Figur

Eine Figur, die bei einer Drehung um einen Punkt Z, dem **Drehzentrum**, mit einem **Drehwinkel** zwischen 0° und 360° mit sich zur Deckung gebracht wird, nennt man **drehsymmetrisch zum Punkt Z**.

S. 106

Sonderfall der Drehsymmetrie: punktsymmetrische Figur

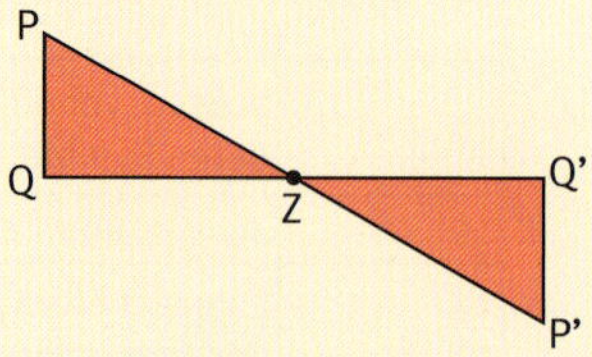

Eine Figur, die bei einer Drehung um einen Punkt Z mit dem Drehwinkel 180° (durch eine Halbdrehung) mit sich zur Deckung gebracht wird, nennt man **punktsymmetrisch zu Z**.

S. 107

Verschiebungssymmetrische Figur

Eine Figur (ein Muster) kann sich durch **Verschiebung** wiederholen. Dabei gibt man **Richtung** und **Länge** der Verschiebung durch einen **Verschiebungspfeil** an.

Größen

1 Herr Siebold feiert seinen 75. Geburtstag.

a) Hat er damit schon über 1000 Monate gelebt? Begründe deine Antwort.

b) Wie viele Schaltjahre hat Herr Siebold wohl schon erlebt?

c) Schätze, wie viele Wochen (Tage, Stunden) Schlaf Herr Siebold bisher erlebt hat. Beschreibe deine Schätzung.

2

a) Schätze die Länge der abgebildeten Gegenstände.

b) Miss die Länge der Gegenstände mit einem Lineal nach und bestimme die Differenz zur Schätzung aus a).

3 Wechsle 100 € in andere Scheine um. Wie viele Möglichkeiten findest du?

4 Wandle um.

a) in t: 4500 kg; 2575 g; 6 kg; 3 005 000 g

b) in m: 75 cm; 1,2 km; 120 mm; 14 dm; 3,5 mm

c) in min: 4 h; 480 s; 1 d; $2\frac{1}{4}$ h; 36 s; 5 h 30 s

5

a) Lies die Uhrzeiten ab.

b) Wie spät ist es jeweils in $3\frac{3}{4}$ h (50 min, 148 s)?

c) Wie spät war es vor $2\frac{1}{3}$ h (45 min 20 s)?

Zehnersystem

6 Trage in eine Stellenwerttafel ein und lies ab.

a) (1) 9 876 543 210 (2) 233 445 566 778 899 (3) 765 498 700 123 (4) 80 808 080 808 080

b) zehn Milliarden fünfunddreißig Millionen; eine Billion sechs Millionen dreihunderttausend; einhundertdreiundzwanzig Millionen zwölf

7

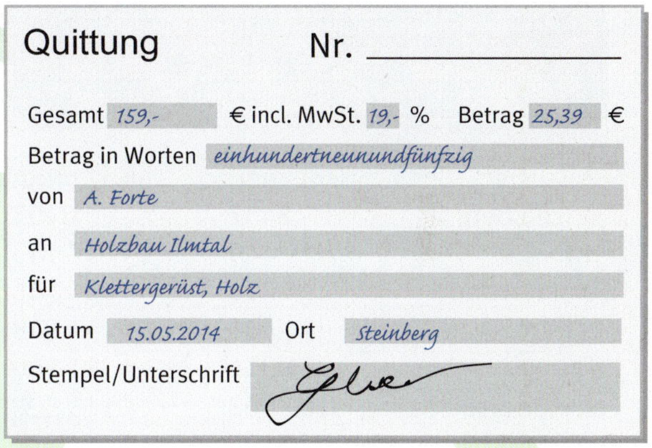
Quittung Nr. ______

Gesamt *159,-* € incl. MwSt. *19,-* % Betrag *25,39* €

Betrag in Worten *einhundertneunundfünfzig*

von *A. Forte*

an *Holzbau Ilmtal*

für *Klettergerüst, Holz*

Datum *15.05.2014* Ort *Steinberg*

Stempel/Unterschrift

a) Warum sind auf Quittungen die Geldbeträge auch in Worten angegeben?

b) Schreibe in Worten.
7535 €; 12 500 €; 606 333 €; 12 456 001 €

8 Lies die Zahlen am Zahlenstrahl ab.

a)

b)

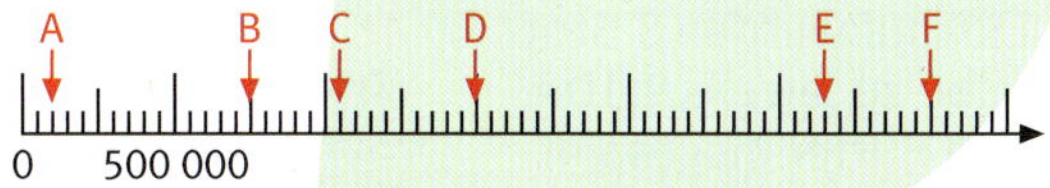

9 Bilde aus den angegebenen Ziffern eine möglichst große (kleine) Zahl. Vertausche anschließend fünfmal Schritt für Schritt benachbarte Ziffern, sodass nach jedem Schritt jeweils eine kleinere (größere) Zahl entsteht. Schreibe jeden Zwischenschritt auf.

a) 5 8 3 5 4 3

b) 2 9 9 6 7 3

c) 1 1 2 2 3 3

Sachrechnen

10 Die Tabelle zeigt Übernachtungen im Januar und Februar 2014 in den Regionen Hessens.

Reiseziel	Januar	Februar
Vogelsberg	8437	8403
Rhön	19 449	17 143
Westerwald	25 016	26 446
Städte	94 449	93 848
Taunus	284 316	311 960
übrige Regionen	105 068	113 508

a) Wie viele Übernachtungen gab es insgesamt?

b) Wie haben sich jeweils die Übernachtungszahlen in den einzelnen Regionen verändert?

c) Bestimme im Februar den Anteil der Übernachtungen in den einzelnen Regionen. Runde geeignet.

11 Bei einem Schulfest betreibt die Klasse 6c einen Imbissstand. Im Einkauf wurden 8 Brotlaibe zu jeweils 2,10 € und Butter insgesamt zu 7,40 € eingekauft. Der Rest kam aus dem Schulgarten.

	Anzahl verkaufter Brote
Butterbrot	卌 卌 卌 ǀǀ
Schnittlauchbrot	卌 卌 卌 卌 卌
Gurkenbrot	卌 卌 ǀ
Kressebrot	卌 卌 卌 ǀǀǀǀ

a) Wie hoch ist der Gewinn insgesamt?

b) Wie ändert sich das Ergebnis aus a), wenn ...

1. der Bäcker das Brot gespendet hätte?
2. die Kinder jedes Butterbrot 10 ct teurer (billiger) verkauft hätten?

12 Das Verkehrsschild bedeutet, dass Fahrzeuge mit einem Gesamtgewicht von über 5,5 t auf dieser Straße nicht mehr weiterfahren dürfen. Ein Lkw hat ein Eigengewicht von 2500 kg. Insgesamt dürfen bis zu 4 t zugeladen werden. Der Lkw hat 68 Säcke Mehl zu jeweils 50 kg geladen.

a) Darf der Lkw weiterfahren?

b) Wie viele Säcke darf der Lkw maximal laden, um die Straße noch benutzen zu dürfen?

Senkrecht und parallel

13 **a)** Zeichne eine Gerade g durch die Punkte A (1|3) und B (2|4).

b) Zeichne auf beiden Seiten von g eine Parallele im Abstand 1 cm (2,5 cm).

c) Bestimme den Abstand der Punkte C (0|2), D (1|5), E (0|0) und F (5|1) von g.

14 Entscheide ohne Geodreieck, welche Linien parallel zueinander liegen. Überprüfe anschließend deine Vermutung.

a)

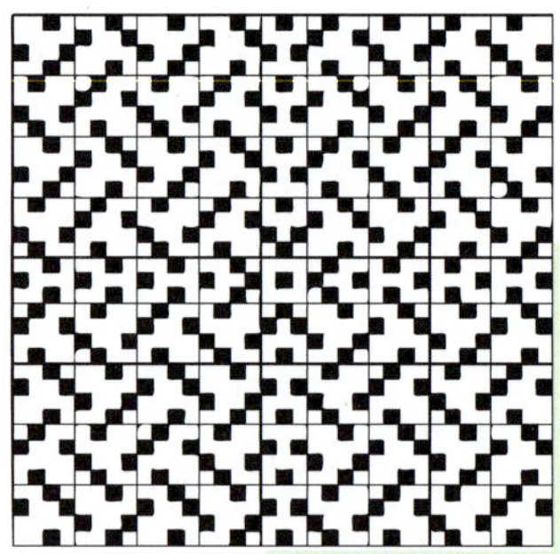

b)

15 Überprüfe verschiedene Vierecke, die du kennst, auf zueinander parallele und senkrechte Linien. Beziehe die Diagonalen bei der Untersuchung mit ein.

4 Mathematik im Alltag

Einstieg

- Beschreibe, was die Angebote im Supermarkt bedeuten.
- Stelle das Angebot über die Getränke grafisch dar.
- Erfinde Aufgaben, die man mithilfe des Angebots stellen kann, und löse sie.

Ausblick

Am Ende dieses Kapitels hast du gelernt, ...
- Sachaufgaben zu strukturieren und auszuwerten.
- Sachaufgaben auf verschiedene Arten zu lösen.
- was ein Term und eine Gleichung ist.
- wie man Terme und Gleichungen aufstellen und lösen kann.

Frankfurt → Berlin			
Datum	ab	an	€
Do. 09.04	06.55	08.10	41,-
Do. 09.04	08.25	09.40	41,-
Do. 09.04	15.25	16.35	61,-
Do. 09.04	18.55	20.10	88,-
Fr. 10.04	06.55	08.10	71,-
Fr. 10.04	15.25	16.35	81,-
Sa. 11.04	06.55	08.10	32,-
So. 12.04	19.55	21.10	41,-
Mo. 13.04	06.55	08.10	41,-
Mo. 13.04	15.25	16.35	51,-
Mo. 13.04	18.55	20.10	41,-
Steuern und Gebühren			25,-

Berlin → Frankfurt			
Datum	ab	an	€
Sa. 11.04	08.50	10.05	32,-
So. 12.04	17.35	18.50	51,-
Mo. 13.04	12.55	14.10	32,-
Mo. 13.04	16.55	18.10	51,-
Mo. 13.04	21.10	22.25	51,-
Di. 14.04	06.25	07.40	61,-
Di. 14.04	16.55	18.10	41,-
Di. 14.04	21.10	22.25	32,-
Mi. 15.04	06.25	07.40	32,-
Mi. 15.04	16.55	18.10	41,-
Mi. 15.04	21.10	22.25	32,-
Steuern und Gebühren			25,-

Hinweis: Die angegebenen Preise gelten pro Person. Es fallen jeweils noch Steuern und Gebühren an.

Herr und Frau Suglu möchten mit ihren zwei Kindern über das Wochenende von Frankfurt aus zu einem Familienfest nach Berlin fliegen. Das Fest findet am Samstag statt. Zeitlich sind sie zwischen Donnerstag und Dienstag flexibel. Die Familie möchte möglichst günstig fliegen.

- Mache Vorschläge für mögliche Verbindungen und berechne die Kosten.

Merkwissen

Um Sachaufgaben mit vielen Informationen zu bearbeiten, **liest** man den Text zunächst **aufmerksam durch**. Welche Informationen sind wichtig? Sind zu viele Informationen gegeben oder fehlen welche?
Es empfiehlt sich folgendes Vorgehen:

1. **Ordne** die Angaben: Was ist **gegeben**? Schreibe die wichtigen Informationen übersichtlich aus dem Text.
2. Stelle die Aufgabe heraus: Was ist **gesucht**? Formuliere mit eigenen Worten.
3. Stelle den **Lösungsweg** übersichtlich dar.
4. Formuliere einen **Antwortsatz**, der die Aufgabe abschließt.

Beispiele

***Durchlesen**. Angaben, die notwendig sind für die spätere Bearbeitung **markieren** bzw. herausschreiben.*

1. *Ordnen Was ist gegeben?*
2. *Was ist gesucht?*
3. *Lösungsweg übersichtlich gestalten*

Lösungshilfen verwenden: Skizze

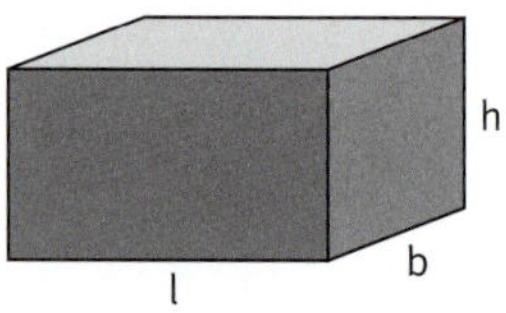

4. *Antwort geben*

I Familie Nattermann möchte Essen und Getränke zum Ausflug an den See mitnehmen. Martin möchte wissen, wie viel in die Kühlbox hineinpasst. Er liest in der Anleitung, dass die Kühlbox eine Breite von 50,0 cm, eine Länge von 64,3 cm und eine Höhe von 30,0 cm hat. $\frac{1}{8}$ des Außenvolumens nehmen Wände, Boden und Deckel ein. Der Tragegurt der Box ist 60 cm lang und 4 cm breit.

Lösungsmöglichkeit:
Gegeben: Breite: 50,0 cm; Länge: 64,3 cm; Höhe: 30,0 cm; $\frac{1}{8}$ vom Außenvolumen für Deckel, Boden, Wände

Gesucht: Innenvolumen der Kühlbox oder **Frage:** Wie viel Platz ist in der Kühlbox?
Rechnung: Außenvolumen: $V_{außen} = l \cdot b \cdot h$

$V_{außen} = 64{,}3\text{ cm} \cdot 50{,}0\text{ cm} \cdot 30{,}0\text{ cm} = 96\,450\text{ cm}^3$

Innenvolumen: $\frac{7}{8}$ des Außenvolumens ergeben das Innenvolumen.

$V_{innen} = \frac{7}{8} \cdot V_{außen} = \frac{7}{8} \cdot 96\,450\text{ cm}^3 = 84\,393{,}75\text{ cm}^3 \approx 84\text{ dm}^3 = 84\text{ l}$

Antwort: In die Kühlbox passen etwa 84 Liter.

Verständnis

- Was kannst du machen, wenn in einer Aufgabe wichtige Informationen fehlen?
- Simone meint: „Ich unterstreiche am Anfang alle Zahlen im Text. Die, die ich brauche, sind auf jeden Fall dabei.“ Ist das Vorgehen sinnvoll? Begründe.

Aufgaben

1 Eine Größe fehlt jeweils. Vervollständige, erfinde selbst eine passende Aufgabe, setze geeignete Zahlen ein und löse.

a)	Einzelpreis	–	Anzahl Artikel	–	☐
b)	alter Preis	–	Nachlass	–	☐
c)	☐	–	Stunden pro Woche	–	Wochenlohn
d)	Gesamteinnahmen	–	☐	–	Anzahl Besucher
e)	altes Guthaben	–	☐	–	neues Guthaben

2 Ein Swimmingpool hat eine Länge von 10 m, eine Breite von 5 m und eine Tiefe von 1,60 m. Finde jeweils eine passende Fragestellung und löse.

a) Auf dem Beckenboden sollen neue Fliesen verlegt werden.

b) Das Becken wird zu $\frac{3}{4}$ befüllt.

c) Im Winter wird das Wasser aus dem Becken entfernt. An Heiligabend regnet es 60 mm pro m^2.

3 Eine Baufirma besitzt einen Bagger mit einem Gewicht von 7,4 t. Die Firma soll einen Graben ausheben, der 100 m lang, 25 m breit und 2 m tief ist. Die Firma plant zwei Lkws ein, die den Aushub wegschaffen sollen. Jeder Lkw wiegt 12,3 t und kann pro Fahrt etwa 12 m^3 Erde befördern. Mit wie vielen Fahrten rechnet die Firma?

4 Eine Elternzeitschrift gibt eine Orientierungshilfe für die Höhe des Taschengeldes.

a) Erstelle ein geeignetes Diagramm.

b) Führe eine Umfrage in deinem Freundeskreis durch und vergleiche mit der Tabelle.

2 bis 5 Jahre	0,50 €/Woche
6 bis 7 Jahre	1,50 €/Woche
8 bis 9 Jahre	2,00 €/Woche
10 bis 12 Jahre	10,00 €/Monat
13 bis 15 Jahre	20,00 €/Monat

5 Energiepreise sind ständigen Schwankungen unterworfen. Die Tabelle zeigt die Entwicklung einzelner Energiepreise in der Vergangenheit.

	Einheit	1991	1995	2000	2005	2010	2013
Heizöl	€/100 l	26,38	21,94	40,82	51,62	59,30	85,63
Erdgas	ct/kWh	3,55	3,48	3,94	5,34	6,33	9,51
Strom	ct/kWh	14,80	16,36	14,92	18,22	18,91	25,15
Benzin	€/l	0,65	0,77	0,99	1,10	1,27	1,52
Diesel	€/l	0,55	0,58	0,80	0,98	1,12	1,40

a) Stelle die Entwicklung der Benzinpreise in einem geeigneten Diagramm dar. Beziehe den aktuellen Benzinpreis in das Diagramm mit ein.

b) Martin stellt fest: „Die Preise haben sich in den letzten Jahren ja fast verdoppelt.“ Worauf bezieht sich Martin dabei? Findest du auch Gegenbeispiele?

c) Recherchiere, was die Ursachen für die Preisschwankungen sein können.

Im Altbau der Familie Laux ist das Dach undicht. Um 9.50 Uhr stellt Frau Laux einen Eimer unter die tropfende Stelle. Langsam füllt sich der Eimer. Um 10.00 Uhr ist das Wasser 2 cm hoch, um 10.10 Uhr ist es auf 4 cm gestiegen, um 11.00 Uhr auf 14 cm.

- Wie hoch stand das Wasser etwa um 10.30 Uhr (13.00 Uhr)?
- Wie hoch stand das Wasser gegen 10.15 Uhr?
- Formuliere eine Regel für den Zusammenhang zwischen der Wasserhöhe im Eimer und der Zeitdauer.

Merkwissen

Bei manchen Aufgaben ist es hilfreich, gegebene Daten in einer Tabelle aufzuschreiben. Dabei kann man unbekannte Werte ergänzen, wenn es eine **Gesetzmäßigkeit zwischen den Zahlenpaaren** gibt.

Beispiel: 1 Kugel Eis kostet im Eissalon 0,90 €. Mögliche Preistabelle:

Anzahl der Eiskugeln	1	2	3	4	5	...	10
Preis	0,90 €	1,80 €	2,70 €	3,60 €	4,50 €	...	9,00 €

Hier setzt sich der Preis gleichmäßig fort, z. B. ergibt die doppelte Anzahl den doppelten Preis.

Regel: „1 Eiskugel mehr bedeutet auch 0,90 € mehr bezahlen."
Beachte: Eine Gesetzmäßigkeit kann auch manchmal unterbrochen werden, z. B. wenn man einen Nachlass bei großen Mengen bekommt.

Beispiele

Hier vervielfachen sich die Algen in gleichen Zeiträumen.

I Ein Stausee zum Hochwasserschutz hat im Sommer ein Problem: Eine Alge breitet sich rasant aus. Ein Biologe stellt fest, dass sich die Algenfläche, etwa alle fünf Tage verdoppelt. Zurzeit schätzt er die Fläche der Alge auf 3 m².

a) Bestimme die Größe der von der Alge bedeckten Fläche nach 20 (40) Tagen.

b) Der Stausee hat eine Wasseroberfläche von ca. 1600 m². Wann bedeckt die Alge den ganzen See, wenn das Wachstum so weiter geht?

Lösung:
Gegeben: Algenfläche: 3 m²; Verdoppelung in fünf Tagen; Seefläche: 1600 m²

a) **Gesucht**: Wie groß ist die Fläche der Alge nach 20 (40) Tagen?
Rechnung:

Tage	Start: 0	5	10	15	20	25	30	35	40
Fläche	3 m²	6 m²	12 m²	24 m²	48 m²	96 m²	192 m²	384 m²	768 m²

Antwort: Nach 20 Tagen sind 48 m², also etwa 50 m² bedeckt, nach 40 Tagen 768 m², das heißt ungefähr 770 m².

b) **Gesucht**: Wann ist der ganze See von der Alge bedeckt?
Rechnung:

Tage	40	45	50
Fläche	768 m²	1536 m²	3072 m²

Antwort: Es dauert etwas mehr als 45 Tage, bis der ganze See zugewuchert ist.

Verständnis

- „Ein guter Sprinter läuft 100 m in 11 Sekunden." Ist es sinnvoll, hierzu eine Tabelle anzulegen? Begründe.
- Ein Pkw fährt eine Strecke in 1,5 h. Wie lange brauchen zwei, drei oder fünf Pkw des gleichen Modells dazu?

AUFGABEN

Verwende Tabellen, wenn es sinnvoll ist.

1 Für eine bevorstehende Klassenfahrt sammelt die Klasse 6 von jedem Schüler monatlich 5,20 € ein.

a) Stelle die Gesamteinnahmen pro Schüler im Laufe eines Schuljahres dar.

b) Die Fahrt kostet pro Kopf 41,60 €. Nach wie vielen Monaten kann die Klasse aufhören, einzusammeln?

2 Ein 80 kg schwerer Mann verbrennt bei bequemer Geschwindigkeit mit dem Fahrrad auf 3 km ca. 75 Kilokalorien (kcal).

a) Wie viele kcal sind nach 21 km (36 km, 45 km, 50 km) verbrannt? Welche Annahmen machst du bei deiner Rechnung?

b) Wie weit muss er fahren, um 1240 kcal zu verbrauchen? Beurteile, wie realistisch dein Ergebnis ist.

c) Erkundige dich, bei welchen Tätigkeiten man ähnlich viele Kalorien verbraucht. Wie viele kcal enthält eine Tafel Schokolade?

3 Die Tabelle zeigt die Entfernung zwischen einigen Städten.

	Amsterdam	Athen	Barcelona	Belgrad	Berlin	Bern	Brüssel
Amsterdam		2950	1600	1800	650	950	200
Athen	2950		3200	1150	2400	2700	2900
Barcelona	1600	3200		2050	1900	950	1350
Belgrad	1800	1150	2050		1300	1450	1750
Berlin	650	2400	1900	1300		950	750
Bern	950	2700	950	1450	950		700
Brüssel	200	2900	1350	1750	750	700	

a) Erkläre die Darstellung. Warum enthält die Diagonale keine Einträge?

b) Lies die folgenden Entfernungen ab: Belgrad – Bern, Brüssel – Athen, ...

c) Welche, der in der Tabelle notierten Städte, ist von Berlin am weitesten entfernt, welche liegt am nächsten?

4 Herr und Frau Schuberth planen mit ihrem Sohn Manuel (6 Jahre) einen Badeurlaub in Griechenland. Im Internet finden sie ein Angebot.

4-Sterne-Hotel „Kosta Mare Palace Resort & Spa“			
Preis pro Person	839,- €	959,- €	1079,- €
Abflugtermine	10.06.14 17.06.14 05.08.14	24.06.14 01.07.14 08.07.14	15.07.14 22.07.14 29.07.14

Wunschleistung pro Person
Aufpreis Zimmer · mit Gartenblick: 35 € · mit Meerblick: 79 €
Kinderermäßigung
Kinder · bis Ende 1 Jahr erhalten 100 % Ermäßigung. · von 2–6 Jahren erhalten den folgenden Kinderfestpreis: 399 €.

a) Wie viel kostet die Reise für die Familie im günstigsten (teuersten) Fall?

b) Wie ändern sich die Gesamtkosten, wenn das Doppelzimmer mit Gartenblick (Meerblick) gewählt wird?

5 Eine Bank lockt ihre Kunden mit folgendem Angebot:

> Wir verdoppeln Ihr Vermögen in 20 Jahren.

a) Stelle dar, wie sich eine Anlage von 1000 € entwickelt. Verwende auch ein geeignetes Diagramm.

b) Nach wie vielen Jahren hat sich eine Anlage von 1000 € mindestens verzehnfacht?

Nutze ein Tabellenblatt.

	A	B
1	Guthaben	
2	Start (0 Jahre)	100 €
3	20 Jahre	200 €
4	40 Jahre	=2*B3
5	60 Jahre	

In Amerika werden Entfernungen in Meilen angegeben. Eine amerikanische Meile ist ungefähr 1,6 km lang.

- Erstelle eine Tabelle, in der du für verschiedene amerikanische Meilen die Entfernung in Kilometer ablesen kannst.
- Stelle den Sachverhalt in einem Diagramm dar. Kannst du dem Diagramm auch Wertepaare entnehmen, die nicht in der Tabelle stehen? Erkläre dein Vorgehen.

Merkwissen

Die Darstellung von Werten mithilfe eines Graphen hilft, Ergebnisse übersichtlich und schnell abzulesen. Beim **Zeichnen eines Graphen** geht man wie folgt vor:

1. Man trägt an der x-Achse eine Größe ab (z. B. Benzin in l), an der y-Achse die andere Größe (z. B. Preis in €).
2. Man bestimmt mehrere Wertepaare und markiert die entsprechenden Stellen.

Menge	2 l	10 l	16 l	22 l
Preis	2,86 €	14,30 €	22,88 €	31,46 €

3. Man verbindet die Wertepaare miteinander, wenn es sinnvoll ist (z. B. durch eine Gerade).
4. Man kann nun auch Zwischenwerte ablesen.

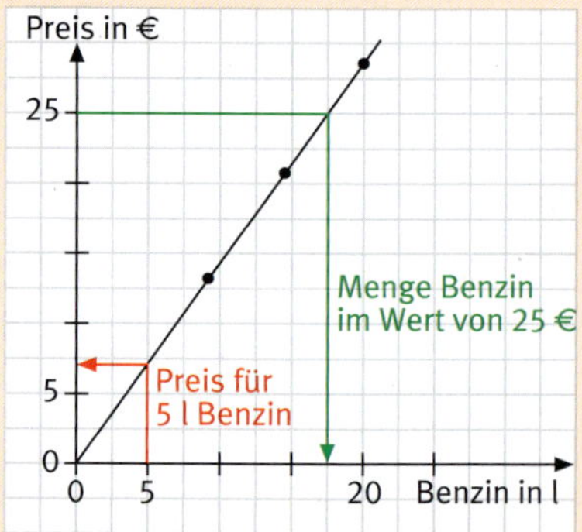

Beispiele

I In einer Bäckerei kostet ein Brötchen 25 ct. Heute gibt es ein besonderes Angebot: Beim Kauf von drei Brötchen erhält man ein Brötchen gratis dazu.

a) Zeichne einen Graphen, an dem man für verschiedene Anzahlen von Brötchen den Preis ablesen kann. Beschreibe den Verlauf des Graphen.

b) Kann man die Wertepaare sinnvoll miteinander verbinden?

Lösung:

a)

Brötchen	1	2	3	4	5	6	7	8	9
Preis in €	0,25	0,50	0,75	0,75	1,00	1,25	1,50	1,50	1,75

Der Preis steigt immer für drei Brötchen regelmäßig an, bevor er für ein Brötchen stagniert, d. h. gleich bleibt. Anschließend wiederholt sich dieses Muster.

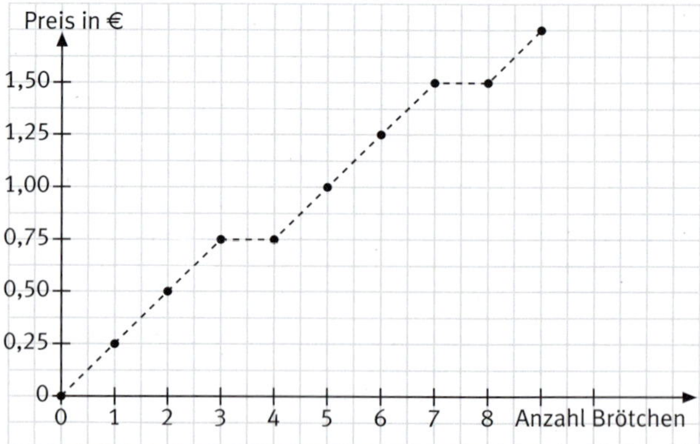

b) Eigentlich kann man die Wertepaare nicht miteinander verbinden, denn Zwischenwerte ergeben keinen Sinn, da keine halben Brötchen verkauft werden.
Oftmals verbindet man solche Wertepaare jedoch z. B. durch gestrichelte Linien, damit man den Verlauf des Graphen besser erkennen kann.

Verständnis

- Einen Graphen mit einer durchgezogenen Geraden nennt man in der Mathematik „linearer Graph“. Kannst du dir vorstellen, warum?
- In Zeitungen, Nachrichten, Internet, ... findest du oft Graphen, um Zusammenhänge zwischen Größen darzustellen. Was ist der Vorteil dieser Darstellung? Findest du auch Nachteile?

Aufgaben

1 Bauer Thies‘ Kühe geben täglich ziemlich gleichmäßig frische Milch.

a) Nach wie vielen Tagen wurden 3500 Liter produziert?

b) Wie viel Milch wurde in 20 Tagen hergestellt?

c) Lies drei weitere Wertepaare ab.

2 a) Wie viel Hackfleisch erhält man für 3 € (8 €, 12 €, 15 €)?

b) Wie viel kosten 80 g (120 g, 330 g) Hackfleisch?

3 Sabines Eltern zahlen für eine Stunde private Nachhilfe 8 €. Versuche mithilfe einer Tabelle und mit einem Graphen zu lösen.

a) Wie viel kosten 3,5 h (2 h, 4 h) Nachhilfe?

b) Wie viel Stunden Nachhilfe erhält Sabine etwa für 50 € (20 €, 10 €)?

4 Syriana und Michelle machen ein Wettrennen über 50 m. Michelle ist älter als Syriana und lässt ihr deshalb 2 s Vorsprung. Michelle ist nach 11 s im Ziel, Syriana erst nach 12 s. Mit den Messpunkten an Start und Ziel zeichnen sie die nebenstehenden Graphen.

a) Beschreibe, welche Informationen du den Graphen entnehmen kannst. Ordne die Graphen den Läuferinnen zu.

b) Wie lange benötigt Syriana (Michelle) etwa für 10 m (20 m, 30 m)?

c) Die beiden Graphen schneiden sich nach etwa 35 m. Welche Bedeutung hat diese Stelle für den Lauf?

d) Für wie realistisch hältst du die beiden Graphen? Begründe und präsentiere gegebenenfalls eine realistischere Möglichkeit.

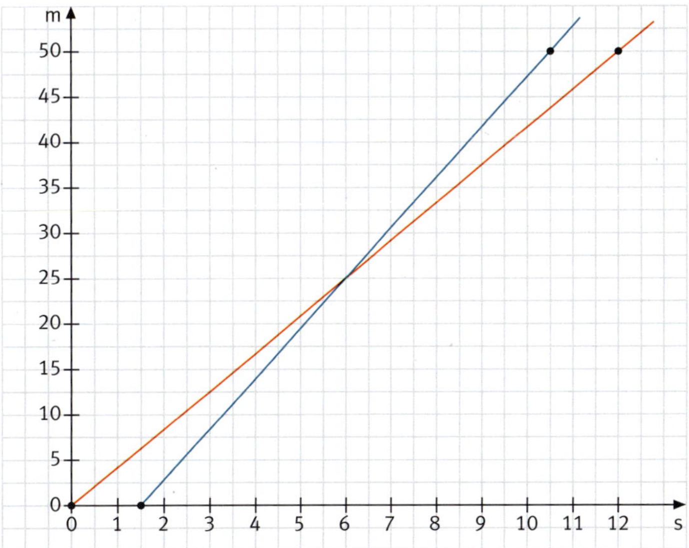

5 Kilian und Mohammed aus der 6b wollen ein Wettrennen machen. Zeichne dazu einen möglichen Graphen. Erfinde selbst Aufgaben zu dem Graphen und löse sie. Erhält dein Tischnachbar das gleiche Ergebnis?

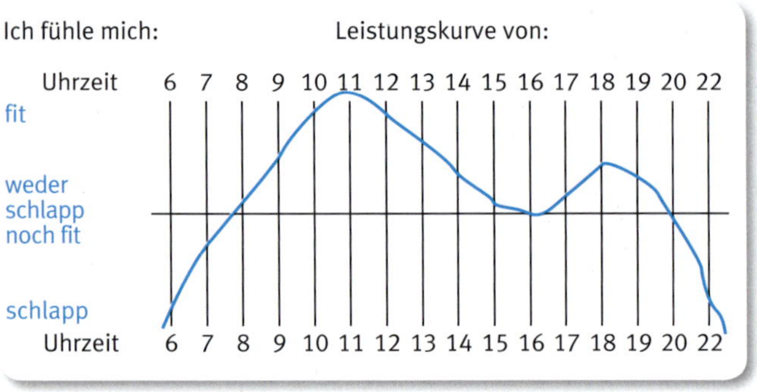

6 Bei jedem Menschen schwankt die Leistungsfähigkeit im Laufe eines Tages.

a) Beschreibe den Leitungsverlauf eines Menschen. Wann gibt es Leistungshochs, wann Leistungstiefs?

b) Vergleiche die Leistungskurve mit deinem Stundenplan. In welchen Stunden bist du am leistungsfähigsten? Wie kannst du das nutzen?

c) Erstelle einen Tagesplan mit Lern-, Freizeit- und Ruhephasen, der der Leistungskurve angepasst ist.

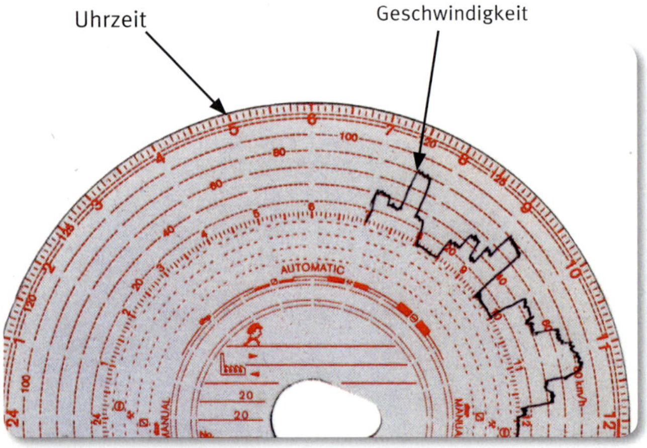

7 Ein Fahrtenschreiber in einem Lkw oder Bus erfasst die Geschwindigkeiten sowie Lenk- und Ruhezeiten eines Fahrers.

a) Um wie viel Uhr hat der Fahrer seine Fahrt begonnen (beendet)?

b) In welchen Zeiträumen stand der Lkw still?

c) Bestimme die Höchstgeschwindigkeit auf der Fahrt. Kann man die Uhrzeiten erkennen?

d) Erfinde eine Geschichte, die zu dem Fahrtenschreiber passt.

8 Früher wurde die Leistung einer Maschine mit der Arbeitsleistung eines Pferdes verglichen, das beispielsweise einen Pflug zieht. Aus dieser Zeit ist es noch üblich, Leistungen etwa bei Autos in Pferdestärken (PS) anzugeben. Heute verwendet man auch die internationale Einheit Kilowatt (kW). Zur Umrechnung gilt: $1\text{ PS} \approx \frac{3}{4}\text{ kW}$.

a) Lege eine Tabelle an, in der man die Werte für 0 PS, 20 PS, 40 PS, ..., 120 PS ablesen kann. Zeichne auch einen Graphen zu dem Sachverhalt.

b) Bestimme so genau wie möglich:

1. Wie viel PS entsprechen 20 kW (50 kW, 70 kW, 80 kW)?
2. Wie viel kW entsprechen 25 PS (30 PS, 90 PS, 110 PS)?

c) Informiere dich im Internet, in Autoprospekten, ... zur Leistung verschiedener Autos und vergleiche die Angaben mit deinem Graphen.

9 Ein Elektromarkt hat folgendes Angebot: „3 Packungen nehmen, 2 bezahlen. Die günstigste Packung ist umsonst." Der Markt hat verschiedene Batterien im Sortiment.

Gehe wie im Merkkasten vor.

a) Zeichne einen Graphen, an dem man für verschiedene Anzahlen gekaufter Mignon-Batterien den Preis ablesen kann. Beschreibe den Verlauf des Graphen.

b) Wie teuer ist die teuerste (günstigste) Variante des Angebots? Welche Packungen kann man dafür jeweils kaufen?

	Art	Preis
	Mono	3,95 €
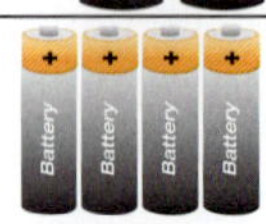	Mignon	3,50 €
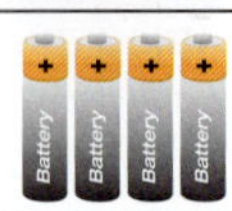	Micro	3,75 €

10 Der Graph stellt den Zusammenhang zwischen der Anzahl dreier Artikel und dem Verkaufspreis dar.

a) Welcher Artikel ist am teuersten (günstigsten)? Begründe deine Antwort.

b) Erstelle für jeden Artikel eine Preistabelle aus mindestens vier Wertepaaren. Bestimme auch den Stückpreis jedes Artikels.

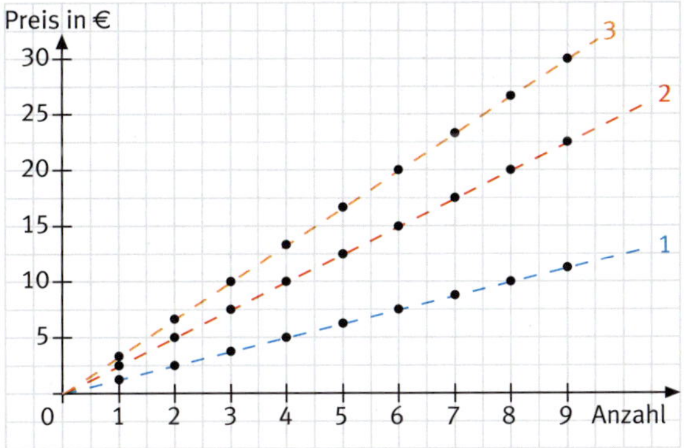

11 Der Deutsche Wetterdienst beobachtet das Wetter. Dabei werden die Niederschlagsmengen in einem genormten Gefäß aufgefangen und gemessen, wie hoch das Wasser darin steht. Der Graph beschreibt die monatlichen Niederschlagsmengen an einer Wetterstation.

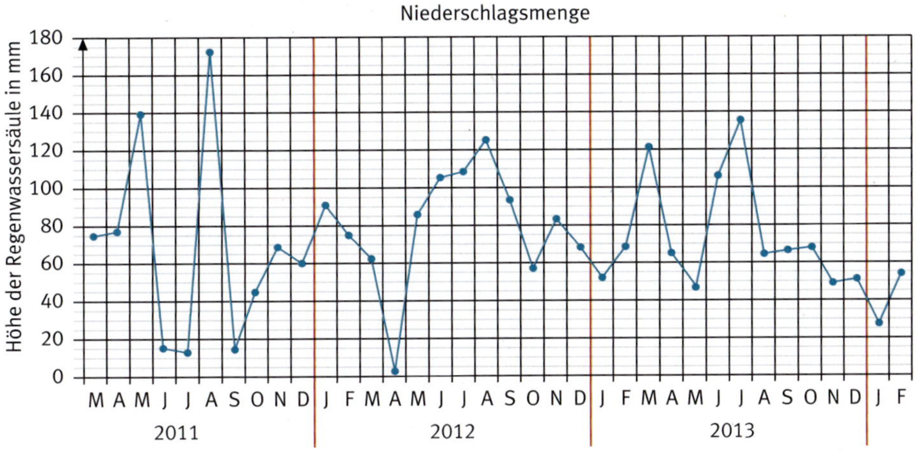

a) Wann fiel am meisten (wenigsten) Niederschlag im Beobachtungszeitraum?

b) Vergleiche die Niederschlagsmengen zu verschiedenen Jahreszeiten. Welche Jahreszeiten sind an dieser Station besonders regenreich (regenarm)?

c) Bestimme die Niederschlagsmenge für die einzelnen Monate im Jahr 2013 möglichst genau.

Alltag

Internet und Co.

Die sogenannte Arbeitslosenquote gibt den Anteil der arbeitsfähigen Menschen an, die keine Arbeit finden. Rechts siehst du zwei verschiedene Schaubilder, die alle die Entwicklung der Arbeitslosenquote beschreiben.

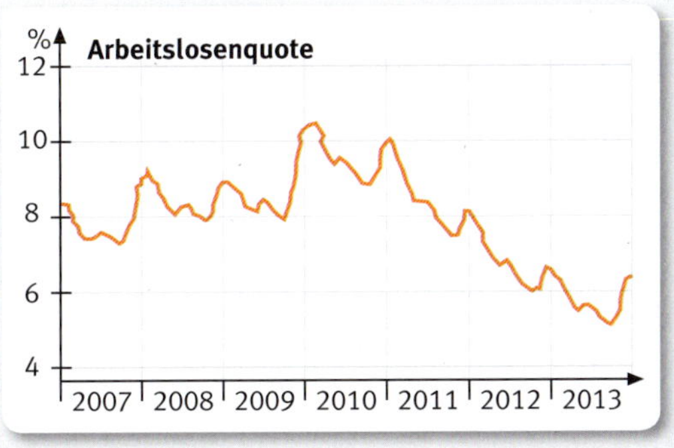

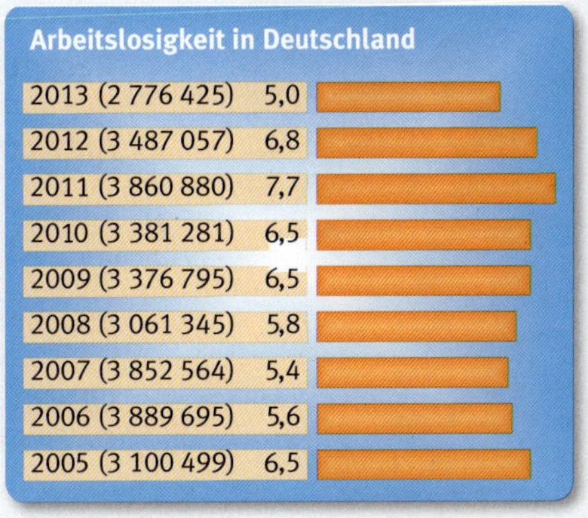

- Beschreibe den Aufbau der verschiedenen Darstellungen.
- Versuche die Arbeitslosenquote zu gleichen Zeitpunkten den Darstellungen zu entnehmen und vergleiche. Wo fällt es leicht, wo fällt es schwer? Beschreibe mögliche Probleme.
- Bewerte die Abbildungen nach ihrer Brauchbarkeit aus deiner Sicht. Begründe deine Aussagen.

Der Schatz des Piratenkapitäns Graubart wird gerecht unter seiner Mannschaft aufgeteilt. Von den erbeuteten 1240 Goldstücken der letzten Enterfahrt behält sich Graubart 600, während sein erster Offizier vom Rest wieder die Hälfte bekommt. Was übrig ist, wird zu gleichen Teilen unter den 64 verbleibenden Besatzungsmitgliedern aufgeteilt.

- Wie viel Gold erhalten Graubart und der erste Offizier zusammen?
- Wie viel Gold erhält ein Besatzungsmitglied?
- Beurteile die Aufteilung der Goldstücke unter Graubarts Mannschaft.

Erinnere dich:
*Was in **Klammern** steht, wird **zuerst** berechnet.*
***Potenzen** vor Punktrechnungen.*
***Punktrechnungen** (Multiplikation, Division) werden **vor Strichrechnungen** (Addition, Subtraktion) durchgeführt.*

Merkwissen

Beim Lösen von Sachaufgaben muss man nicht jeden Schritt einzeln ausrechnen. Man kann auch einen einzigen **Term** aufstellen. Man schreibt dazu die Schritte der Aufgabe in einer einzigen Zeile auf und befolgt dabei die Rechenregeln.

Beispiele für Terme mit Zahlen:
$3 \cdot 4 - 8$ $\quad$ $12 \cdot (3 + 2)$ $\quad$ $10 - 7$ $\quad$ $(5 - 1) \cdot (3 + 4)$

In Termen können **Platzhalter** (**Variablen**) für **beliebige Zahlen** auftreten. Sie werden in der Regel mit kleinen Buchstaben a, b, c, ..., x, y, z bezeichnet.

Term:	$10 + 0{,}05 \cdot a$
Setze $a = 21$:	$10 + 0{,}05 \cdot 21 = 10 + 1{,}05 = 11{,}05$
Setze $a = 146$:	$10 + 0{,}05 \cdot 146 = 10 + 7{,}3 = 17{,}3$

Beispiele

I Marco und seine Freunde spielen um Murmeln. Nach dem Spiel hat Marcos Freund Max insgesamt acht Murmeln, Volkan hat dreimal so viele Murmeln wie Max. Marco hätte noch mal das Vierfache von Volkans Murmeln, wenn dieser zehn weniger besäße. Wie viele Murmeln hat Marco nach dem Spiel?

Lösung:
Gegeben: Max hat acht Murmeln; Volkan hat dreimal so viele wie Max; Marco hat viermal so viele wie Volkan, wenn dieser zehn Murmeln weniger hätte.
Gesucht: Wie viele Murmeln hat Marco nach dem Spiel?
Rechnung: Wir notieren alle Schritte in einer einzigen Rechenzeile:
$(8 \cdot 3 - 10) \cdot 4 = (24 - 10) \cdot 4 = 14 \cdot 4 = 56$
Antwort: Marco hat nach dem Spiel 56 Murmeln.

II Ein Backrezept enthält insgesamt 1200 g Zutaten. $\frac{1}{4}$ davon ist Roggenmehl, 350 g sind Weizenmehl, der Rest ist eine Backmischung. Die Mischung verteilt man gleichmäßig auf fünf Förmchen. Wie viel Backmischung ist in jedem Förmchen?

Lösung:
Gegeben: 1200 g Zutaten insgesamt; davon $\frac{1}{4}$ Roggenmehl und 350 g Weizenmehl, Rest Backmischung; Aufteilen des Teigs auf fünf Förmchen.
Gesucht: Wie viel Backmischung ist in jedem einzelnen Förmchen?
Rechnung: $(1200 - 1200 \cdot \frac{1}{4} - 350) : 5 = (1200 - 300 - 350) : 5 = 550 : 5 = 110$
Antwort: In jedem Förmchen sind 110 g der Backmischung.

Verständnis

- Welcher Fehler wurde hier gemacht? $3 \cdot 12 - 8 = 12$
- Was ist ein Term? Fällt dir ein anderes Wort dafür ein?

Aufgaben

1 Herrn Langs Rasen ist 120 m² groß. Auf einem Achtel möchte er Rosen pflanzen, auf dem Dreifachen der Rosenfläche Tulpen. Bestimme den Rest für den Rasen.

2 Familie Volker verbringt mit ihren beiden Kindern Bastian und Merle einen 14-tägigen Urlaub an der Nordsee. Eine Woche Halbpension kostet in der Ferienanlage 219 € pro Person, Kinder zahlen nur die Hälfte. Berechne die Gesamtkosten.

3 Eine 13 m lange Latte wird in drei Stücke zerlegt. Dabei ist das zweite Stück dreimal so lang wie das erste. Das dritte Stück ist 1 m kürzer als das zweite. Wie lang sind die einzelnen Stücke?

4 Für sein Frühstück mischt Kilian Früchtemüsli, Schokomüsli und Cornflakes. Damit es nicht zu süß wird, vermischt Kilian viermal so viele Cornflakes wie Früchtemüsli und dreimal so viel Früchte- wie Schokomüsli. Aus Erfahrung weiß er, dass sein Frühstücksmix etwa 80 g wiegt. Bestimme die einzelnen Mengen.

5 „Ich hol dich ja sowieso ein!“, sagt der Hase zum Igel. Beide machen ein Wettrennen: Da der Igel langsamer ist als der Hase, gibt dieser ihm 5 m Vorsprung. Der Hase läuft 30 cm pro Sekunde, der Igel nur 10 cm. Wann sind beide gleichauf?

Überlege dir zunächst, wo der Hase und der Igel jeweils nach 10 s, 20 s, 30 s, ... Sekunden sind, und nähere dich dann dem Ergebnis an.

6 Formuliere Textaufgaben zu den folgenden Termen.

a) $5 \cdot 2{,}90$ € **b)** $1{,}80$ m : 6 – 5 cm **c)** (23 kg – 7 kg) : 5

d) $12 \cdot 3{,}50$ € + $17 \cdot 3{,}80$ € **e)** $\frac{1}{3} \cdot 372$ g + 50 g **f)** $3 + 2 \cdot 15 : 3$

Spiel

Start → Erster Term: $2 \cdot x + 1$		$\frac{1}{3} \cdot x$	$(x-1) \cdot 2$	$4 \cdot x$	$12 : x$	$6 - x$	$x + 3$	$2 + x : 2$	$(1 + x) : 2$
Ziel									$x - 2$
Ziel									$2 \cdot (x + 1)$
Ziel									$2 \cdot x$
$3 \cdot (x - 3)$									$x + 4$
$10 - x$									$x \cdot 5$
$5 + x - 2$									$8 - x + 3$
$6 \cdot x - 10$									$2 + 2 \cdot x$
$x - 4$									$1 + x$
$3 \cdot x + 1$	$\frac{1}{2} \cdot x - 2$	$0 \cdot x + 2$	$x \cdot x$	$3 \cdot x - x$	x	$4 \cdot x$	$1 + x$	$\frac{1}{2} \cdot x$	$12 - x$

Term ärgere mich nicht (2 Spieler)

Spielmaterial

- 1 Spielfigur pro Spieler
- Würfel

Spielregeln

- Beide Spieler setzen ihre Spielfiguren auf das Startfeld.
- Der jüngere Spieler beginnt und setzt seine gewürfelte Zahl anschließend in den Term ein, auf dessen Feld seine Figur gerade steht. Zu Beginn ist dies der Term $2 \cdot x + 1$. Gemäß dem Termwert rückt er seine Figur nach vorne.
- Der andere Spieler würfelt und verfährt entsprechend.
- Ist das Ergebnis keine natürliche Zahl, setzt der Spieler für diese Runde aus.
- Wer das Ziel „überrennt“, läuft weiter.
- Gewonnen hat, wer eines der Zielfelder genau erreicht.

Anna hat einen Vertrag für ihr Handy abgeschlossen. Sie muss keine monatliche Grundgebühr bezahlen, dafür aber 0,10 € pro Einheit.

a) Berechne Annas Telefonkosten bei 35 (76, 104, 157) Einheiten im Monat.

b) Erstelle einen Term, mit dem sie die Telefonkosten pro Monat berechnen kann.

c) Anna überlegt, den Tarif zu wechseln. Bei diesem beträgt die Grundgebühr 5 €, dafür kostet jede Einheit nur 0,05 €.

1. Wie lautet ein Term für den neuen Tarif?
2. Ab wie vielen Einheiten pro Monat würde sich der neue Tarif für Anna lohnen?

Merkwissen

Eine **Gleichung** besteht aus zwei Termen, die durch ein Gleichheitszeichen miteinander verbunden sind. Die Terme auf beiden Seiten haben den **gleichen Wert**.

$$2 \cdot x + 6 = 16$$

Lösung durch Einsetzen

nacheinander:
$2 \cdot 3 + 6 = 12$ falsch
$2 \cdot 4 + 6 = 14$ falsch
$2 \cdot 5 + 6 = 16$ richtig

einschachteln:
$2 \cdot 6 + 6 = 18$ zu groß
$2 \cdot 4 + 6 = 14$ zu klein
$2 \cdot 5 + 6 = 16$ richtig

Lösung: $x = 5$

Beispiele

Schritte:
1. *Unbekanntes mit einer* ***Variablen belegen***
2. *Gleichung* ***aufstellen***
3. *Variable und Zahlen* ***ordnen***
4. *Gleiche Variablen und Zahlen* ***zusammenfassen***

Term für den Umfang:
$a + b + a + b$

I Bei einem Rechteck ist die eine Seite 5 cm länger als die andere. Stelle einen Term auf, mit dem man den Umfang des Rechtecks bestimmen kann.

Lösung: Sei a die längere und b die kürzere Seite im Rechteck.

1. Möglichkeit
Variable: Länge a
Somit $b = a - 5$ cm
Umfang:

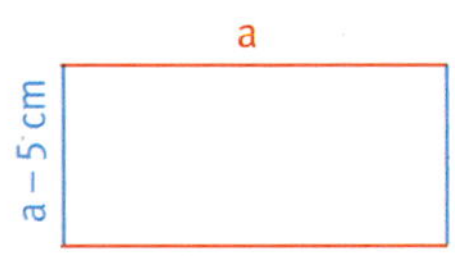

$a + a - 5\text{ cm} + a + a - 5\text{ cm}$
$a + a + a + a - 5\text{ cm} - 5\text{ cm}$
$\underbrace{a + a + a + a}_{4 \cdot a} \underbrace{- 5\text{ cm} - 5\text{ cm}}_{-10\text{ cm}}$

2. Möglichkeit
Variable: Länge b
Somit $a = b + 5$ cm
Umfang:

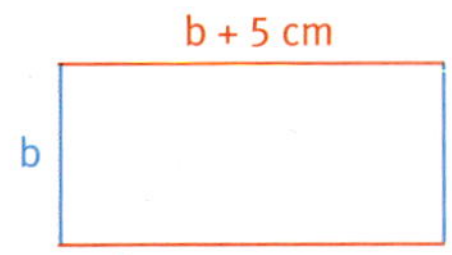

$b + 5\text{ cm} + b + b + 5\text{ cm} + b$
$b + b + b + b + 5\text{ cm} + 5\text{ cm}$
$\underbrace{b + b + b + b}_{4 \cdot b} \underbrace{+ 5\text{ cm} + 5\text{ cm}}_{+10\text{ cm}}$

Erinnere dich: Du kennst bereits das ***Lösen durch die Umkehraufgabe***

II Maria denkt sich eine Zahl. Sie multipliziert diese Zahl mit $\frac{3}{8}$ und addiert anschließend $\frac{4}{5}$. Als Ergebnis erhält sie $\frac{13}{10}$. Wie lautet die Zahl?

Lösungsmöglichkeit: x ist die Variable.

Gleichung aufstellen: $x \cdot \frac{3}{8} + \frac{4}{5} = \frac{13}{10}$

$$x \xrightarrow{\cdot \frac{3}{8}} x \cdot \frac{3}{8} \xrightarrow{+ \frac{4}{5}} x \cdot \frac{3}{8} + \frac{4}{5}$$

$$\frac{4}{3} \xleftarrow{: \frac{3}{8}} \frac{1}{2} \xleftarrow{- \frac{4}{5}} \frac{13}{10}$$

Maria hat sich $\frac{4}{3} = 1\frac{1}{3}$ gedacht.

Verständnis

- Marina behauptet: „$2 \cdot x = x^2$“ Stimmt das? Begründe.
- Beschreiben $5 \cdot s + 4$ und $5 \cdot t + 4$ den gleichen Term? Erkläre.

1 Drücke durch einen Term aus.

a) Die Hälfte einer Zahl.
b) Eine Zahl vermindert um 6.
c) Die Summe von 5 und dem Dreifachen einer Zahl.
d) Ein Fünftel des Produkts von einer Zahl und 7.

2 Erstelle einen Term für den Umfang der Figuren. Bestimme den Umfang, indem du für die Variable 2 cm (3,5 cm, $1\frac{1}{4}$ cm) einsetzt.

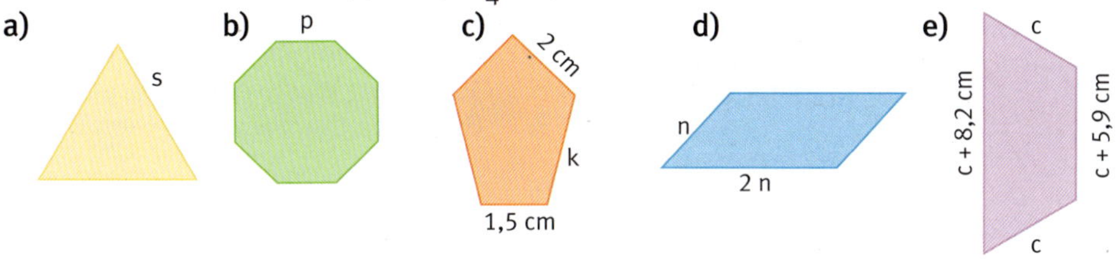

3 Ordne gleichwertige Terme einander zu.

$3 \cdot a$ | $2 \cdot a + 4 - a$ | $3 \cdot a + a - 6 - 3 \cdot a + 3$ | $4 + 5 \cdot a - 3 - 2 \cdot a$ | $5 \cdot a + 12 - a + 3$ | $a + 1 + 2 \cdot a$ | $a - 3$ | $a + 4$ | $4 \cdot a + 15$ | $a + a + a$

4 Viele amerikanische Städte wie Washington D.C. sind geometrisch angelegt. Beschreibe mindestens vier verschiedene Wege, die vom Standort zum Eingang des FBI-Buildings führen.

Washington D.C.

5 Stelle jeweils einen Term auf, mit dem man den Umfang der Figur bestimmen kann. Gehe wie in Beispiel I vor.

a) Bei einem Rechteck ist eine Seite 2 cm länger als die andere.
b) Bei einem Rechteck ist eine Seite 4 cm kürzer als die andere.
c) Bei einem Parallelogramm ist eine Seite doppelt so lang wie die andere.

6 Stelle eine Gleichung auf. Wie lautet die gesuchte Zahl?

a) Martina denkt sich eine Zahl. Sie multipliziert sie mit 7 und addiert dann 2,5. Das Ergebnis ist 6.
b) Matthias denkt sich eine Zahl. Er multipliziert sie mit $\frac{4}{5}$ und subtrahiert anschließend $\frac{3}{15}$. Als Ergebnis erhält er $1\frac{1}{5}$.

7 Löse die Altersrätsel. Stelle zunächst einen Term auf.

Manchmal kann man auch durch Probieren eine Lösung finden.

a) Verena wäre doppelt so alt wie Ruben, wenn er neun Jahre älter wäre. Ruben ist fünf.
b) Claudio ist viermal so alt wie sein Bruder Luca. In zwei Jahren wird er nur noch dreimal so alt sein.
c) Laura und Marie sind zusammen genauso alt, wie wenn man Maries Alter von dem ihrer Klassenlehrerin abzieht. Laura ist zwölf, die Klassenlehrerin ist 40.

8 Bestimme jeweils die fehlende Seitenlänge.

a) In einem Dreieck ist eine Seite 17,4 cm, eine andere 12,8 cm lang. Der Umfang des Dreiecks beträgt 60,0 cm.
b) Der Flächeninhalt eines 6 cm langen Rechtecks beträgt 25,5 cm².

Zu 4.1

1 Bearbeite die Aufgaben.

a) Von Butzbach nach Bad Nauheim sind es etwa 12 km zu laufen. Max möchte in spätestens $2\frac{1}{2}$ Stunden am Ziel sein. Berechne seine durchschnittliche Geschwindigkeit.

b) Ein Gebrauchtwagenhändler kauft einen Pkw für 8700 €. Er lässt ihn für 1800 € herrichten und verkauft ihn dann für 13 650 €. Wie hoch ist sein Gewinn?

a) Familie Weinrich startet um 9.30 Uhr zu der 180 km langen Fahrt von Idstein nach Schwalmstadt. Über Land fahren sie erfahrungsgemäß 80 km/h. Berechne die Ankunftszeit.

b) In einem Karton sind 12 Becher Quark. Frau Liebig erhält beim Bezahlen von ihrem 10-€-Schein 1,36 € als Wechselgeld zurück. Berechne den Preis für einen Becher.

2 Formuliere geeignete Aufgaben zu dem Sachbereich.

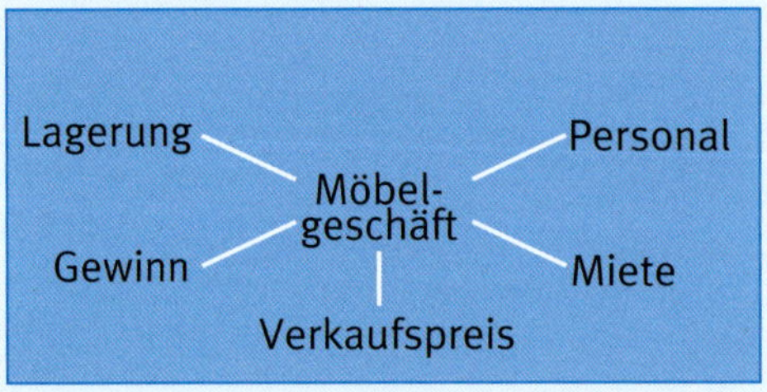

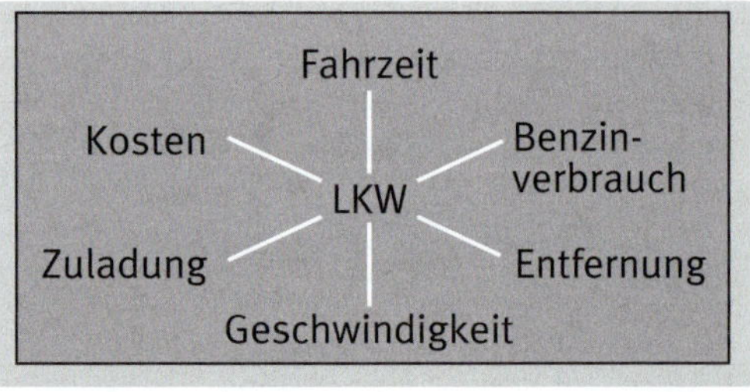

3 a) Vereinfache den Text und lasse alles Überflüssige weg.
b) Formuliere eine weitere Frage zum Text.

(1) Frau Wolf geht zum Metzger, um Fleisch und Wurst zu kaufen. Sie kauft $1\frac{1}{2}$ kg Kalbsbraten, das kg zu je 14,90 €, dann $1\frac{1}{4}$ kg Schweinebraten, das kg zu je 11,30 €, sowie 300 g Schinken zum Kilopreis von 14,80 €. Wie schwer sind alle Fleisch- und Wurstwaren zusammen?

(2) Eine monatlich erscheinende Jugendzeitschrift hat 32 Seiten. Das Einzelheft kostet 3,90 €, im Jahresabo bekommt man es für 37,50 €. Aus wie vielen Seiten besteht ein Jahrgang dieser Zeitschrift?

Ein Mauersegler ist etwa 18 Zentimeter lang und 30 bis 60 Gramm schwer. Ein Mauerseglerpaar bringt pro Jahr etwa 2 bis 3 Junge zur Welt. Um sie zu füttern, landet das Paar täglich bis zu 40-mal an seinem Nest. Dabei verfüttert es jeweils Klumpen von bis zu 1000 Insekten an den Nachwuchs. Die Jungen werden nach rund 50 Tagen flügge und sorgen dann für sich selber. Wie viele Insekten verfüttert ein Mauerseglerpärchen während eines Jahres an seine Jungen?

Zu 4.2

4 Löse den Sachverhalt, indem du aufgrund der Gesetzmäßigkeit zwischen den Zahlenpaaren eine Tabelle erstellst.

a) Auf einer Kirmes kostet eine Bratwurst 1,80 €. Wie teuer sind 4 (6, 7) Bratwürste?

b) In einem Schulgarten werden in einer Reihe 4 Blumenkohlpflänzchen gesetzt. Bestimme die Anzahl der Pflanzen für 3 (5, 7, 8, 9) Reihen.

In einem geöffneten Joghurt verdoppelt sich die Fläche der Schimmelsporen alle 3 Tage. Bei der ersten Beobachtung nimmt der Schimmel eine Fläche von 1 cm^2 ein.
Berechne die Fläche nach 3 (6, 9, 12) Tagen.

5 Übertrage die Tabelle in dein Heft und berechne den Wert der Terme, indem du die Zahlen für x einsetzt.

	x	0	1	2	3	4	5
a)	$3 + 5x$						
b)	$3{,}5\,x - 3$						
c)	$2 \cdot x^2 - x$						
d)	$(17 + x) \cdot x$						

Welche Zahl muss man für x einsetzen, damit beide Terme denselben Wert haben? Löse mithilfe einer Tabelle, indem du systematisch probierst.

a)	$3 + x$	und	$28 : x$
b)	$32 : x$	und	$12 - x$
c)	$4 \cdot x$	und	$25 - x$
d)	$x + 6$	und	$2 \cdot x$

6 Das „Death Valley" in Kalifornien ist der heißeste Ort der Erde. Die Abbildung zeigt den Temperaturverlauf während eines Jahres. **Zu 4.3**

a) Lies für jeden Monat die Temperatur ab.

b) Ermittle die Höhe der durchschnittlichen Temperatur im Jahr? Beschreibe dein Vorgehen.

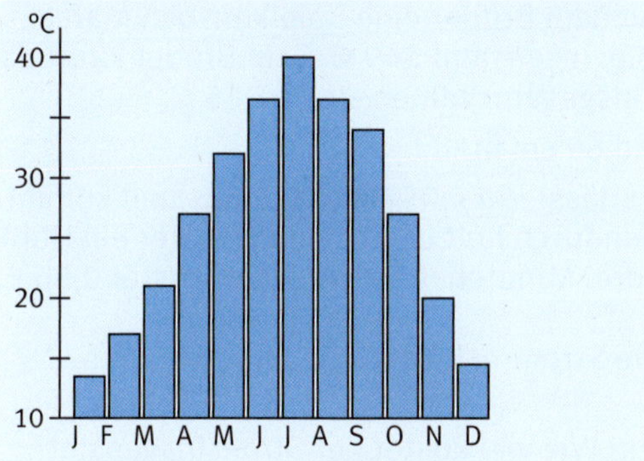

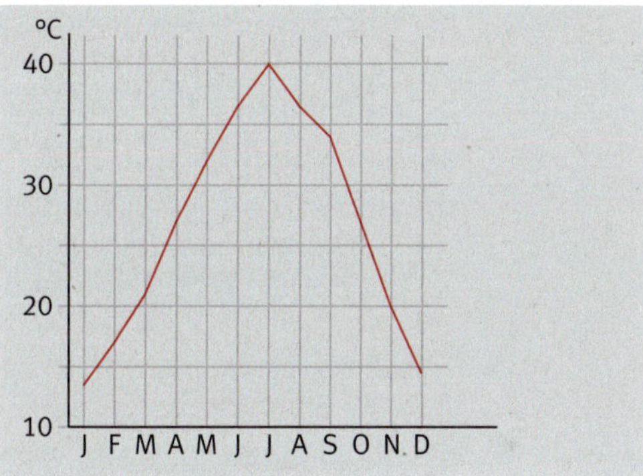

7 Ordne Text und Terme einander zu. Erkläre die Bedeutung der Variablen. **Zu 4.4**

Der Eintritt in das Freilichtmuseum kostet für ein Kind 2 €. Dazu kommen 20 € für die Führung der Gruppe.

1	2
$20 \cdot x + 2$	$2 \cdot x - 20$
3	**4**
$20 \cdot x - 2$	$2 \cdot x + 20$

1 Sabine ist halb so alt wie Stefan.	A $2 : x$
2 Tim besitzt doppelt so viele Briefmarken wie Torben.	B $x + 2$
	C $x : 2$
3 Ina bekommt 2 € mehr Taschengeld als Ivan.	D $x * 2$

8 Bestimme das Gewicht der Schachtel, wenn eine Kugel 20 g wiegt. **Zu 4.5**

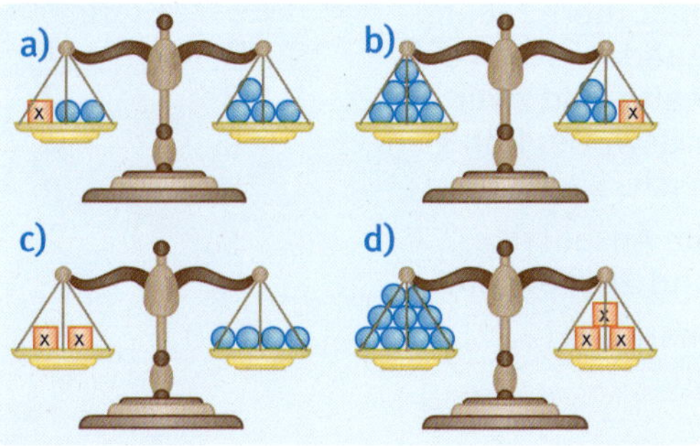

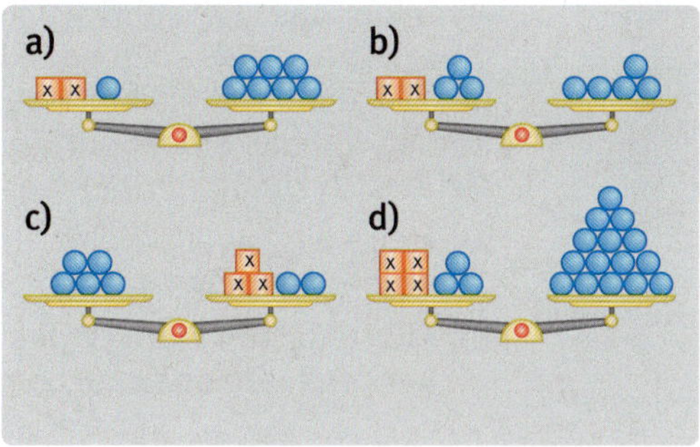

Aufgaben

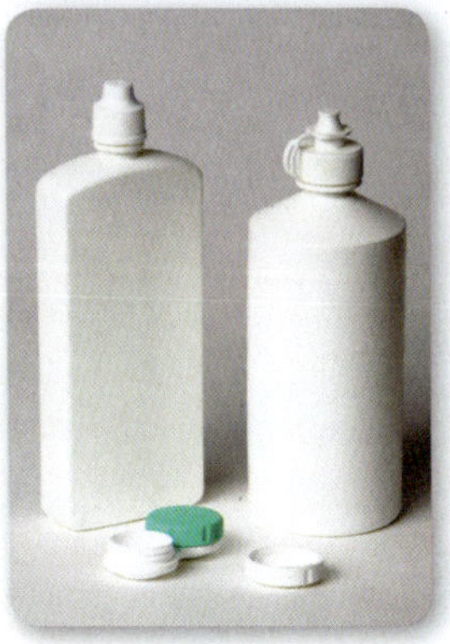

1 Die vier Geschwister Mila, Ben, Michael und Thomas nehmen beim Flohmarkt 108 € ein. Den Gewinn teilen sie gerecht. Wie viel erhält jedes Kind?

2 Frau Sahin kauft beim Optiker Monatslinsen und Pflegemittel für monatlich 32,50 €. Wie viel kosten Linsen und Pflegemittel …

a) in drei Monaten? **b)** in einem Jahr?

3 Vervollständige, finde passende Aufgaben, setze geeignete Zahlen ein und löse.

a)	alter Preis	–	Preisaufschlag	–	
b)		–	Anzahl Artikel	–	Gesamtpreis
c)	alter Kontostand	–		–	neuer Kontostand

4 Finde eine passende Fragestellung und löse anschließend die Aufgaben.

a) Zwei Freunde gewinnen bei der Schultombola einen Gutschein für 15 €.

b) Marco kauft sich gemeinsam mit seinem Bruder eine Spielkonsole. Marco bezahlt für die Konsole und ein Spiel insgesamt 249 €. Sein Bruder kauft das Zubehör und zwei weitere Spiele. Insgesamt zahlen sie 487,85 €.

c) Ein Schreibtisch ist 1,05 m lang und 60 cm breit.

d) Tim läuft morgens zur Schule. Er verlässt um 7.05 Uhr das Haus und kommt um 7.30 Uhr an der Schule an. Zwischendurch holt er sich beim Bäcker ein Hörnchen. Der Bäckereibesuch dauert drei Minuten. Das Hörnchen kostet 0,80 €.

5 Familie Nattermann erhält die jährliche Stromrechnung. Sie haben bereits 434,40 € im Voraus bezahlt.

a) Sie müssen noch 134 € nachzahlen. Wie viel kostet der Strom insgesamt?

b) Im Folgejahr werden die monatlichen Beiträge angepasst. Die Nattermanns zahlen nun monatlich 47 €. Die Familie war sparsam und erhält am Jahresende eine Gutschrift von 31,48 €. Wie viel kostete der Strom in diesem Jahr?

6 **a)** In einem Rechteck ist eine Seite 7,5 cm lang, die andere 6 cm länger. Wie groß ist der Umfang (Flächeninhalt) des Rechtecks?

b) In einem Rechteck beträgt der Umfang 24 cm. Die eine Seite ist 2 cm länger als die andere. Bestimme die Länge beider Seiten.

Du kannst auch ein Tabellenprogramm nutzen.

7 Der Legende nach wurde im 3. Jahrhundert n. Chr. das Schachspiel dem indischen Herrscher Sher Khan vorgestellt. Dieser war von dem Spiel so angetan, dass er nach seinem Erfinder rufen ließ und diesem zur Belohnung großzügig einen Wunsch freistellte.
Nach einiger Bedenkzeit äußerte jener – er war Mathematiker – seinen Wunsch: Man möge ihm die 64 Felder des Schachbretts mit Weizenkörnern füllen, und zwar nach der folgenden Regel: Auf das erste Feld des Schachbretts ein Korn, auf das zweite Feld zwei Körner, auf das dritte Feld vier Körner usw. Der König freute sich zunächst über diesen Wunsch.

Feld	Anzahl der Reiskörner
1	1
2	2
3	4
4	8
5	

a) Führe die Tabelle weiter und gib die Anzahl der Körner auf dem 11., 12., 17., 18. und 20. Feld an.

b) Beurteile den Wunsch des Mathematikers. Recherchiere dazu auch im Internet.

8 Timo erhält jeden Monat 12 € Taschengeld und zusätzlich noch 0,50 € für jeden Tag, an dem er den Abwasch macht. Fertige eine Tabelle an und beantworte die Fragen.

a) Wie viel Geld hat er nach 5 (7, 9) Abwaschtagen bekommen?

b) Timo möchte sich ein Brettspiel kaufen, das 20,50 € kostet. Nach wie vielen Tagen Abwasch kann er sich das Spiel zum monatlichen Taschengeld leisten?

9 Familie Dernbach radelt. Sie fahren morgens früh los, werden zum Mittag hin langsamer und machen schließlich eine Pause. Nach der Rast fahren sie erst langsam los und werden dann schneller. Die Fahrt soll veranschaulicht werden.

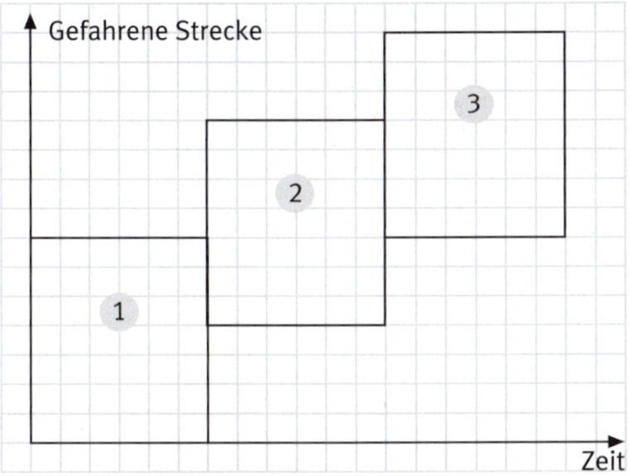

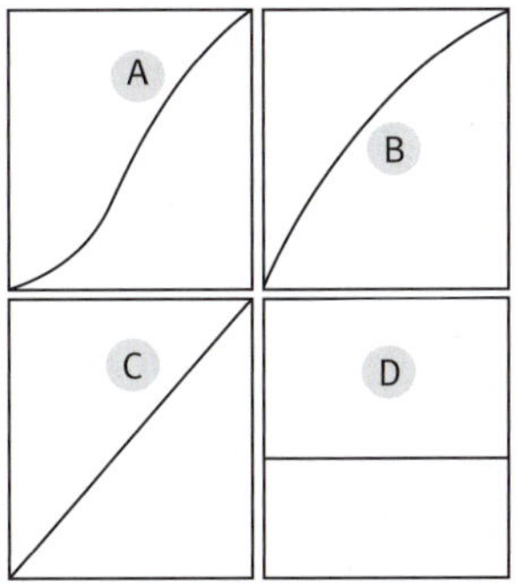

a) Ordne drei der Abschnitte (A, B, C, D) den richtigen Lücken (1, 2, 3) zu.

b) Wie könnte eine Beschreibung für den übrig gebliebenen Abschnitt lauten?

10 Florian und Markus sparen ihr Taschengeld. Florian hat 50 € gespart und erhält pro Woche 7 €. Markus hat erst 35 € gespart, erhält aber wöchentlich 8 €.

a) Nach wie vielen Wochen haben beide gleich viel gespart? Löse mithilfe einer Tabelle.

b) Wie viel Geld hat jeder nach 3 (8, 12) Wochen gespart?

c) Wann hat Markus 100 € gespart? Wann hat Florian den gleichen Betrag gespart?

11 Die Abbildung zeigt den jährlichen Ausstoß an klimaschädlichem Kohlendioxid (CO_2) pro Einwohner in einigen Ländern.

a) Versuche den CO_2-Ausstoß jeweils abzulesen. Welche Probleme hast du?

b) Nimm einmal an, die Spitze des Ballons zeigt den gewünschten Wert an. Übertrage die Abbildung in ein Säulendiagramm und vergleiche.

c) Schreibe einen Leserbrief an die Initiative gegen Klimawandel, die diese Abbildung herausgegeben hat.

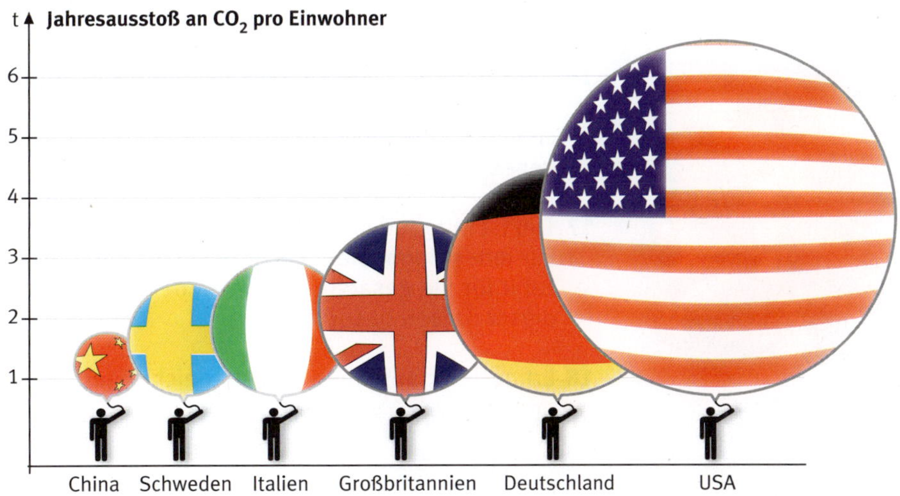

12 Michelles Eltern fahren mit dem Taxi von einer Feier nach Hause. Die Grundgebühr beträgt 3,20 €. Für jeden gefahrenen Kilometer kommen 1,30 € dazu. Sie zahlen insgesamt 20,10 €. Wie weit sind sie gefahren?

13 In einer Wetterstation in Friedberg wurden an einem Sommertag die Temperaturen aufgezeichnet.

a) Übertrage die Daten in eine Tabelle.

b) Zeichne einen Graphen zum Temperaturverlauf an diesem Tag in dein Heft.

c) Bestimme am Graphen:

1. Zu welchen Zeitpunkten betrug die Temperatur 23 °C (20 °C, 19 °C)?
2. Welches war die höchste (tiefste) Temperatur in diesem Messzeitraum?
3. Manu behauptet: „Um 10.30 Uhr kann es jede Temperatur gegeben haben. Vielleicht hat es sogar gefroren. Man weiß doch gar nichts darüber!“ Nimm Stellung zu Manus Aussage.
4. Marion erinnert sich: „Am wärmsten war es doch um 13.30 Uhr, doch die Temperatur fehlt.“ Wie ist der Temperaturverlauf zwischen 13.00 Uhr und 14.00 Uhr in Marions Erinnerung?

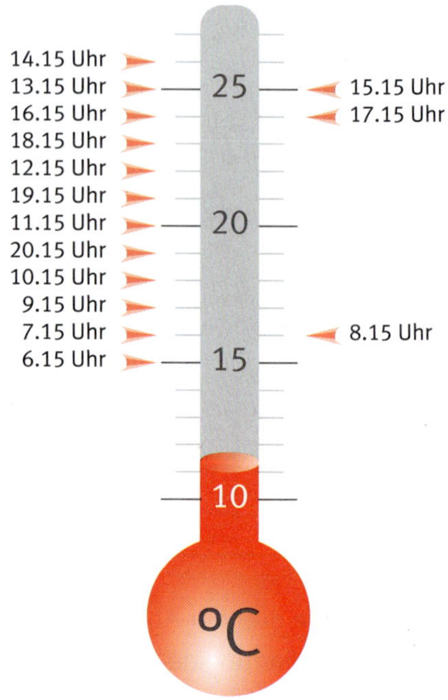

14 In einem Getränkekasten ist nur noch die Hälfte der Flaschen voll. Wenn man davon noch zwei leer trinkt, bleiben vier übrig. Wie viele Flaschen sind insgesamt in dem Kasten?

15 Ein Handytarif bietet bei einer Grundgebühr von 5,99 € im Monat Gespräche für 6 ct pro Minute in alle Netze.

a) Anna hat im Mai eine Rechnung von 9,41 €. Wie lange hat sie telefoniert?

b) Ab wie vielen Minuten lohnt sich für Anna eine Flatrate für 15 €, bei der keine weiteren Kosten mehr anfallen?

16 Die Klasse 6b plant zum Ferienbeginn ein Frühstück. Die Schüler besorgen dafür insgesamt 60 Brötchen. Bei dem Frühstück werden 52 davon verspeist. Vier Brötchen hat der Klassenlehrer gegessen. Die Jungen haben doppelt so viele Brötchen gegessen wie die Mädchen. Wie viele Schüler sind in der Klasse?

17 Tim ist Mitglied im Fußballverein. Der Beitrag für eine Saison liegt bei 29,25 €. Für jedes Heimspiel, das er besucht, erhält er einen Vorzugspreis von 4,65 €. Er zahlt für die gesamte Saison an den Verein 57,15 €. Wie viele Spiele hat Tim in dieser Saison besucht?

18 Erfinde Textaufgaben zu den Gleichungen. Stelle sie in deiner Klasse vor.

a) $3 \cdot x + 6{,}20\,€ = 10{,}70\,€$ **b)** $y \cdot \frac{1}{5} = 870\text{ g}$ **c)** $2500\text{ g} : z = 125\text{ g}$

d) $646\text{ m} : a = 17$ **e)** $(44 + b) \cdot 3 = 183$ **f)** $\frac{4}{3} \cdot (17 - c) = 18$

Vorsorgeuntersuchung von Babys

Babys und kleine Kinder werden in den ersten Lebensjahren mehrmals vom Kinderarzt untersucht, um ihre Entwicklung zu erfassen. Die Untersuchungen werden mit U1 bis U9 bezeichnet. Der Abstand zwischen zwei Untersuchungen ist bei Neugeborenen relativ kurz und vergrößert sich mit dem Alter.

Um die Entwicklung eines Kindes zu verfolgen, werden Daten wie Körpergröße, Gewicht und Alter in Diagrammen eingezeichnet. Durch drei Graphen ist bereits ein „Normalbereich“ markiert: Die äußeren Graphen geben die Ränder an, zwischen denen der Großteil der Gleichaltrigen liegt. Der mittlere Graph markiert einen Mittelwert. Etwa 3 % der Kinder liegen ober- bzw. unterhalb dieses Bereichs. Man nennt sie auffällig.

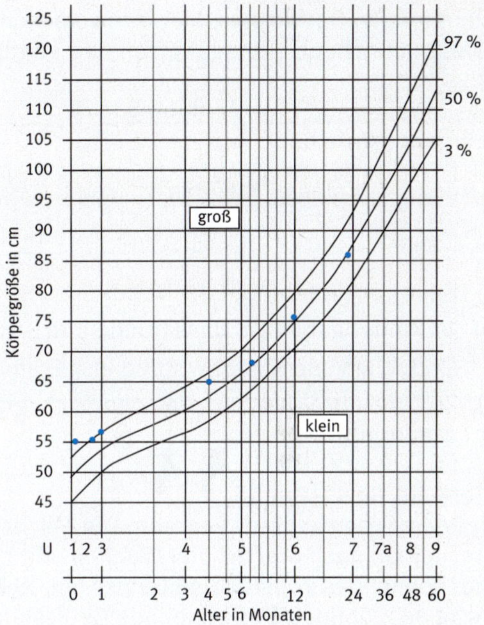

- Im ersten Diagramm sind auf der x-Achse sowohl das Alter als auch die Untersuchungen U1 bis U9 eingezeichnet. In welchen Lebensmonaten finden die Untersuchungen statt?
- Finde in jedem Diagramm fünf beliebige Wertepaare, die für eine durchschnittliche Entwicklung stehen.
- Nenne für das Lebensalter von 6 Monaten (12 Monaten) jeweils zwei Körpergrößen, die als auffällig groß bzw. klein gelten.
- Bestimme für eine Körpergröße von 60 cm (90 cm) das Gewicht von Kindern, die als auffällig leicht bzw. schwer gelten. Wie alt sollte ein Kind im Normalfall bei dieser Körpergröße sein?
- Die x-Achsen sind jeweils nicht gleichmäßig angeordnet.
  1. Findest du hierfür eine Erklärung?
  2. Wie sehen die Graphen bei gleichmäßiger Anordnung aus? Übertrage dazu verschiedene Datenpunkte in dein Heft oder ein Tabellenprogramm und zeichne. Vergleiche die Graphen.

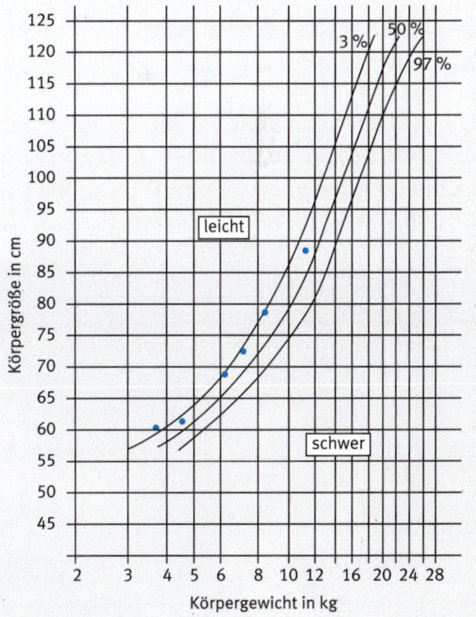

In den Diagrammen sind die Werte der Untersuchungen U2 bis U7 von Maximilian eingezeichnet.

- Lies die Werte ab.
- Beschreibe die Entwicklung von Maximilian im eingezeichneten Zeitraum.

Die Tabelle gibt die Werte der Untersuchungen von Theresa an.

- Vergleiche ihre Entwicklung mit der von Gleichaltrigen.

	U1	U2	U3	U4	U5	U6	U7
Datum	20.03.11	23.03.11	02.05.11	09.07.11	30.09.11	10.03.12	09.03.13
Gewicht	3950 g	3700 g	4780 g	6360 g	7260 g	8840 g	11,9 kg
Größe	54 cm	54 cm	57 cm	64 cm	67 cm	74 cm	87 cm

Der Deutschen liebste Tiere
Zu den beliebtesten Tieren in Deutschland zählen Kleintiere (z. B. Hamster, Meerschweinchen und Zwergkaninchen), Hunde, Katzen und Vögel.

Die Tabelle zeigt eine Verteilung in der Jahrgangsstufe 6:

Hunde	Katzen	Kleintiere	Vögel	Sonstige
$\frac{34}{100}$	$\frac{2}{10}$	$\frac{9}{50}$	▢	$\frac{2}{25}$

a) Bestimme den Anteil der Vögel.

b) 17 Kinder gaben an, dass Hunde ihre Lieblingstiere sind. Wie viele Kinder wurden insgesamt befragt?

c) Zeichne ein Schaubild, das den Sachverhalt wiedergibt.

Tiere mit Biss – Hunde
Hunde werden zahnlos geboren. Die Milchzähne erscheinen nach drei bis vier Wochen. Mit etwa sechs Wochen ist das vollständige Gebiss mit 28 Zähnen fertig ausgebildet. Das bleibende Gebiss umfasst mehr Zähne. Der Zahnwechsel zum bleibenden Gebiss beginnt bereits ab dem dritten Lebensmonat bei den Schneidezähnen und ist im siebten Monat abgeschlossen.
Die Anzahl der Zähne im bleibenden Gebiss der Hunde erhältst du, wenn du die Anzahl an Zähnen im Milchgebiss halbierst, vom Ergebnis 7 subtrahierst und den neuen Wert mit 6 multiplizierst.

Schleichjäger – Katzen
Anders als der Hund, der seine Opfer zu Tode hetzt, schleicht sich die Katze vorsichtig an ihre Beute heran und fängt sie im Sprung. Sie ist ein Schleichjäger. Damit das besser klappt, kann die Katze zum Schleichen ihre Krallen einfahren. Zum Klettern und Beutefangen werden sie dann ausgefahren.

a) Eine Katze springt aus dem Stand fünfmal so hoch wie sie selbst lang ist. Hauskatze Molly springt 235 cm hoch. Wie lang ist Molly?

b) Molly läuft in einer Sekunde etwa 13 m weit. Wie weit läuft sie in einer Minute?

c) Wie realistisch ist das Ergebnis aus b) für eine Katze? Informiere dich in Lexika, im Internet, ... über das Laufverhalten von Katzen.

d) Der Gepard gilt als schnellste Raubkatze der Welt. Er erreicht eine Geschwindigkeit von 120 $\frac{km}{h}$. Vergleiche Laufstrecken eines Geparden mit der von Molly.

e) Erstelle ein Referat über Lebensgewohnheiten und Fähigkeiten von Katzen.

Rennwagen mit wenig PS – Pferde

Pferde können ihre vier Beine auf verschiedene Arten zur Fortbewegung einsetzen. Je nach angestrebter Geschwindigkeit laufen sie dabei im Schritt, Trab oder Galopp.
Im Schritt läuft ein Pferd ungefähr $10\,\frac{km}{h}$, im Trab fast $20\,\frac{km}{h}$ und im Galopp etwa $30\,\frac{km}{h}$.

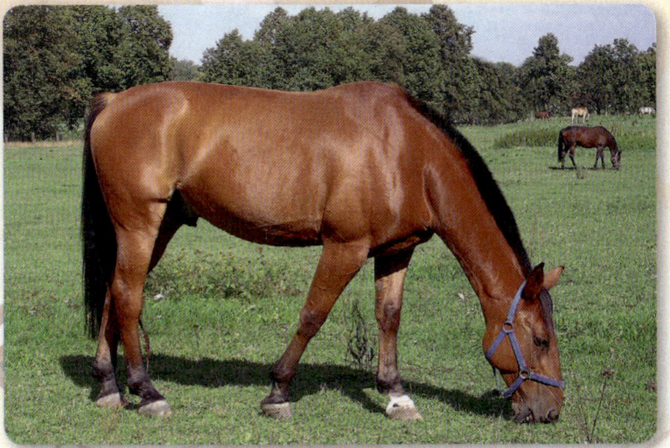

a) Lege eine Tabelle an, die nach jeweils 15 Minuten die zurückgelegte Entfernung für jede Gangart angibt.

b) Bestimme möglichst genau, wie weit ein Pferd in jeder Gangart nach 30 Minuten (40 Minuten, 1,5 h, 100 Minuten) gelaufen ist.

c) Wie lange braucht ein Pferd in jeder Gangart ungefähr für eine Distanz von 11 km?

Aktive Nager – Meerschweinchen

Meerschweinchen sind beliebte Hausgenossen. Wenn man nicht aufpasst, vermehren sie sich jedoch rasend schnell: Die Schwangerschaft bei Meerschweinchen dauert etwa acht Wochen. Dabei können bis zu acht Babys pro Wurf auf die Welt kommen. Direkt nach der Geburt kann das Weibchen wieder gedeckt werden.

a) Wie viele Babys kann ein Meerschweinchenpaar unter „idealen Umständen" im Laufe eines Jahres auf die Welt bringen?
Zeichne einen Graphen, der die Anzahl der Babys im Laufe des Jahres angibt.

b) Vier Wochen nach der Geburt sind Meerschweinchen ausgewachsen und geschlechtsreif. Angenommen, in jedem Wurf sind die Hälfte der Tiere Weibchen, wie viele Tiere ergeben sich insgesamt im Laufe eines Jahres als Nachwuchs? Gehe wie folgt vor:

1. Bestimme in einer Tabelle die Anzahl der Tiere am Ende jedes Monats.
2. Übertrage die Werte aus der Tabelle in einen Graphen. Beschreibe seinen Verlauf.

Du kannst auch ein Tabellenprogramm nutzen.

Alte Freunde – Schildkröten

Schildkröten können ein sehr hohes Alter erreichen: Im Jahr 2006 starb die Schildkröte des Wissenschaftlers Charles Darwin, „Harriet", im Alter von 176 Jahren. Adwaita, das angeblich älteste bekannte Exemplar, starb im gleichen Jahr in Indien. Wie behauptet wird, war Adwaita fünfmal so alt wie Harriet, als diese 20 Jahre alt war. Wie alt war Adwaita, als sie starb?

Überprüfe deine Fähigkeiten und Kenntnisse. Bearbeite dazu die folgenden Aufgaben und bewerte anschließend deine Lösungen mit einem Smiley.

☺	😐	☹
Das kann ich!	Das kann ich fast!	Das kann ich noch nicht!

Hinweise zum Nacharbeiten findest du auf der folgenden Seite. Die Lösungen stehen im Anhang.

Aufgaben zur Einzelarbeit

1 Vervollständige, finde passende Aufgaben, setze geeignete Zahlen ein und löse.

a)	Anzahl Flaschen	–	Anzahl Kartons	–	□
b)	□	–	Verkaufspreis	–	Gewinn
c)	alter Kontostand	–	□	–	neuer Kontostand

2 Franzi bekommt für ihr Zimmer ein neues Bett. Es ist 19,5 dm lang und 1,05 m breit. Sie möchte es an die $2\frac{3}{4}$ m lange Wand stellen. Der Nachttisch ist 60 cm breit. Finde passende Aufgaben. Löse sie.

3 Von 28 Kindern der Klasse 6b spielen neun Fußball, $\frac{1}{7}$ spielt Volleyball und 25 % spielen Badminton. Finde eine Aufgabe und löse sie.

4 Von Herrn Kahns Konto wird einmal im Jahr 146,40 € als Beitrag für den Fußball-Fanclub abgebucht. Wie hoch ist der monatliche Beitrag?

5 Ein Schwimmbecken hat eine Länge von 12 m, eine Breite von 8 m und ist 1,50 m tief.

a) Die Fliesen erhalten eine neue Farbe. Wie groß ist die Fläche, die gestrichen werden muss?

b) Das Becken wird zu $\frac{2}{3}$ mit Wasser gefüllt. Wie viel ist das?

6 Eine Baby-Badewanne ist etwa quaderförmig. Sie ist 6,4 dm lang, 5 dm breit und 2,4 dm hoch, aber nur 1,5 dm hoch mit Wasser gefüllt.

a) Wie viel Liter Wasser befinden sich in der Wanne?

b) In die Wanne werden 8 l Wasser zusätzlich gefüllt. Um wie viel steigt der Wasserspiegel?

7 Ein rechteckiges Grundstück hat einen Umfang von 92 m. Eine Seite grenzt auf 26 m direkt an das zugehörige Wohnhaus. Für die übrigen Seiten soll ein Zaun errichtet werden. Er kostet insgesamt 1353 €. Wie viel kostet 1 m Zaun?

8 Der Förderverein der Goethe-Schule gewährt der Klasse 6a für eine Tagesfahrt, die insgesamt 524,94 € kostet, einen Zuschuss von 65 €. In der Klasse sind 29 Kinder. Wie viel bezahlt jedes Kind?

9 Der 31-jährige Michael hat drei Geschwister: Petra ist 28, Andreas 27 und Patrick 24 Jahre alt. In wie vielen Jahren können die vier ihren insgesamt 250. Geburtstag feiern?

10

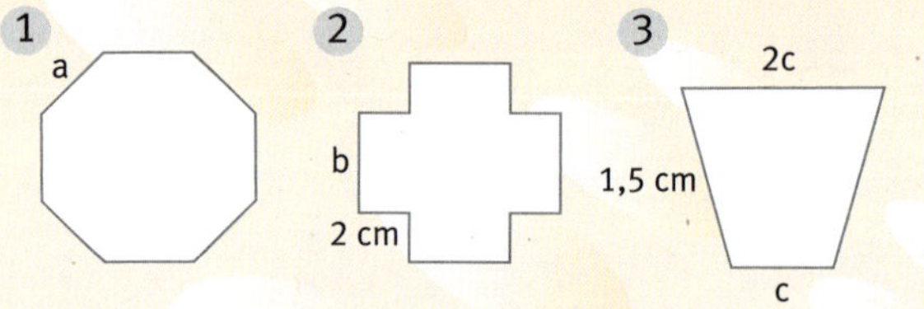

a) Erstelle einen Term für den Umfang der Figuren und vereinfache.

b) Der Umfang der Figuren beträgt jeweils 36 cm. Bestimme die unbekannte Seitenlänge.

11 Der Graph zeigt den Verlauf eines 50-m-Finallaufs zwischen Sandra und Maria.

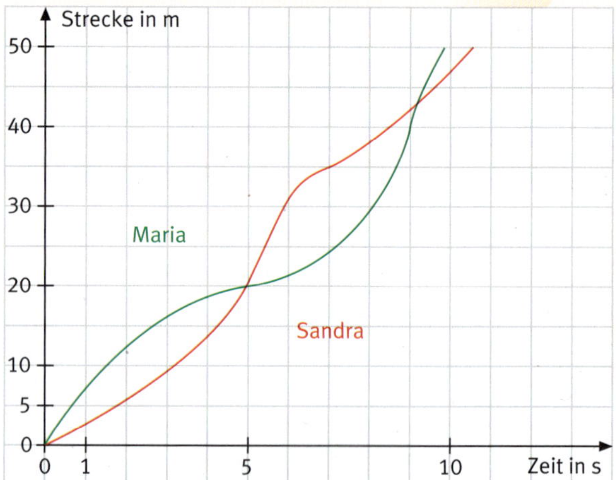

a) Wer hat das Rennen gewonnen?

b) Wann lief Sandra (Maria) am schnellsten?

c) Du bist Reporter deiner Schülerzeitung. Schreibe einen Artikel über den Verlauf des Finales.

12 In Seligenstadt verbindet eine Fähre die beiden Mainseiten miteinander. Die Tabelle gibt die Tarife für eine einfache Überfahrt an.

Fahrzeuge/Personen	Preis
Personen ab 11 Jahren	0,60 €
Personen mit Fahrrad oder Mofa	0,80 €
Personen mit Motorrad	1,20 €
Pkw/Lkw bis 2,8 t einschl. Fahrer	2,20 €
Lkw/Busse bis 7,5 t einschl. Fahrer	4,40 €
Lkw/Busse über 7,5 t einschl. Fahrer	6,60 €
Für Mitfahrer gelten die üblichen Preise.	

a) Bestimme die Preise für eine vierköpfige Familie zu Fuß (mit Pkw) abhängig vom Alter der Kinder.

b) Ein Lkw wiegt leer 2,5 t und kann bis zu 4 t Ladung aufnehmen. Wie viel kosten die Überfahrten insgesamt, wenn der Lkw hin leer und zurück voll beladen ist?

c) Für Vielfahrer werden 10er-Tickets angeboten. Schlage Preise für diese Tickets vor.

13 Eine Tablettenpackung enthält zwölf Tabletten. Welchen Anteil der ganzen Packung müssen die einzelnen Patienten einnehmen?

a) Herr Zabel schluckt drei Tabletten.

b) Frau Lang genügt eine.

c) Herr Wunderlich schluckt vier Stück.

d) Oma Müller nimmt zwei Stück ein.

14 Ein Handyanbieter verlangt eine monatliche Grundgebühr von 4,99 € bei 7 ct pro Gesprächsminute. Ab wie vielen Minuten lohnt sich eine Flatrate für 15 €, bei der keine weiteren Kosten mehr anfallen?

15 Wenn Franziska die gleiche Anzahl der Aufkleber auf ihrem Mathematikheft dazubekommt und noch drei von ihrer Nachbarin Anna erhält, hat sie 17 Aufkleber.
Formuliere eine passende Frage und beantworte sie. Gib auch deine Berechnungen an.

16 Der Erlös einer Schultombola wird gespendet: Ein Fünftel gehen an den Kindergarten, $\frac{1}{4}$ an das örtliche Krankenhaus, die Hälfte kommt der Jugendpflege zugute. Der Rest wird benötigt, um die Kosten zu decken. Insgesamt wurden 620 € eingenommen.
Formuliere eine passende Frage und beantworte sie. Gib auch deine Berechnungen an.

Aufgaben für Lernpartner

Arbeitsschritte

1. Bearbeite die folgenden Aufgaben alleine.
2. Suche dir einen Partner und erkläre ihm deine Lösungen. Höre aufmerksam und gewissenhaft zu, wenn dein Partner dir seine Lösungen erklärt.
3. Korrigiere gegebenenfalls deine Antworten und benutze dazu eine andere Farbe.

Sind folgende Behauptungen **richtig** oder **falsch**? Begründe schriftlich.

17 Wenn ich Länge, Breite und Höhe eines Kartons kenne, kann ich sein Volumen berechnen.

18 Sachaufgaben löst man, indem man aufschreibt, was „gegeben“ und „gesucht“ ist und dann löst.

19 Um das Volumen eines Würfels zu berechnen, reicht es, wenn die Kantenlänge bekannt ist.

20 Fehlt in einer Tabelle, die zu einer Sachaufgabe gehört, ein wichtiger Wert, dann überlegt man, ob es eine Regel zwischen den bekannten Werten gibt.

21 Wenn sich in einem Graphen zwei Geraden schneiden, dann bedeutet das in der Realität einen Zusammenstoß zweier Menschen.

22 Beim „Geschickten Einsetzen“ kann man bestimmte Werte ausschließen, indem man über die Aufgabenstellung nachdenkt.

23 „$3 \cdot 7$“ ist kein Term, „$x + 2$“ aber schon.

24 Bei einer Gleichung muss der Wert auf beiden Seiten vom Gleichheitszeichen gleich groß sein.

Aufgabe	Ich kann ...	Hilfe
1, 2, 3, 17, 19	Sachaufgaben selbst formulieren.	S. 120
4, 5, 6, 7, 8, 9, 18	Sachaufgaben systematisch bearbeiten.	S. 120
9, 20	Sachaufgaben mithilfe von Tabellen lösen.	S. 122
11, 21	Sachaufgaben mithilfe von Graphen lösen.	S. 124
10, 12, 13, 14, 15, 16, 22, 23, 24	Sachaufgaben mithilfe von Termen und Gleichungen lösen.	S. 128, 130

S. 120	Familie Metz kauft einen neuen Fernseher zu 1250 € und zahlt ihn in fünf Raten ab. **Gegeben**: 1250 € **Gesucht**: Wie hoch ist eine Rate? **Rechnung**: 1250 € : 5 = 250 € **Antwort**: Eine Rate beträgt 250 €.	Um Sachaufgaben mit vielen Informationen zu bearbeiten, liest man den Text zunächst **aufmerksam durch** und erweitert dann das bisherige Vorgehen: 1. Ordne die Angaben: Was ist **gegeben**? Notiere die wichtigen Informationen übersichtlich. Welche Informationen sind wichtig? Sind zu viele Informationen gegeben oder fehlen welche? 2. Stelle die Aufgabe heraus: Was ist **gesucht**? Formuliere mit eigenen Worten. 3. Stelle die **Rechnung** übersichtlich dar. 4. Formuliere einen **Antwortsatz**, der die Aufgabe abschließt.
S. 122	Regel: „Alle 5 Tage Verdopplung der Fläche" Tage: 0 | 5 | 10 | 15 | 20 Fläche: 3 m² | 6 m² | 12 m² | 24 m² | 48 m²	Bei manchen Aufgaben ist es hilfreich, gegebene Daten in eine **Tabelle** zu schreiben und fehlende Werte zu ergänzen. Das geht jedoch nur, wenn eine **Gesetzmäßigkeit** vorliegt.
S. 124	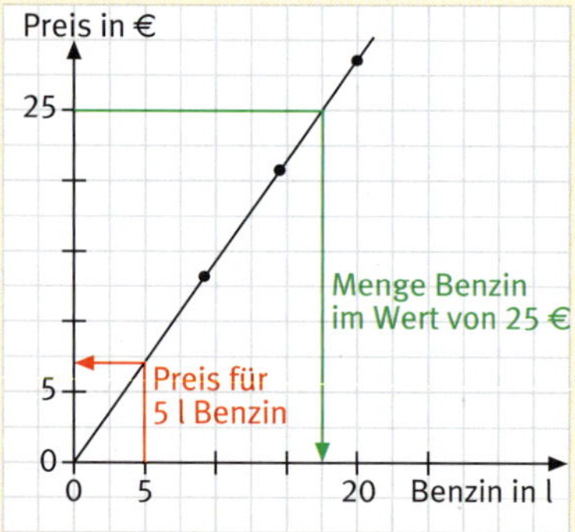	Die Darstellung von Werten in einem **Graphen** kann helfen, Ergebnisse schnell abzulesen. Dabei lassen sich auch sinnvolle Zwischenwerte im Rahmen der Zeichengenauigkeit bestimmen. Beachte: 1. Nicht immer kann man Wertepaare miteinander verbinden, wenn Zwischenwerte keinen Sinn ergeben. Dann verwendet man eine gestrichelte Linie. 2. Es gibt viele mögliche Gesetzmäßigkeiten und auch viele Arten von Graphen.
S. 128	Beispiele für Terme mit Zahlen: $3 \cdot 4 - 8$ $12 \cdot (3 + 2)$ $(5 - 1) \cdot (3 + 4)$	Sachaufgaben kann man oft mithilfe von **Termen** lösen. Man schreibt die Schritte der Aufgabe in einer Zeile auf und befolgt die Rechenregeln.
S. 128	Term: $10 + 0{,}05 \cdot a$ $a = 21$: $10 + 0{,}05 \cdot 21 = 10 + 1{,}05 = 11{,}05$ $a = 146$: $10 + 0{,}05 \cdot 146 = 10 + 7{,}3 = 17{,}3$	In Termen können **Platzhalter** für **beliebige Zahlen** auftreten, die man **Variablen** nennt und oft mit a, b, c, …, x, y, z bezeichnet. Für eine Variable kann man unterschiedliche Zahlen einsetzen.
S. 130	$2 \cdot x + 6 = 16$ 1. nacheinander: $2 \cdot 3 + 6 = 12$ falsch $2 \cdot 4 + 6 = 14$ falsch $2 \cdot 5 + 6 = 16$ richtig 2. einschachteln: $2 \cdot 6 + 6 = 18$ zu groß $2 \cdot 4 + 6 = 14$ zu klein $2 \cdot 5 + 6 = 16$ richtig Lösung: $x = 5$	Eine **Gleichung** besteht aus zwei Termen, die durch ein Gleichheitszeichen miteinander verbunden sind. Die Terme auf beiden Seiten haben den **gleichen Wert**. Gleichungen kannst du durch **systematisches Einsetzen** lösen, indem du dich dem Ergebnis schrittweise oder durch Einschachteln näherst. Ebenso kennst du das **Lösen mit Umkehraufgabe**.

Verhältnisse

1 Auf einer Kirmes gibt es verschiedene Losbuden.

Jedes vierte Los ein Treffer

2 von 5 Losen sind Gewinne.

Gewinnchance: 30 %

Wo würdest du ein Los kaufen? Fertige eine Zeichnung an und begründe deine Antwort.

2 Die Fotos zeigen das Gesicht eines Erwachsenen und eines Babys.

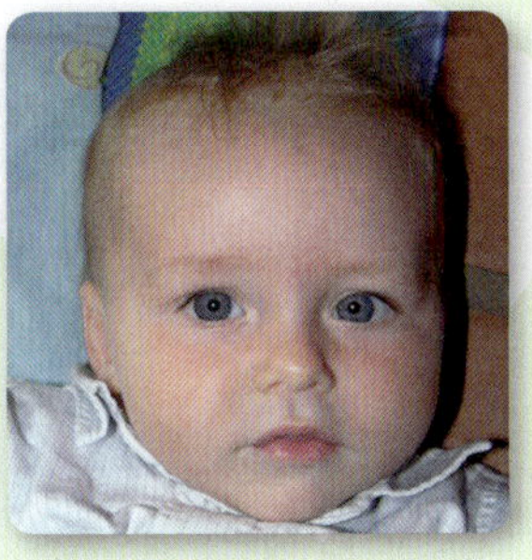

a) Man sagt, dass Babys eine besonders hohe Stirn haben. Was ist damit gemeint?

b) Vergleiche die beiden Gesichter miteinander durch Verhältnisse.
Beispiel: Das Verhältnis von Stirnhöhe zur Nasenlänge ist beim Erwachsenen etwa 3 : 2, beim Baby ungefähr 4 : 2.

c) Beschreibe dein Gesicht durch fünf Verhältnisse. Fertige eine Skizze an und präsentiere die Ergebnisse deiner Klasse.

3 Ein Zwergkaninchen hat neun Jungtiere geworfen. Das Verhältnis von männlichen zu weiblichen Tieren ist dabei 1 : 2.

a) Stelle den Sachverhalt zeichnerisch dar.

b) Wie viele weibliche Jungtiere sind in dem Wurf?

c) Ein anderes Kaninchen hat 12 Jungtiere geworfen, von denen neun weibliche Tiere sind. Bestimme das Verhältnis von männlichen und weiblichen Tieren in diesem Wurf.

Dezimalzahlen

4 Berechne.

a) $7{,}26 \cdot 4{,}5$
$12{,}61 \cdot 2{,}93$
$6{,}39 \cdot 0{,}06$
$50{,}78 \cdot 0{,}95$

b) $17{,}8 + 24{,}86 + 0{,}05$
$34 + 19{,}453 + 12{,}45$
$20{,}15 + 14 + 6{,}8$
$88{,}2 + 0{,}882 + 8{,}82$

c) $58{,}4 : 8$
$36{,}12 : 1{,}4$
$187{,}5 : 0{,}25$
$177{,}552 : 4{,}8$

d) $27{,}1 - 13{,}76 - 4{,}1$
$67 - 32{,}01 + 4{,}832$
$124{,}5 + 659{,}65 - 784{,}1$
$45{,}8 + 123{,}001 - 99{,}85$

5 0,1 1,26 0,45 1,84 0,02 1,67 0,75

Wähle aus den gegebenen Dezimalzahlen zwei verschiedene Zahlen so aus, dass …

a) das Produkt kleiner als 1 ist.

b) das Produkt größer als 1 ist.

c) die Summe am kleinsten ist.

d) die Differenz am größten ist.

6 Da hat wohl jemand gekleckst. Ergänze die fehlenden Ziffern.

a) 5,■ + ■,4 = 13 **b)** ■,8 – 7,1 = 2,■

c) 8 · ■,4 = 3,■ **d)** 9,■ : 7 = ■,3

7 Runde auf Hundertstel (Zehntel).

a) 14,05491
5,0043
0,0099

b) 1,3364
12,59264
0,98765

c) 1,01010
0,90000
5,55555

8

Metzgerei Frisch

kg	pro kg	
Braten		
1,267	9,50	■
Hackfleisch		
0,780	■	3,46
Aufschnitt		
■	17,50	2,19
Summe		■

a) Erkläre die Angaben auf dem Kassenzettel.

b) Übertrage den Kassenzettel in dein Heft und ergänze die fehlenden Angaben. Runde sinnvoll.

Symmetrie

9

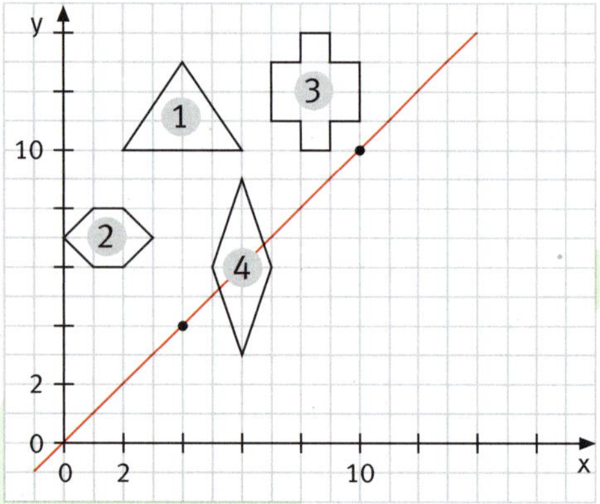

a) Übertrage die gesamte Abbildung in doppelter Größe in dein Heft. Spiegle die Figuren an der Spiegelachse.

b) Bestimme alle auftretenden Koordinaten der Figuren und gespiegelten Figuren.

10 Beschreibe sämtliche auftretenden Symmetrien der Gegenstände.

1 2 3

11 Gegeben ist nebenstehende Ausgangsfigur.

a) Welche der Figuren ist das Ergebnis einer Punktspiegelung der Figur um den Punkt T?

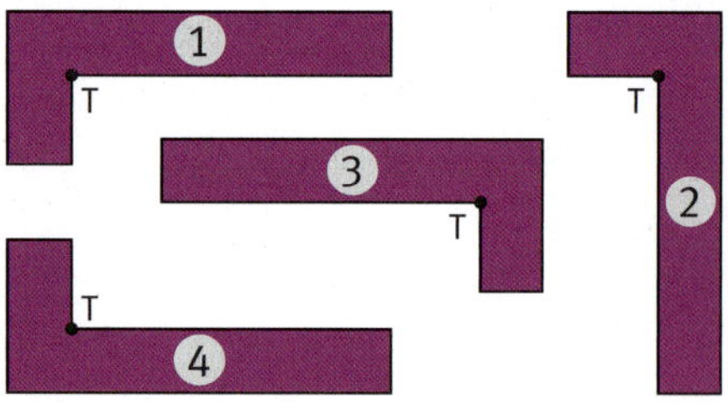

b) Durch welche Symmetriebewegungen sind die anderen Figuren aus der Ausgangsfigur entstanden?

Sachrechnen

12 Das Schild zeigt die Parkgebühren für ein Parkhaus an.

Parkgebühren

1. Stunde	0,40 €
2. Stunde	0,60 €
3. Stunde	0,60 €
jede weitere angefangene Stunde	1,00 €
Verlust der Parkkarte	10,00 €

a) Es ist gerade 17.38 Uhr. Berechne die fälligen Parkgebühren für die Parkscheine.

Parkhaus „Vorderer Graben“ Einfahrt: 16.54 Uhr

Parkhaus „Vorderer Graben“ Einfahrt: 16.27 Uhr

Parkhaus „Vorderer Graben“ Einfahrt: 15.58 Uhr

Parkhaus „Vorderer Graben“ Einfahrt: 14.33 Uhr

Parkhaus „Vorderer Graben“ Einfahrt: 12.17 Uhr

Parkhaus „Vorderer Graben“ Einfahrt: 10.42 Uhr

b) Erstelle eine Tabelle, an dem man die Parkgebühr je nach Parkdauer ablesen kann.

c) Wie lange kann man höchstens und mindestens für 4,60 € (2,50 €) parken?

13 In einem Stadtpark werden entlang eines Weges rechts und links in gleichem Abstand Blumen gepflanzt.

a) Wie viele Blumen benötigt man für einen 70 m langen Weg, wenn der Abstand zwischen zwei Blumen etwa 1,25 m betragen soll?

b) Die Blumen werden in Paletten zu je 12 Pflanzen geliefert. Für 90 m Weg stehen noch 16 Paletten zur Verfügung. Welchen Abstand sollten die Blumen etwa voneinander haben?

14 Das Darmstädter Echo (Zeitung) ist im sogenannten Rheinischen Format gedruckt. Jede Seite ist dabei 350 mm breit und 520 mm hoch.

a) Welche Fläche kann man mit einer Seite (mit einer Doppelseite) bedecken?

b) Die Zeitung hat 48 Seiten. Wie lang muss ein Schaukasten sein, in dem alle Seiten nebeneinander aufgehängt werden?

5 Daten und Zufall

Einstieg

- Am Abend nach einer Wahl werden im Fernsehen sogenannte Hochrechnungen gezeigt. Wie werden diese Hochrechnungen dargestellt?
- Wie werden die endgültigen Ergebnisse in der Zeitung oder im Fernsehen präsentiert?
- Welche Möglichkeiten gibt es, die Ergebnisse einer Klassensprecherwahl darzustellen?

Ausblick

Am Ende dieses Kapitels hast du gelernt, ...
- Daten systematisch zu erheben und darzustellen.
- zu beurteilen, ob Darstellungen von Daten sinnvoll sind.
- Durchschnittswerte zu berechnen.

5.1 Daten sammeln

Du kennst bereits aus der 5. Klasse verschiedene Möglichkeiten, Ergebnisse darzustellen.

Mädchen mögen Pferde, Jungen mögen Hunde. Jungen spielen gerne Fußball, Mädchen mit Puppen. Stimmt das?

- Welche weiteren Vorurteile kennst du über Jungen und Mädchen?
- Führe in deiner Klasse eine Befragung durch und untersuche, ob sich die Vorurteile bestätigen. Stelle die Ergebnisse übersichtlich dar.

Strichliste

Häufigkeitstabelle

Name	Anzahl Tore
Anna	4
Nikos	3
Lisa	6

Merkwissen

Im Alltag **erheben** wir **Daten**, um mehr Informationen über einen Sachverhalt zu bekommen. Die Ergebnisse werden zunächst in der sogenannten **Urliste** gesammelt, in der die Daten noch völlig unsortiert sein können.

Name	Alter	Lieblingstier	Lieblingssport	Geschwister
Sabine	11	Pferd	Reiten	2
Marina	12	Hamster	Trampolin	0
Peter	11	Hund	Fußball	1

Strichlisten sind Tabellen, in denen man mit Strichen erfasst, wie oft etwas vorkommt. Die Anzahl der Striche gibt die Häufigkeit an, entsprechend nennt man eine Tabelle mit Zahlen **Häufigkeitstabelle**.

Beispiele

I Bernhard und Bianca haben ihre Mitschülerinnen und Mitschüler befragt und eine Strichliste angelegt: „Welches Obst soll der Schulkiosk anbieten?“

Klasse	6a	6b	6c	6d
nur Äpfel	卌 卌 ||	卌 |||	卌 卌 |	卌 |
Äpfel und Bananen	卌 |	卌 卌	卌 |||	卌 ||||
nur Bananen	卌 |||	卌 ||||	卌 |	卌 卌 |||

a) Welche Informationen kannst du aus der Tabelle ablesen?

b) Bei der Planung haben Bernhard und Bianca einen Fehler gemacht. Kannst du ihn beschreiben?

Lösung:

a) Man kann am Ende jeder Spalte ablesen, wie viele Schülerinnen und Schüler jede Klasse hat, wenn jeder befragt wurde und es nur eine Antwort gab: 6a: 26, 6b: 27, 6c: 25, 6d: 28. Die Anzahl der Striche gibt an, dass insgesamt 106 Schülerinnen und Schüler teilgenommen haben.
Am Ende jeder Zeile kann man ablesen, wie viele sich für die jeweilige Auswahl gemeldet haben, „nur Äpfel“: 37, „Bananen und Äpfel“: 33, „nur Bananen“: 36. In jeder Zelle kann man die Entscheidungen pro Klasse erkennen.

b) Bernhard und Bianca haben leider nicht die Anzahl der Äpfel und Bananen erfasst, die jeder kaufen würde. Dann hätten die Zeilen „Äpfel“ und „Bananen“ gereicht, um eine Kaufentscheidung zu erkennen.

Verständnis

- Einige Antworten kommen in einer Urliste nur ganz selten vor. Wie kann man mit ihnen umgehen?
- Warum verwendet man oftmals zunächst Strichlisten, statt direkt eine Häufigkeitstabelle anzulegen?

Aufgaben

1 Basti hat seine Mitschülerinnen und Mitschüler nach ihrem Lieblingsessen befragt.

	6a	6b	6c	6d	6e
Spaghetti	卌 |||	卌 卌 |	卌 卌 |	卌 卌 卌 ||	卌 ||
Pommes	卌	卌 |||	卌 |	卌 卌 卌 卌 |	卌 ||
Pizza	卌 卌 ||	卌 |	卌 ||	卌 卌 |	卌 |||
Hähnchen	|||	||||	||	卌 卌 |	||
Salat	||	||	||	|	|||
Sonstiges	|	||	|	卌 |||	||

a) Welche Informationen kannst du der Tabelle entnehmen?

b) In der Klasse 6d scheint etwas schief gelaufen zu sein. Welche Fehler kann es gegeben haben? Stelle Vermutungen auf und beschreibe, wie man diese Fehler vermeiden kann.

2 Von der Klassenfahrt sind Fotos ausgehängt, die man nachbestellen kann.

a) Erstelle eine Liste für das Fotogeschäft, bei dem die Bilder bestellt werden.

b) Wie teuer sind alle Fotos zusammen, wenn ein Bild 12 ct kostet?

c) Wie viel Geld muss von Toni (Perth, Celin, Rike) eingesammelt werden?

Yasmin	1, 5, 6, 7
Mathias	1, 2, 4, 7
Sebastian	1, 3, 6
Toni	1, 2, 3, 5, 7
Laura	1, 4, 6, 7
Andreas	2
Amira	3, 5, 7
Perth	1, 7
Alex	6, 7
Ahmed	2, 5, 7
Silvia	3, 7
Matze	2, 5, 7
Celin	3, 5, 7
Thomas	2, 7
Rike	1, 3, 4, 7
Moritz	2, 5, 7
Leni	1, 5, 7
Kirsten	4, 6, 7
Jordan	2, 5, 6, 7
Yvonne	1, 4, 5, 7
Natascha	4, 5, 7
Ali	7
Sabrina	5, 6, 7

3 Die Strichliste gibt an, wie viel Zeit Schülerinnen und Schüler einer 6. Klasse täglich für ihre Hobbies aufwenden.

Zeit pro Woche	Anzahl
weniger als 15 min	卌 |||
weniger als 30 min	卌 卌 卌 ||
weniger als 1 h	卌 卌 卌 |
weniger als 90 min	卌 卌 卌 卌 ||||
mehr als 90 min	|||

a) Werte die Strichliste aus.

b) Bestimme die Häufigkeiten derer, die …

1. mehr als 1 Stunde Zeit aufwenden.
2. insgesamt weniger als 60 Minuten brauchen.
3. mehr als 15 Minuten für ihre Hobbies aufwenden.

c) Die Beschreibung „weniger als 30 min“, „weniger als …“ ist nicht ganz klar. Warum? Mache Vorschläge für eine besser verständliche Einteilung der Liste.

4 Erstelle selbst eine kleine Befragung unter Freunden, der Familie, … zum Thema „Bücher“. Werte sie aus und präsentiere sie vor der Klasse.

Wir befinden uns im Jahre 50 v. Chr. Ganz Gallien ist von den Römern besetzt ... Ganz Gallien? Nein! Ein von unbeugsamen Galliern bevölkertes Dorf hört nicht auf, dem Eindringling Widerstand zu leisten. Und das Leben ist nicht leicht für die römischen Legionäre, die als Besatzung in den befestigten Lagern Babaorum, Aquarium, Laudanum und Kleinbonum liegen ...

Nous sommes en 50 avant Jésus-Christ. Toute la Gaule est occupée par les Romains. Toute? Non! Un village peuplé d'irréductibles Gaulois résiste encore et toujours à l'envahisseur. Et la vie n'est pas facile pour les garnisons de légionnaires romains des camps retranchés de Babaorum, Aquarium, Laudanum et Petitbonum ...

The year is 50 BC. Gaul is entirely occupied by the Romans. Well, not entirely ... One small village of indomitable Gauls still holds out against the invaders. And life is not easy for the Roman legionaries who garrison the fortified camps of Totorum, Aquarium, Laudanum and Compendium ...

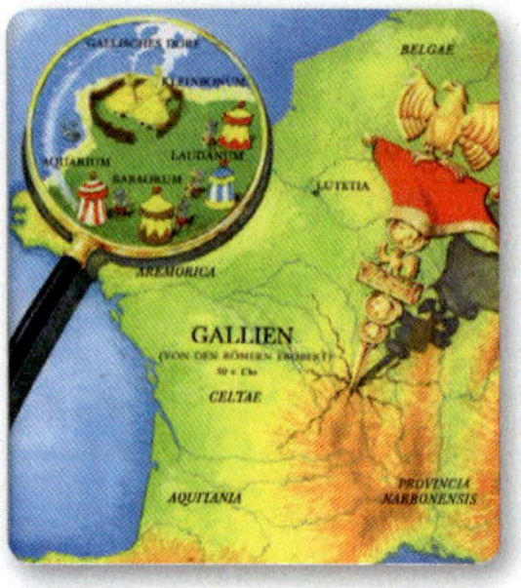

- Diesen Text kennst du bestimmt. Kennst du auch die Sprachen?
- Finde heraus, welche der Sprachen mit den wenigsten Wörtern (Buchstaben) auskommt (d'irréductibles: 2 Wörter, l'envahisseur: 2 Wörter, n'est: 2 Wörter).
- Welche Sprache enthält die meisten Vokale (a, á, à, e, é, è, i, o, u, ä, ö, ü)? Wie groß ist der Anteil der einzelnen Vokale in den Texten?

Die absolute Häufigkeit kann man z. B. in einer Häufigkeitstabelle erfassen.

Relative Häufigkeiten kann man als Bruch, als Dezimalzahl oder in Prozent angeben.

Merkwissen

Bei der Auswertung von Daten kann man verschiedene Kenngrößen angeben: Die **tatsächliche Anzahl**, wie oft ein Ergebnis vorkommt, bezeichnet man als **absolute Häufigkeit H**. Man kann sie durch Abzählen herausfinden. Den **Anteil**, mit dem ein Ergebnis in Bezug auf die Gesamtanzahl aller Ergebnisse auftaucht, nennt man **relative Häufigkeit h**.

Beispiel Würfelwurf: 1, 2, 6, 3, 6, 4, 5, 3, 2, 4, 6, 3 Wie oft kommt die „6" vor?
absolute Häufigkeit von 6: H (6) = 3

relative Häufigkeit von 6: $h(6) = \frac{\text{absolute Häufigkeit von 6}}{\text{Gesamtanzahl aller Würfe}} = \frac{3}{12} = \frac{1}{4}$

Beispiele

I Astrid wirft 40-mal eine Münze und erhält folgende Ergebnisse:
ZWZWW WZZZZ WWZWZ ZWZZW ZZWZW WZZWZ ZWZZW ZZWZZ
Gib die absolute und die relative Häufigkeit für „Wappen" W an.

Lösung:
W kommt bei den 40 Würfen 16-mal vor. H (W) = 16.
16 von 40 Würfen bedeutet: $h(W) = \frac{16}{40} = \frac{4}{10} = \frac{2}{5}$ oder 0,4 oder 40 %.

II Sebastian würfelt 200-mal und erhält die folgenden relativen Häufigkeiten. Mit welchen absoluten Häufigkeiten hat Sebastian die Zahlen 1 bis 6 gewürfelt?

Das Ganze sind 100 %.

Augenzahl	1	2	3	4	5	6
relative Häufigkeit h	18 %	11 %	23 %	16 %	17 %	▢

Lösung:

Rechnung zur Augenzahl 1:
18 % von 200:
$\frac{18}{100} \cdot 200 = 18 \cdot 2$
$= 36$

Augenzahl	1	2	3	4	5	6
absolute Häufigkeit H	36	22	46	32	34	30

Verständnis

- Welchen größten (kleinsten) Wert kann die relative Häufigkeit höchstens haben? Begründe.
- Gehören zu gleichen relativen Häufigkeiten auch immer die gleichen absoluten Häufigkeiten? Begründe.

Aufgaben

Lege eine Tabelle an.

1 Mateo würfelt 50-mal. Die Eins kommt zwölfmal, die Zwei siebenmal, die Drei neunmal, die Vier und die Fünf jeweils sechsmal und die Sechs zehnmal. Erstelle eine Häufigkeitstabelle und bestimme die relativen Häufigkeiten der Zahlen.

2 Im 6. Jahrgang der Erich-Kästner-Schule wurde eine Umfrage zum Thema „Raubtiere" durchgeführt. Dabei durfte jeder Schüler ein Raubtier nennen. Übertrage die Tabelle in dein Heft und vervollständige sie.

Raubtier	Nennungen	H	h
Tiger	24	▢	▢
Löwe	40	▢	▢
Leopard	8	▢	▢
Marder	4	▢	▢
Sonstiges	4	▢	▢
Summe	▢	▢	▢

3 Am schwarzen Brett der Entbindungsstation des Klinikums Fulda war zum Jahresbeginn dieser Anschlag zu sehen.

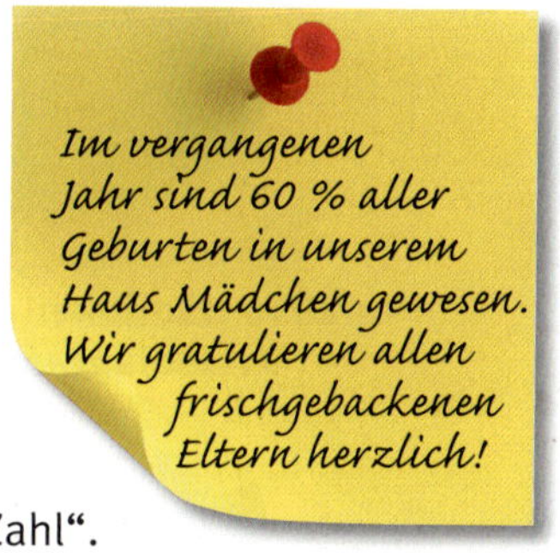

a) Wie hoch ist der Anteil an Jungen, die zur Welt gekommen sind?

b) Bestimme die absoluten Häufigkeiten für Jungen und Mädchen im Klinikum Fulda, wenn es insgesamt 525 Geburten gab.

4 a) Wirf eine 2-€-Münze 50-mal. Fertige eine Strichliste an und bestimme damit die relative Häufigkeit für „Zahl".

b) Wie viele verschiedene Möglichkeiten für die relative Häufigkeit von „Zahl" sind bei diesem Experiment denkbar? Nenne einige von ihnen.

5 Die amtliche Schulstatistik erfasst die Staatsangehörigkeit von Schülern bei der Geburt. Die Tabelle zeigt einen Ausschnitt aus dieser Statistik.

Staatsangehörigkeit	Anzahl
Deutschland	7295
Türkei	1003
Afghanistan	266
EU-Staaten	169
Russland	59
Sonstiges	759

a) Bestimme die relativen Häufigkeiten für die einzelnen Staatsangehörigkeiten.

b) Vergleiche mit der Verteilung in deiner Klasse (Schule). Woher kommen Unterschiede?

Musik

Wie beliebt ist welche Musik?

Findet den Beliebtheitsgrad verschiedener Musikband (z.B Bastille, One Direction, ...) heraus.

- Erstelle zunächst eine Liste verschiedener Musikbands.
- Frage Menschen aus deiner Umgebung nach ihrer Lieblingsband und halte ihre Antworten auf deiner Liste fest.
- Werte die Ergebnisse aus und stelle sie deiner Klasse vor.
- Vergleicht die Ergebnisse miteinander. Gibt es Gemeinsamkeiten oder Unterschiede? Könnt ihr ein Klassenergebnis herstellen?

Die etwa 7,2 Milliarden Menschen, die momentan auf der Erde leben, verteilen sich weitgehend wie folgt auf die Kontinente:

	Asien	Afrika	Amerika	Europa	Australien
Einwohner in Millionen	4360	1060	970	780	36
Anteil in %	60,5	14,7	13,5	10,8	0,5

- Zeige die Kontinente auf der Karte.
- Stelle die Daten in verschiedenen Diagrammen dar. Du kannst auch ein Tabellenprogramm verwenden.

Merkwissen

Zur Veranschaulichung von Daten kann man Diagramme verwenden.
Absolute Häufigkeiten werden oft folgendermaßen dargestellt:

Säulendiagramm

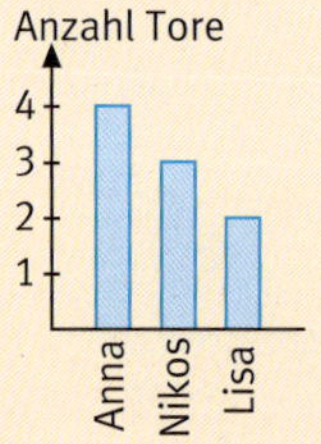

Balkendiagramm

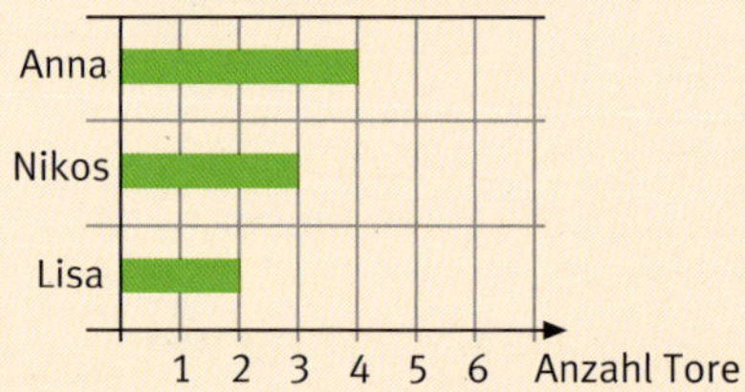

Bilddiagramm

Für **relative Häufigkeiten** bieten sich außerdem noch folgende Diagramme an:

Kreisdiagramm

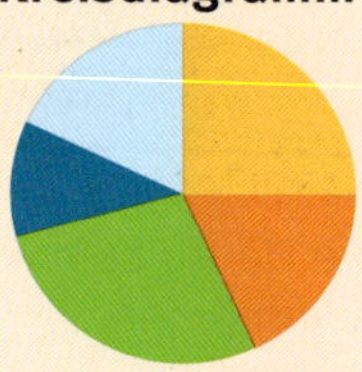

Streifendiagramm

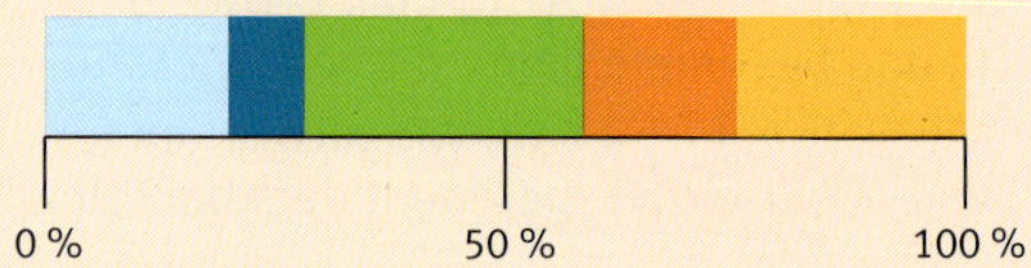

Kreisdiagramm: Das Ganze entspricht 360° bzw. 100 % entspricht 360°

Beispiele

I Einer Umfrage zufolge sind 15 % der deutschen Haushalte Singlehaushalte. In 30 % der Haushalte leben zwei, in 25 % leben drei, in 25 % vier und im Rest mehr als vier Personen. Erstelle ein Kreis- und ein Streifendiagramm.

Lösung:
Anteil der Haushalte mit mehr als vier Personen:
Zu 100 % fehlen noch 5 %.

Kreisdiagramm:
360° entsprechen 100 %
15 % von 360° sind 54°
30 % von 360° sind 108° usw.

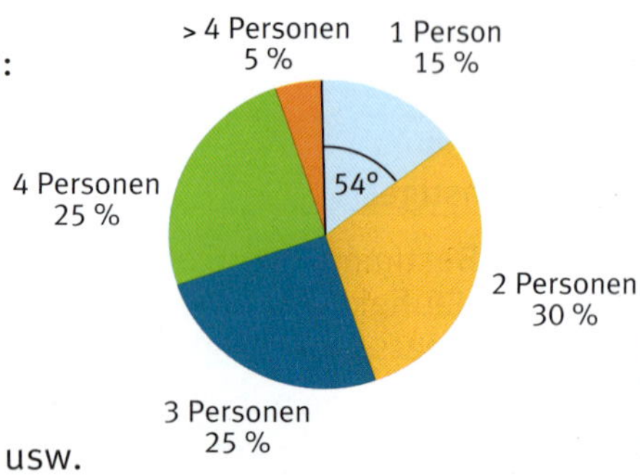

Streifendiagramm:
Gesamtlänge z. B. 100 mm entsprechen 100 %
1 % entspricht 1 mm, 15 % entsprechen 15 mm usw.

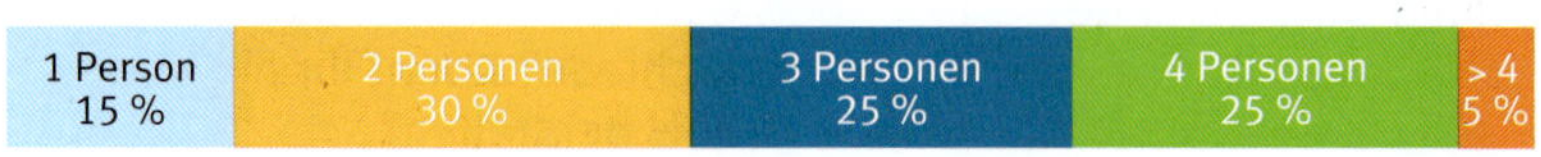

Wenn du ein Kreisdiagramm selbst zeichnest, sollte es einen Radius von mindestens 3 cm haben.

Zeichne im Kreis einen beliebigen Radius ein und beginne von dort aus, der Reihe nach die Winkel abzutragen.

Verständnis

- Welchem Wert des Streifendiagramms entsprechen 360° beim Kreisdiagramm?
- Finde Gemeinsamkeiten von Balken- und Streifendiagramm.

Aufgaben

1 Der Schülerrat des Gymnasiums Nidda hat alle Schüler nach ihrem bevorzugten Hobby gefragt und die Ergebnisse dargestellt.

a) Schätze, welcher Anteil der Schüler die einzelnen Hobbies genannt hat.

b) Miss die Winkel und bestimme die zugehörigen Anteile.

c) Berechne die zugehörigen absoluten Häufigkeiten, wenn in Nidda 1260 Schüler des Gymnasium besuchen.

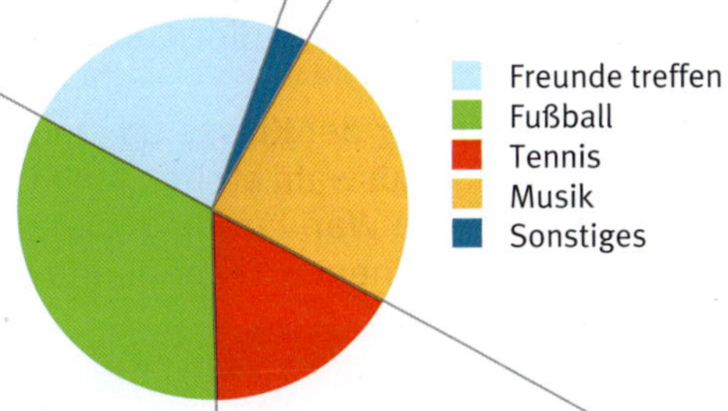

Runde geeignet.

2 Wozu nutzen Jugendliche das Internet? Nach einer Umfrage verwenden 75 % aller Jugendlichen den „Instant Messenger" regelmäßig, 60 % der jungen Menschen kommunizieren gerne per E-Mail und 30 % halten sich häufig in Chatrooms auf. Weiterhin wird das Internet zur Informationsbeschaffung verwendet. Dabei suchen 40 % der Jugendlichen nach Informationen zu persönlichen Interessen, 35 % nach solchen zu aktuellen Ereignissen und 25 % recherchieren für die Schule.

a) Man sieht leicht, dass die Summe aller gegebenen Prozentsätze größer als 100 % ist. Kann das stimmen? Finde eine Erklärung.

b) Stelle die angegebenen Daten in einem passenden Diagramm dar. Welche Diagrammarten erscheinen dir ungeeignet? Begründe.

3 Überlege dir selbst, welche Informationen die gezeigten Diagramme enthalten könnten. Schreibe zu jedem eine kleine Geschichte.

a)

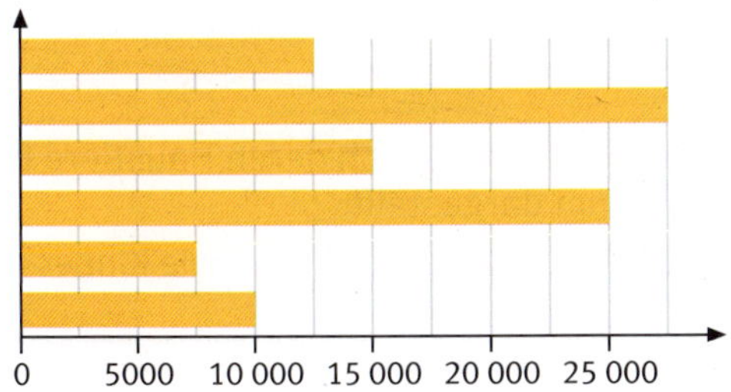

b)

4 Im Jahr 2013 wurden etwa ein Viertel des gesamten in Deutschland erzeugten Stroms aus erneuerbaren Energieträgern erzeugt. Davon stammt etwa $\frac{1}{10}$ aus Wasserkraft, $\frac{1}{3}$ aus Windenergie, $\frac{4}{10}$ aus Biomasse und der Rest aus Photovoltaik. Stelle die Ergebnisse für erneuerbare Energieträger auf zwei Arten dar.

5 Bei der Landtagswahl in Hessen 2013 ergab sich nebenstehendes Endergebnis.

a) Erstelle ein Kreisdiagramm, wie es am Tag nach der Wahl in einer Zeitung abgedruckt werden könnte. Runde dazu die Prozentangaben geeignet.

b) Erstelle ein Streifendiagramm, das die Stimmenverteilung darstellt.

Partei	Hessen
CDU	38,3 %
SPD	30,7 %
GRÜNE	11,1 %
DIE LINKE	5,2 %
FDP	5,0 %
Sonstige	9,7 %

6 Die Tabelle zeigt die Besucherzahlen eines Museums innerhalb von fünf Jahren.

Jahr	Besucher
2007	112 738
2008	114 480
2009	115 007
2010	111 264
2011	115 910

a) Stelle die Veränderungen in einem geeigneten Diagramm dar.

b) 2008 haben 50 908 Besucher den aktuellen Ausstellungskatalog gekauft. Mit welcher relativen Häufigkeit wurde der Katalog gekauft? Runde geeignet.

c) Formuliere selbst eine Fragestellung zu den Besucherzahlen und lasse diese von deinem Nachbarn lösen.

7 Die 32 Schüler der Klasse 6b stimmen ab, was sie am Wandertag unternehmen wollen. Zur Auswahl stehen ein Picknick am See, der Besuch eines Hochseilgartens und eine Wanderung in der Rhön. Die Klassenlehrerin hat das Abstimmungsergebnis in einem Streifendiagramm dargestellt.

a) Bestimme die relativen Häufigkeiten der einzelnen Aktivitäten.

b) Wie viele Schüler haben für die einzelnen Aktivitäten gestimmt?

c) Die Klasse entscheidet sich für den Hochseilgarten. Sie starten um 8.30 Uhr mit dem Zug. Vom Bahnhof müssen sie eine Stunde laufen. Schließlich sind sie von 10.30 Uhr bis 14.30 Uhr im Hochseilgarten, dann folgt direkt der Rückweg.

1 Stelle die Phasen des Tagesablaufs in einem Streifendiagramm dar.

2 Bestimme für jede Phase des Klassenausflugs den Anteil.

8 Führe in deiner Klasse eine Umfrage durch und finde heraus, wie viel Zeit deine Mitschüler pro Woche mit digitalen Medien (Computer, TV, Spielkonsole, ...) verbringen. Du kannst bei der Auswertung auch ein Tabellenprogramm nutzen.

a) Erstelle mit den Daten eine Urliste.

b) Ordne die Daten und fasse sie in geeigneten Gruppen zusammen (z. B. 0–2 h, 2–4 h, ...). Bestimme die absoluten und relativen Häufigkeiten jeder Gruppe und erstelle zu jeder Häufigkeit ein geeignetes Diagramm, das den Sachverhalt wiedergibt. Begründe deine Auswahl.

9 Antonia und Lisa haben ihre Klassenkameradinnen nach deren Haustiere befragt und das Ergebnis in einem Balkendiagramm dargestellt.

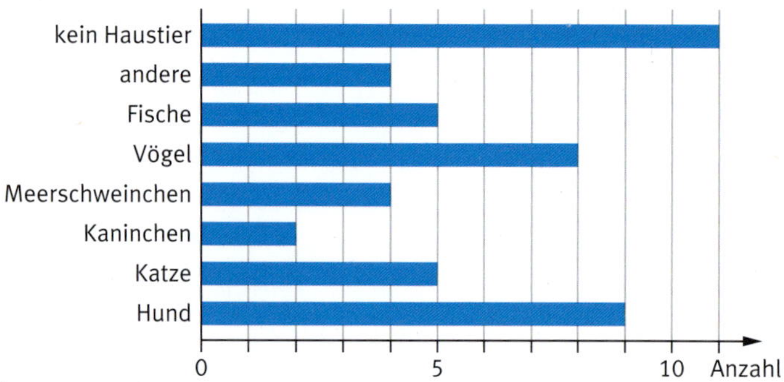

a) Schreibe in einer Tabelle auf, wie viele Kinder welches Haustier besitzen.

b) Welche drei Haustiere sind am beliebtesten? Sortiere nach der Rangfolge.

c) Wie viele Kinder besitzen kein Tier?

d) Finde mindestens eine Fragestellung, die sich mit dem Diagramm nicht beantworten lässt.

10 Finde heraus, wie alt die bisherigen Bundespräsidenten zum Zeitpunkt ihrer Wahl jeweils waren, und stelle deine Ergebnisse in einem Stabdiagramm dar. Berechne dann das Durchschnittsalter der Bundespräsidenten bei Amtsantritt.

11 In einem großen Teich leben verschiedene Fischarten. Aus Erfahrung weiß man, dass fast die Hälfte der Fische Forellen sind, etwa jeder 15. Fisch ist ein Karpfen, 20 % sind Hechte und nur jeder 30. Fisch ist ein Wels. Der Rest besteht aus verschiedenen Arten. Zeichne ein Säulen- und ein Streifendiagramm und gib an, wo die Vorteile bzw. Nachteile der einzelnen Darstellungen liegen.

12 In der Zeitung stand folgender Artikel:

Finde heraus: Wie viel dB sind „zu laut“?

Lärm ist schlecht für die Ohren. Wie laut ein Geräusch ist, wird in dB (Dezibel) angegeben. Ein normales Gespräch beispielsweise ist 50–60 dB laut, in einer Disco sind es schon an die 110 dB. Wissenschaftler haben nun festgestellt, dass es bei Schülern einen Zusammenhang gibt zwischen ihren Schulnoten und der Lautstärke, mit der sie Musik über Kopfhörer hören.
Von den Schülern, die mit ihren Leistungen zufrieden sind, hören 70 % mit 57 – 85 dB Musik, 15 % mit 85 – 93 dB. Der Rest hört noch lautere Musik. Bei denjenigen Schülern, die unzufrieden sind mit ihren Schulnoten, hören 30 % leise Musik, 10 % mittellaute Musik und 60 % laute Musik.

a) Stelle die in der Zeitung genannten Informationen in einem geeigneten Diagramm dar. Begründe deine Auswahl des Diagramms.

b) Beurteile die Zeitungsmeldung.

13 Am Schulfest verkauft die Klasse 6c 300 Lose zu Gunsten einer wohltätigen Organisation. Die Lose sind mit den Ziffern 0 bis 9 beschriftet, wobei jede Ziffer genau 30 Mal auftritt. Die Lose gibt es nur im 3er-Bündel zu einem Preis von 1 €. Entscheidend für einen Gewinn ist die Summe der Ziffern aller drei Lose aus einem Bündel.
Die Tabelle zeigt, welche Gewinne es bei welchen Ereignissen gibt.

Ereignis	Gewinn	günstige Ziffernsummen
Ziffernsumme kleiner als 5	10 €	☐
Ziffernsumme größer als 25	3 €	☐
Restliche gerade Ziffernsummen	1 €	6, 8, ...
Restliche Ziffernsummen	0 €	5, ...

a) Übertrage die Tabelle ins Heft und vervollständige sie.

b) Welches ist die höchste, welches die niedrigste Ziffernsumme in einem Bündel?

c) Gib alle Ziffernkombinationen an, mit denen sich ein Gewinn von 3 € (10 €) erzielen lässt.

d) Welche Ziffernsumme ist häufiger: 7 oder 21? Begründe, indem du alle möglichen 3er-Kombinationen dazu systematisch aufschreibst.

e) Schaffst du es, die Summe aller Zahlen von allen 300 Losen zu berechnen?

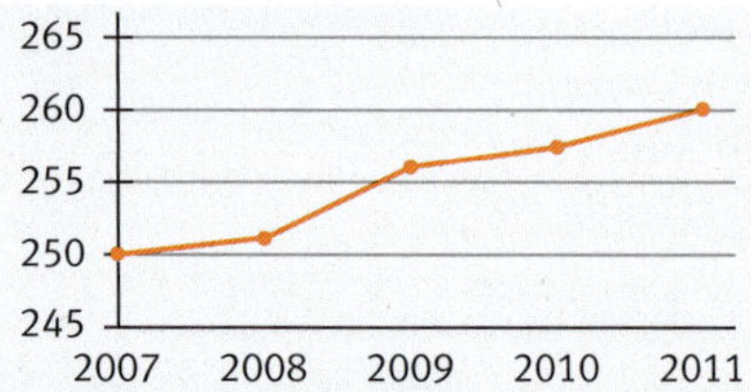

1

Wir verzeichnen Wahnsinnserfolge seit dem Jahr 2007!

2

2011 2012

100 % Umsatzsteigerung bei unserem Volksfest im Vergleich zum letzten Jahr

- Wie könnten die beiden Zeitungsartikel weitergehen?
- Untersuche den Begriff „Wahnsinnserfolge“ bei 1.
- Wie groß ist bei 2 die Fläche des großen Bildes im Vergleich zum kleinen? Vergleiche mit der Steigerung von 100 %.

Du kennst schon weitere Manipulationen: Flächen werden statt Längen betrachtet.

Merkwissen

Diagramme werden gelegentlich auch dazu verwendet, den Betrachter gezielt in die Irre zu führen. Möglichkeiten der **Manipulation**:

- Einteilung der Achsen wird verändert:

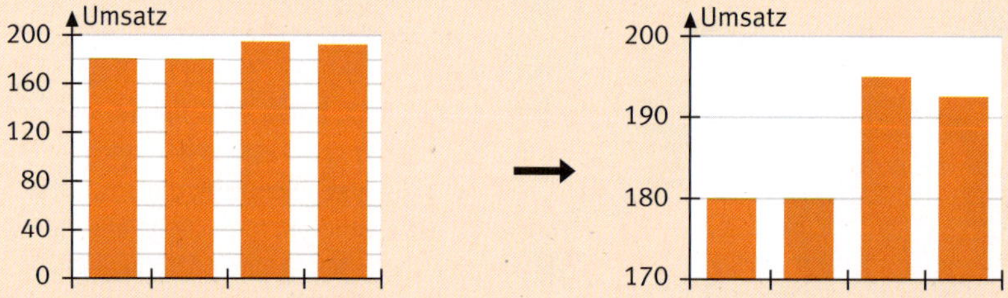

- Daten werden gezielt weggelassen:

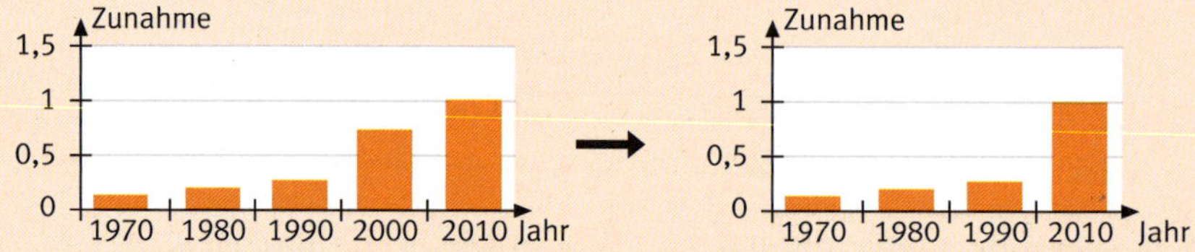

- x- oder y-Achse werden gestreckt oder gestaucht:

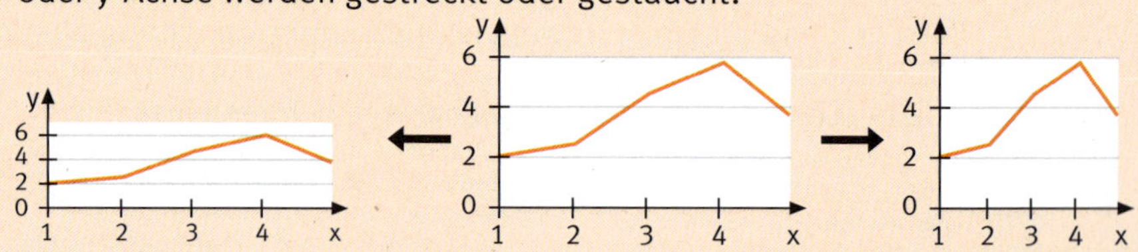

Beispiele

I Das Diagramm stellt dar, wie sich die Höhe des Kindergeldes entwickelt hat. Beurteile die Darstellung.

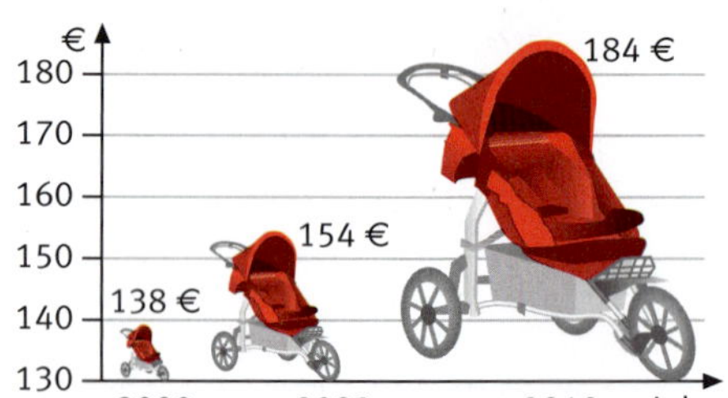

Lösung:
Diese Darstellung ist auf zwei Arten irreführend. Zum einen beginnt die y-Achse erst bei 130 €, sodass der Anstieg des Kindergeldes sehr groß wirkt. Zum anderen werden die Kinderwägen in zwei Richtungen vergrößert, wodurch die Änderung erneut größer erscheint, als sie in Wirklichkeit ist.

Verständnis

- Nenne Situationen, in denen jemand ein irreführendes Diagramm verwendet. Welche Absicht wird mit der Manipulation verfolgt?
- Finde berechtigte Gründe dafür, die Einteilung der Achsen zu verändern oder Daten wegzulassen.

Aufgaben

1 Miriam ist Schülersprecherin und zeigt dem Direktor ihrer Schule ein Diagramm, das die Teilnahme von Schülern bei Aktionen der SMV miteinander vergleicht.

a) Welche Wirkung möchte Miriam erzielen? Beschreibe.

b) Der Direktor ist nicht überzeugt von der Darstellung. Erstelle ein Diagramm, das den Sachverhalt nicht verzerrt wiedergibt.

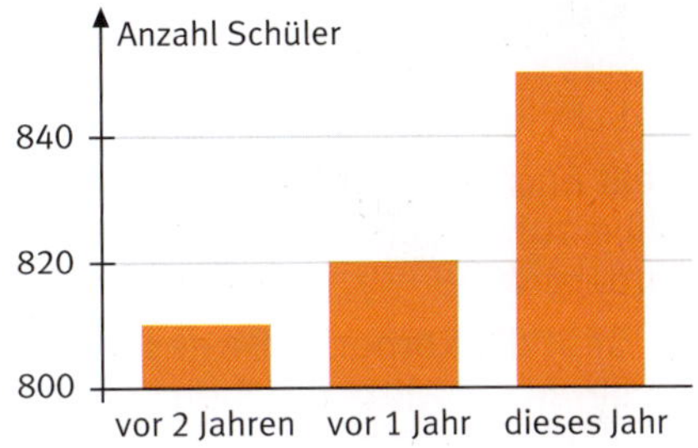

2 Das Schaubild soll die Entwicklung der Preise in Deutschland von 1980 und 2010 darstellen.

Preise 1980

Preise 2010

a) Vergleiche die Seitenlängen der Geldscheine miteinander. Wie werden sich demnach wohl die Preise zwischen 1980 und 2010 entwickelt haben?

Miss notwendige Längen ab.

b) Vergleiche die Flächen der Geldscheine miteinander. Welche Preisentwicklung soll damit gezeigt werden?

c) In unserer Wahrnehmung vergleichen wir eher Flächen als Strecken miteinander. Beschreibe, welche Manipulation wohl bei der Darstellung vorliegt.

3 Das Ergebnis einer Klassenumfrage wird auf drei verschiedene Arten dargestellt. Welche Eindrücke entstehen durch die verschiedenen Diagramme? Beschreibe.

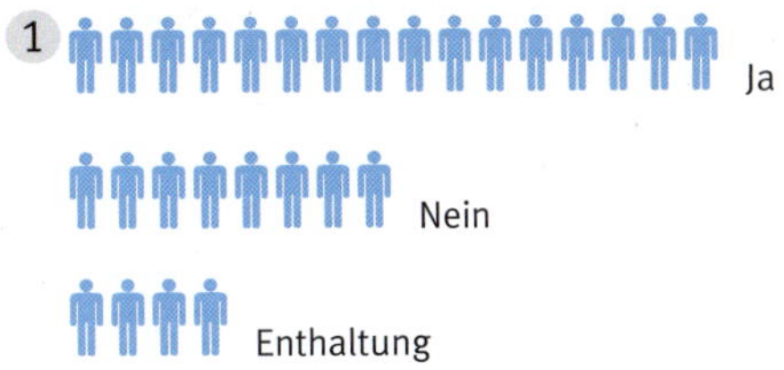

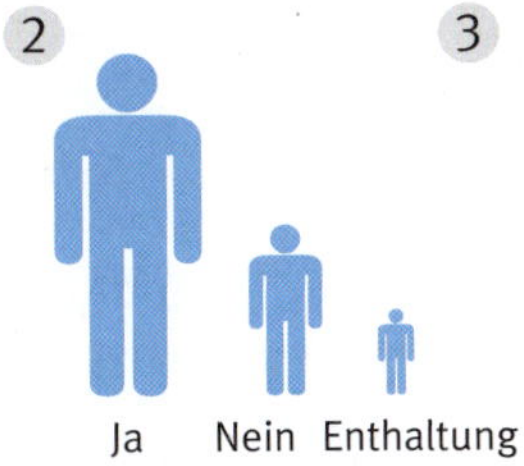

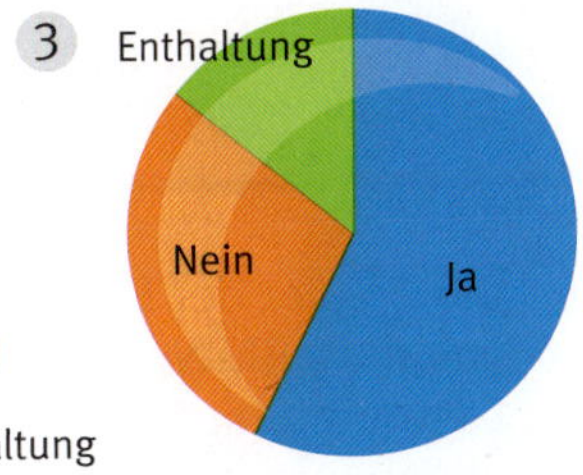

4 Der Getränkehersteller „Durstlöscher“ hat in den letzten 10 Jahren seinen jährlichen Getränkeausstoß von 3 Mio. l auf 6 Mio. l verdoppelt.

a) Stelle die Entwicklung durch Säulen und Rechtecke dar.

b) Lasse einen Partner deine Darstellung beurteilen.

Gebt eine Folie für den Tageslichtprojektor in der Klasse herum – jeder notiert darauf sein Alter und seinen Wohnort. Wertet die erfassten Daten aus:

- Addiert das Alter aller Schüler. Dividiert dann das Ergebnis durch die Anzahl der Schüler. Interpretiert das Ergebnis.
- Aus welchem Ort kommen die meisten Schüler?

Stellt euch entlang der Tafel in einer Reihe auf, beginnend mit der kleinsten Körpergröße.

- Gebt die Körpergröße des Schülers an, der in der Mitte der Reihe steht. Was wäre eine sinnvolle Größe, falls kein Schüler in der Mitte steht?

Merkwissen

Daten lassen sich mithilfe von Kenngrößen auswerten und interpretieren. Der **Modalwert**, der **Zentralwert** und das **arithmetische Mittel** sagen etwas über die Lage von Daten aus. Sie werden daher als **Lagemaße** bezeichnet.

- Mit **Modalwert m_o** wird der Wert mit der größten absoluten Häufigkeit bezeichnet.
- Ordnet man Daten der Größe nach, so nennt man den Wert, der in der Mitte der sortierten Liste steht, **Median m_e**.
- Man berechnet das **arithmetische Mittel $\bar{x}$**, indem man alle Einzelwerte addiert und das Ergebnis durch die Anzahl der Einzelwerte teilt.

$$\bar{x} = \frac{\text{Summe aller Einzelwerte}}{\text{Anzahl der Einzelwerte}}$$

*Statt Modalwert sagt man auch **Modus**.*

*Statt Median sagt man auch **Zentralwert**.*

*Im Alltag sagt man statt **arithmetisches Mittel** oft auch nur **Mittel** oder **Durchschnitt**. Die Summe aller Einzelwerte wird dabei **gleichmäßig** auf die Anzahl der Werte verteilt.*

Beispiel:
Stefan wiegt 53 kg, Pedro 56 kg, Paul 53 kg, Robert 52 kg, Ulf 55 kg, Mustafa 53 kg, Torben 54 kg, Bruno 64 kg und Lenny 55 kg.

Modalwert: $m_o = 53$ kg

Median: 52 kg 53 kg 53 kg 53 kg [54 kg] 55 kg 55 kg 56 kg 64 kg

$m_e = 54$ kg

arithm. Mittel: $\bar{x} = \frac{53\text{ kg} + 56\text{ kg} + 53\text{ kg} + 52\text{ kg} + 55\text{ kg} + 53\text{ kg} + 54\text{ kg} + 64\text{ kg} + 55\text{ kg}}{9}$

$\bar{x} = 55$ kg

Beispiele

I Die Spieler der Startelf einer Jugendfußballmannschaft haben ihr Traumauto genannt: BMW, Mercedes, Ferrari, Rolls Royce, Bugatti, Audi, BMW, Porsche, Lamborghini, Audi, Aston Martin. Welche statistische Kenngröße lässt sich angeben?

Lösung:
Der Modalwert lässt sich angeben. BMW und Audi wurden jeweils zweimal genannt, die anderen Automarken nur jeweils einmal.
Also ist der Modalwert BMW und Audi.

Der Modalwert ist nicht immer eine Zahl und auch nicht in jedem Fall eindeutig festgelegt. Kommen mehrere Werte gleich häufig vor, gibt es auch mehrere Modalwerte.

II Der Sohn von Dagobert Duck zieht aufs Land nach Quakdorf. Dort gibt es außer ihm neun weitere Kinder: seine Cousins Kick, Klick und Klack, die Tochter des Dorfpolizisten Dick, den Sohn des Bäckers Dack sowie die vier zum Clan McDock gehörenden Kinder. Monatlich erhalten die Kinder folgendes Taschengeld: Dagoberts Sohn 5005 Taler (T); Kick, Klick und Klack jeweils 13 T; die Tochter von Dick 15 T; der Sohn von Dack 11 T; jedes der vier Clan-Kinder 10 T.

a) Berechne das arithmetische Mittel für das Taschengeld.

b) Bestimme den Median sowie den Modalwert.

c) Vergleiche nun die Werte für die drei Kenngrößen und beurteile diese.

Lösung:

a) arithmetisches Mittel: $\bar{x} = \frac{5005\,T + 3 \cdot 13\,T + 15\,T + 11\,T + 4 \cdot 10\,T}{10}$

$\bar{x} = 511\,T$

b) Median:

10 T 10 T 10 T 10 T | 11 T | 13 T | 13 T 13 T 15 T 5005 T

$m_e = \frac{11\,T + 13\,T}{2}$

$m_e = 12\,T$

Modalwert: $m_o = 10\,T$

Bei einer geraden Anzahl von Daten ist der Median das arithmetische Mittel des Zahlenpaars, das sich in der Mitte der geordneten Datenreihe befindet.

c) Aufgrund des großzügigen Taschengeldes von Dagobert Ducks Sohn ist das arithmetische Mittel wenig aussagekräftig. Sowohl der Modalwert als auch der Median entsprechen ungefähr dem bisherigen monatlichen Taschengeld eines Kindes aus Quakdorf und beschreiben daher die Situation im Dorf angemessener.

Werte, die sich von den anderen Werten stark unterscheiden, werden als „Ausreißer“ bezeichnet.

Verständnis

- Überlege dir anhand von Beispielen, bei welchen Daten es sinnvoll ist, das arithmetische Mittel (den Modalwert, den Median) zu bestimmen.
- Wahr oder falsch? Das arithmetische Mittel von natürlichen Zahlen ist ebenfalls eine natürliche Zahl. Begründe deine Antwort.

Aufgaben

1 Gib den Modalwert an.

a) Affe, Pferd, Kamel, Pferd, Esel, Hund, Kamel, Katze, Affe, Hund, Kamel, Katze

b) 2; 5; 3; 7; 8; 3; 8; 2; 5; 9; 1; 7; 3; 5; 3; 2; 1; 9

c) 5 ct; 2 ct; 10 ct; 50 ct; 2 ct; 2 ct; 1 ct; 10 ct; 5 ct; 10 ct

2 Vervollständige.

a)
(1) 2; 4; 6; 8; 10 m_e = □; $\bar{x}$ = □ (2) 1; 3; 5; 7; 9; 11 m_e = □; $\bar{x}$ = □
(3) 7; 10; 90; 40; 3 m_e = □; $\bar{x}$ = □ (4) 5; 5; 5; 5; 5; 5; 5 m_e = □; $\bar{x}$ = □
(5) 1; 6; □; 19; 4 m_e = □; $\bar{x}$ = 7 (6) □; 13,0; 14,1; 17,8; 9,2 m_e = □; $\bar{x}$ = 15,6

b)

	Daten							m_e	$\bar{x}$
1	2 €	3 €	5 €	1 €	6 €	350 ct	7,50 €	□	□
2	100 m	250 m	75 m	0,3 km	125 m	50 m	500 m	□	□
3	14 kg	26 kg	83 kg	42 kg	9 kg	55 kg	0,044 t	□	□
4	50 m^2	420 m^2	□	170 m^2	60 m^2	350 m^2	200 m^2	□	200 m^2
5	4 l	6 l	9 l	2 dm^3	□	5 l	□	□	5 l

Achte auf gleiche Einheiten.

3 Beim örtlichen Sportfest ist im Endlauf der Frauen über 100 m dank eines Sponsors die amtierende Weltmeisterin angetreten. Sie erzielte die Zeit von 10,5 s. Die Zeiten der anderen Teilnehmerinnen waren: 13,2 s; 13,5 s; 13,6 s; 13,4 s; 13,5 s; 13,7 s; 14,2 s. Gib den Median der Laufzeiten aller Teilnehmerinnen an.

4 Die Schülerinnen des Wahlfachs „Unsere Region" haben ermittelt, wie weit entfernt sie von der Schule wohnen. Sabine wohnt 2 km von der Schule entfernt, Petra 5 km, Paula 3 km, Selvican 1 km, Evelyn 2 km, Zoe 6 km, Steffi 5 km und Penelope, die Austauschschülerin aus Madrid, 1500 km. Ist das arithmetische Mittel der Entfernungen aussagekräftig? Begründe.

5 Peter plant eine Radtour. An den einzelnen Tagen will er 75 km, 69 km, 86 km, 64 km, 72 km und 54 km fahren.

a) Wie weit würde er täglich im Mittel fahren?

b) Gib den Zentralwert für die sechs Tagesstreckenlängen an.

c) Peter hat alle bisherigen Etappen wie geplant hinter sich gebracht. Allerdings ist er nach der vierten Etappe so erledigt, dass er seine Radtour abbricht. Ermittle den prozentualen Anteil, den er von seiner geplanten Strecke geschafft hat.

6 Im Internet können Spitzenköche mit ein bis fünf Sternen bewertet werden. Paul de la Cuisine hat 21-mal einen Stern, 44-mal zwei Sterne, 13-mal drei Sterne, 26-mal vier und 54-mal fünf Sterne erhalten. Ermittle den Median der Bewertungen.

7 Bei den diesjährigen Filmfestspielen sind in der Kategorie „Bester Kinderfilm" drei Produktionen nominiert: *Sonnentage* mit der Startnummer 1, *Honigkuchenpferd* mit der Startnummer 2 und *Affenzahn* mit der Startnummer 3. Jedes der 200 Jurymitglieder hat genau eine Stimme.
Welche statistische Kenngröße erscheint dir am geeignetsten, um den Sieger in der Kategorie „Bester Kinderfilm" zu ermitteln – Modalwert, Median oder arithmetisches Mittel? Begründe deine Entscheidung.

8 Vor dem elften Meisterschaftsspiel hat der Basketballprofi Jeff Duncan einen Schnitt von 23,2 Punkten pro Spiel. Nach dem elften Meisterschaftsspiel beträgt sein Schnitt 24,0 Punkte pro Spiel. Wie viele Punkte hat Jeff Duncan im elften Meisterschaftsspiel erzielt?

9 Beim Turmspringen wird der Sprung von einer Jury aus sieben Wettkampfrichtern beurteilt. Jeder Richter vergibt pro Sprung 0 bis 10 Punkte. Die zwei höchsten und die zwei niedrigsten Wertungen werden gestrichen, die drei restlichen addiert. Eine Springerin erhielt folgende Wertung:

a) Bestimme das arithmetische Mittel vor und nach der Streichung der Werte.

b) Kannst du dir vorstellen, warum – im Vergleich zu manch anderen Sportarten – beim Turmspringen die zwei höchsten und die zwei niedrigsten Wertungen gestrichen werden? Überlege dir mögliche Gründe.

Zeichne ein Thermometer und markiere die gemessenen Werte.

10 In einem Bergdorf in den Schweizer Alpen wurden im Verlauf einer Woche folgende Tageshöchsttemperaturen gemessen: 2 °C, –4 °C, 1 °C, –1 °C, –2 °C, 0 °C und 4 °C. Wie groß ist das arithmetische Mittel?

11 Bei einer Blutspendeaktion wurden alle Mitarbeiter eines Unternehmens hinsichtlich ihrer Blutgruppe untersucht.

Blutgruppe	0	A	B	AB
Anzahl der Personen	5	40	40	35

a) Gib den Modalwert an.

b) Stelle das Ergebnis der Untersuchung in einem Kreisdiagramm dar.

12 Bei 25 Kindern wurde gemessen, wie schwer ihre Schultaschen jeweils sind. Das arithmetische Mittel der Messungen betrug 4,0 kg.

a) Wie schwer könnten die einzelnen Schultaschen gewesen sein?

b) Manuel hatte leider verschlafen. Seine Schultasche wurde deshalb nachträglich gewogen. Sie ist 6,6 kg schwer. Wie groß ist das arithmetische Mittel der Messergebnisse für alle Schultaschen nun?

13 8,0 6,0 3,2 3,2 3,2 3,6 4,0 5,2 5,6 5,6 6,0 2,8

a) Ermittle für die gegebene Datenreihe den Median und das arithmetische Mittel.

b) Verändere genau einen Wert der Datenreihe so, dass das arithmetische Mittel kleiner als der Median ist, und gib sodann für die neue Datenreihe die beiden statistischen Kenngrößen an.

c) Verändere genau einen Wert der Datenreihe so, dass der Median und das arithmetische Mittel gleich groß sind.

14 Der Diagrammausschnitt zeigt das arithmetische Mittel der Körpergrößen der Schüler in den 6. Klassen. Welche Aussage kann man anhand dieser Angaben machen?

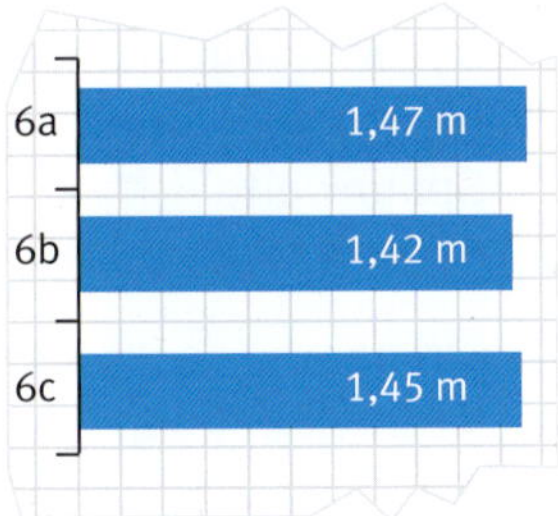

1 In der 6a ist der größte Schüler aller 6. Klassen.

2 In der 6c ist mindestens ein Schüler 1,45 m groß.

3 In der 6b sind die Schüler im Mittel am kleinsten.

4 In der 6a sind die Schüler im Durchschnitt größer als in der 6b.

15 Die Schüler der Klasse 6d durften ein neues Erfrischungsgetränk bewerten. Jeder Schüler hat dabei angegeben, ob er die „BanaMilk“ sehr gut (s), gut (g), trinkbar (t) oder ungenießbar (u) findet.

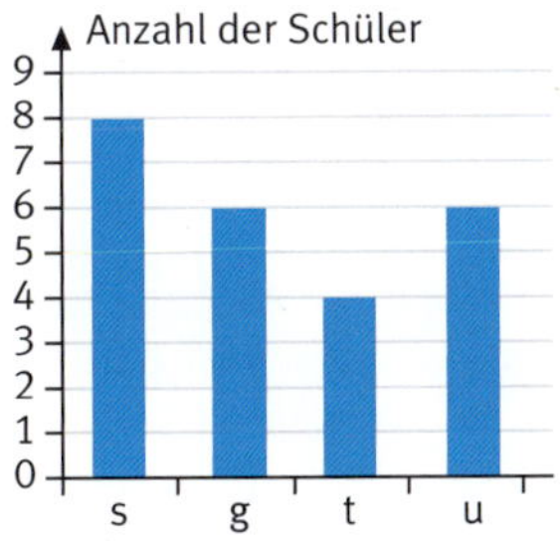

a) Wie viele Schüler hat die Klasse 6d?

b) Gib den Modalwert und den Median an.

c) Zeichne ein Kreisdiagramm, das die betreffenden relativen Häufigkeiten zeigt.

16 Isabella und Leo unterhalten sich.

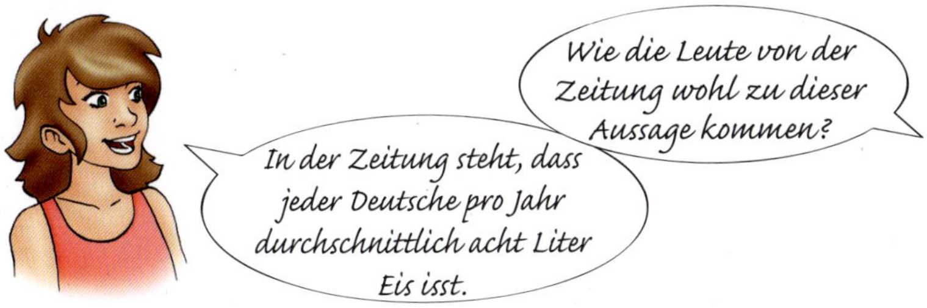

Hast du eine Idee? Erläutere sie.

Rückennummer	Anzahl der Strafminuten
1	0
2	17
3	0
4	0
5	2
6	0
7	0
8	10
9	0
10	0
11	0
12	0
13	5
14	0
15	0
16	0
17	0

Rückennummer	Anzahl der Strafminuten
1	0
2	2
3	6
4	2
5	4
6	2
7	2
8	0
9	2
10	4
11	0
12	2
13	2
14	2
15	2
16	2
17	0

Beim Endspiel der Schülermeisterschaft im Eishockey spielten die Cool Tigers gegen die Ice Chicks. Beide Teams hatten am Ende der regulären Spielzeit jeweils 34 Strafminuten.

- Wie viele Strafminuten hatte ein Spieler der Cool Tigers (Ice Chicks) im Schnitt?
- Wie viele Strafminuten hatte der fairste (unfairste) Spieler jeder Mannschaft?
- Um wie viele Strafminuten unterscheiden sich jeweils der fairste und der unfairste Spieler jeder Mannschaft?
- Welches Team hatte in deinen Augen die faireren Spieler? Begründe.

Merkwissen

Minimum, **Maximum** und **Spannweite** sagen etwas über die Verteilung von Daten aus. Sie werden als **Streumaße** bezeichnet.

Das **Minimum** ist der kleinste Wert einer Datenreihe, das **Maximum** der größte.

Die **Spannweite R** errechnet sich als Differenz dieser beiden Werte.
Spannweite = Maximum – Minimum

„R" kommt von range (engl.): Weite.

Beispiele

I Effi hat die sechs Eier einer Schachtel einzeln gewogen. Bestimme die Streumaße.
63 g; 65 g; 65 g; 62 g; 63 g; 61 g

Lösung:
Das Minimum der Massen ist 61 g, das Maximum 65 g.
R = 65 g – 61 g = 4 g. Die Spannweite beträgt 4 g.

Verständnis

- Bei welcher Art von Daten kann man weder Minimum und Maximum noch die Spannweite angeben?
- Was lässt sich über Minimum und Maximum einer Datenmenge aussagen, wenn die Spannweite null ist?

Aufgaben

1 Vervollständige im Heft.

	Daten							Min.	Max.	R
a)	4,1 m	3,7 m	3,9 m	5,3 m	5,2 m	5,1 m	4,8 m			
b)	200,2	198,0	177,6	213,8	186,3	207,4	200,2			
c)	34 s		51 s	48 s	59 s	16 s	22 s	15 s		
d)	27 ct	33 ct		75 ct		61 ct	69 ct		81 ct	67 ct
e)	87 g	105 g	74 g		103 g	112 g		67 g		46 g

2 In einer Kleinstadt wurde in vier Sportgeschäften der Preis für das gleiche Paar Inlineskates ermittelt. Bestimme die Spannweite der Preise.

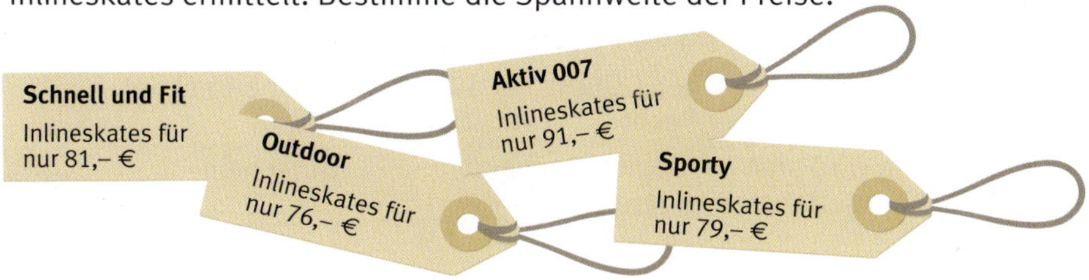

3 Herr Winter hat auf dem morgendlichen Weg zur Arbeit an jeder roten Ampel auf die Außentemperaturanzeige seines Autos geschaut. Angezeigt wurden folgende Temperaturen: –4,0 °C; –5,0 °C; –5,5 °C; –4,5 °C; –3,0 °C; –2,5 °C.
Gib das Minimum und das Maximum der angezeigten Temperaturen an.

4 Bei einem Mathetest ergab sich folgende Punkteverteilung:

Punktezahl	12	11	10	9	8	7	6	5	4	3	2	1	0
Anzahl der Schüler	0	5	3	4	2	9	0	1	3	1	2	0	0

Gib die Lage- und die Streumaße für die einzelnen Punktzahlen an.

5 Die Tabellen zeigen die Monatsgehälter der Mitarbeiter zweier Kleinunternehmen.

a) Stelle für jede der beiden Firmen in einem Säulendiagramm dar, welches Monatsgehalt jeweils wie viele Mitarbeiter bekommen.

b) Berechne die Spannweite der Gehälter in beiden Firmen sowie das jeweilige durchschnittliche Monatsgehalt.

c) Senta und Pit unterhalten sich:

Firma A

Personalnummer	Monatsgehalt
1	2500 €
2	750 €
3	12 500 €
4	5000 €
5	750 €
6	2500 €
7	4000 €

Firma B

Personalnummer	Monatsgehalt
1	1500 €
2	1000 €
3	750 €
4	1500 €
5	2000 €
6	2000 €
7	13 250 €
8	750 €
9	4250 €

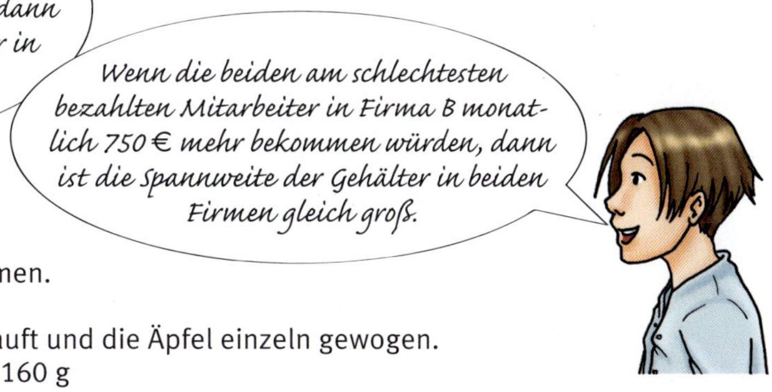

Überprüfe, ob die beiden Behauptungen stimmen.

6 Annika hat zwei Sechserpackungen Äpfel gekauft und die Äpfel einzeln gewogen.
Packung 1: 165 g; 165 g; 175 g; 170 g; 165 g; 160 g
Packung 2: 185 g; 150 g; 155 g; 175 g; 155 g; 180 g

a) Wie groß ist das arithmetische Mittel für beide Packungen?

b) Vergleiche die beiden Packungen mithilfe von Streumaßen.

c) Welche der beiden Packungen würdest du bevorzugen? Begründe.

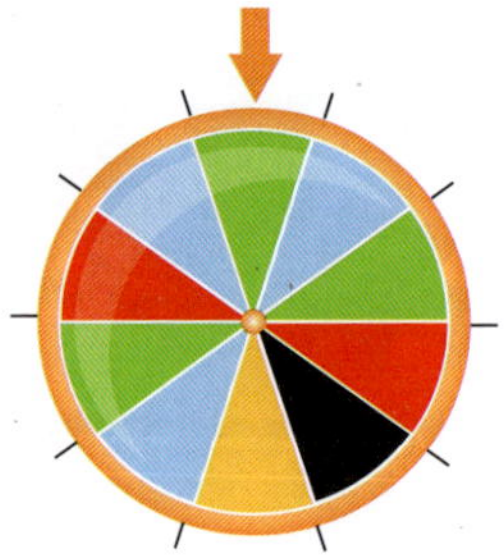

Die Klasse 6d hat ein Glücksrad aufgebaut.

- Georg versucht sein Glück und dreht fest. Das Rad bleibt auf Blau stehen. Was hat Georg gewonnen?
- Kai sagt: „Auf Dauer gibt es öfter T-Shirts als Gutscheine zu gewinnen.“ Hat er Recht?
- Welchen Gewinn wird man am häufigsten bekommen, welchen am seltensten? Begründe deine Antwort.

Gewinn	Felder
Sporttasche	Rot
Spielkarten	Blau
Taschenrechner	Gelb
T-Shirt	Grün
Gutschein	Schwarz

Merkwissen

Einen Versuch mit zufälligem, d.h. nicht vorhersehbarem Ausgang bzw. Ergebnis, bezeichnet man als **Zufallsversuch**. Dabei muss gelten:

1. Die Durchführung erfolgt nach genau festgelegten Regeln und ist beliebig oft wiederholbar.
2. Es müssen mindestens zwei Ergebnisse möglich sein.
3. Das Ergebnis ist nicht vorhersagbar.

Ein **Teil aller möglichen Ergebnisse**, für den man sich interessiert, wird **Ereignis** genannt. Ein Ereignis kann **unmöglich, möglich** oder **sicher** sein.
Beispiel: Würfelwurf. Mögliche Ergebnisse: 1, 2, 3, 4, 5, 6

- Man interessiert sich für das Ereignis „Augenzahl gerade“.
- Man betrachtet das Ereignis „Augenzahl 6“.
- Man betrachtet das Ereignis „Augenzahl größer als 1“.

Ein Ereignis ist sicher, wenn alle möglichen Ergebnisse zu dem Ereignis gehören.

Beispiele

I Das nebenstehende Glücksrad wird gedreht.

a) Welche Ergebnisse sind möglich?

b) Welche Ergebnisse passen für folgende Ereignisse?

(1) Die Zahl ist gerade. (2) Die Zahl ist durch 3 teilbar.
(3) Die Zahl ist größer als 10. (4) Die Zahl liegt zwischen 0 und 15.

c) Auf welches Ereignis würdest du eher wetten? Begründe deine Antwort.

(1) Die Zahl ist gerade. (2) Die Zahl ist kleiner als 5.

Lösung:

a) Mögliche Ergebnisse: 1, 2, 3, 4, 5, 6, 7, 8, 9, 10

b)

Ereignis	Mögliche Ergebnisse
(1) gerade Zahl	2, 4, 6, 8, 10
(2) $3 \mid$ Zahl	3, 6, 9
(3) Zahl > 10	– (unmögliches Ereignis)
(4) Zahl zwischen 0 und 15	1, 2, 3, 4, 5, 6, 7, 8, 9, 10 (sicheres Ereignis)

c) Die Felder zu jeder Zahl sind gleich groß, also kann man damit rechnen, dass jede Zahl in etwa gleich häufig vorkommt. Also muss man nur die Anzahl der möglichen Ergebnisse zu den beiden Ereignissen miteinander vergleichen: Zum Ereignis „Zahl gerade“ gehören 5 Ergebnisse (2, 4, 6, 8, 10), zum Ereignis „Zahl kleiner als 5“ nur 4 Ergebnisse (1, 2, 3, 4). Also würde man eher auf Ereignis (1) wetten, weil dort mehr Ergebnisse möglich sind.

Verständnis

- Richtig oder falsch? Beim Lotto kommt die Zahl 1 häufiger als die Zahl 49.
- Wenn Paul beim Mensch-ärgere-dich-nicht-Spiel dreimal hintereinander eine Sechs würfelt, dann hat er einen gezinkten Würfel. Stimmt das?

Aufgaben

1 Handelt es sich hier um einen Zufallsversuch? Entscheide und begründe.

a) Der Trainer wählt Spieler aus.
b) Petra würfelt beim Kniffel-Spiel.
c) Felix dreht ein Glücksrad.
d) Anna löst eine Mathematikaufgabe.
e) Der Schiedsrichter gibt eine gelbe Karte.
f) Margot fährt Auto.

2 Welche möglichen Ergebnisse gibt es zu folgenden Zufallsversuchen?

a)

Augensumme beim gleichzeitigen Werfen mit zwei Würfeln

b)

Einmaliges Ziehen einer Kugel aus der abgebildeten Urne

c)

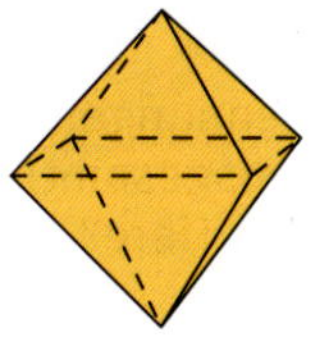

Würfeln mit einem Körper mit acht gleich großen Flächen (Ziffern 1 bis 8)

3 **a)** Übertrage die Tabelle ins Heft und fülle sie aus, indem du für die angegebenen Ereignisse jeweils die möglichen Ergebnisse bestimmst.

b) Formuliere mehrere Ereignisse, die einen sicheren (einen unmöglichen) Ausgang erwarten lassen.

Ereignis	Ergebnisse
Zahl ist kleiner als 4.	
Zahl ist ungerade.	
Zahl ist größer als 5.	
Zahl ist größer als 0.	

4 Eva schlägt ein Spiel vor: Man würfelt gleichzeitig mit zwei Würfeln. Ist die Summe der Augenzahlen ungerade, so hat der Gegenspieler gewonnen. Würfelt man einen Pasch (zwei gleiche Augenzahlen), so darf man nochmals würfeln. Ist die Summe der Augenzahl gerade (und kein Pasch), so hat man selbst gewonnen.

a) Erstelle eine Tabelle mit den Ereignissen und möglichen Ergebnissen.

b) 1 Würfle 100-mal und notiere die Häufigkeiten für die Ereignisse.

2 Erstelle zur Häufigkeitstabelle ein passendes Diagramm.

c) Würdest du mitspielen wollen? Begründe.

Ereignis	Ergebnisse
Summe gerade	1 + 3; ...
Pasch	

5 Man kann mit Bausteinen würfeln. Es lassen sich verschiedene Lagen unterscheiden.

a) Auf welche Lage würdest du wetten? Begründe.

b) Nimm einen Baustein und würfle mit ihm 150-mal.

1 Erfasse die Ergebnisse in einer Strichliste.

2 Bestimme die absoluten und relativen Häufigkeiten.

3 Überprüfe anhand deiner Ergebnisse die Aussage aus a). Werden deine Begründungen bestätigt oder widerlegt. Woran kann es liegen?

Oberseite (O) Unterseite (U) Seite (S)

Zu 5.1

1 Am Goethe-Gymnasium wurde eine Befragung durchgeführt, bei der Mehrfachnennungen möglich waren. Die Abbildung stellt das Ergebnis dar. Dabei steht jede Figur für einen Jungen bzw. Mädchen.

a) Was kann das Thema der Befragung sein?

b) Wie viele Nennungen von Jungen (Mädchen, insgesamt) gab es für die einzelnen Tiere?

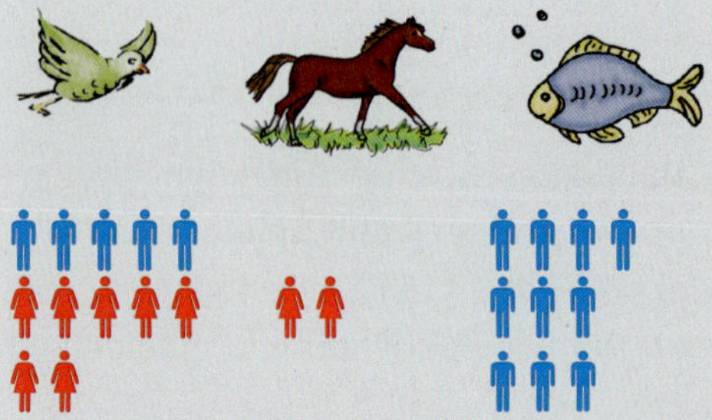

a) Was kann das Thema der Befragung sein?

b) Finde heraus, wie viele Jungen (Mädchen) mindestens und wie viele höchstens befragt wurden.

Zu 5.2

2 Bei einer Klassenarbeit in Mathematik erhalten die Schülerinnen und Schüler in der Klasse 6a die folgenden Punktwerte:
16; 14; 16; 8; 11; 14; 11; 18; 16; 14; 5; 12; 14; 18; 17; 13; 9; 12; 10; 19; 7; 14; 17; 10; 16
Die Noten werden wie folgt festgelegt:

Punkte	19 – 20	16 – 18	13 – 15	10 – 12	5 – 9	0 – 4
Note	1	2	3	4	5	6

a) Bestimme die absolute und relative Häufigkeit der einzelnen Noten.

b) Welcher Anteil der Schülerinnen und Schüler haben die Note 5 und 6 erhalten?

a) Bestimme die relative Häufigkeit der einzelnen Noten als Bruch und in Prozent.

b) Welcher Anteil der Schülerinnen und Schüler haben mindestens die Note 4 (2) bekommen?

Zu 5.3

3 Auf der Welt gibt es die Blutgruppen 0, A, B und AB. Die Blutgruppen sind nicht gleich verteilt. Die Tabelle gibt die Verteilung der Blutgruppen in Deutschland gerundet wieder. Stelle die Verteilung in einem ...

Streifendiagramm dar.

Blutgruppe	0	A	B	AB
h (Blutgruppe)	40%	45 %	10 %	5%

Kreisdiagramm dar.

Blutgruppe	0	A	B	AB
h (Blutgruppe)	39 %	43 %	12 %	6 %

4 Die Abbildung gibt an, wie viel Zeit Sabrina gewöhnlich an einem Wochentag für verschiedene Sachen verbringt.

a) Schätze, wie viel Prozent des Tages Sabrina für die einzelnen Sachen verwendet.

b) Beschreibe, wie du die Prozentangaben aus dem Diagramm bestimmen kannst.

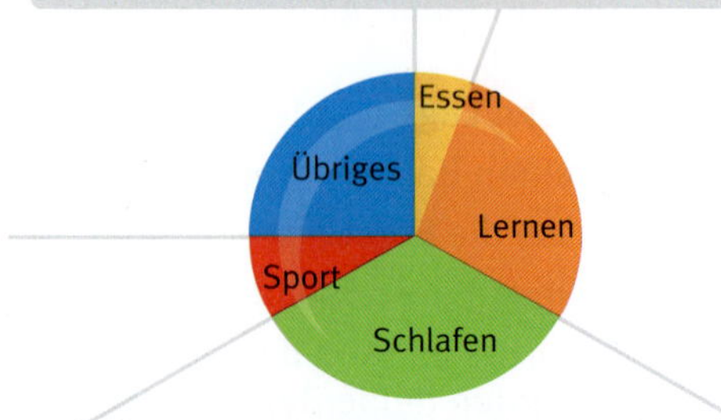

b) Miss nach und vergleiche mit der Schätzung.

5 Beurteile die Anzeige.

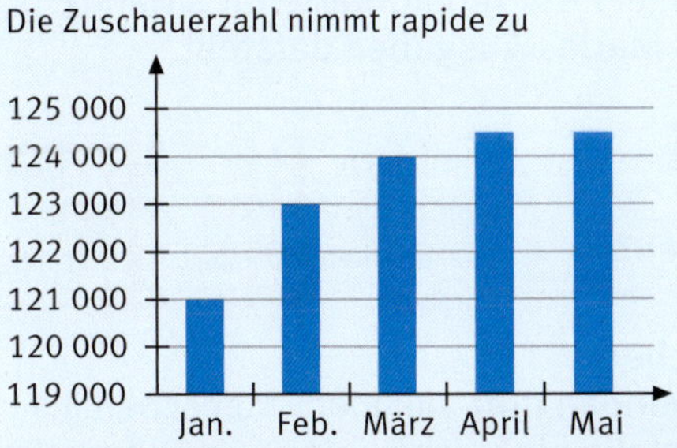

Stelle den Sachverhalt geeigneter dar.

Zu 5.4

6

Größe der Spielerinnen einer Volleyballmannschaft: 1,70 m; 1,65 m; 1,72m; 1,70 m; 1,68 m; 1,63 m

a) Berechne die mittlere Körpergröße der Spielerinnen.

b) Berechne bei jeder Spielerin die Abweichung von der mittleren Körpergröße.

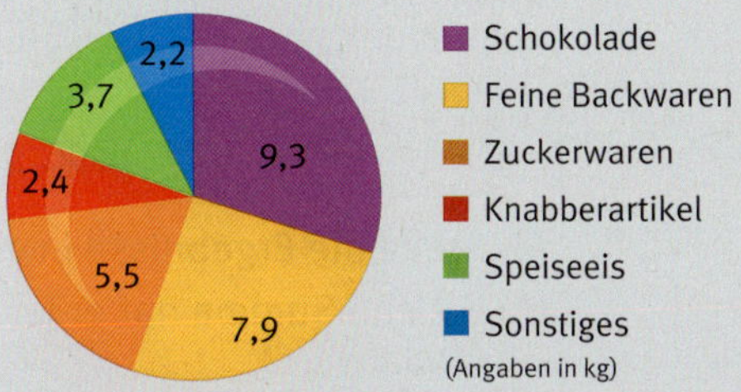

Das Diagramm zeigt den Pro-Kopf-Verbrauch an Süßwaren in Deutschland.

a) Schätze deinen Verbrauch an Süßigkeiten und vergleiche.

b) Wie viel Geld wird wohl pro Person für Süßigkeiten im Jahr ausgegeben? Beschreibe dein Vorgehen.

Zu 5.5

7 Saskia und Pedro sind im Schießverein. Sie wollen herausbekommen, wer von ihnen besser trifft. Die Diagramme zeigen die Treffer aus einem Wettkampf an.

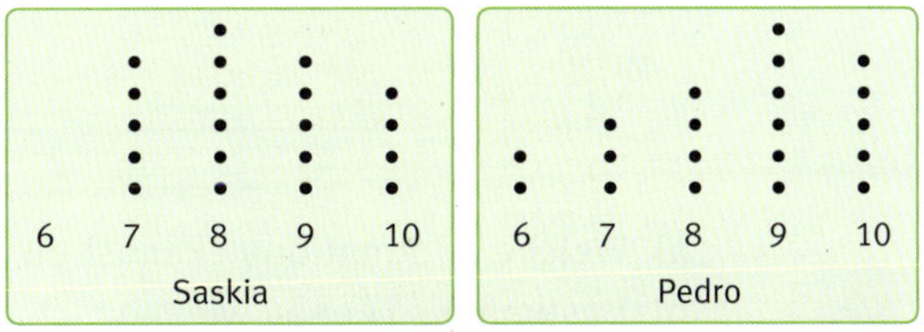

Zu 5.6

a) Erstelle für Saskia und Pedro jeweils eine Häufigkeitstabelle. Bestimme die relativen Anteile für die einzelnen Treffer.

b) Bestimme Median, Modalwert und die Spannweite der beiden Schützen.

a) Beschreibe das Ergebnis des Wettkampfs mithilfe von Kennwerten.

b) Vergleiche die Leistungen der beiden miteinander. Wer hat deiner Meinung nach den Wettkampf gewonnen? Begründe.

8 Welche der folgenden Vorgänge können Zufallsversuche sein? Begründe.

Zu 5.7

a) „Blindes“ Ziehen einer Karte aus einem Kartenspiel

b) Würfeln mit einer Reißzwecke

c) Kauf eines Autos

a) Lösen der Gleichung $2x - 7 = 25 - x$

b) Martin parkt das Auto in eine Parklücke.

c) Spielen eines Roulettespiels

1 Mario schreibt sich einen Monat auf, wofür er seine 50 € Taschengeld ausgibt: neues Skater-Shirt: 20 €, zweimal Kino zu je 5 €, Prepaid-Karte für‘s Handy: 10 €, Eis: Rest. Zeichne ein Kreisdiagramm, das Marios Ausgaben darstellt.

2 Das Diagramm stellt die Einwohnerzahlen einiger Landeshauptstädte dar.

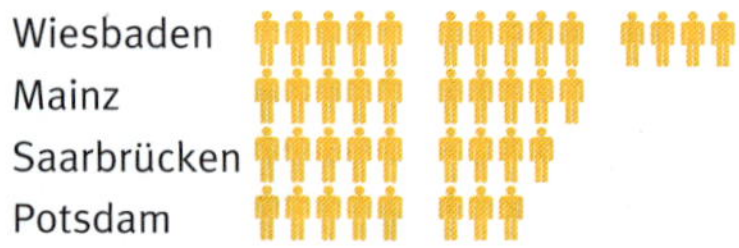

a) Finde heraus: Wofür steht ein Männchen? Ergänze weitere Städte.

b) Wiesbaden möchte Eigenwerbung machen:
Da die Lebensqualität sehr hoch sei, wohnen dort viel mehr Menschen als in anderen großen Städten in Hessen. Erstelle ein werbewirksames Diagramm.

3 Faruk würfelt wiederholt zweimal mit einem „Würfel“, auf dem die Zahlen 0 bis 9 abgebildet sind. Er notiert die Summe der beiden Würfe in einer Tabelle.

0	1	2	3	4	5	6	7	8	9	10	11	12	13	14	15	16	17	18
𝍷𝍷	𝍷𝍷𝍷	𝍷𝍷	𝍸	𝍷𝍷𝍷𝍷	𝍸𝍷𝍷	𝍸𝍸	𝍸𝍷𝍷𝍷𝍷	𝍸𝍷𝍷𝍷𝍷	𝍸𝍸𝍷	𝍸𝍷𝍷	𝍸	𝍸𝍷	𝍸	𝍷𝍷𝍷	𝍸	𝍷𝍷	𝍷𝍷	𝍷𝍷𝍷

a) Stelle die Ergebnisse in einem Diagramm dar.

b) Welche Summe hat er im Durchschnitt gewürfelt? Wie groß sind Median und Modalwert?

Du kannst auch ein Tabellenprogramm nutzen.

4 Die Abbildung zeigt das Streckenprofil einer Mountainbike-Tour im Westerwald.

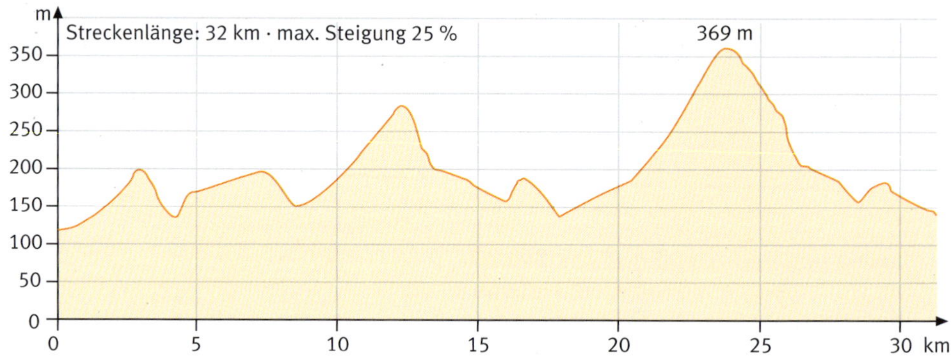

a) Welche Informationen kannst du aus dem Diagramm ablesen, welche nicht?

b) Bestimme so genau wie möglich die Höhenunterschiede bei den einzelnen Anstiegen.

c) Wie groß ist der durchschnittliche Höhenunterschied bei einem Anstieg? Nutze die Ergebnisse aus b).

5 **a)** Wie viele Gummibärchen von jeder Farbe findest du in der Abbildung? Schätze möglichst geschickt und erstelle eine Häufigkeitstabelle.

b) Mit welcher relativen Häufigkeit treten die Farben jeweils auf? Runde geeignet.

c) Zeichne ein Diagramm, das einen schnellen Überblick über die Farbverteilung der Gummibärchen ermöglicht.

6 In einer Zeitung findet man folgende Überschrift. Erkläre die Aussage.

In Deutschland hat jeder Haushalt 1,46 Handys und 0,689 Computer!

7 In dem Diagramm sind die monatlichen Niederschläge in einem Ort im Hunsrück dargestellt. Die Regenmenge gibt an, wie viel Liter Wasser auf einer Fläche von 1 m^2 gefallen ist.

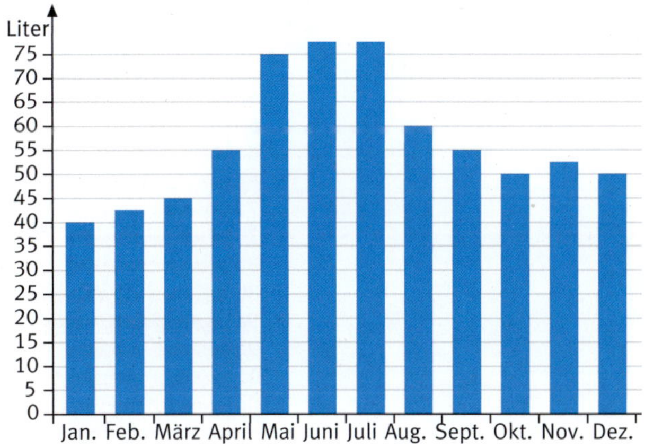

a) Wie viel Regen fiel pro Quadratmeter in den einzelnen Monaten? Bestimme so genau wie möglich.

b) Wie viel Regen fiel durchschnittlich im Monat pro m^2?

c) Das Flachdach der Turnhalle des örtlichen Sportvereins ist 50 m lang und 30 m breit. Wie viel kann der Verein im Jahr sparen, wenn er das gesamte Regenwasser seines Daches nutzt? Der Wasserpreis beträgt etwa 1 ct pro Liter.

8 Vor der Einschulung werden Kinder von einem Arzt untersucht. Dabei erhebt er eine Menge Daten. Die Tabelle zeigt einen Ausschnitt aus den Daten von Kindern, die in einer Kindergartengruppe vor der Einschulung stehen.

Du kannst auch ein Tabellenprogramm nutzen. Übertrage dazu die Tabelle.

Name	Alter	Größe	Schuhgröße	Gewicht	Kopfumfang	Anzahl Geschwister
Amelie	5	1,25 m	27	19 kg	47 cm	2
Emilian	6	1,20 m	29	20 kg	51 cm	1
Emma	5	1,25 m	28	21 kg	54 cm	0
Fu Jang	6	1,10 m	26	17 kg	45 cm	0
Jennifer	5	1,15 m	29	18 kg	44 cm	0
Jule	5	1,10 m	27	17 kg	48 cm	1
Max	6	1,15 m	27	17 kg	46 cm	1
Mirja	5	1,20 m	28	20 kg	49 cm	1

a) Beschreibe die Ergebnisse der Einschulung durch Kenndaten (arithmetisches Mittel, Median, Modalwert, Maximum, Minimum, Spannweite).

b) Rita behauptet, dass es oftmals nicht sinnvoll ist, den Modalwert zu den einzelnen Daten anzugeben. Begründe Ritas Einschätzung.

c) Beschreibe die einzelnen Kinder anhand ihrer Daten im Vergleich zu den anderen Kindern.
Beispiel: Emilian gehört zu den älteren Kindern in der Gruppe. Seine Körpergröße liegt in der oberen Hälfte der Daten.

9 In Deutschland leben auf jedem Quadratkilometer durchschnittlich 230 Menschen.

a) Schätze mithilfe des eingezeichneten Quadrats die Fläche Deutschlands. Beschreibe dein Vorgehen und runde stets sinnvoll.

b) Schätze ab, wie viele Menschen insgesamt in Deutschland leben.

c) Die Fläche Schwedens ist etwa 25 % größer als die Fläche Deutschlands, allerdings hat Schweden nur $\frac{1}{10}$ der Einwohnerzahl von Deutschland.

1 Wie groß ist die Fläche von Schweden ungefähr?

2 Wie viele Einwohner hat Schweden etwa?

3 Wie viele Menschen leben in Schweden durchschnittlich auf einem Quadratkilometer?

10 An einer Schule soll Energie eingespart werden. Dazu führt die Umweltgruppe eine Messreihe der Raumtemperatur in verschiedenen Klassenzimmern durch.

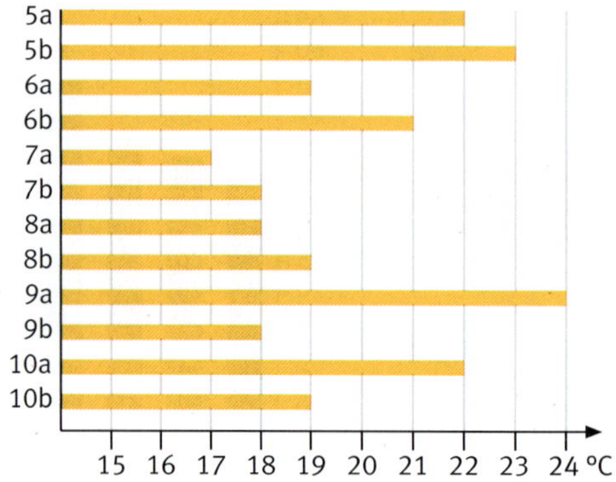

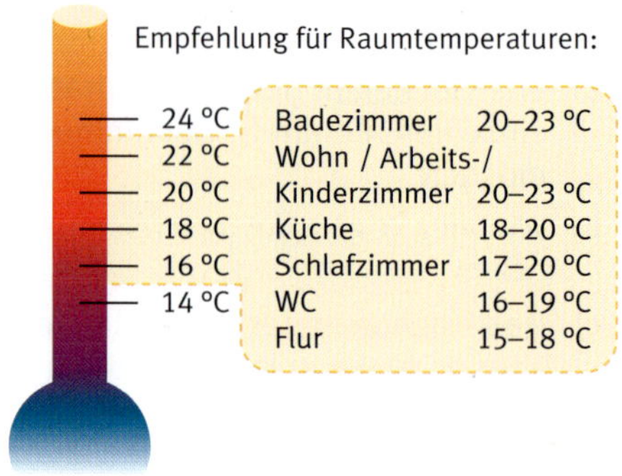

a) In welchem Klassenraum würdest du gerne arbeiten? Begründe.

b) Bruno ist mit dem Ergebnis zufrieden. Er sagt: „Im Mittel haben wir 20 °C in den Räumen. Ist doch super!" Überprüfe Brunos Aussage und nimm Stellung dazu.

11 Um den Erfolg eines Kinofilms in der Altersgruppe der 20- bis 40-Jährigen zu untersuchen, werden 50 Besucher nach ihrem Alter gefragt. Das Diagramm zeigt die Altersverteilung dieser Gruppe.

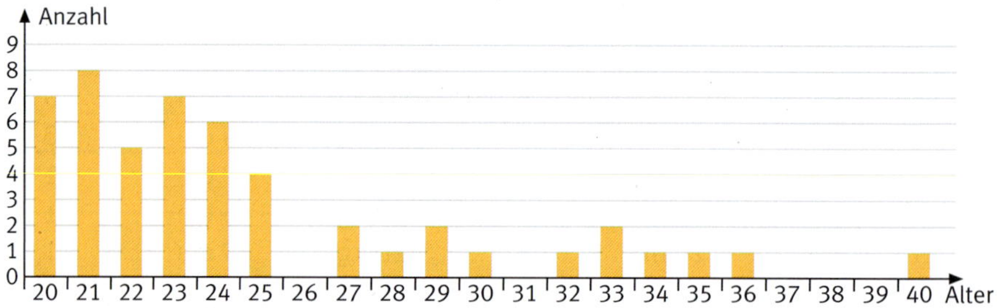

Nutze das Diagramm.

a) Welche Zuschauer haben sich besonders für den Film interessiert? Beschreibe.

b) Bestimme den Median, den Modalwert, das Minimum, das Maximum und die Spannweite zu dieser Verteilung.

c) Mit welchen Kenngrößen aus b) lässt sich deiner Meinung nach die Verteilung besonders gut beschreiben? Begründe deine Antwort.

Beachte: Die absolute Häufigkeit gibt an, wie oft die Geschwindigkeiten jeweils vorkommen.

12 Auf der Wilhelmshöher Allee in Kassel ist die Höchstgeschwindigkeit 50 km/h. Die Polizei misst bei einer Kontrolle die folgenden Geschwindigkeiten:

Geschwindigkeit in km/h	44	46	50	52	53	56	58	60	64	68	69	71	73
absolute Häufigkeit	2	1	3	6	8	10	8	2	4	2	1	1	2

Der Bußgeldkatalog sieht für zu schnelles Fahren folgende Strafen vor:
6–10 km/h: 15 € 11–20 km/h: 35 € 21–25 km/h: 50 €

a) Wie groß ist die durchschnittliche Geschwindigkeit der Autos? Muss ein Fahrer mit dieser Geschwindigkeit mit einer Strafe rechnen? Wenn ja, mit welcher?

b) Bestimme das durchschnittliche Strafmaß aller Autofahrer. Erkläre den Unterschied zu dem Wert in Aufgabe a).

c) Wie ändern sich die Werte in a) und b), wenn du als Mittelwert den Median (Modalwert) verwendest?

13 In einer sechsten Klasse mit 28 Schülern wird eine Umfrage zur Höhe des Taschengeldes (in €) durchgeführt. Dabei ergab sich folgende Verteilung:

Jungen				
0–5	6–15	16–25	26–35	> 35
|	||	卌 |||	卌	||

Mädchen				
0–5	6–15	16–25	26–35	> 35
	|	卌	||||	

a) Betrachte Jungen und Mädchen getrennt. Bestimme die absoluten und relativen Häufigkeiten der einzelnen Geldbereiche und stelle sie grafisch dar. Wiederhole die Darstellung mit der ganzen Klasse.

b) Bestimme Minimum und Maximum des Taschengeldes der Mädchen (Jungen).

c) Berechne die durchschnittliche Höhe des Taschengeldes der ganzen Klasse. Welche Probleme treten dabei auf? Überlege dir eine sinnvolle Lösung und beschreibe sie.

Nutze auch andere Kennwerte.

d) Stelle weitere Fragen, die man mithilfe der Strichliste beantworten kann.

14 a) Vor langer Zeit lebten in einem Dorf neun fleißige Arbeiter. Sie verdienten alle in etwa den gleichen Monatslohn an Silberstücken:
950, 1020, 1020, 970, 990, 1010, 1020, 1010, 1010

1. Wie hoch ist der durchschnittliche Verdienst im Dorf?
2. Wie hoch ist der häufigste Verdienst im Dorf?
3. Welcher Verdienst liegt im Dorf genau in der Mitte?
4. Um wie viel Silberstücke schwankt der Verdienst im Dorf?

b) In das kleine Dorf zieht ein reicher Mann. Sein Monatslohn liegt bei 91 000 Silberstücken.

1. Beantworte die Fragen aus a) für die neue Dorfgemeinschaft.
2. Welcher Mittelwert ($\overline{x}$, Median, Modalwert) beschreibt den „mittleren Verdienst“ im Ort am besten? Begründe
3. Man sagt, dass das arithmetische Mittel für extreme Werte, sogenannte „Ausreißer“, sehr anfällig ist, der Median jedoch nicht. Was ist damit gemeint? Erkläre mithilfe dieser Aufgabe.

Spiel

Gedächtnistraining – ein Partnerspiel

- Schreibe zehn Wörter so auf ein Blatt Papier, dass dein Banknachbar sie nicht sehen kann. Die Begriffe sollen keinen Zusammenhang miteinander haben und es muss sichergestellt sein, dass eure Mitschüler sie alle kennen.
- Lies die Wörter deinem Nachbarn zweimal langsam vor. Anschließend schreibt dein Nachbar alle Wörter auf, an die er sich noch erinnert. Bestimmt anschließend die Anzahl der richtig gemerkten Begriffe.
- Tauscht nun die Rollen und führt das Experiment nochmals mit neuen Begriffen durch. Jeder sollte zweimal vorlesen und sich zweimal Wörter merken.
- Sammelt die Ergebnisse der ganzen Klasse und wertet sie grafisch aus. Verwendet dabei auch die Größen absolute und relative Häufigkeit und das arithmetische Mittel.

Alles Bio?

Dieses Bio-Siegel hast du bestimmt schon gesehen. Seit 2002 werden damit alle biologisch erzeugten Nahrungsmittel in der EU gekennzeichnet.

a) Schaue die Lebensmittel zu Hause durch und ermittle die absolute und die relative Häufigkeit der Produkte mit Bio-Siegel. Findest du auch andere Bio-Siegel?

b) Erstelle ein Diagramm, das den Anteil der Produkte mit einem Bio-Siegel darstellt.

c) Informiere dich im Internet, Büchern, Verbraucherzentralen, ... über die Bedingungen, unter denen ein Bio-Siegel verliehen wird, und präsentiere die Ergebnisse deinen Mitschülern.

Pausenbrot

Es ist umweltfreundlicher, sein Pausenbrot in einer wieder verwendbaren Box mit in die Schule zu nehmen, anstatt täglich eine neue Plastiktüte zu verwenden. Alternativ bietet sich auch der Kauf am Pausenstand der Schule an. Die Klasse 6c der Thomas-Mann-Schule hat eine Woche lang die Häufigkeit der Verpackungen in ihrer Klasse notiert.

Tag	Mo	Di	Mi	Do	Fr
Box	16	12	14	10	13
Tüte oder Folie	10	11	13	12	9
Pausenstand	4	5	3	7	5
kein Pausenbrot	0	2	0	1	3

a) Stelle für jeden Tag die Anzahl der Schüler gegenüber, die sich umweltfreundlich bzw. weniger umweltgerecht verhalten.

b) Wie viele Kinder verhalten sich durchschnittlich pro Tag umweltfreundlich? Welchem Anteil entspricht das?

c) Mache Vorschläge, wie man den Anteil umweltfreundlichen Verhaltens vergrößern kann.

Tierarten

Von Zeit zu Zeit findest du Meldungen über bedrohte Tierarten in der Tageszeitung.

Artensterben von ungeahntem Ausmaß!
Neuesten Forschungsberichten zufolge werden von den weltweit ca. 1,5 Millionen bekannten Tierarten im Jahr 2050 etwa 25 % verschwunden sein.

Gibt es bald keine Tiere mehr auf unserem Planeten?
Täglich sterben derzeit etwa 100 Tierarten aus. Anders ausgedrückt bedeutet das, dass es pro Viertelstunde eine Tierart weniger auf unserem Planeten gibt.

a) Vergleiche die Angaben in den beiden Zeitungsmeldungen miteinander.

b) Stelle zu jeder Zeitungsmeldung die Entwicklungen des Artensterbens in einem geeigneten Diagramm dar. Beschreibe dein Vorgehen.

c) Niemand weiß tatsächlich, wie viele Tierarten es auf der Erde gibt. Insbesondere bei Insekten und Kleinlebewesen gibt es große Ungewissheit. Wissenschaftler vermuten, dass es bis zu 50 Millionen Tierarten geben kann.

1. Vergleiche die Angaben der Zeitungsmeldungen miteinander, wenn du von 50 Millionen Tierarten ausgehst. Welche Unterschiede zeigen sich gegenüber den Vergleichen in a) und b)?
2. „Dem Tierschutz ist es egal, wie viele Tierarten es gibt, jede ist wichtig.“ Nimm Stellung zu dieser Aussage.

CO_2-Einsparungen

Die europäischen Staaten müssen darauf achten, wenig Kohlendioxid zu produzieren. Deshalb müssen alle 27 EU-Staaten jährlich angeben, um wie viel sich ihre CO_2-Produktion pro Einwohner im Vergleich zum Vorjahr verringert hat. Für 2009 hat die EU aufgrund dieser Werte folgende Kenngrößen berechnet:

$\bar{x} = 2$ t Median: 0 t
Maximum: 24 t Spannweite: 39 t

Welche der folgenden Aussagen lassen sich durch die Kenngrößen begründen?

1. In jedem Land wurde der CO_2-Ausstoß verringert.
2. Es gibt ein Land, das seinen CO_2-Ausstoß um 15 t pro Einwohner erhöht hat.
3. Über die Hälfte der Länder hat ihren CO_2-Ausstoß pro Einwohner reduziert.
4. Wenn Deutschland seinen Ausstoß um 24 t pro Einwohner verringert hat, dann hat es die stärkste Reduzierung unter allen EU-Ländern.

Stromerzeugung in Deutschland

In den Bundesländern ist der Anteil erneuerbarer Energien an der Stromerzeugung unterschiedlich hoch.

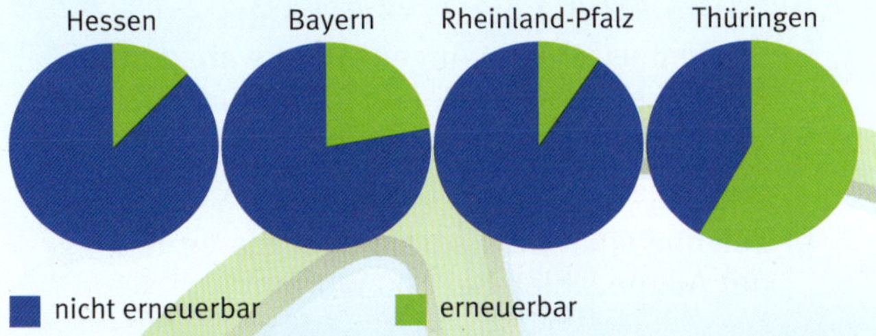

a) Welches der ausgewählten Bundesländer hat den größten Anteil an erneuerbaren Energieträgern an der Stromgewinnung? Woran erkennst du das?
b) Schätze jeweils den Anteil erneuerbarer Energien.

Umweltfreundliche Verkehrsmittel

Unterschiedliche Verkehrsmittel verbrauchen unterschiedlich viel Energie. Das Diagramm gibt an, wie viel Liter Benzin pro Person bei einer 100 km langen Reise mit den einzelnen Verkehrsmitteln benötigt werden.

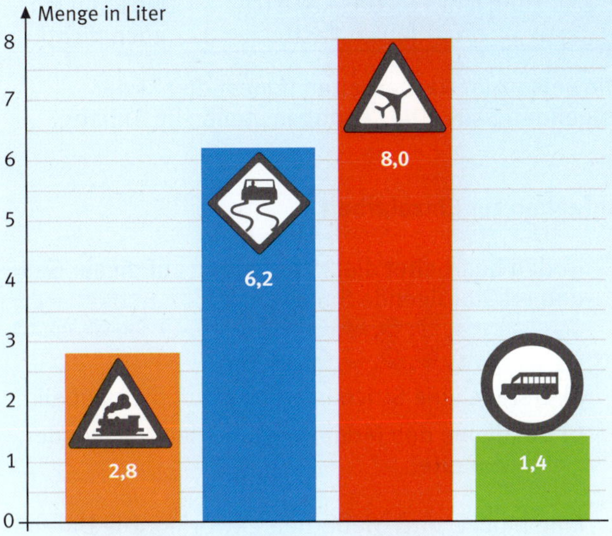

a) Erkläre die Angaben im Diagramm. Gelten die Verbrauchswerte für jedes Modell von Auto, Flugzeug, Zug oder Bus?
b) Lässt sich aus den Verbrauchswerten der durchschnittliche Verbrauch aller Verkehrsmittel berechnen? Begründe deine Antwort.
c) Ein Flug hat mehrere Flugphasen, in denen das Flugzeug unterschiedlich viel Benzin verbraucht.
   1. Finde heraus, in welchen Phasen ein Flugzeug einen hohen Verbrauch und in welchen einen niedrigen Verbrauch hat.
   2. Beschreibe, wie man hieraus einen Mittelwert sinnvoll bestimmen kann.
d) Welches Verkehrsmittel ist deiner Meinung nach am umweltfreundlichsten? Begründe deine Antwort und berücksichtige dabei auch die Anzahl von Passagieren, die Wege zu den Verkehrsmitteln (Flughafen, Bahnhof, ...) und weitere umweltbezogene Aspekte. Präsentiere die Ergebnisse deiner Klasse.

Überprüfe deine Kenntnisse und Kompetenzen. Bearbeite dazu die folgenden Aufgaben und bewerte anschließend deine Lösungen mit einem Smiley.

☺	😐	☹
Das kann ich!	Das kann ich fast!	Das kann ich noch nicht!

Hinweise zum Nacharbeiten findest du auf der folgenden Seite. Die Lösungen stehen im Anhang.

Aufgaben zur Einzelarbeit

1 Jordan bearbeitet die 25 Aufgaben auf dieser Seite und erhält folgende Smileykette:
☺, ☺, 😐, ☹, 😐, ☺, ☺, ☺, ☹, ☺, 😐, ☺, ☺, 😐, 😐, ☺, ☺, ☺, ☹, 😐, ☹, ☺, ☺, ☺, 😐

a) Erstelle eine Strichliste und Häufigkeitstabelle.

b) Bestimme den Modalwert und den Median der Smileykette.

2 Eine Münze wird wiederholt geworfen. Die Datenreihe gibt an, ob Kopf (K) oder Zahl (Z) jeweils oben liegt.
Z, Z, K, Z, Z, Z, K, K, Z, K, K, Z, K, K, Z, K, K, Z, Z, K, Z, Z, Z, K, K, K, Z, K, K, Z, K, K, K, Z, K, K, Z, K, Z, Z, K, K, K, K, Z, Z, K, Z, K, K

a) Erstelle eine Strichliste und bestimme die absoluten und relativen Häufigkeiten für Kopf und Zahl.

b) Stelle das Ergebnis in einem Diagramm dar.

3 Am Flughafen wird gemessen, wie schwer die Koffer der Passagiere sind. Folgende Werte treten auf:
16,5 kg; 12,3 kg; 21,4 kg; 19,4 kg; 18,7 kg; 22,6 kg; 23,5 kg; 24,3 kg; 17,7 kg; 18,3 kg; 19,5 kg; 24,8 kg; 15,3 kg; 17,5 kg; 14,3 kg; 18,9 kg; 19,6 kg; 20,3 kg; 21,7 kg

a) Bestimme den Median, das Minimum, das Maximum und die Spannweite der Messwerte.

b) Warum ist es nicht sinnvoll, den Modalwert anzugeben?

4 Bestimme die zugehörigen relativen Häufigkeiten und gib sie wenn möglich in Prozent an:

a) Stimmen bei der Wahl des Schülersprechers
Mara: 248 Türkan: 413 Adnan: 339

b) Regentage im vergangenen Jahr: 146
Sonnentage im vergangenen Jahr: 73
restliche Tage: durchwachsenes Wetter

5 Veranschauliche die relativen Häufigkeiten.

a) An acht von 15 Tagen ihrer Fahrradtour fuhren Andrea und Laura mehr als 50 km.

b) Zwölf Tage im April waren dieses Jahr schulfrei.

6 Zainab hat ein Kartenspiel ohne Joker gut gemischt und dann zehn Karten verdeckt gezogen. Die Tabelle zeigt die Häufigkeitsverteilung.

Herz	Karo	Pik	Kreuz
4	2	1	3

a) Bestimme die relativen Häufigkeiten der verschiedenen Zeichen.

b) Finde drei andere Verteilungen für zehn Karten. Bestimme die relativen Häufigkeiten.

7 Ein Tetraeder ist ein spezieller Körper mit vier Seitenflächen. „Würfelt" man mit ihm, so gilt immer die Zahl als gewürfelt, die verdeckt ist. Der Tetraeder wurde 100-mal geworfen.

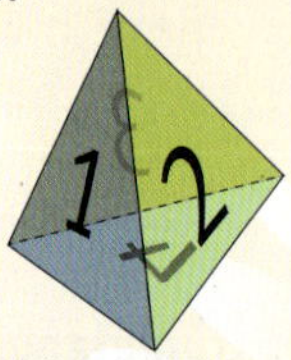

3-3-2-1-2-4-1-2-3-1-4-1-2-4-2-3-3-2-4-1-4-2-3-1-3
2-2-3-4-3-4-2-3-4-1-1-3-4-2-3-3-2-4-1-2-4-1-2-3-3
4-2-1-4-2-4-2-3-4-2-4-3-2-1-4-1-1-2-2-3-1-1-4-4-3
3-2-4-2-4-4-2-4-3-3-4-4-3-2-4-3-1-3-2-2-4-3-2-2-2

a) Bestimme für jede Augenzahl die absoluten Häufigkeiten nach 25 (50, 100) Würfen.

b) Berechne die zu den absoluten Häufigkeiten gehörigen relativen Häufigkeiten aus a).

c) Zeichne ein Kreisdiagramm für die Verteilung der Augenzahlen bei 100 Würfen.

8 Den Anteil erneuerbarer Energien kann man nochmals unterteilen in ca. 20 % Energie aus Biomasse, ca. 40 % Wasserkraft und ca. 30 % Windenergie. Der Rest sind andere Energieträger.
Zeichne ein passendes Streifendiagramm.

9 Wenn man eine Münze wirft, kann entweder das Ergebnis Wappen (W) oder Zahl (Z) kommen.

a) Handelt es sich bei dem Münzwurf um einen Zufallsversuch? Begründe.

b) Eine Münze wird 20-mal geworfen: W, W, Z, W, Z, Z, Z, Z, W, W, Z, Z, W, W, Z, W, Z, Z, Z, W, W, W

1 Bestimme den Anteil für W dieser Daten.

2 Bestimme den Modalwert der Reihe.

3 Bestimme die anderen Mittelwerte. Welche Probleme hast du?

10 Der Elternbeirat einer Schule stellt die Frage: „Soll am Pausenverkauf unserer Schule Cola verkauft werden?“ Es gab folgende Ergebnisse:

Ja	Nein	Weiß nicht
338	402	320

a) Erstelle ein Diagramm, mit dem die Cola-Gegner in die Diskussion ziehen könnten.

b) Beurteile dein Diagramm selbst. Wie müsste man es verändern, damit die Cola-Befürworter einen Nutzen davon haben?

11 Das arithmetische Mittel der Zahlen 6, 15, 15 und 20 soll berechnet werden. Erkläre, wie die einzelnen Schüler zu ihrer Lösung kommen. Erkläre bei den falschen Rechnungen, wo der Fehler liegt.

1 *Leon:* $6 + 15 + 15 + 20 : 4 = 6 + 15 + 15 + 5 = 41$

2 *Jona:* $(6 + 15 + 15 + 20) : 4 = 56 : 4 = 14$

3 *Maja: Man kann das arithmetische Mittel ablesen: 15*

12 Das Diagramm zeigt die Lieblingsfächer der Schüler der Klasse 6c.

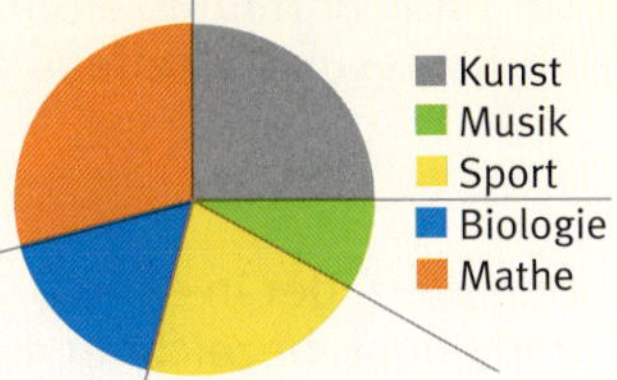

a) Schätze die Anteile der Schüler, die die einzelnen Fächer angegeben haben. Miss anschließend nach.

b) In der Klasse sind 24 Schüler. Bestimme die absoluten Häufigkeiten der einzelnen Fächer.

Aufgaben für Lernpartner

Arbeitsschritte

1 Bearbeite die folgenden Aufgaben alleine.
2 Suche dir einen Partner und erkläre ihm deine Lösungen. Höre aufmerksam und gewissenhaft zu, wenn dein Partner dir seine Lösungen erklärt.
3 Korrigiere gegebenenfalls deine Antworten und benutze dazu eine andere Farbe.

Sind folgende Behauptungen **richtig** oder **falsch**? Begründe schriftlich.

13 Der Median ist der häufigste Wert in einer Datenreihe.

14 Die Spannweite gibt an, wie weit der kleinste und größte Wert auseinanderliegen.

15 Aus einer Strichliste kann man die relativen Häufigkeiten sofort ablesen.

16 Ist die absolute Häufigkeit gleich 0, dann gilt dies auch für die relative.

17 Die relative Häufigkeit kann nie größer als 1 sein.

18 Ist der Mittelpunktswinkel in einem Kreisdiagramm für eine Größe genau doppelt so groß wie für eine andere, dann kommt die erste Größe in Wirklichkeit genau doppelt so oft vor wie die zweite.

19 Du hast zwei gleich lange Streifendiagramme. Ein blauer Abschnitt ist in beiden Diagrammen gleich lang. Also müssen auch die absoluten Häufigkeiten, die zu den beiden blauen Streifen gehören, gleich sein.

20 Martin fragt seine Freunde nach ihrer Lieblingssportart, und möchte die Ergebnisse graphisch darstellen. Ein Kreisdiagramm ist nicht sinnvoll.

21 Ein Bilddiagramm ist immer irreführend.

22 Das arithmetische Mittel kann keine natürliche Zahl sein.

23 Der arithmetische Mittelwert mehrerer Zahlen ist immer eine der Zahlen, die zur Berechnung dieses Mittelwerts verwendet wurden.

24 Man kann aus jedem Diagramm die absoluten Häufigkeiten der einzelnen Möglichkeiten direkt ablesen.

Aufgabe	Ich kann …	Hilfe
1, 2	Daten in Listen und Tabellen zusammenfassen.	S. 146
2, 7, 9, 16, 24	absolute Häufigkeiten ermitteln und darstellen.	S. 148, 150
2, 4, 5, 6, 7, 8, 12, 15, 17	relative Häufigkeiten bestimmen und darstellen.	S. 148, 150
10, 18, 19, 21	Daten auf verschiedene Art und Weise darstellen und kritisch betrachten.	S. 150, 154
11, 13, 22, 23	Mittelwerte berechnen und ihre Bedeutung erkennen.	S. 156
3, 14	Streumaße bestimmen.	S. 160
9	Zufallsversuche beschreiben.	S. 162
14, 20	die Wirkung von Diagrammen beurteilen.	S. 154

S. 146

Strichliste

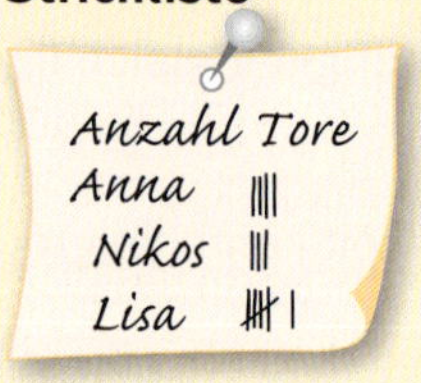

Häufigkeitstabelle

Name	Anzahl Tore
Anna	4
Nikos	3
Lisa	6

Im Alltag **erheben** wir eine Vielzahl von **Daten**, um mehr Informationen über einen Sachverhalt zu bekommen.
Die Ergebnisse einer solchen Erhebung werden zunächst in der **Urliste** ungeordnet gesammelt.
Strichlisten sind Tabellen, in denen man mit Strichen notiert, wie oft etwas vorkommt. Ersetzt man die Striche durch Zahlen, entsteht eine **Häufigkeitstabelle**.

S. 148

Datenreihe:
1, 2, 6, 3, 6, 4, 5, 3, 2, 4, 6, 3

absolute Häufigkeit: H (6) = 3
relative Häufigkeit :

$$h(6) = \frac{\text{absolute Häufigkeit für 6}}{\text{Gesamtanzahl aller Zahlen}} = \frac{3}{12} = \frac{1}{4}$$

Bei der Auswertung von Daten kann man verschiedene Kenngrößen angeben:
Die **tatsächliche Anzahl**, wie oft ein Ergebnis vorkommt, bezeichnet man als **absolute Häufigkeit H**.
Den **Anteil**, mit dem ein Ergebnis in Bezug auf die Gesamtanzahl aller Ergebnisse auftaucht, nennt man **relative Häufigkeit h**.

S. 150

Kreisdiagramm

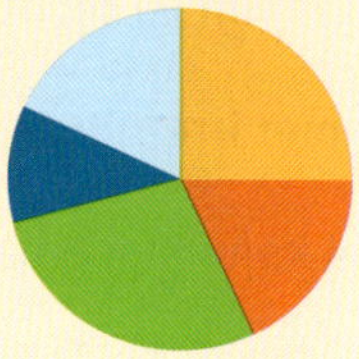

100 % entspricht 360°

10 % entspricht $\frac{10}{100}$ von 360°

20 % entspricht $\frac{20}{100}$ von 360°

Zur Veranschaulichung von Daten kann man **Diagramme** verwenden.
Absolute Häufigkeiten werden meist mit **Säulen-**, **Balken-** oder **Bilddiagrammen** dargestellt.
Für relative Häufigkeiten verwendet man zusätzlich oft **Kreis-** und **Streifendiagramme**.

S. 156

Mittelwerte
Sabine ist 1,63 m, Peter 1,68 m und Paul 1,46 m groß.

tatsächliche Größen:	1,63 m	1,68 m	1,46 m
gemittelte Größen:	1,59 m	1,59 m	1,59 m

Den Wert, der in einer Datenreihe am häufigsten vorkommt, bezeichnet man als **Modalwert**. Den Wert, der in einer der Größe nach geordneten Datenreihe genau in der Mitte liegt, nennt man Zentralwert oder **Median**.
Das **arithmetische Mittel $\bar{x}$** ist der Durchschnittswert einer Datenreihe. Er verteilt die Summe aller Einzelwerte gleichmäßig auf die Anzahl der Werte.

$$\text{arithmetisches Mittel } \bar{x} = \frac{\text{Summe aller Einzelwerte}}{\text{Anzahl der Werte}}$$

S. 160

Datenreihe:
0, 0, 1, 2, 2, 3, 4, 4, 4, 5, 6
Minimum: 0 Maximum: 6
Spannweite: 6 – 0 = 6

Den größten Wert einer Datenreihe nennt man das **Maximum**, den kleinsten das **Minimum**. Die Differenz zwischen diesen beiden Werten wird als **Spannweite** bezeichnet.

S. 162

Mögliche Ergebnisse beim Würfeln:
1, 2, 3, 4, 5, 6

- Man interessiert sich für das Ereignis „Augenzahl gerade".
- Man betrachtet das Ereignis „Augenzahl 6".
- Man betrachtet das Ereignis „Augenzahl größer als 1".

Ein Versuch heißt **Zufallsversuch**, wenn gilt:
1. Die Durchführung erfolgt nach genau festgelegten Regeln und ist beliebig oft wiederholbar.
2. Mindestens zwei Ergebnisse sind möglich.
3. Das Ergebnis ist nicht vorhersagbar.

Als **Ereignis** wird der **Teil aller möglichen Ergebnisse** genannt, für die man sich genauer interessiert. Ein Ereignis kann unmöglich, möglich oder sicher sein.

Körper

1 **a)** Wie heißen diese Körper? Nenne jeweils charakteristische Eigenschaften.

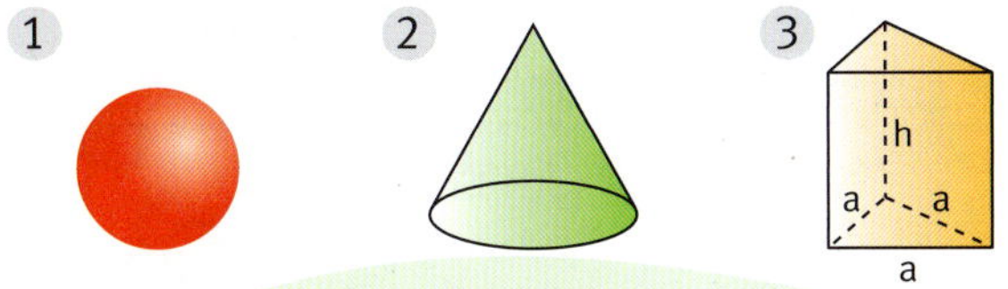

b) Um welchen Körper kann es sich handeln?

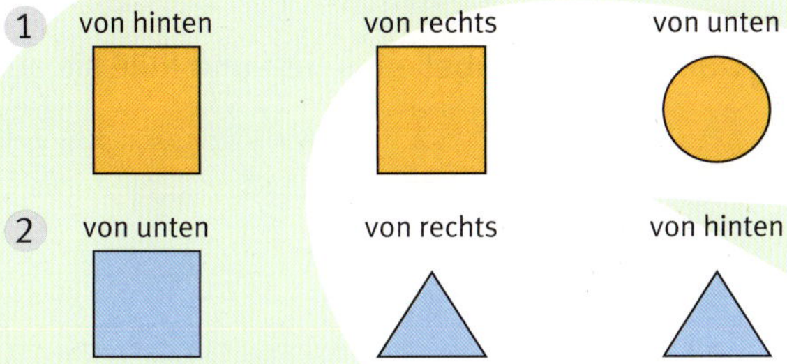

2 **a)** Übertrage in dein Heft und ergänze zum Schrägbild eines Quaders.

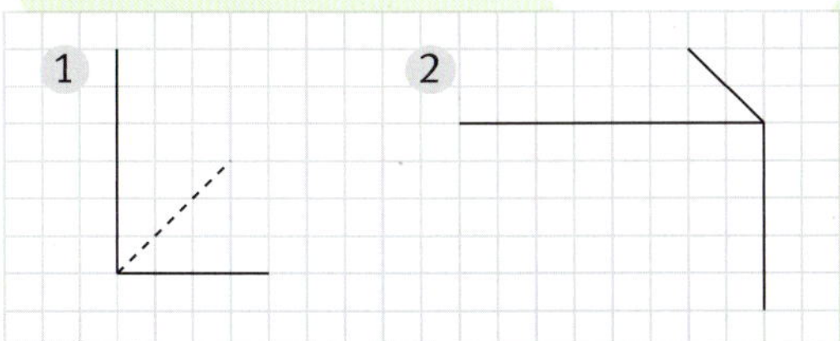

b) Zeichne das Schrägbild folgender Körper:

1 Quader: l = 6 cm; b = 5 cm; h = 3 cm

2 Würfel: l = 4 cm

3 Ein Würfel wird zur Hälfte in Farbe getaucht. Übertrage die Netze in tatsächlicher Größe in dein Heft und vervollständige die eingefärbten Flächen.

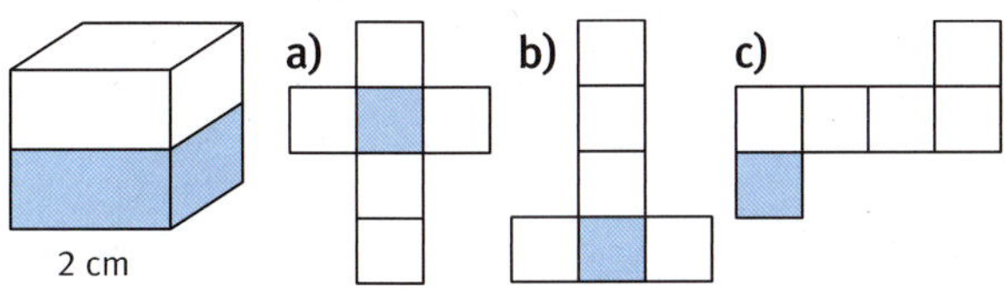

4 Wie viele Würfel siehst du?

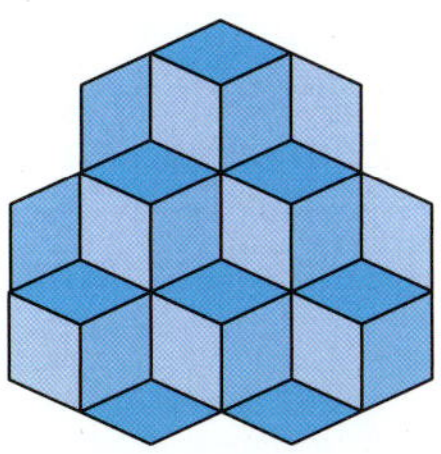

Vierecke

5 Um welche Vierecke kann es sich handeln?

a) Beide Diagonalen sind gleich lang.

b) Alle Seiten sind gleich lang.

c) Beide Diagonalen sind Symmetrieachsen.

d) Gegenüberliegende Seiten sind gleich lang.

6 Ein Parallelogramm hat die angegebenen Eckpunkte. Welche Koordinaten hat der fehlende Eckpunkt?

a) A (1 | 2); B (8 | 2); C (11 | 7)

b) A (2 | 1); B (11 | 2); D (3 | 8)

c) B (7 | 3); C (8 | 10); D (5 | 8)

7 Setze jeweils zwei Flächen zu einem Rechteck bzw. Quadrat zusammen. Es gibt zum Teil mehrere Kombinationsmöglichkeiten.

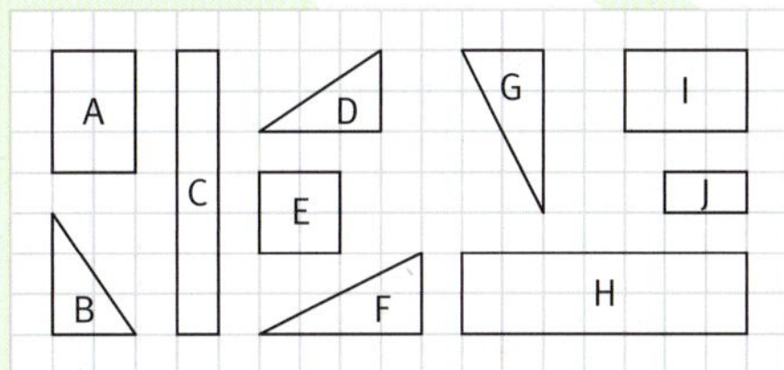

8 Spanne das Rechteck auf dem Geobrett. Ändere eine Seite so ab, dass ein Quadrat entsteht. Finde jeweils zwei Möglichkeiten.

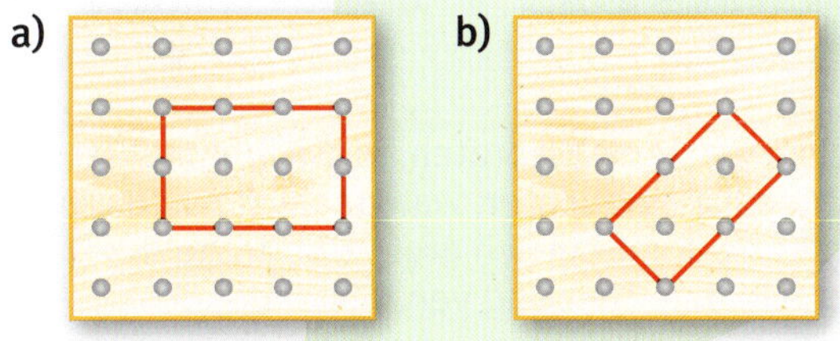

9 Übertrage die Figur in dein Heft und ergänze zu einem Parallelogramm.

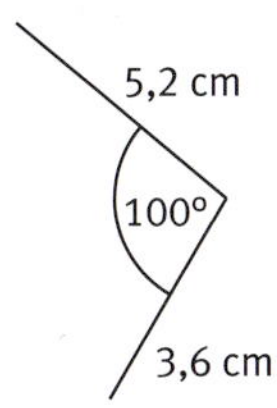

10 **a)** Zeichne ein Quadrat mit 10 cm langen Diagonalen.

b) Zeichne ein Rechteck mit 10 cm langen Diagonalen.

c) Findest du verschiedene Lösungen zu a) und b)? Probiere aus.

Knobeln

11 Marco ist in den Ferien mit einem Motorboot von Westen her die Küste entlang gefahren. Er zeigt zu Hause Lara eine Landkarte von der Küste und vier Bilder, die er während der Bootsfahrt gemacht hat. Lara will die Bilder in die richtige Reihenfolge bringen.

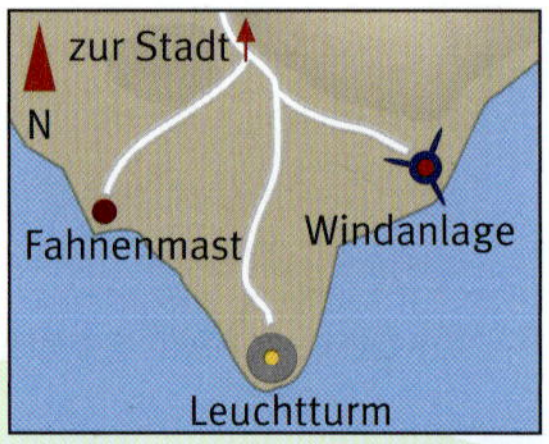

a) Wie viele Möglichkeiten gibt es theoretisch, die Bilder nacheinander anzuordnen?

b) Hilf Lara und ordne die Bilder nach ihrem Aufnahmezeitpunkt.

12 Setze für gleiche Zeichen jeweils die gleichen Zahlen ein.

a) 2,7 + ☎ = 6,2
📖 + 1,3 = ☎

b) ☺ + ☺ = ☹
15,9 – ☺ = 7,3

c) ✉ – ✂ = 40,4
✉ – 45,6 = 9,9

d) 3 · 🔔 = 🔔 + 7,6
26,6 : 🔔 = 💣

13 Bei magischen Quadraten ist die Summe der Zahlen in senkrechter, waagrechter und diagonaler Richtung immer gleich groß. Übertrage die Quadrate in dein Heft und vervollständige.

a)

$1\frac{1}{3}$	$3\frac{1}{12}$	□	$1\frac{17}{24}$
□	□	$2\frac{1}{12}$	$2\frac{1}{3}$
$2\frac{5}{24}$	$2\frac{11}{24}$	□	□
$2\frac{5}{6}$	□	$1\frac{11}{24}$	□

b)

$2\frac{7}{8}$	□	□	$2\frac{1}{2}$
□	$2\frac{1}{4}$	$2\frac{1}{8}$	$1\frac{7}{8}$
□	□	$1\frac{5}{8}$	□
$1\frac{3}{8}$	$2\frac{5}{8}$	□	1

14 Ich bin eine Dezimalzahl zwischen 1 und 2 und habe drei Dezimalen. Die Ziffer meiner Zehntelstelle ist doppelt so groß wie meine Hundertstelziffer und dreimal so groß wie die Tausendstelziffer. Wer bin ich?

15 Übertrage das Dreieck in dein Heft. Verteile die Dezimalzahlen so entlang der Dreiecksseiten, dass sich auf jeder Seite die Summe 1,0 (die Summe 1,2) ergibt.

0,1 0,2 0,3 0,4 0,5 0,6

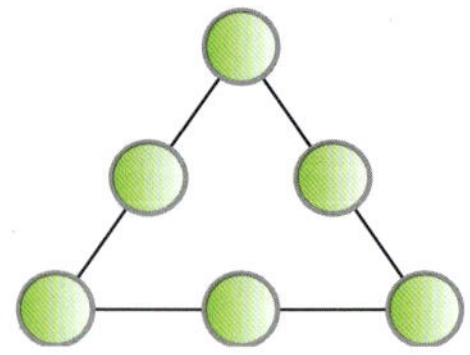

Rechengesetze

16 Übertrage die Tabelle ins Heft und fülle sie aus.

x	y	z	(x + y) · z	x + y · z
14	27	35	□	□
2,4	5,6	7,9	□	□
$\frac{1}{2}$	$\frac{4}{5}$	$\frac{7}{8}$	□	□
5	3,9	$2\frac{2}{5}$	□	□

17 Rechne möglichst vorteilhaft.

a) $9{,}7 \cdot 1{,}9 + 1{,}9 \cdot 3{,}6 + 0{,}69$

b) $112{,}5 : 45 + 261 : 45$

c) $169 : 13 - 12{,}2 : 2 + 153 : 17$

d) $\frac{3}{5} \cdot \frac{5}{7} + \frac{2}{3} \cdot \frac{3}{7} - \frac{1}{4} \cdot \frac{4}{7}$

18 Stelle einen Term auf und berechne. Nutze das Distributivgesetz.

a) Frau Sperber kauft 3 Flaschen Orangensaft zu je 1,15 € und 3 Flaschen Apfelsaft zu je 0,95 €. Wie viel muss sie bezahlen?

b) Herr Völkers kauft 4 Tafeln Schokolade zu je 0,49 €, 4 Flaschen Milch zu je 0,75 € und 4 Joghurts zu je 0,39 €. Wie viel kostet der Einkauf?

c) In einem Baumarkt kauft Herr Atorf 3 Holzplatten zu je 1,79 €, 4 Packungen Schrauben zu je 3,49 €, 4 Pinsel zu je 1,89 €, 4 Packungen Schleifpapier zu je 5,89 € und 3 Päckchen Nägel zu je 2,79 €. Wie hoch ist seine Rechnung?

Geometrie

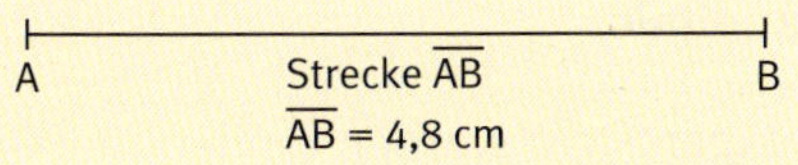

Eine **Strecke** ist die gerade Verbindungslinie zwischen zwei Punkten. Sie besitzt einen Anfangs- und einen Endpunkt. Man schreibt: $\overline{AB}$. Die Länge einer Strecke kann man messen.

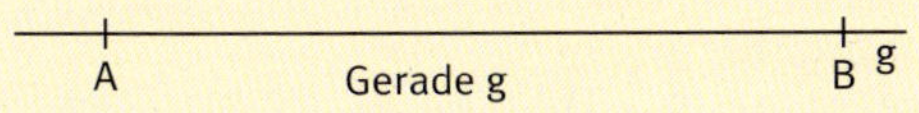

Eine **Gerade** besitzt keinen Anfangs- und keinen Endpunkt. Sie ist unendlich lang.

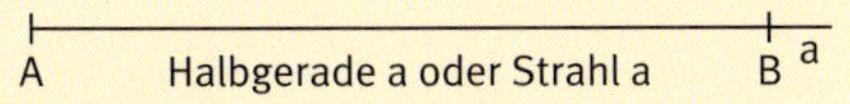

Halbgeraden bzw. **Strahlen** besitzen einen Anfangs-, aber keinen Endpunkt (oder umgekehrt). Sie sind unendlich lang.

Parallele Geraden oder Strecken haben an jeder Stelle denselben Abstand voneinander. Sie schneiden sich nicht.

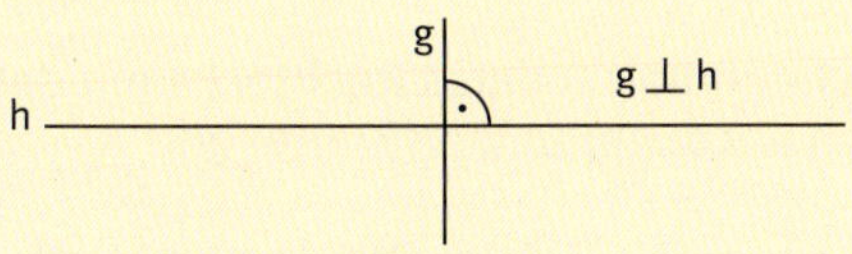

Zueinander **senkrechte** Geraden schneiden sich in einem Punkt und bilden am Schnittpunkt rechte Winkel miteinander.

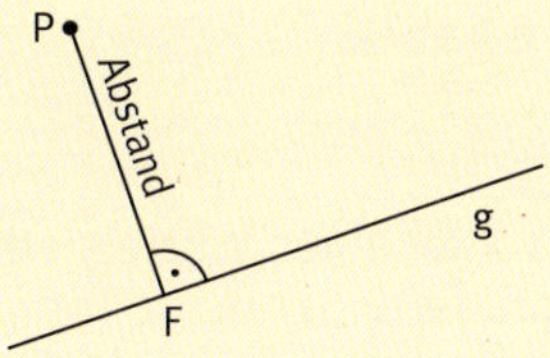

Die kürzeste Verbindung zwischen einem Punkt P und einer Geraden g ist diejenige Strecke $\overline{PF}$, die senkrecht auf der Geraden g steht.
Die Länge dieser Strecke bezeichnet man als **Abstand** des Punktes P von der Geraden g.

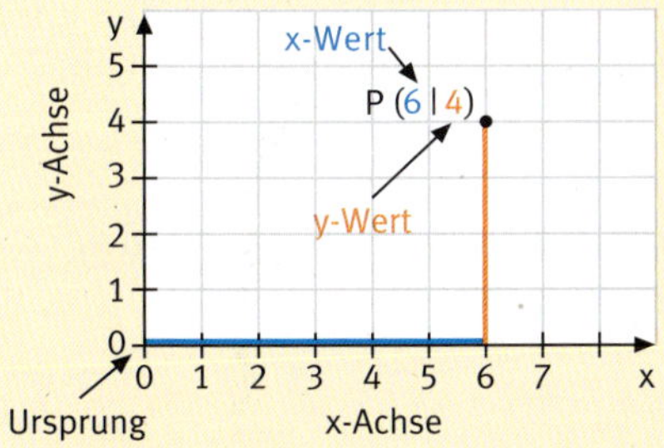

Das **Koordinatensystem** besteht aus zwei zueinander senkrechten Zahlenstrahlen (**x-Achse** und **y-Achse**), die sich im **Ursprung** (oder Nullpunkt) schneiden. Durch die Angabe der **Koordinaten** kann man die Lage eines Punktes eindeutig festlegen.

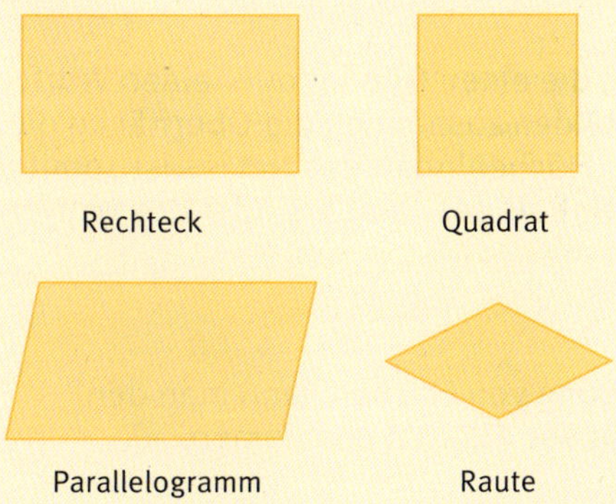

Ein **Rechteck** ist ein Viereck, in dem die benachbarten Seiten senkrecht aufeinander stehen.
In jedem Rechteck sind die gegenüberliegenden Seiten parallel und gleich lang.

Ein **Quadrat** ist ein Rechteck mit vier gleich langen Seiten.

Ein **Parallelogramm** ist ein Viereck, in dem je zwei gegenüberliegende Seiten parallel und gleich lang sind.

Eine **Raute** ist ein Parallelogramm mit vier gleich langen Seiten.

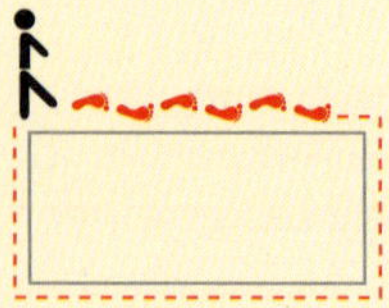

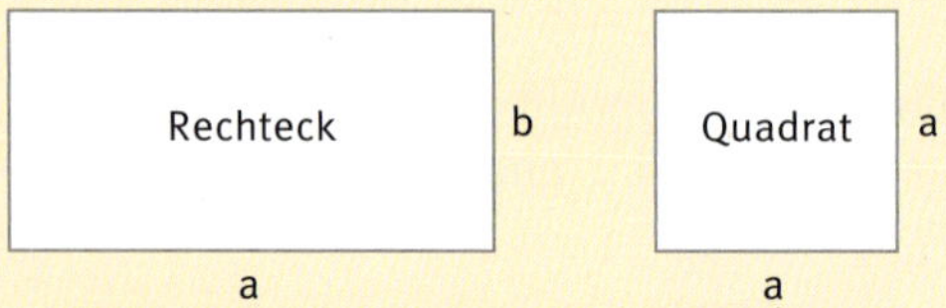

$U_{Rechteck} = 2 \cdot a + 2 \cdot b$

$U_{Rechteck} = 2 \cdot (a + b)$

$U_{Quadrat} = 4 \cdot a$

Der **Umfang U** einer geometrischen Figur ist die **Länge** ihrer **Randlinie**.

Bei einer beliebigen Figur werden für den Umfang die einzelnen Seitenlängen addiert.

Für das **Rechteck** gilt: Der Umfang ist die doppelte Länge plus doppelte Breite.
Für das **Quadrat** gilt: Der Umfang des Quadrats ist die vierfache Seitenlänge.

Flächen, die man mit denselben Flächenstücken auslegen kann, sind gleich groß.
Sie besitzen den gleichen **Flächeninhalt**.

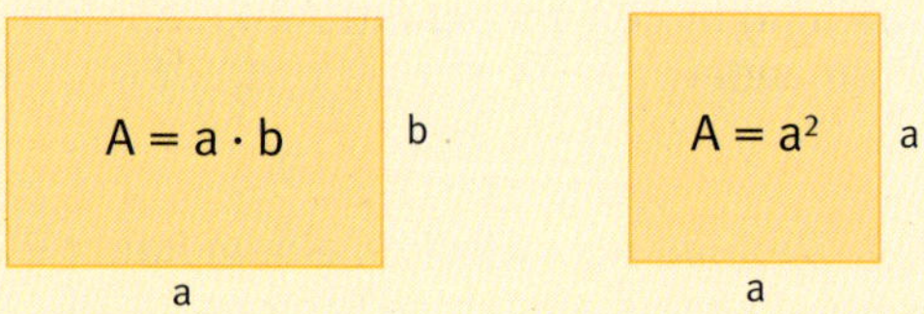

Für den **Flächeninhalt** A eines **Rechtecks** mit den Seitenlängen a (Länge) und b (Breite) gilt: $A = a \cdot b$.

Für den Flächeninhalt A eines **Quadrats** mit der Seitenlänge a gilt: $A = a \cdot a = a^2$.

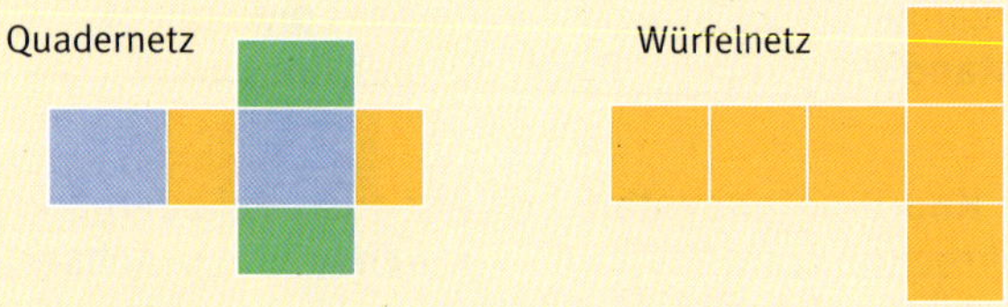

Ein **Netz** eines Quaders oder eines Würfels erhält man, wenn man eine quader- oder würfelförmige Schachtel entlang ihrer Kanten aufschneidet und flach ausbreitet. Einzelne Teile hängen an den Kanten zusammen. Die Form der Netze hängt davon ab, welche Kanten aufgeschnitten werden.

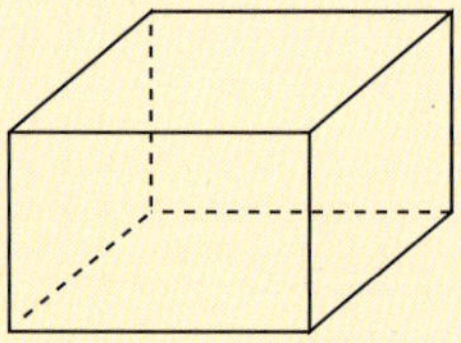

Um einen Körper räumlich darzustellen, wird er häufig im **Schrägbild** gezeichnet.

Quader: $A_O = 2 \cdot$  $+ 2 \cdot$  $+ 2 \cdot$ 
$= 2 \cdot (l \cdot b + b \cdot h + l \cdot h)$

Würfel: $A_O = 6 \cdot$  $= 6 \cdot a^2$

Alle Flächen, die einen Quader oder einen Würfel begrenzen, bilden zusammen die **Oberfläche** dieses Körpers. Der Flächeninhalt des Netzes ist somit der **Oberflächeninhalt** des Quaders oder des Würfels.

Durch Zerlegung von Flächen kann man den Flächeninhalt von Figuren bestimmen.

Die Größe des Raums, den ein Körper einnimmt, nennt man seinen **Rauminhalt** oder auch sein **Volumen**.

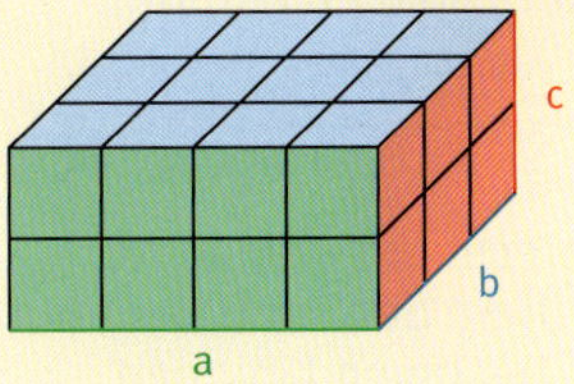

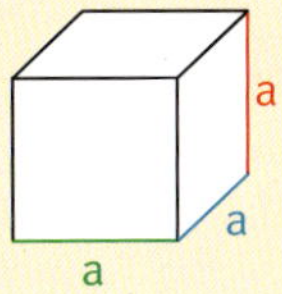

V_{Quader} = Länge · Breite · Höhe
$V_{Quader} = a \cdot b \cdot c$

$V_{Würfel} = a \cdot a \cdot a = a^3$

Größen

Maßzahl → 3 m ← **Maßeinheit**

Längen, Massen, Zeitspannen, usw. sind **Größen,** die stets aus **Maßzahl** und **Maßeinheit** bestehen.

$1\,km \underset{:1000}{\overset{\cdot 1000}{\rightleftarrows}} 1\,m \underset{:10}{\overset{\cdot 10}{\rightleftarrows}} 1\,dm \underset{:10}{\overset{\cdot 10}{\rightleftarrows}} 1\,cm \underset{:10}{\overset{\cdot 10}{\rightleftarrows}} 1\,mm$

Maßeinheiten für **Längen** sind Kilometer (km), Meter (m), Dezimeter (dm), Zentimeter (cm) und Millimeter (mm).

$1\,t \underset{:1000}{\overset{\cdot 1000}{\rightleftarrows}} 1\,kg \underset{:1000}{\overset{\cdot 1000}{\rightleftarrows}} 1\,g \underset{:1000}{\overset{\cdot 1000}{\rightleftarrows}} 1\,mg$

Maßeinheiten für **Masse** sind Tonne (t), Kilogramm (kg), Gramm (g) und Milligramm (mg).

$1\,d \underset{:24}{\overset{\cdot 24}{\rightleftarrows}} 1\,h \underset{:60}{\overset{\cdot 60}{\rightleftarrows}} 1\,min \underset{:60}{\overset{\cdot 60}{\rightleftarrows}} 1\,s$

Maßeinheiten für **Zeitspannen** sind Tag (d), Stunde (h), Minute (min) und Sekunde (s).

$1\,€ \underset{:100}{\overset{\cdot 100}{\rightleftarrows}} 1\,ct$

Maßeinheiten für **Geld** sind Euro (€) und Cent (ct).

$\ldots \underset{:100}{\overset{\cdot 100}{\rightleftarrows}} 1\,dm^2 \underset{:100}{\overset{\cdot 100}{\rightleftarrows}} 1\,m^2 \underset{:100}{\overset{\cdot 100}{\rightleftarrows}} 1\,a \underset{:100}{\overset{\cdot 100}{\rightleftarrows}} \ldots$

Die **Umwandlungszahl** zwischen benachbarten **Flächeneinheiten** ist 100.

$1\,m^3 \underset{\cdot 1000}{\overset{:1000}{\leftrightarrows}} 1\,dm^3 \underset{\cdot 1000}{\overset{:1000}{\leftrightarrows}} 1\,cm^3 \underset{\cdot 1000}{\overset{:1000}{\leftrightarrows}} 1\,mm^3$

Die **Umwandlungszahl** zwischen benachbarten **Volumeneinheiten** ist 1000.

10 € – 849 ct = 1,51 €

	€		ct	
	10	**1**	**10**	**1**
	1	0	0	0
–		8	4	9
		1	5	1

10 · 0,52 € = 5,20 €

15,68 kg : 16 = 15 680 g : 16 = 980 g

Größen gleicher Art (z. B. Längen) können **addiert** (**subtrahiert**) werden, indem man zunächst alle Größen **in dieselbe Maßeinheit umwandelt**. Anschließend wird **stellengerecht** addiert (subtrahiert).

Größen werden mit einer natürlichen Zahl **multipliziert** (durch eine natürliche Zahl **dividiert**), indem man die Zahlen berechnet und dem Ergebnis die Einheit der Größe gibt.

Länge auf der Karte → 1 : 25 000 ← **Länge in Wirklichkeit**

Mithilfe eines **Maßstabs** können Gegenstände vergrößert (verkleinert) dargestellt werden. Der Maßstab gibt den Grad der Vergrößerung (Verkleinerung) an.

Zahlbereiche

	T	H	Z	E
	3	3	7	4
+		7	8	0
	1	1		
	4	1	5	4

Schriftliche Addition
1. Schreibe Ziffern stellengerecht untereinander.
2. Addiere zuerst die Einer, dann die Zehner, ...
3. Schreibe den **Übertrag** in die nächste linke Spalte und addiere ihn zu den vorhandenen Ziffern.

	T	H	Z	E
	7	2	4	7
−	3	5	7	4
	1	1		
	3	6	7	3

Schriftliche Subtraktion
1. Schreibe Ziffern stellengerecht untereinander.
2. Ergänze die Summe der Ziffern der Subtrahenden zur Ziffer des Minuenden, beginnend mit den Einern, dann den Zehnern, ...
3. Benötigt man einen Minuenden größer als 10, so macht man einen **Übertrag**.

4	2	6	·	2	5	7
		8	5	2	0	0
		2	1	3	0	0
			2	9	8	2
	1		1			
	1	0	9	4	8	2

Schriftliche Multiplikation
1. Multipliziere die Ziffern des 2. Faktors stellenweise mit dem 1. Faktor. Beginne mit der höchsten Stelle.
2. Schreibe alle Teilprodukte stellengerecht unter den 2. Faktor.
3. Addiere zum Schluss alle Teilprodukte.

6372 : 27 = 236
− 54
97
− 81
162
− 162
000

Schriftliche Division

27 geht in 63 zweimal,	notiere 2
$2 \cdot 27 = 54$, $63 - 54$	Rest 9
27 geht in 97 dreimal	notiere 3
$3 \cdot 27 = 81$, $97 - 81 = 16$	Rest 16
27 geht in 162 sechsmal,	notiere 6
$6 \cdot 27 = 162$, $162 - 162 = 0$	Rest 0

5 gleiche Faktoren		Potenz		Wert
$2 \cdot 2 \cdot 2 \cdot 2 \cdot 2$	=	2^5	=	32

Exponent
2^5
Basis

Besteht ein Produkt aus lauter gleichen Faktoren, so schreibt man diese kurz als **Potenz**. Eine Potenz besteht aus einer **Basis** und einem **Exponent**.

Vertauschungsgesetz (**Kommutativgesetz**)
Addition: $5 + 4 = 9 = 4 + 5$
Multiplikation: $5 \cdot 4 = 20 = 4 \cdot 5$

Verbindungsgesetz (**Assoziativgesetz**)
Addition: $(5 + 4) + 3 = 5 + (4 + 3)$
Multiplikation: $(5 \cdot 4) \cdot 3 = 5 \cdot (4 \cdot 3)$

Rechenausdrücke wie $3 \cdot 4$, $17 + 5$, $34 - (12 \cdot 2)$ nennt man auch **Terme**. Vereinbarung:
1. Nur beim **alleinigen Addieren** und **Multiplizieren** dürfen Zahlen beliebig **vertauscht** oder durch Klammern **zusammengefasst** werden.
2. **Reihenfolge**: Klammern zuerst. Dann werden Potenzen berechnet und schließlich gilt Punkt- vor Strichrechnung.

Bestimme a: $3 \cdot a + 12 = 27$

Umkehraufgabe:
$a \xrightarrow{\cdot 3} 3 \cdot a \xrightarrow{+12} 3 \cdot a + 12$
$\| $
$5 \xleftarrow{:3} 15 \xleftarrow{-12} 27$

Lösung: Die gesuchte Zahl ist 5.

In Termen können Platzhalter für **unbekannte Zahlen** stehen. Man nennt sie **Variable** (z. B. a, b, c, x, y, z).
Verbindet man zwei **wertgleiche** Terme durch ein Gleichheitszeichen, entsteht eine **Gleichung**.

Oftmals kann man die genaue Anzahl einer im Alltag gesuchten Größe nicht ermitteln, sodass man **schätzen** muss. Dabei versucht man, durch einfache Überlegungen eine Zahl zu finden, die möglichst nahe am tatsächlichen Wert liegt.

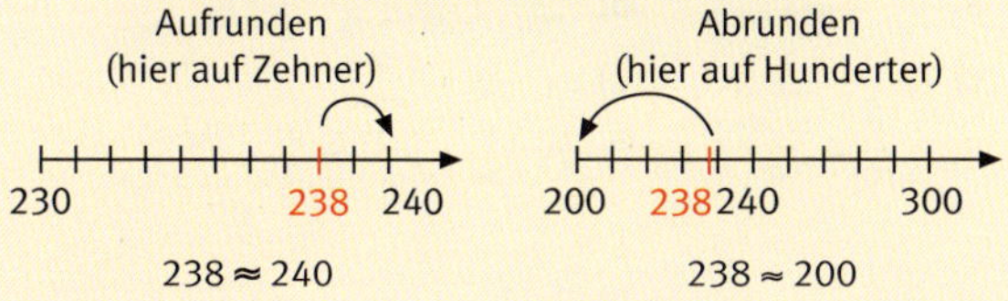

Große Zahlen werden oftmals **gerundet**. Beim Runden auf einen Stellenwert betrachtet man den **benachbarten kleineren Stellenwert** genauer.
Bei den Ziffern **0, 1, 2, 3, 4** wird **abgerundet**,
bei den Ziffern **5, 6, 7, 8, 9** wird **aufgerundet**.

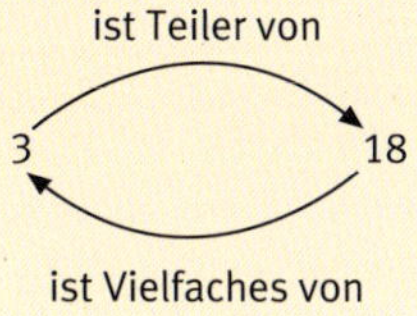

$T_{18} = \{1; 2; 3; 6; 9; 18\}$

$V_3 = \{3; 6; 9; 12; ...\}$

Eine Zahl ist **Teiler** einer anderen Zahl, wenn bei der Division kein Rest bleibt. Man fasst alle Teiler einer Zahl in deren **Teilermenge** zusammen.
Ebenso kann eine Zahl ein **Vielfaches** einer anderen Zahl sein. Alle Vielfachen einer Zahl werden in ihrer **Vielfachenmenge** zusammengefasst.

$5 \mid 25$, denn die letzte Ziffer ist eine 5.

12 340 ist durch 2, 4, 5, und 10 teilbar, denn die letzte Ziffer ist eine 0 bzw. 40 ist durch 4 teilbar.

Eine natürliche Zahl ist teilbar durch ...
- **2**, wenn die **Endziffer** gerade ist.
- **4**, wenn ihre **letzten beiden Endziffern** eine durch 4 teilbare Zahl bilden.
- **5**, wenn die **Endziffer** eine 0 oder eine 5 ist.
- **10**, wenn die **Endziffer** eine 0 ist.

Quersumme von 1578: $1 + 5 + 7 + 8 = 21$
21 ist durch 3 teilbar, jedoch nicht durch 9. Also gilt:
$3 \mid 1578$ $9 \nmid 1578$

Eine Zahl ist durch 3 bzw. 9 teilbar, wenn ihre **Quersumme** durch 3 bzw. 9 teilbar ist.

Primfaktoren sind: 2, 3, 5, 7, ...

Zerlegung von 120 in ein Produkt aus Primzahlen:
$120 = 2 \cdot 2 \cdot 2 \cdot 3 \cdot 5 = 2^3 \cdot 3 \cdot 5$

Alle natürlichen Zahlen, die genau zwei Teiler (also die 1 und die Zahl selbst) haben, nennt man **Primzahlen**.
Jede natürliche Zahl lässt sich eindeutig als Produkt aus Primzahlen schreiben.

kgV: kleinstes gemeinsames Vielfaches
kgV (70; 120) = 840

Eine Zahl ist ein **gemeinsames Vielfaches** von Zahlen, wenn sie in der Vielfachenmenge von jeder dieser Zahlen enthalten ist.

ggT: größter gemeinsame Teiler
ggT (70; 120) = 10

Eine Zahl heißt **gemeinsamer Teiler** von Zahlen, wenn sie in der Teilermenge von jeder dieser Zahlen enthalten ist.

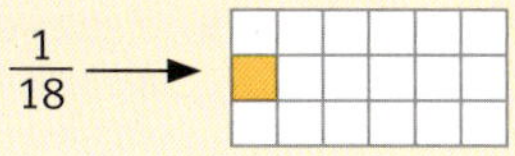

Wird ein Ganzes in 2, 3, 4 ... **gleich große Teile** zerlegt, so verwendet man die Bruchschreibweise.

Lösungen zu „1.16 Das kann ich!“ – Seite 40

1 a) $\frac{1}{2} = 0{,}5 = 50\,\%$ b) $\frac{15}{50} = \frac{3}{10} = 0{,}3 = 30\,\%$
c) $\frac{5}{4} = 1{,}25 = 125\,\%$ d) $\frac{8}{20} = 0{,}4 = 40\,\%$

2 a) Jedes Kind bekommt drei Viertel einer Tafel Schokolade.

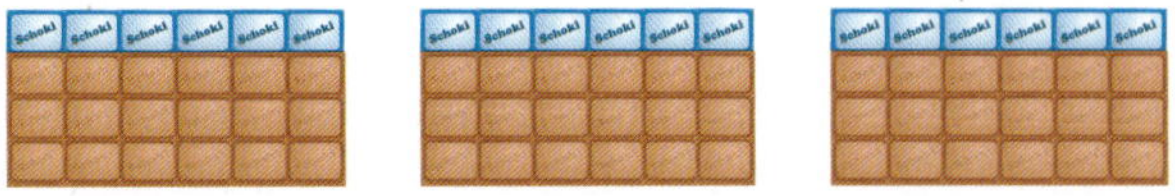

b) Jedes Kind bekommt fünf Achtel einer Zuckerstange.

3 a) 600 g b) 12 min c) 36 m
d) 119 t e) 224 € f) 2,16 kg

4 a) 12 kg b) 100 g c) 119 m

5 a) $1\frac{1}{4}$; $2\frac{1}{3}$; $4\frac{1}{2}$; $1\frac{7}{8}$; 2; $2\frac{9}{10}$; $2\frac{2}{7}$; $7\frac{4}{5}$; $4\frac{23}{25}$; 3
b) $\frac{7}{2}$; $\frac{14}{3}$; $\frac{11}{4}$; $\frac{38}{7}$; $\frac{19}{6}$; $\frac{47}{8}$; $\frac{107}{10}$; $\frac{203}{100}$; $\frac{2}{1} = \frac{4}{2} = \frac{6}{3}$ …

6 a)

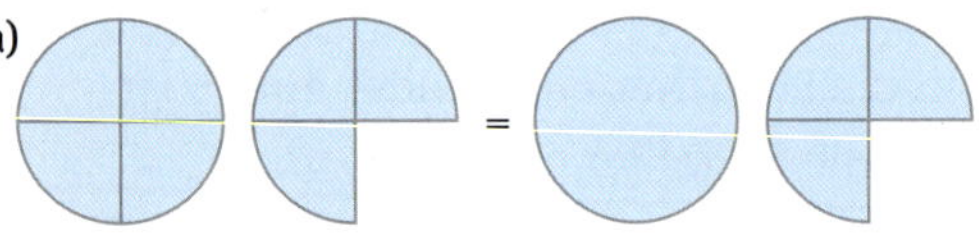

b)

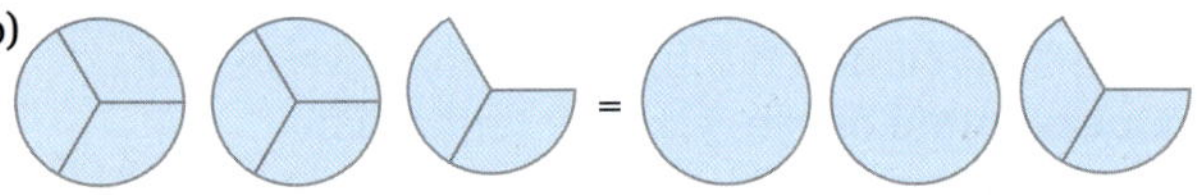

c)

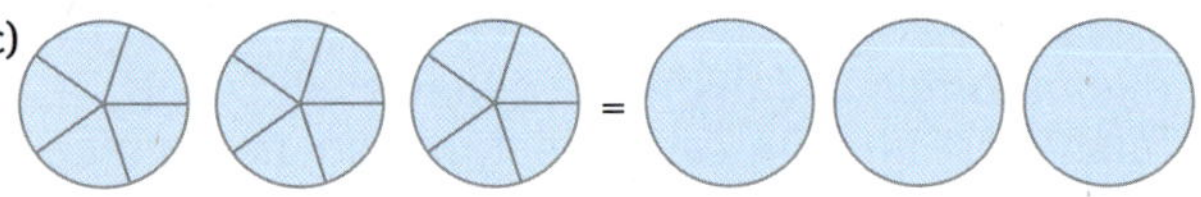

7 a)

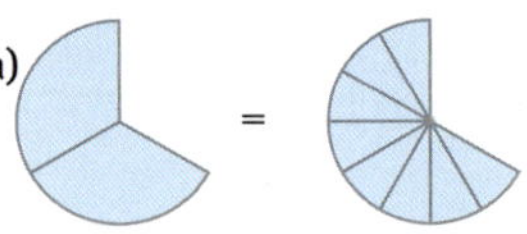

b)

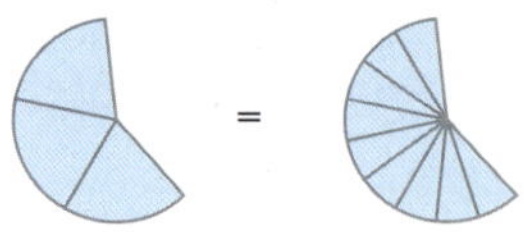

c)

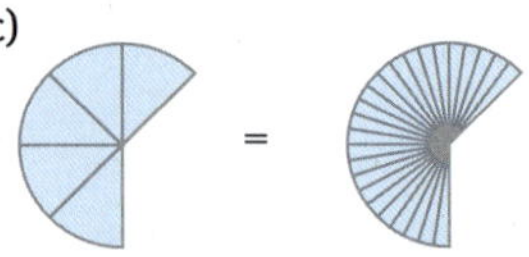

8 a) erweitert mit 4 b) gekürzt mit 4
c) erweitert mit 4 d) gekürzt mit 2

9 a) $\frac{5}{7}$ b) $\frac{5}{7}$ c) $\frac{5}{11}$
d) $\frac{10}{12}$ e) $\frac{2}{3}$ f) $\frac{3}{6}$

10 a) $\frac{5}{20}$ b) $\frac{12}{15}$ c) $\frac{6}{16}$
d) $\frac{50}{60}$ e) $\frac{18}{63}$ f) $\frac{44}{12}$

11 a) $\frac{1}{5} < \frac{7}{10} < \frac{4}{5} < \frac{10}{10} < 1\frac{3}{10} < \frac{7}{5}$ b) $\frac{1}{4} < \frac{3}{8} < \frac{1}{2} < \frac{7}{8} < \frac{3}{2} < 1\frac{3}{4}$
c) $\frac{7}{18} < \frac{7}{15} < \frac{7}{9} < \frac{7}{8}$ d) $\frac{7}{18} < \frac{5}{12} < \frac{19}{36} < \frac{17}{24}$

12 a) $\frac{8}{10} = \frac{4}{5}$ b) $\frac{5}{100} = \frac{1}{20}$
c) $\frac{15}{100} = \frac{3}{20}$ d) $\frac{35}{10\,000} = \frac{7}{2000}$
e) $1\frac{1}{10} = \frac{11}{10}$ f) $2\frac{25}{1000} = 2\frac{1}{40} = \frac{81}{40}$

13 a) 0,3 b) 0,23 c) 0,17
d) 5,5 e) 0,8 f) 0,34

14 a) zwischen 4,45 kg und 4,54 kg
b) zwischen 1,85 m und 1,94 m
c) zwischen 3,95 m² und 4,04 m²
d) zwischen 7,05 t und 7,14 t
e) zwischen 125,35 l und 125,44 l
f) zwischen 1,65 km und 1,74 km

Seite 41

15 a) $\frac{5}{9}$ der Kinder sind Mädchen und $\frac{4}{9}$ sind Jungen.
b) $\frac{2}{7}$ aller Kinder sind gegen Hausstaub allergisch.
c) In einer Schorle sind $\frac{2}{5}$ Saft und $\frac{3}{5}$ Wasser.

16 a) Das Verhältnis von Lehrerinnen zu Lehrern beträgt 2 : 1.
Oder: Das Verhältnis von Lehrerinnen zu allen Lehrern beträgt 2 : 3.
b) Jedes zweite Kind fährt mit dem Rad zur Schule.
Oder: Das Verhältnis von Radfahrern zu Nichtradfahrern an der Schule beträgt 1 : 1.
c) Das Verhältnis von Gewinnen zu Nieten beträgt 1 : 4.

17 a) $\frac{17}{100} = 0{,}17 = 17\,\%$ $\frac{12}{25} = \frac{48}{100} = 0{,}48 = 48\,\%$
$\frac{49}{50} = \frac{98}{100} = 0{,}98 = 98\,\%$ $\frac{7}{10} = \frac{70}{100} = 0{,}70 = 70\,\%$
$\frac{9}{10} = \frac{90}{100} = 0{,}9 = 90\,\%$ $\frac{3}{5} = \frac{60}{100} = 0{,}6 = 60\,\%$
$\frac{21}{25} = \frac{84}{100} = 0{,}84 = 84\,\%$ $\frac{4}{4} = 1 = 100\,\%$

b) $0{,}15 = \frac{15}{100} = \frac{3}{20}$ $18\,\% = \frac{18}{100} = \frac{9}{50}$
$3{,}455 = \frac{3455}{1000} = 3\frac{91}{200}$ $0{,}005 = \frac{5}{1000} = \frac{1}{200}$
$1{,}2\,\% = \frac{12}{1000} = \frac{3}{250}$ $0{,}99 = \frac{99}{100}$
$4{,}02 = \frac{402}{100} = 4\frac{1}{50}$

18 a) $0{,}38 < 0{,}83$ b) $0{,}202 > 0{,}022$
$0{,}40 > 0{,}04$ $4{,}568 < 4{,}57$
c) $5{,}200 > 5{,}020$ d) $1{,}022 = 1{,}0220$
$1{,}034 < 1{,}34$ $0{,}3030 < 0{,}330$

19 a) 3,0055 ≈ 3,0 (≈ 3,006) 0,91919 ≈ 0,9 (≈ 0,919)
0,9997 ≈ 1,0 (≈ 1,000) 0,0099 ≈ 0,0 (≈ 0,010)

b) 37,8520 ≈ 37,9 (≈ 37,852) 1,0199 ≈ 1,0 (≈ 1,020)
0,0001 ≈ 0,0 (≈ 0,000) 14,7654 ≈ 14,8 (≈ 14,765)

20 Die Aussage ist so falsch. Zwar kann jeder Bruch beliebig oft erweitert, aber er kann nicht beliebig oft gekürzt werden. Jedes Beispiel einer Kürzung ist irgendwann am Ende.

21 Die Aussage ist richtig. Man kann jeden Anteil sogar auf mehr Arten schreiben, z. B. als Bruch, Dezimalzahl, Prozent oder Verhältnis.

22 Die Aussage ist richtig.

23 Die Aussage ist nur dann richtig, wenn die Nenner gleich sind. Im Allgemeinen ist die Aussage falsch. Beispiel: $\frac{5}{8} < \frac{4}{4}$

24 Die Aussage ist falsch. Beim Größenvergleich betrachtet man die Stellenwerte von links nach rechts. Diejenige Zahl ist größer, an der sich die Stellenwerte zum ersten Mal unterscheiden und die an der Stelle die größere Ziffer hat.

25 Die Aussage ist richtig.

26 Die Aussage ist richtig.

27 Die Aussage ist falsch. Man betrachtet die Ziffern rechts von der Rundungsstelle.

28 Die Aussage ist richtig.

29 Die Aussage ist richtig.

30 Die Aussage ist falsch, weil sich nur unechte Brüche in gemischte Zahlen umwandeln lassen. Bei unechten Brüchen ist der Zähler nämlich größer als der Nenner.

Lösungen zu „2.14 Das kann ich!“ – Seite 82

1 a) $\frac{38}{80} = \frac{19}{40}$ b) $\frac{18}{56} = \frac{9}{28}$ c) $\frac{161}{200}$

d) $1\frac{9}{35} = \frac{44}{35}$ e) $\frac{6}{10} = \frac{3}{5}$ f) $\frac{380}{100} = 3\frac{4}{5} = \frac{19}{5}$

2 a) 0,7
1,32
36,55

b) 0,4
0,57
17,003

c) 0,1
1,669
0

3 Lösungsmöglichkeiten:

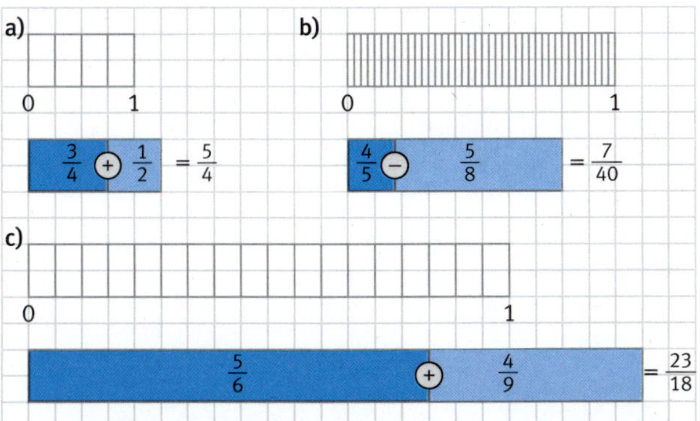

4

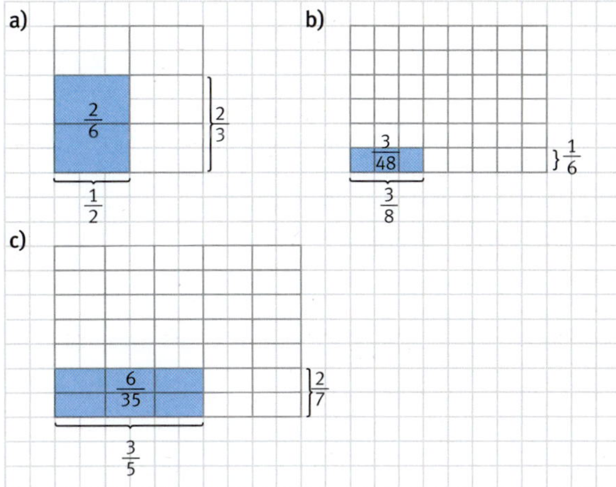

5 a) $\frac{8}{3} = 2\frac{2}{3}$
$\frac{3}{4}$
$\frac{28}{5} = 5\frac{3}{5}$

b) $\frac{4}{27}$
$\frac{7}{20}$
$\frac{1}{20}$

c) $\frac{23}{24}$
$\frac{10}{7} = 1\frac{3}{7}$
$\frac{7}{3} = 2\frac{1}{3}$

6 a) Von den Kreuzkarten sind $\frac{3}{8}$ Bildkarten. Von allen Karten sind $\frac{1}{4} \cdot \frac{3}{8} = \frac{3}{32}$ Bildkarten mit Kreuz.

b) Wenn der Anteil bei jeder „Farbe“ (Kreuz, Pik, Herz, Karo) $\frac{3}{8}$ ist, dann sind also auch insgesamt $\frac{3}{8}$ aller Karten Bildkarten. Von 32 Karten sind somit $32 \cdot \frac{3}{8} = 12$ Bildkarten und 20 Karten haben keine Bilder.

7 In Nigeria leben $\frac{1}{5} \cdot \frac{2}{11} = \frac{2}{55}$ aller Menschen (etwa 3,6 %).

8 a) $\frac{4}{3}$; $\frac{9}{7}$; $\frac{32}{12}$; $\frac{6}{49}$; $\frac{22}{1} = 22$

b) $\frac{1}{4}$; $\frac{8}{13}$; 1; $\frac{7}{50}$; keinen Kehrbruch zur 0

9

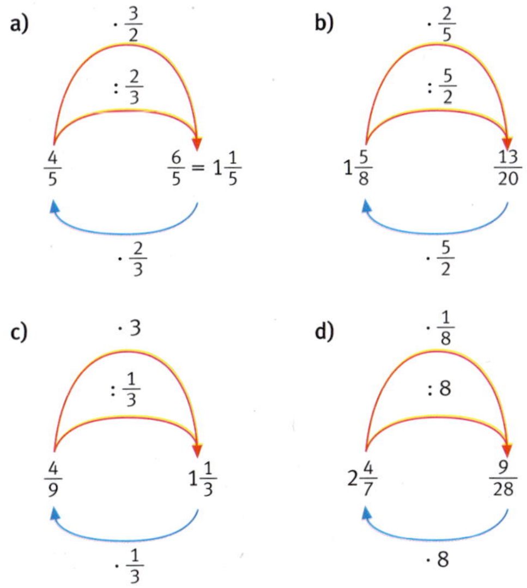

	a)	b)	c)
10	5	$\frac{27}{20} = 1\frac{7}{20}$	$\frac{13}{3} = 4\frac{1}{3}$
	$\frac{9}{2} = 4\frac{1}{2}$	$\frac{1}{5}$	$\frac{16}{7} = 2\frac{2}{7}$
	36	$\frac{169}{49} = 3\frac{22}{49}$	0

11 a) 30 m : 1,5 m = 20
Sophie erhält 20 Bänder aus der Rolle.

b) 24,50 € : 7 = 3,50 €
Martin kann durchschnittlich 3,50 € pro Tag ausgeben.

	a)	b)	c)
12	3,4	1,7	60500
	11,1	0,005	0,0023
	1006,8	0,0017	0,396

	a)	b)	c)
13	3,02	2,7	4,0625
	235,8	0,27	8,1
	9,0384	0,0027	10 629,36
	0,343	2,7	0

	a)	b)	c)
14	1,52	0,054	9,7
	30	0,09	31
	0,3	77,48	0,14
	3,2	600	100

Seite 83

15 a) $A = 1\frac{2}{3}\,\text{m} \cdot 1\frac{2}{3}\,\text{m} = 2\frac{7}{9}\,\text{m}^2$
$U = 4 \cdot 1\frac{2}{3}\,\text{m} = 6\frac{2}{3}\,\text{m}$

b) $A = 5 \cdot (\frac{3}{4}\,\text{m} \cdot \frac{3}{4}\,\text{m}) = 2\frac{13}{16}\,\text{m}^2$
$U = 12 \cdot \frac{3}{4}\,\text{m} = 9\,\text{m}$

c) $A = 1{,}8\,\text{m} \cdot 1{,}0\,\text{m} + 0{,}3\,\text{m} \cdot 1{,}0\,\text{m} = 2{,}1\,\text{m}^2$
$U = 2{,}4\,\text{m} + 2 \cdot 1{,}2\,\text{m} + 1{,}8\,\text{m} = 6{,}6\,\text{m}$

16 Es bleiben 3 Kamele übrig.

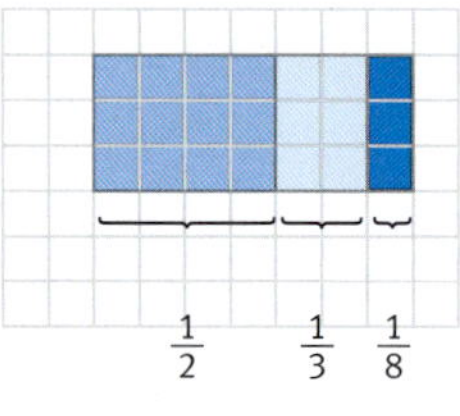

1 Kästchen entspricht 1 Kamel.

17 a) $17{,}8 - 10 \cdot 1{,}2 = 5{,}8$
b) $\left(\frac{5}{8} : \frac{2}{5}\right) : \frac{4}{5} = \frac{5}{8} \cdot \frac{5}{2} \cdot \frac{5}{4} = \frac{125}{64} = 1\frac{61}{64}$
c) $(7{,}8 + 2{,}1) \cdot 1{,}1^2 = 11{,}979$

18 Johannes hat nicht Recht, denn bei der Addition und Subtraktion werden nur bei gleichem Nenner die Zähler zwar zusammengezählt, der gemeinsame Nenner bleibt jedoch erhalten. Ebenso muss man bei der Division erst den Kehrbruch vom Divisor bilden.

19 Die Aussage ist falsch, denn man muss Komma unter Komma setzen. Ansonsten verrechnet man unter Umständen verschiedene Stellenwerte miteinander (z. B. Hunderter der ersten Zahl mit Zehnteln der zweiten Zahl).

20 Die Aussage ist im Allgemeinen falsch. Es gibt zwar viele Situationen, in denen man bei „von“ auch mit „mal“ rechnen kann (z. B. die Hälfte von einer $\frac{3}{4}$ Stunde ist $\frac{1}{2} \cdot \frac{3}{4} = \frac{3}{8}$ Stunde). Aber es gibt auch viele Situationen, wo dieses nicht passt. Beispielsweise wenn ich mir aus einem Korb mit Äpfeln 2 von 20 Äpfeln nehme, dann habe ich nicht $2 \cdot 20 = 40$ Äpfel genommen, sondern insgesamt nur 2 Äpfel.

21 Die Aussage ist richtig.

22 Die Aussage ist falsch. Mit Ausnahme der Null haben alle Zahlen einen Kehrbruch. Jede natürliche Zahl lässt sich als Bruch mit einer 1 im Nenner schreiben, z. B. $3 = \frac{3}{1}$, $167 = \frac{167}{1}$. Vertauschen von Zähler und Nenner liefert den zugehörigen Kehrbruch.

23 Die Aussage ist so falsch. Vielmehr gilt: Ist der Divisor größer als 1, so wie es bei den natürlichen Zahlen der Fall war oder bei entsprechenden Brüchen, dann ist die Aussage richtig. Ist der Divisor aber kleiner als 1, dann ist das Ergebnis größer als der Dividend.
Beispiel: $4 : \frac{3}{4} = 4 \cdot \frac{4}{3} = 5\frac{1}{3}$ $\qquad 5\frac{1}{3} > 4$

24 Die Aussage ist richtig.

25 Die Aussage ist richtig, wenn man Dividend und Divisor mit derselben Stufenzahl multipliziert. Wenn man unterschiedliche Stufenzahlen wählt, dann ist die Aussage falsch.

26 Die Aussage ist richtig.

27 Die Aussage ist richtig in Bezug auf die Möglichkeit, dass es durch eine Kommaverschiebung geht. Die Art der Kommaverschiebung ist jedoch anders: Bei der Multiplikation erfolgt sie „gegensinnig“, bei der Division „gleichsinnig“.

28 Die Aussage ist falsch, weil bei der Division das Komma bei Dividend und Divisor gleichsinnig, d. h. in die gleiche Richtung verschoben wird.

29 Die Aussage ist falsch. Nur vom Divisor muss man den Kehrbruch bilden.

30 Die Aussage ist falsch in der Hinsicht, dass man es machen muss. Bei der Addition ist das verpflichtend, bei der Multiplikation können dagegen direkt die Nenner miteinander verrechnet werden. Ein Erweitern dagegen macht in diesem Fall die Zahlen lediglich größer und schwieriger zu berechnen, wenn man sie anschließend multipliziert.

31 Die Aussage ist richtig.

Lösungen zu „3.9 Das kann ich!“ – Seite 114

1 Ergebnisse bei Einheit von 1 cm

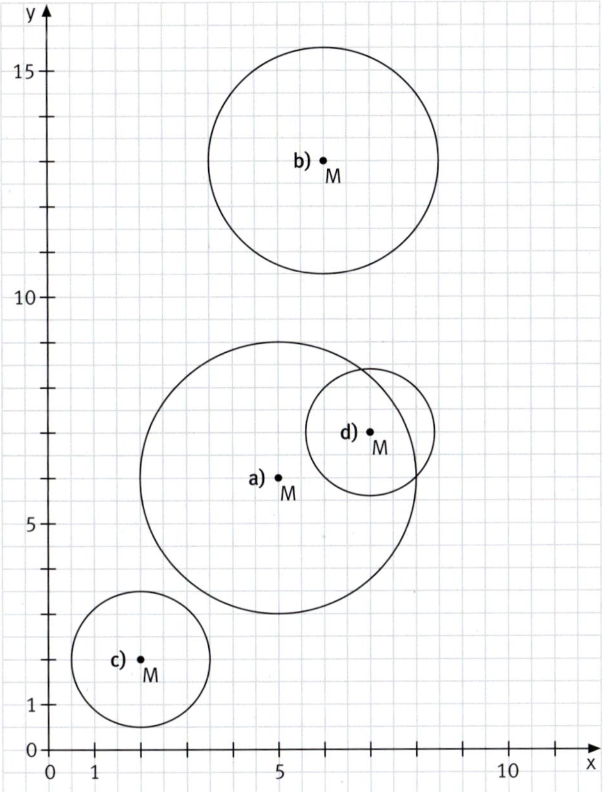

2 Ergebnisse bei Einheit von 1 cm:

a) r = 3 cm; d = 6 cm

b) r ≈ 2,2 cm; d ≈ 4,4 cm

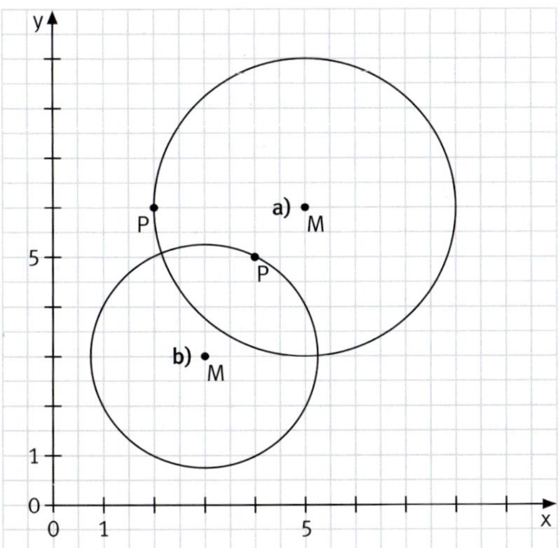

3 Die Figuren sollen ins Heft übertragen werden. Auf eine Lösung kann hier verzichtet werden.

4

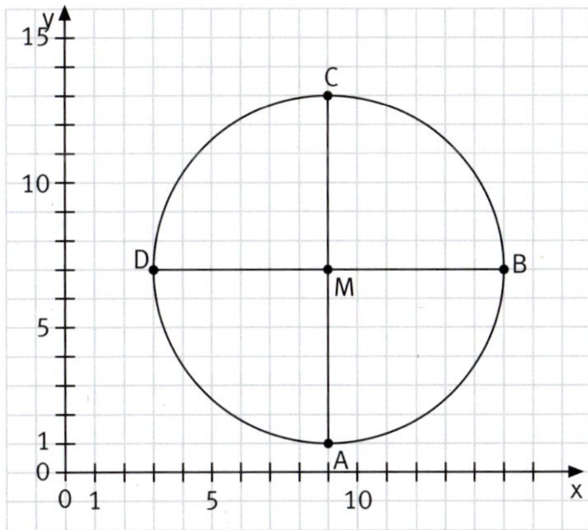

M (9|7)

A, C und B, D liegen sich auf einer Kreislinie genau gegenüber. Der Mittelpunkt M muss somit auf dem Schnittpunkt beider Verbindungsstrecken $\overline{AC}$ und $\overline{BD}$ liegen (bzw. auf der Hälfte einer dieser Verbindungsstrecken).

5 **a)** spitzer Winkel **b)** gestreckter Winkel

c) stumpfer Winkel **d)** rechter Winkel

e) Vollwinkel **f)** überstumpfer Winkel

6 Es können Messungenauigkeiten auftreten.

$\alpha = 63°$

$\beta = 118°$

$\gamma = 114°$

$\delta = 65°$

7 **a)**

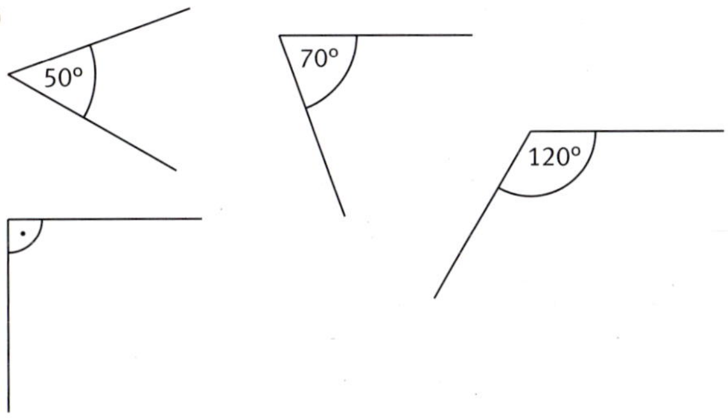

b)

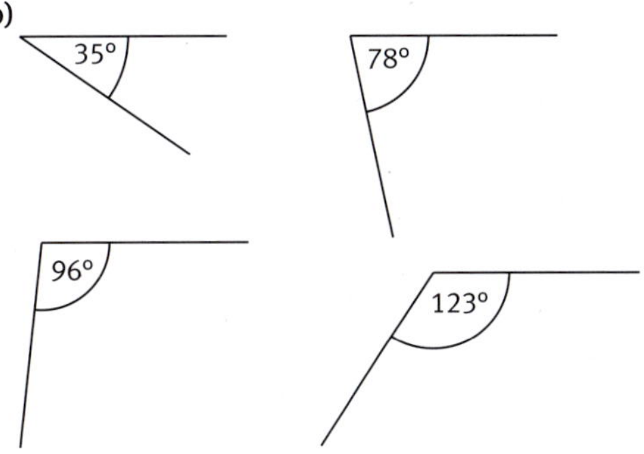

c)

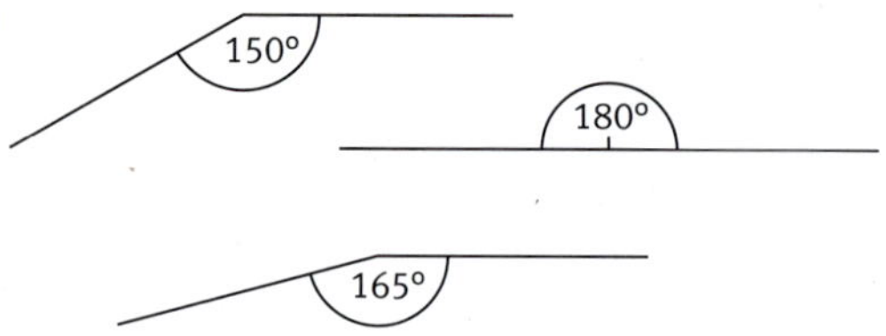

d)

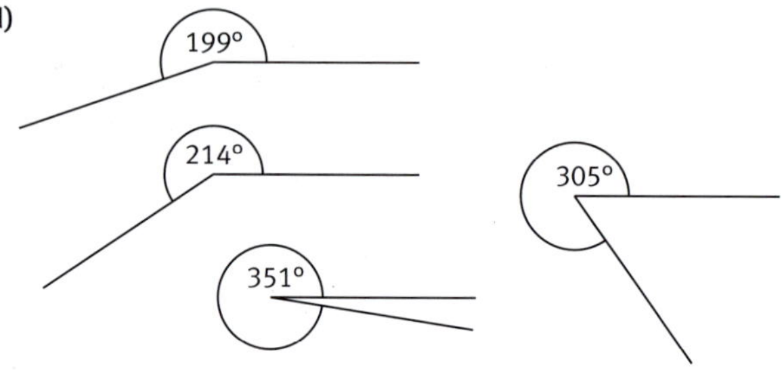

8 Es können Messungenauigkeiten auftreten.

a)

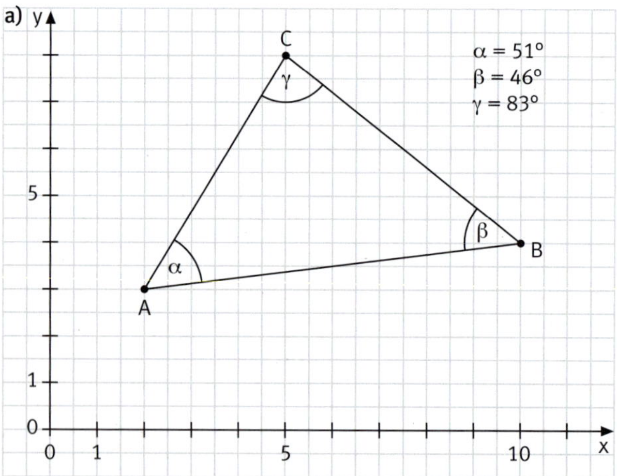

b)

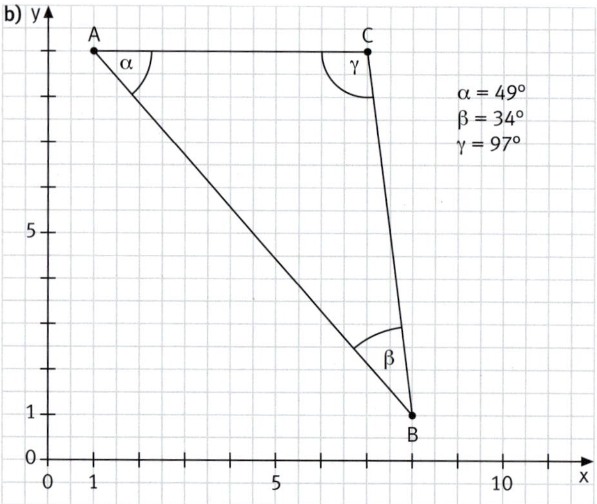

9 Es können Messungenauigkeiten auftreten.

a) Winkelgrößen: 19°; 37°; 124°

b) Winkelgrößen: 41°; 63°; 76°

c) Winkelgrößen: 45°; 76°; 104°; 135°

d) Winkelgrößen: 14°; 76°; 90°

e) Winkelgrößen: 20°; 59°; 101°

10 **a)**

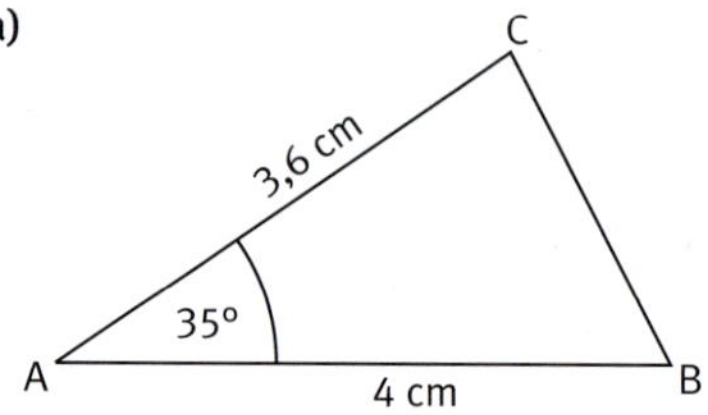

b)

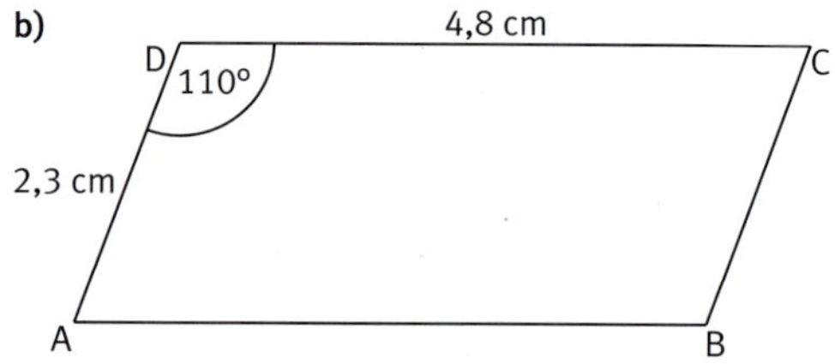

11 Lösungsmöglichkeiten:

a)

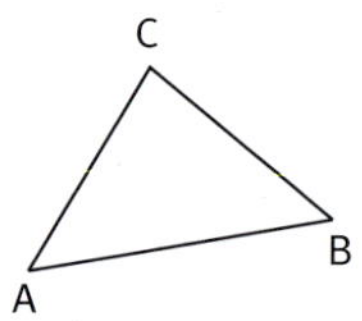

b)

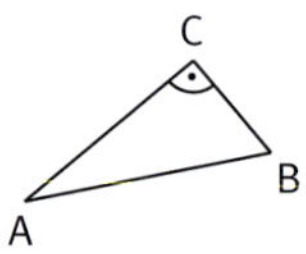

c)

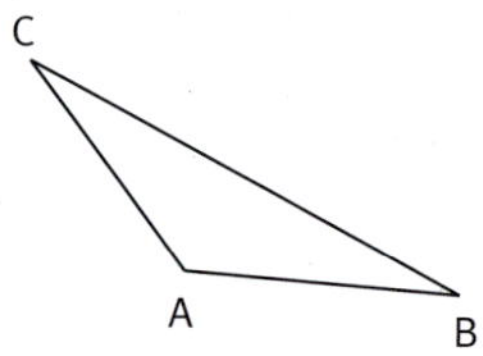

12 Lösungsmöglichkeiten:

a)

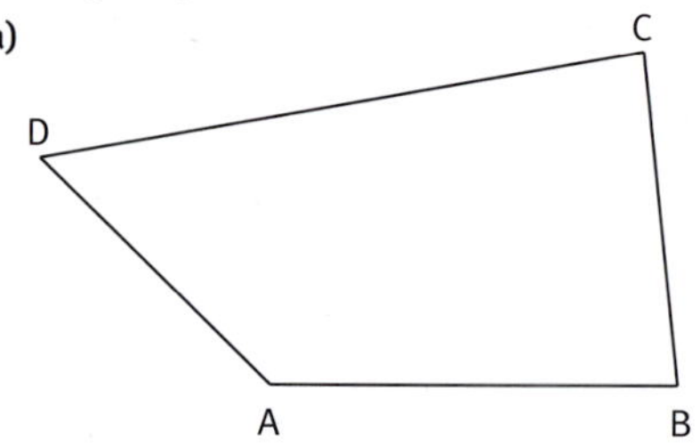

b)

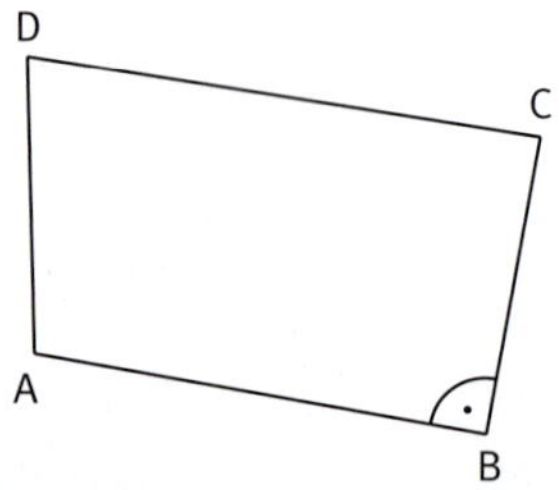

c)

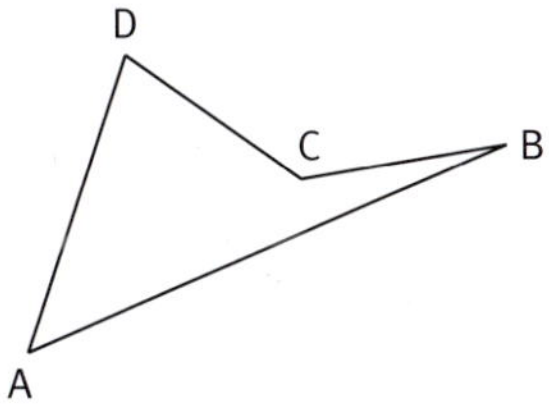

13 a) 1 m ≙ 1 mm
Der Maßstab ist 1 : 1000.
Die Zeichnung ist verkleinert dargestellt.

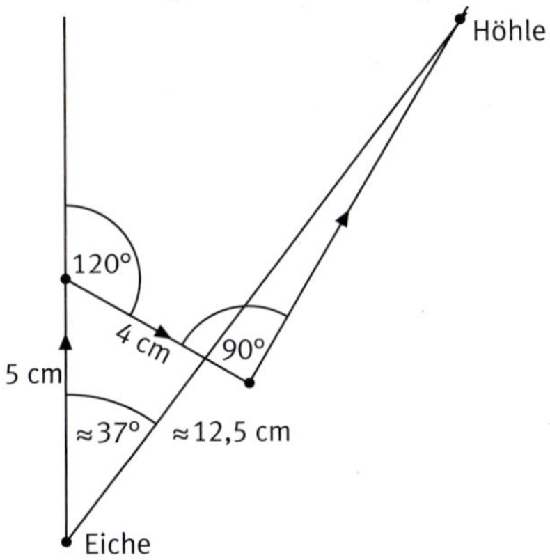

b) Blicke von der Eiche aus nach Norden. Drehe dich dann um etwa 37° nach rechts und gehe dann ungefähr 125 m bis zur Höhle.

Seite 115

14

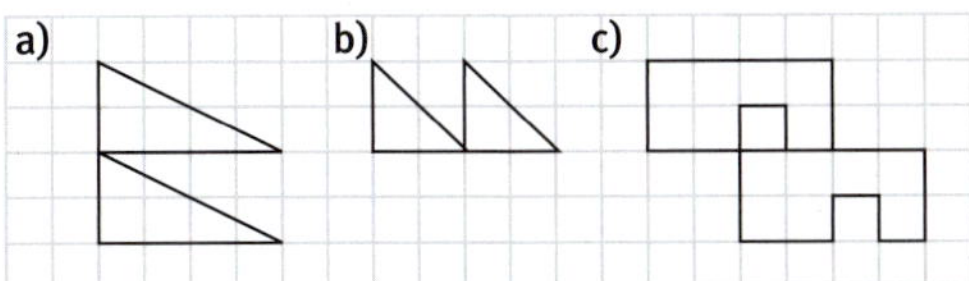

15

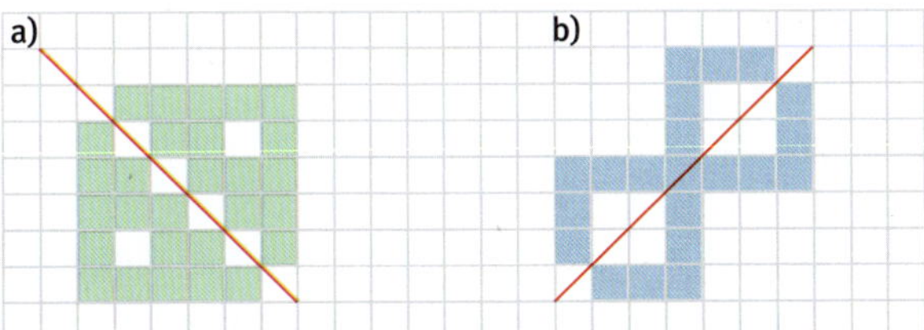

16

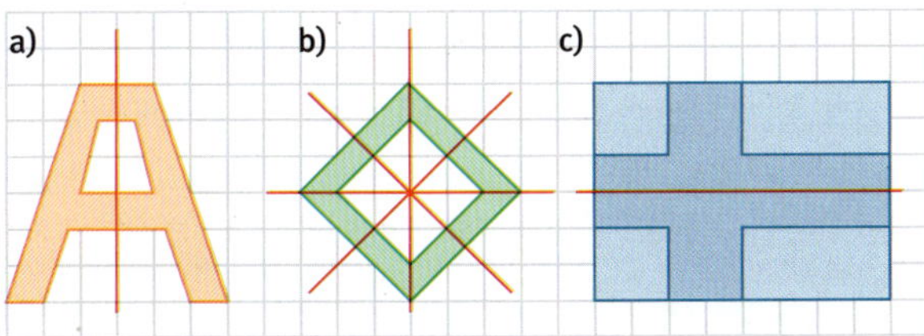

17

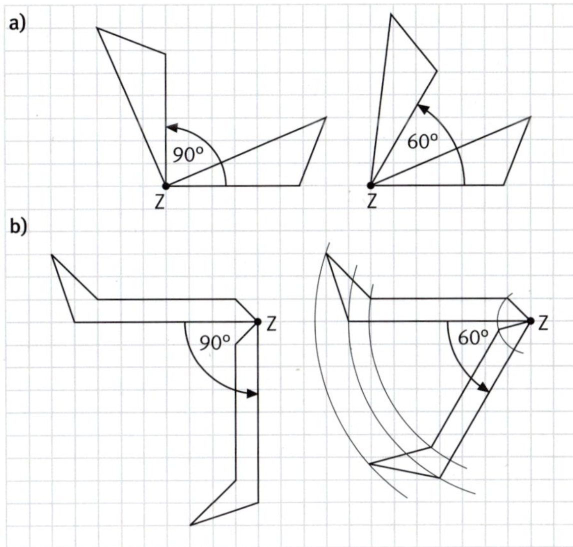

18

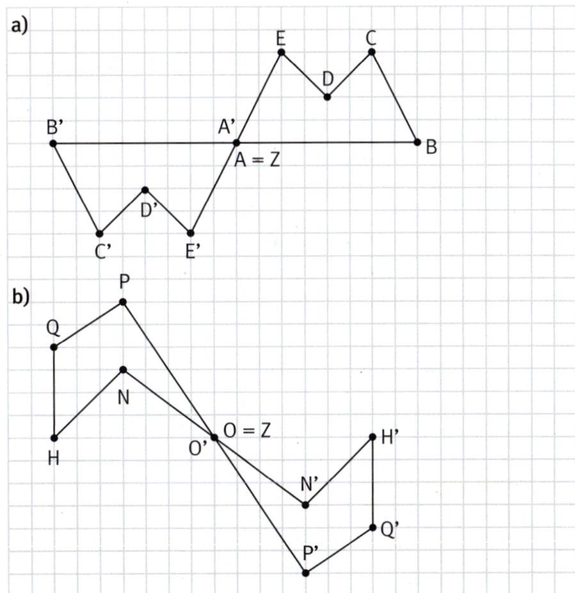

19 Das ist falsch. Der Radius ist das Doppelte des Durchmessers, also gilt: $d = 2 \cdot r$.

20 Das ist falsch. Vier rechte Winkel ergeben zusammen 360°, also einen Vollwinkel. Spitze Winkel sind jedoch alle kleiner als ein rechter Winkel, können also keinen Vollwinkel ergeben.

21 Das ist nur für den Sonderfall richtig, dass das Viereck ein Quadrat, eine Raute oder ein Drachenviereck ist. Ansonsten ist die Aussage im Allgemeinen falsch.

22 Das ist richtig.

23 Das Vorgehen ist dann richtig, wenn man noch die Drehrichtung des Winkels beachtet.

24 Das ist falsch, denn bei einer Verschiebung muss man Länge und Richtung beachten.

25 Das ist richtig.

26 Das ist richtig, denn als Punktspiegelung wird eine Drehung mit dem Drehwinkel von 180° bezeichnet.

27 Das ist falsch, denn sonst wären alle Figuren drehsymmetrisch. Als drehsymmetrisch bezeichnet man nur Figuren, die bei einem Drehwinkel kleiner 360° zur Deckung kommen.

28 Das ist richtig.

Lösungen zu „4.9 Das kann ich!“ – Seite 140

1 Lösungsmöglichkeiten:

a) Anzahl Flaschen – Anzahl Kartons – Flaschen in einem Karton

Beispielaufgabe: In einer Abfüllanlage werden pro Stunde 2700 Flaschen abgefüllt und in 450 Kartons verpackt. Wie viele Flaschen sind in einem Karton?
2700 : 450 = 6
Antwort: In einem Karton sind sechs Flaschen.

b) Kosten – Verkaufspreis – Gewinn

Beispielaufgabe: In einem Autohaus wird ein Neuwagen für 14 999 € angeboten. Das Autohaus rechnet bei dem Preis mit einem Gewinn von 2400 €. Mit welchen Kosten rechnet das Autohaus bei dem Auto?
14 999 € – 2400 € = 12 599 €
Antwort: Das Autohaus rechnet mit Kosten von etwa 12 600 €.

c) alter Kontostand – Gutschrift – neuer Kontostand

Beispielaufgabe: Frau Benz hat eine Gutschrift auf ihr Konto erhalten. Dabei ändert sich ihr Kontostand von 1248,56 € auf 1376,88 €. Wie hoch war die Gutschrift?
1376,88 € – 1248,56 € = 128,32 €
Antwort: Frau Benz erhielt eine Gutschrift über 128,32 €.

2 Lösungsmöglichkeiten:
Aufgabe 1: Welche Strecke von der Wand bleibt übrig, wenn das Bett in voller Länge (mit der Breitseite und dem Nachttisch) entlang der Wand gestellt wird?
Lösung: 2,75 m – 1,95 m = 0,8 m
(2,75 m – (1,05 m + 0,6 m) = 1,1 m)
Aufgabe 2: Wie viel Prozent der Wand wird jeweils vom Bett in den unterschiedlichen Positionen eingenommen?
Lösung: 1,95 m : 2,75 m ≈ 0,709 ≈ 71 %
1,05 : 2,75 ≈ 0,381 ≈ 38 %
Anmerkung: Bei Rundung der Bettenmaße auf 2 m und 1 m ergeben sich Werte von etwa 73 % bzw. 36 %.

3 Lösungsmöglichkeit:
Wie viele Kinder spielen in der Klasse die einzelnen Sportarten?
$\frac{1}{7} \cdot 28 = 4$ $\frac{1}{4} \cdot 28 = 7$
Antwort: In der Klasse spielen neun Kinder Fußball, vier Kinder Volleyball und sieben Kinder Badminton.

4 146,40 € : 12 = 12,2
Antwort: Monatlich sind 12,20 € zu entrichten.
Anmerkung: In der Realität kann es jedoch oftmals teurer sein, seine Beiträge monatlich zu bezahlen.

5 a) A = Bodenfläche + Seitenflächen
$A = 12\,m \cdot 8\,m + 2 \cdot (12\,m \cdot 1{,}5\,m + 8\,m \cdot 1{,}5\,m) = 156\,m^2$
Antwort: Es muss eine Fläche von $156\,m^2$ gestrichen werden.

b) $V = \frac{2}{3} \cdot$ Länge · Breite · Höhe
$V = \frac{2}{3} \cdot 12\,m \cdot 8\,m \cdot 1{,}5\,m = 96\,m^3$
Antwort: Das Becken wird mit fast $100\,m^3$ gefüllt.

6 V = Länge · Breite · Wasserhöhe
a) $V = 6{,}4\,dm \cdot 5\,dm \cdot 1{,}5\,dm = 48\,dm^3 = 48\,l$
Antwort: Es sind fast 50 l in der Wanne.
b) $8\,l = 8\,dm^3 = 6{,}4\,dm \cdot 5\,dm \cdot h$
$8\,dm^3 = 32\,dm^2 \cdot h$
Probieren ergibt: $h = \frac{1}{4}\,dm = 0{,}25\,dm = 2{,}5\,cm$
Antwort: Der Wasserspiegel steigt um 2,5 cm.

7 Länge des Zauns: 92 m – 26 m = 66 m
Preis für 1 m Zaun: 1353 € : 66 = 20,5 €
Antwort: Der Zaun kostet 20,50 € pro Meter.

8 Gesamtpreis: 524,94 € – 65 € = 459,94 €
Kosten pro Schüler: 459,94 € : 29 = 15,86 €
Antwort: Jeder Schüler muss etwa 16 € bezahlen.

9 Gemeinsames Alter jetzt: 31 J. + 28 J. + 27 J. + 24 J. = 110 J.
Fehlende Jahre: 250 J. – 110 J. = 140 J.
Aufteilung der fehlenden Jahre: 140 J. : 4 = 35 J.
Antwort: In 35 Jahren können sie ihren gemeinsamen 250. Geburtstag feiern.

10 a) 1 $U = 8 \cdot a$
2 $U = 4 \cdot b + 8 \cdot 2\,cm = 4 \cdot b + 16\,cm$
3 $U = 2 \cdot c + c + 2 \cdot 1{,}5\,cm = 3 \cdot c + 3\,cm$
b) Lösungswege über systematisches Probieren, Umkehraufgaben, …
1 a = 4,5 cm 2 b = 5 cm 3 c = 11 cm

11 a) Maria hat das Rennen gewonnen, weil sie nach kürzerer Zeit die 50 m erreicht hatte.
b) „Am schnellsten“ bedeutet hier, dass in kurzer Zeit eine möglichst lange Strecke zurückgelegt wurde. Bei Sandra war das etwa zwischen 5 s und 6 s. (Bei Maria war das am Ende des Rennens etwa zwischen 9 s und 10 s.)

c) Lösungsmöglichkeit:
Maria startete gut und lag auf den ersten 20 m vor Sandra. Doch Sandra holte mit einem Zwischenspurt auf und überholte Maria etwa nach 5 s. Doch nach fast 35 m brach Sandra ein und konnte das hohe Tempo nicht mehr halten. Maria wurde immer schneller und konnte Sandra kurz vor der Ziellinie doch noch überholen und das Rennen gewinnen.

Seite 141

12 a) Fall 1: 2 Erwachsene und 2 Kinder unter 11 Jahren:
1,20 € zu Fuß (2,80 € mit Pkw)
Fall 2: 2 Erwachsene und 1 Kind unter 11 Jahren und 1 Kind über 11 Jahren: 1,80 € zu Fuß (3,40 € mit Pkw)
Fall 3: Alle Personen über 11 Jahre: 2,40 € zu Fuß (4,00 € mit Pkw)

b) 6,60 €

c) Lösungsmöglichkeiten:
Idee: 9 Fahrten werden bezahlt, 1 Fahrt ist frei.
Entsprechend kostet eine 10er Karte für Fußgänger 5,40 €, für Pkw mit Fahrer 19,80 €, ...

13 a) $\frac{3}{12} = \frac{1}{4}$ b) $\frac{1}{12}$
c) $\frac{4}{12} = \frac{1}{3}$ d) $\frac{2}{12} = \frac{1}{6}$

14 Frage: Wie viele Minuten kann man mit dem Handytarif im Monat telefonieren, damit die Gesamtkosten 15 € betragen?
Lösungsmöglichkeiten über Probieren, Umkehraufgabe, ...
Lösung: Wenn jemand monatlich 143 min telefoniert, dann sind der Handytarif und die Flatrate gleich teuer. Somit lohnt sich die Flatrate bei mehr als 143 min.

15 Frage: Wie viele Aufkleber hat Franziska auf ihrem Heft?
$2 \cdot k + 3 = 17$
$k = 7$
Antwort: Franziska hat derzeit sieben Aufkleber auf dem Heft.

16 Frage: Wie viel Geld bekamen die einzelnen Bereiche?
$\frac{1}{5} \cdot 620\ € = 124\ €$
$\frac{1}{4} \cdot 620\ € = 155\ €$
$\frac{1}{2} \cdot 620\ € = 310\ €$
Rest: 620 € – 310 € – 124 € – 155 € = 31 €.

17 Die Aussage ist richtig.

18 Die Aussage ist „halb" richtig. Die beiden Schemen sind nicht unbedingt ein „entweder ... oder", sondern sie können sich ergänzen:
Zuerst kann man die Angaben herausschreiben und notieren, was „gegeben" ist und was „gesucht" ist. Das Gesuchte kann man bereits auch als „Frage" formulieren. Anschließend führt man die „Rechnung" aus und gibt eine „Antwort" auf die Frage bzw. das Gesuchte.

19 Die Aussage ist richtig, denn alle Kantenlängen sind beim Würfel gleich groß.

20 Das Vorgehen ist richtig beschrieben.

21 Die Aussage ist falsch. Der Schnittpunkt zweier Graphen kann unterschiedliche Bedeutung haben, je nachdem, welcher Sachverhalt dargestellt ist. Dabei soll der Graph einen Zusammenhang beschreiben, er ist kein „Foto" von der Situation.

22 Die Aussage ist richtig.

23 Die Aussage ist falsch. Beides sind Terme, denn ein Term besteht aus Zahlen und/oder Variablen sowie Rechenzeichen zwischen ihnen. Dabei sind auch ausschließlich Zahlen möglich.

24 Die Aussage ist richtig.

Lösungen zu „5.10 Das kann ich!" – Seite 172

1 a) Tabelle anlegen mit Strichen und Zahlen:
☹: 4 😐: 7 ☺: 14

b) Modalwert: ☺ Median: ☺

2 a) Tabelle anlegen mit Strichen und Zahlen:
$H(Z) = 22$ $h(Z) = \frac{22}{50} = \frac{44}{100} = 44\ \%$
$H(K) = 28$ $h(K) = \frac{28}{50} = \frac{56}{100} = 56\ \%$

b) Lösungsmöglichkeit:

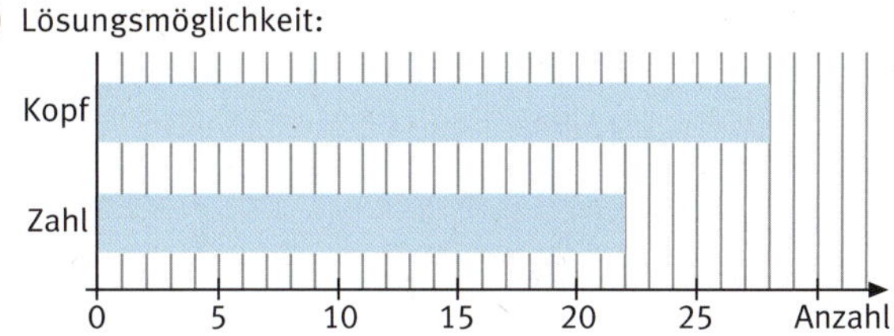

3 a) Median: 19,4 kg Minimum: 12,3 kg
Maximum: 24,8 kg Spannweite: 12,5 kg

b) Da bei der gegebenen Messgenauigkeit jeder Wert nur einmal vorkommt, macht der Modalwert hier keinen Sinn. Es wäre dann jeder Wert der Modalwert.

4 a) Gesamtanzahl: 1000 Stimmen
Mara: $\frac{248}{1000} = 0{,}248 = 24{,}8\ \%$
Türkan: $\frac{413}{1000} = 0{,}413 = 41{,}3\ \%$
Adnan: $\frac{339}{1000} = 0{,}339 = 33{,}9\ \%$

b) Gesamt: 365 Tage
Regentage: $\frac{146}{365} = \frac{4}{10} = 0{,}4 = 40\ \%$
Sonnentage: $\frac{73}{365} = \frac{2}{10} = 0{,}2 = 20\ \%$
Restliche Tage: 100 % – 40 % – 20 % = 40 %

5 a) $\frac{8}{15}$ der Strecke

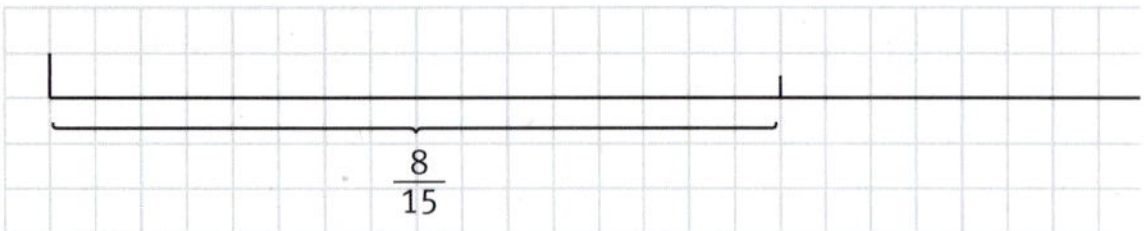

b) $\frac{12}{30} = \frac{6}{15}$ der Strecke

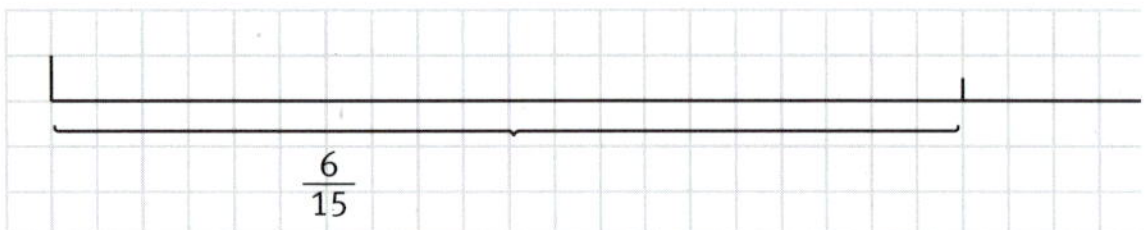

6 a)

Herz	Karo	Pik	Kreuz
$\frac{4}{10} = \frac{2}{5}$	$\frac{2}{10} = \frac{1}{5}$	$\frac{1}{10}$	$\frac{3}{10}$

b) Lösungsmöglichkeiten:

	Herz	Karo	Pik	Kreuz
1	$2\left(\frac{1}{5}\right)$	$2\left(\frac{1}{5}\right)$	$0\left(\frac{0}{10}\right)$	$6\left(\frac{3}{5}\right)$
2	$5\left(\frac{1}{2}\right)$	$1\left(\frac{1}{10}\right)$	$1\left(\frac{1}{10}\right)$	$3\left(\frac{3}{10}\right)$
3	$3\left(\frac{3}{10}\right)$	$2\left(\frac{1}{5}\right)$	$2\left(\frac{1}{5}\right)$	$3\left(\frac{3}{10}\right)$

7

	Würfe	1	2	3	4
a)	25	6	7	7	5
	50	10	14	15	11
	100	17	30	26	27
b)	25	$\frac{6}{25}$	$\frac{7}{25}$	$\frac{7}{25}$	$\frac{5}{25} = \frac{1}{5}$
	50	$\frac{10}{50} = \frac{1}{5}$	$\frac{14}{50} = \frac{7}{25}$	$\frac{15}{50} = \frac{3}{10}$	$\frac{11}{50}$
	100	$\frac{17}{100}$	$\frac{30}{100} = \frac{3}{10}$	$\frac{26}{100} = \frac{13}{50}$	$\frac{27}{100}$
c)	$\frac{1}{100}$ entspricht 3,6°.				
	100	61,2° ≈ 61°	108°	93,6° ≈ 94°	97,2° ≈ 97°

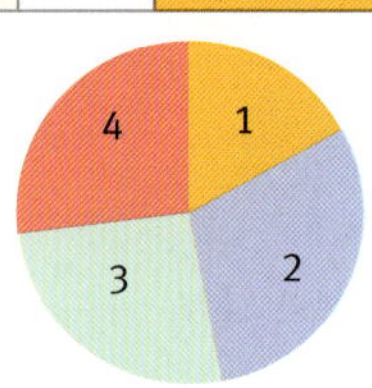

8 Der Rest sind 100 % – 20 % – 40 % – 30 % = 10 %.

9 a) Wenn man die Münze immer zufällig wirft, dann handelt es sich um ein Zufallsexperiment.

b) 1 H (W) = 11, Anteil: h (W) = $\frac{11}{20}$

2 Modalwert: W

3 Es lassen sich kein Median und kein arithmetisches Mittel einer „Buchstabenreihe“ bestimmen.
(Möglichkeit: Übersetzung in eine Zahlenreihe:
Z ≙ 0, W ≙ 1, damit Median: 1 (also W) und
$\bar{x} = \frac{11}{20} = 0{,}55$)

Seite 173

10 Lösungsmöglichkeiten:

a)

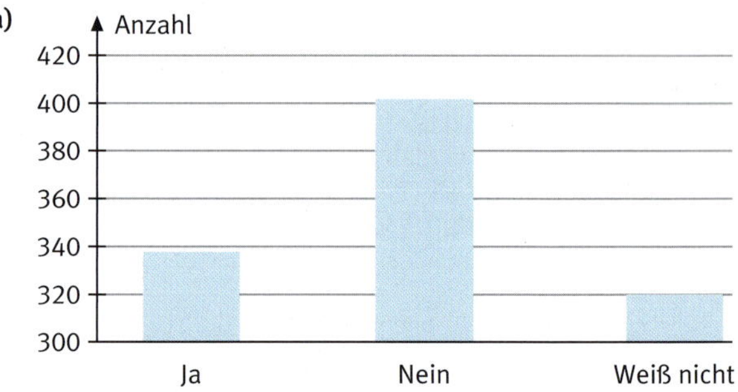

b) Beurteilung: Durch den Ausschnitt der y-Achse werden die Unterschiede in den Entscheidungen stark verzerrt.
Abwandlungsmöglichkeiten:

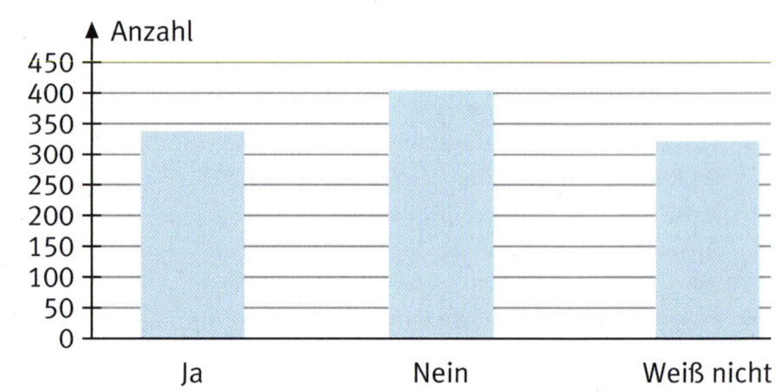

oder

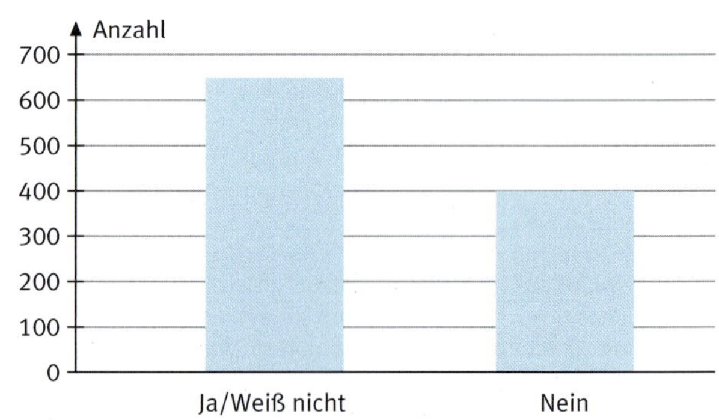

11 1 Leon hat die Klammer vergessen, d. h. die Summe aller Einzelwerte muss durch die Anzahl der Werte geteilt werden. Er hätte auf seinen Fehler kommen können, indem er das Ergebnis betrachtet, was nicht zwischen dem kleinsten und größten Einzelwert liegt.

2 Die Rechnung von Jona bestimmt das arithmetische Mittel.

3 Der Wert 15 ist in diesem Fall sowohl der Modalwert als auch der Median. Er ist jedoch nicht das arithmetische Mittel, bei dem eine „gleichmäßige Aufteilung" der Summe aller Einzelwerte auf die einzelnen Werte erfolgt.

12 a) Julian hat von sechs Gästen ein Geschenk (G.) bekommen, von zwei Gästen jeweils zwei Geschenke, von einem Gast auch drei Geschenke und von einem Gast sogar vier Geschenke.

b) $\frac{(6 \cdot 1\,\text{G.} + 2 \cdot 2\,\text{G.} + 1 \cdot 3\,\text{G.} + 1 \cdot 4\,\text{G.})}{10} = \frac{17\,\text{G.}}{10} = 1{,}7\,\text{G.}$

Im Durchschnitt hat Julian 1,7 Geschenke pro Gast bekommen. Dies ist natürlich nur ein theoretischer Wert, weil es nur ganze Geschenke gibt. Er bedeutet, dass er im Mittel fast 2 Geschenke pro Gast bekommen hat.

13 Die Aussage ist falsch. Der Median unterteilt eine geordnete Datenreihe genau in zwei gleich große Hälften.

14 Die Aussage ist richtig.

15 Die Aussage ist falsch. Aus einer Strichliste kann man die absoluten Häufigkeiten bestimmen.

16 Die Aussage ist richtig.

17 Die Aussage ist richtig.

18 Die Aussage ist richtig, denn ein doppelter Mittelpunktswinkel steht auch für einen doppelten Anteil bzw. eine doppelt so große Anzahl.

19 Die Aussage kann richtig oder falsch sein. Wenn im Streifendiagramm die Gesamtanzahl der absoluten Häufigkeiten gleich ist, dann ist die Aussage richtig. Stellt man jedoch Anteile in einem Streifendiagramm dar, dann können die absoluten Häufigkeiten unterschiedlich sein, der Anteil an der Gesamtanzahl (z. B. 30 %) kann jedoch gleich sein.

20 Die Aussage ist wohl weitgehend richtig, denn der Eindruck der Manipulation entsteht bei dem Vorgehen leicht.

21 Die Aussage ist falsch, wie zahlreiche Bilddiagramme in Zeitungen und auch in diesem Buch dargestellt haben.

22 Die Aussage ist falsch. Das arithmetische Mittel kann eine natürliche Zahl sein (z. B. von 4, 6, 11 ist das arithmetische Mittel 7), muss es aber nicht.

23 Die Aussage ist falsch. Es kann so sein (z. B. von 4, 6, 8 ist das arithmetische Mittel 6), muss es im Allgemeinen aber nicht, wie Beispiele aus dem Alltag, im Buch oder von Aufgabe 23 zeigen.

24 Die Aussage ist allgemein falsch. Wenn das Diagramm die absoluten Häufigkeiten darstellt, ist dieses zwar häufig möglich, bei relativen Häufigkeiten ist das jedoch direkt in der Regel nicht ohne Weiteres möglich. Man kann die absoluten Häufigkeiten hier nur über die Gesamtanzahl der Werte bestimmen.

Bildagentur Geduldig, Maulbronn – S. 111; Bundesverband Wind Energie e.V., Berlin – S. 99; dpa Picture-Alliance / Jan-Peter Kasper, Frankfurt – S. 90; dpa Picture-Alliance / Peter Kneffel – S. 88; dpa Picture-Alliance / Zentralbild, Peter Zimmermann, Frankfurt – S. 4, 87; Europa-Park, Rust – S. 90; Fotex Medien Agentur GmbH / Custom Medical Kalab, Hamburg – S. 67; Fotoarchiv ARGUS / Hartmut Schwarzenbach, Hamburg – S. 5, 145; Fotolia / amana images – S. 108; - / Andreas F. – S. 168; - / Yuri Arcurs – S. 103; - / arkpo – S. 16; - / Josef Becker – S. 111; - / Martina Berg – S. 126; - / Oleg Berlov – S. 103; - / Claudio Calcagno – S. 139; - / Diego Cervo – S. 78; - / connfetti – S. 122; - / contrastwerkstatt – S. 30; - / Corrie – S. 11; - / Danielr – S. 32; - / demarco – S. 66; - / Elena Elisseeva – S. 60; - / Estima – S. 149; - / Filaphoto –S. 134; - / flashpics – S. 3, 45; - / fotobi – S. 152; - / Friedberg – S. 135; - / Russ Glithers – S. 103; - / Gorilla - S. 153; - / g-snap – S. 158; - / Yevgeny Gulltarev – S. 149; - / Conny Hagen – S. 138; - / Hebi – S. 170; - / Tino Hemmann – S. 146; - / Yong HianLim – S. 18; - / Jens Hilberger – S. 68; - / I-pics – S. 60; - / Tomo Jesenicnik – S. 136; - / Sergey Kelin – S. 99; - / K-experience – S. 74; - / kingx – S. 27; - / Kitch Bain – S. 80; - / Manuela Klopsch – S. 124; - / magann – S. 13; - / MariaP. – S. 146; - / mdi – S. 166; - / Martina Misar – S. 52; - / MPz –S. 161; - / Niceshot – S. 149; - / Nik – S. 128; - / Zligniew Nowak – S. 81; - / Christian Oberberger – S. 25; - / outdoorsman – S. 11; - / Edyta Pawlowska – S. 27; - / Pefkos – S. 67; - / Maxim Petrichuk – S. 123; - / Mark Physsas – S. 99; - / pixel66 – S. 52; - / Alexender Raths – S. 158; - / Stefan Redel – S. 38, 49; - / Birgit Reitz-Hofmann – S. 70; - / Stefan Richter – S. 136; - / RTimages – S. 103; - / Torsten Schon – S. 129; - / Jan Schuler – S. 121; - / Yuri Shirokov – S. 103; - / Sliver – S. 120; - / SonneFleckl – S. 3, 8; - / Carmen Steiner – S. 138; - / Karen Struthers – S. 134; - / teamarbeit – S. 149; - / Thaut Images – S. 171; - / Leah-Anne Thompsn – S. 169; - / Duan Zidar – S. 71; http://www.dein-wissen-hilft.de - S. 170; http://www.nasa.gov – S. 56; http://www.wikimedia.org – S. 111; http://wwww.nua.nrw.de – S. 90; iStockphoto / pixhook – Einband; Peter Kamin, Goslar – S. 118; Michael Kleine, Bamberg – S. 137 (2), 143 (2); Jan Kretschmer, Oestrich – S. 111; Les Éditions Albert René, Paris – S. 148; Bärbel Petersen, Backnang – S. 147 (7); Photothek.net GbR / Thomas Imo, Radevormwald – S. 4, 119; picture NEWS / Oliver Abraham, Frankfurt – S. 111; Thinkstock / Hemera – S. 165; Thinkstock / iStockphoto – S. 9 (3), 29 (2), 108 (7); Georg Vollmer, Bamberg – S. 64; Verlagsarchiv – S. 12, 36 (2), 39, 49, 67, 69, 73, 79 (2), 85 (2), 86, 96 (4), 99, 100, 101, 102, 121, 124, 130, 131, 139 (2), 143, 144 (3), 148, 155, 167, 170 (2); Wissensmedia GmbH, München – S. 36.